U0747771

心理学
研究方法与统计

PSYCHOLOGICAL RESEARCH METHODS AND STATISTICS

主　　编　朱熊兆　吴大兴　蚁金瑶

副 主 编　唐秋萍　蔡太生　王　湘

编　　者　（以姓氏笔画为序）

王　湘　朱熊兆　李楚婷　吴大兴　张小崔

张　逸　罗兴伟　周世杰　蚁金瑶　唐秋萍

董戴凤　蒲唯丹　蔡太生　樊　洁　潘　辰

学术秘书　樊　洁　董戴凤

中南大学出版社
www.csupress.com.cn
·长沙·

图书在版编目(CIP)数据

心理学研究方法与统计／朱熊兆，吴大兴，蚁金瑶主编. —长沙：中南大学出版社，2023.7
ISBN 978-7-5487-5326-1

Ⅰ.①心… Ⅱ.①朱… ②吴… ③蚁… Ⅲ.①心理学研究方法－研究生－教材②心理统计－研究生－教材
Ⅳ.①B841

中国国家版本馆 CIP 数据核字(2023)第 060095 号

心理学研究方法与统计
XINLIXUE YANJIU FANGFA YU TONGJI

朱熊兆　吴大兴　蚁金瑶　主编

□出 版 人	吴湘华
□责任编辑	杨　贝
□责任印制	唐　曦
□出版发行	中南大学出版社

社址：长沙市麓山南路　　　　邮编：410083
发行科电话：0731-88876770　　传真：0731-88710482

□印　　装　湖南省汇昌印务有限公司

□开　　本　787 mm×1092 mm　1/16　□印张 21　□字数 524 千字
□互联网+图书　二维码内容　图片 28 张
□版　　次　2023 年 7 月第 1 版　　□印次 2023 年 7 月第 1 次印刷
□书　　号　ISBN 978-7-5487-5326-1
□定　　价　78.00 元

序 言

　　随着心理学研究方法的发展以及对心理现象和行为的神经机制探究的不断深入，心理学专业研究生不仅需要具备心理研究方法与统计的基本知识，还需要精通常用于探究神经机制的研究方法的基础知识及其应用。为了更好地适应心理学专业研究生在开展心理学研究中的实际需要，巩固研究生的心理研究方法与统计的基础知识，加强研究生对脑影像学研究方法等的基础知识的理解以及提高研究生数据分析的实践操作能力，中南大学湘雅二医院医学心理中心牵头编写了适用于心理学专业研究生的《心理学研究方法与统计》教材。

　　在本教材的编写过程中，教材编写团队强调教材的特点，注重对心理学专业研究生的适用性。首先，特别重视对心理研究方法与统计的基本理论、基本知识的巩固，并结合心理学研究生开展研究的实际需要，对心理学文献的检索方法进行了详尽的介绍；其次，各章节内容概念清晰，层次分明，逻辑严密，并结合心理学研究中的真实案例对数据分析的具体步骤进行了讲解，兼顾了理论性和实用性；最后，随着脑影像学技术在心理学研究中的广泛应用，心理学专业研究生需要加强对脑影像学技术的基础知识以及常用数据分析方法的相关知识的学习，为满足这一迫切需求，本教材尤其重视对脑影像学研究方法及其实践操作的介绍。

　　本教材共 14 章，第一章至第三章(心理学研究方法概述、心理学研究变量与设计、心理学文献的检索方法)阐述了心理学研究方法的基本知识和心理学文献的检索方法；第四章至第六章(心理测量学、高级心理统计学一：因素分析、高级心理统计学二：测量等值性与路径分析)介绍了心理测量学的基本概念以及常用分析方法的基本知识和实践操作；第七章至第十一章(脑影像学研究方法、脑影像学研究范式与设计、结构脑影像数据分析方法、功能脑影像数据分析方法、脑网络数据分析方法)介绍了脑影像学研究方法的基本知识及各个模态的脑影像学研究方法的基本概念、实践操作以及最新进展;第十二章(生物心理学研究方法)介绍了生物心理学的基本知识以及常用的行为和脑研究方法;第十三章(心理治疗的评价与研究)对心理治疗的研究方法及疗效评价进行了介绍;第十四章(心理学研究伦理学)介绍了心理学研究中伦理学的基本知识和注意事项。

　　《心理学研究方法与统计》注重实践操作,使用该教材的教师不仅要在课堂上讲授心理学研究方法的基本概念和理论知识,还需要在讲授过程中设置实践操作的课时,可结合学术论文中的数据实例,让学生独立完成学术论文中的数据分析内容。这样才能使学生真正掌握心理学研究方法与统计的理论基础与实践操作,具备独立进行数据分析和心理学科学研究的基本能力。

　　由于心理学研究方法与统计知识的替换和更新较快,教材内容难免有覆盖不全之处,望各位专家和读者不吝指正,使教材内容日臻完善。本教材策划得到中南大学学科建设经费及研究生教改项目的支持,编写过程中中南大学出版社杨贝老师做了大量仔细耐心的工作,也有部分博士硕士研究生参与资料搜集、文字整理工作,在此一并致谢。

目 录

第一章　心理学研究方法概述

　　什么是心理学？心理学作为一门科学，其研究特点、任务及过程是怎样的？有哪些方法论原则？如何开展心理学研究，会用到哪些方法与手段？本章将概要回答这些问题。

第一节　心理学研究概述

一、什么是心理学?

(一)心理学的定义

　　心理学(psychology)一词最早出现于 16 世纪，由古希腊语"psyche"和"logos"组合而成，意为"对心灵或灵魂的解说"。在数百年的历史发展过程中，心理学的含义一直在发展和变化。早期的心理学定义带有明显的哲学色彩，到了 19 世纪 70 年代末，心理学从哲学范畴中脱离出来成为一门独立学科，但其研究内容和重点仍几经演变。直至 20 世纪中期以后，心理学才有了相对统一的被普遍接受的定义，即"心理学是研究人的心理现象及其规律的科学"。

　　人的心理现象是自然界最复杂、最奇妙的一种现象，其表现形式多种多样。一般来说，心理现象包含心理过程和个性心理两个方面：心理过程是人脑对客观现实进行的主观的能动的动态反映过程，包括认知过程(感觉、知觉、记忆、思维、想象等)、情感过程(情绪、态度、体验等)和意志过程(自觉地确定目标，有意识地支配、调节自身的行动，通过克服困难以实现预定目标的心理倾向)。心理过程是人们所共有的，但由于个人的先天素质不同，后天的生活环境各异，心理活动在每个人身上也就有了不同的内容和表现，从而形成了个性(个性倾向性：需要、动机、兴趣、理想、信念等；个性心理特征：气质、性格、能力等)。因此，个性心理是心理学研究的另一个重要内容。心理过程和个性心理既相互区别又紧密联系，要全面深入地了解人的心理，必须将二者结合起来进行研究。然而，心理活动是内隐的，无法被直接观察或度量。在这种情况下，人们需要借助外在的媒介来实现对它的研究，而行为就是这一媒介。行为是心理活动倾向的外在表现和载体，受心理活动的支配和调节，这也是心理学进行研究和行为分析的原因所在。

　　心理学还关注行为和心理活动发生、发展的规律。行为的产生受到心理活动的影响，

1

反之，行为对心理活动也会产生影响。19世纪，美国心理学家威廉·詹姆斯(1842—1910)在其著作《心理学原理》中提出，人们可以通过行为来影响思想、情感等。例如，一个人可以因为快乐而微笑，因为难过而哭泣，因为害怕或紧张而心跳加快，但有时候也可以因为微笑而快乐，因为哭泣而难过，因为心跳加快而害怕或紧张。由此可见，心理和行为之间存在着一种相互依存、相互影响和相互转换的关系，而且这种关系遵循一定的规律。人们只有把握人的行为与心理活动的各种规律，才能够对行为加以解释、预测和调控。

(二)现代心理学的学科结构与门类

长期以来，心理学隶属于哲学的范畴。直到1879年，德国生理学家、哲学教授冯特(1832—1920)在莱比锡大学创办了世界上第一所心理学实验室，这标志着科学心理学的诞生，心理学自此脱离哲学母体成为一门独立的学科。经过一百多年的发展，心理学目前已成为拥有100多个分支的、规模庞大的、兼具自然科学和社会科学性质的综合学科群。从总体来看，心理学可以分为基础心理学和应用心理学两大学科门类：基础心理学主要探讨心理活动普遍的、共同的规律，为应用心理学提供理论基础；应用心理学探讨如何使基础心理学基本原理在社会实践的不同领域发挥作用，为人们的实践活动提供心理指导。各门类又衍生出了许多分支学科，如基础心理学可分为普通心理学、认知心理学、人格与社会心理学、生理心理学等；应用心理学可分为教育心理学、犯罪心理学、工业心理学、医学心理学、文艺心理学、军事心理学、航空心理学、体育心理学等。值得一提的是，心理学、认知科学以及神经科学相互交叉渗透产生的认知神经心理学已成为认知心理学的一个分支。它通常以认知功能异常者为研究对象，通过他们选择性损伤和保留的认知环节来推知人类正常的认知结构和信息加工方式，它是揭示认知过程及其脑机制的核心研究手段之一(韩在柱等，2002)。

二、什么是科学及科学研究？

(一)科学及科学研究的定义

科学(science)一词源自中世纪拉丁文"scientia"，原意为"知识"或"学问"。大致在16世纪，受西方文化交流的影响，"science"这一概念传入中国，当时被译为"格致"，系"格物致知"的简称，以强调实践出真知的概念。1893年，近代改良派代表康有为(1858—1927)首先使用了"科学"二字。1896年前后，著名科学理论翻译家严复(1854—1921)在翻译《天演论》和《原富》时，也用了"科学"二字，此后"科学"替代了"格致"，并沿用至今。

然而什么是科学呢？关于科学的定义，众说纷纭，迄今为止尚无一个为世人所公认的定义。正如英国著名科学家贝尔纳(1901—1971)所说的那样："科学不是一个能用定义一劳永逸地固定下来的单一体。"人们更多的是从某一个侧面对科学的本质特征加以描述。比如，从来源上来说，科学是生产实践和科学实验的概括与经验总结；从内容上来说，科学是客观世界各种事物的本质及其运动规律的正确反映；从形式上来说，科学是高度抽象的、严密的逻辑体系，是由一系列的概念、定律、假说、公式等要素按一定的逻辑规则排列组合而成的结构关系；从职能上来说，科学是破除宗教迷信有力的思想理论武器，又是推动社会生产力发展和推动历史前进的有力杠杆。不同主体、不同地域对科学的解释也不尽相同：英国生物学家达尔文（1809—1882）认为："科学就是整理事实，以便从中发现规律并做出结论。"由于达尔文对科学的理解来源于他的《物种起源》，所以他对科学的理解是从宽泛到归纳的过程。法国《百科全书》对科学的定义是："科学首先不同于常识，科学通过分类，以寻求事物之中的条理。此外，科学通过揭示支配事物的规律，以求说明事物。"苏联的《大百科全书》对科学的定义是："科学是人类活动的一个范畴，它的职能是总结关于客观世界的知识，并使之系统化。'科学'这个概念本身不仅包括获得新知识的活动，而且还包括这个活动的结果。"国内书籍对于科学的定义也可谓是形形色色。《现代科学技术概论》的定义是："科学是如实反映客观世界本质联系及其固有规律的系统知识。"1979年版的《辞海》认为："科学是关于自然界、社会和思维的知识体系，它是适应人们生产斗争和阶级斗争的需要而产生和发展的，它是人们实践经验的结晶。"而1999年版《辞海》又有不同："科学是运用范畴、定理、定律等思维形式反映现实世界各种现象的本质规律的知识体系。"国内外的这些资料对科学的定义都很明确地提出，科学不仅是结果，还是个动态的活动过程，这对于人们认识科学、掌握科学具有重要的指导意义。

自然科学、人文科学及社会科学构成了科学的整体。自然科学、人文科学以及社会科学是人们对自然界、人类及人类社会知识的逐步认识和总结。三者从研究方法、研究对象以及研究目的上都具有高度的相关性。人类对自然界的探索与认识离不开社会发展的需要，而人类对自我的认识更加离不开科学技术的指导与应用。

与科学密切相关的一个概念就是研究。研究是指探求事物真相、性质和规律的系统而严密的认识过程，也是由感性认识上升到理性认识的思维过程。对变化中的事物和现象背后本质与规律的探求，引发了所谓的科学研究（scientific research）。各国科学界在讨论什么是科学研究的问题时，表达方式虽不尽相同，但基本含义大体一致。科学研究是人们在认识世界和改造世界的实践中，有目的、有计划地采用科学的方法去认识自然和社会现象，探索及揭示客观事物的本质及其变化规律的思维活动或过程，一般应该包括以下三个方面的内容：观察和探索未知事实的本质及其规律；验证和发展有关事实的本质及其规律；对已有知识进行分析、整理、综合，使之规范化、系统化。科学研究的目的是在实践观察的基础上，通过概化、演绎与实证的方法，建构出一套科学的理论，用一组精要的理论性架构，来描述、解释及预测复杂的事实。

（二）科学研究的分类

根据研究的功用、研究的方式、研究的目的、研究的时程等标准，可以将科学研究分为以下几种不同类型。

1. 根据研究的功用，科学研究可以分为基础研究、应用研究和发展研究

基础研究指的是通过揭示事物现象和运动规律，从而获得新的科学知识，不带有任何特定应用目的的创造性活动。基础研究的结果通常表现为具有普遍意义的学说、原理、理论或定理、定律等理论性成果；应用研究指的是针对某一具体的应用目标而进行的旨在获得新的科学技术知识的创造性活动，一般是将基础研究的成果应用于解决现实生活中遇到的实际问题；发展研究指的是应用现有的科技知识，研制新材料、新产品，建立新工艺、新系统，或者对已有的材料、产品、工艺、系统等进行实质性改进，从而开拓科技知识新的应

用领域的创造性活动。举个例子，对痛觉发生与调控机制的研究属于基础研究；对针刺阵痛机制、影响针刺阵痛的影响因素等的研究属于应用研究；对针刺阵痛仪的研制及增强镇痛效果药物的研究属于发展研究。

2.根据研究的方式，科学研究可以分为描述性研究和实验性研究

描述性研究主要是通过调查、观察、个案分析等手段，反映现象的特征及其分布，如通过教师的评定、学生的作业和日记等了解学生的学习状况。实验性研究指的是实验者有意控制某些因素，以引起被试的某些心理现象的研究，如研究文章中的生僻字对阅读理解的影响，以生僻字密度为自变量，分为高、中、低三个水平，比较三组在阅读理解成绩上的差异。描述性研究是科学研究的基础，也就是说，任何科学研究都是从描述性研究开始的。但描述性研究所获得的数据量较少，难以精确揭示变量之间的关系，而实验性研究弥补了这方面的缺陷。

3.根据研究的目的，科学研究可以分为验证性研究和探索性研究

验证性研究指的是检验某种已有理论或假设是否按照预期方式产生作用的研究。例如，采用非限制性的停车场问题为实验材料来检验 Mac Gregor 等（2001）和 Knoblich 等（1999）有关顿悟问题解决的心理机制理论。验证性研究有时会使研究者忽略一些意外却十分重要的结果。因为意外的结果可能被当作最初理论假设的否定项，得不到足够的关注，从而使其可能揭示的某种新意被忽略。这是刚刚开始进行科学研究的人应该特别注意的问题。探索性研究是指在某一选题的已有成果较少时而进行的试探性的研究，是对所研究对象或问题的初步了解。探索性研究旨在为今后更周密、更深入、更系统的研究提供基础、方向、线索和指导。

4.根据研究的时程，科学研究可以分为横向研究和纵向研究

横向研究又称横断面研究，指的是选定一个时间段，在这个时间段内同时对两个或多个研究对象进行观察或测定并加以比较的研究。横向研究的优点在于容易实施，其经济性较好、时效性较强，可以在短时间内获取较大的样本量。但横向研究也存在局限性，如无法对现象的产生和发展过程进行深入剖析。纵向研究又称追踪研究，指的是从时间推移的一定阶段去系统地考察研究对象的发展变化及特征，从而揭示科学规律的研究。追踪研究的范围可以是某一学习行为的发展，也可以是整个行为的发展，其收集资料的时间可能是数周、数年甚至几十年。追踪研究的优点在于能够深入了解现象的发展过程，但需耗费大量的人力、物力和财力。

由于纵向研究和横向研究各有优点和不足，在实际研究中往往将两者有机结合起来，例如，研究不同年龄段儿童的发展特点可以在短期内同时对几个年龄段的儿童进行追踪研究，一般3~5年就可以完成。如可在3年内同时研究4个年龄组：1岁、4岁、7岁、10岁，每个年龄组选择数目相等的儿童，每隔一年测定一次，3年为一个周期。3年后，这4个年龄组的年龄刚好为：4岁、7岁、10岁、13岁。这样可以得到每个被试3年的数据，以研究这4个年龄组的发展情况。同时可以得到一条被试从1岁到13岁的发展曲线。这种研究叫聚合交叉研究。聚合交叉研究同时吸纳了纵向研究和横向研究的优点，避免了各自的缺点，使二者起到了相辅相成的效果。

第二节　心理学研究的特点及方法论原则

一、心理学研究的特点、任务和过程

(一) 心理学研究的特点

心理学作为一门科学，其研究不可避免地具有科学研究的一般属性，如继承性、创造性、探索性、系统性和控制性等，但心理学研究的是复杂的心理现象，因此也有着与其他科学研究不同的特点。

首先，心理学研究在研究对象上具有特殊性。心理学的研究对象是人，而人是有意识的有机体。要研究人需要获得研究对象的配合，也就是说研究者务必确保被试是自愿参与研究的，否则很难取得预期的效果。人的心理具有社会性，这可能导致研究对象在研究中受社会赞许性的影响而不按照自己的真实情况做出反应，从而干扰研究结果。人的心理还具有发展性和差异性，总是受环境中难以预料的变化或个体间的相互作用影响而随时发生变化，这大大增加了研究的难度。就像心理学之父冯特早就认识到的，心理学研究的是人们的直接经验，然而这种经验必须基于人的内省报告，因此，心理学是需要一个"经验着的主体"的科学。

其次，心理学研究的过程也有其特殊性，主要表现在：①心理学研究的主体和客体都是人，可能存在复杂的相互作用和相互影响，"霍桑效应""实验者效应"就体现了这种主客体之间相互影响的关系。②心理学研究中难以对研究对象进行精确控制，因为还涉及复杂的伦理问题。心理学研究者不能随意控制或操纵研究对象，既不能为了研究离婚对儿童心理发展的影响而迫使社会中实际存在的家庭离异，也不能为了研究不同教育方式的效果而对某些被试实施有损身心健康的实验处理。心理学研究在研究过程中不仅要从科学的角度考虑，还要从伦理和习俗的角度考虑。③心理学变量及其关联因素具有复杂性，这使得心理学研究很难像其他科学研究一样完全排除一些因素的影响以便专门研究个别因素。因此，因素控制以及精细的研究设计在心理学研究中显得尤为重要。

总之，正是心理学研究的独特性和复杂性，使得心理学研究在方法上有着更高的要求。如果说心理学是介于自然科学与社会科学之间的学科，那么可以这么说，心理学是对研究设计要求最高的自然科学分支，也是对实证研究需求最高的社会科学分支。因此，对于心理学的学习者和研究者来说，良好的方法学训练是必不可少的。

(二) 心理学研究的任务

心理学研究旨在对心理与行为的特点和变化规律进行描述、解释、预测和控制。科学研究这四个层次的任务通常是逐层递进的，后者是在前者的基础上进行的，是对前一个层

次上研究的深化。各种各样的心理学研究，大体都是在完成上述某个层次或者某些层次的任务。

下面我们来看看心理学研究任务的四个方面。

首先是描述现象。描述主要回答"是什么"的问题，对研究对象在某种条件下的心理和行为状况、特点以及不同方面的关联性进行刻画。例如，左脑损伤后的个体会存在哪些行为变化？孤独症儿童对父母的反应是否异常？想要回答上述问题，就需要研究者通过观察、调查、实验等方法收集有关变化的信息，对变化过程进行描述。其中关于变量关系的刻画，大多数情况下可能只是对事物关联性的描述，但是有时也可以理解为一种解释，比如确定了因果关联，这不仅是描述，也是用原因解释结果。

其次是解释原因。仅仅说明基本现状和特点是什么是不够的，研究还要回答"为什么"的问题，揭示某种现象存在的内部与外部原因，阐释变化发生的机制与条件，说明心理的作用与结构。解释包括很多种类型，如因果性解释、发生学的解释、功能性解释、结构性解释等。例如，儿童的性别角色概念是遗传的结果，还是环境或教育的结果呢？为什么有的孩子被同伴喜欢，有的则相反？机体的感受器为什么可以专门用来感受机体内外的各种刺激？这都是人们爱问的问题，也是研究者必须回答的问题。

再次是预测可能。人类总是有着预知未来的冲动，难以忍受对明天的不确定性。如果知道现在以及过去变化的规律和原因，那将来会如何变化呢？因此，科学研究的重要任务之一就是在描述和解释的基础上预测某个事件将来发生的可能性。心理学研究中的预测往往是建立在统计学意义上的，是对事件发生概率的预测，但是由于心理及其影响因素的极端复杂性，并不能够做出绝对有把握的预测。例如，我们通常会这样提问："什么类型的亲子关系可能最有利于儿童成年后形成良好的恋爱关系？"而回答也往往是做出某种可能性的预测。如"婴儿期亲子依恋为安全型的个体比不安全型的个体在成年初期更可能拥有健康的恋爱关系"；又如"幼儿期的高攻击性可能影响青少年期的社会适应，前者能预测后者15%的变异"。

最后是控制发生。有些心理现象是沿着人们期望的方向发生的，而有些变化是人们不愿意看到的，于是需要在描述、解释和预测的基础上，对心理特点及其变化加以控制，以趋利避害。心理学中的控制，指的是根据已有的科学理论或实际成果，操纵某种现象本身或改变其发生的条件，使研究对象朝着预期的方向改变或发展。例如，心理学家在对心理障碍患者进行心理治疗时，使用催眠、暗示等治疗手段就是不同程度地控制求助者的心理和行为；再如，如果高攻击性不利于儿童将来的社会适应，就可以考虑通过教育的方式或者其他干预方式削弱其攻击性，增加其人际亲和力，促进其良好社会适应能力的发展。

(三)心理学研究的过程

心理学研究是一项结构严密、步骤分明的工作，其整个过程包括研究课题的选择、研究方案的制定、研究结果的整理以及研究报告的撰写。

1.选择研究课题

选题是科学研究中具有战略意义的首要环节。提出和确定研究课题是心理学研究的起点，它关系到整个研究工作的成败。课题选择的基本程序如下：

(1)确定研究方向。研究方向决定了课题所归属的学科领域和研究范围。心理学的研究内容非常丰富，每一个内容都可以成为一个研究方向。初涉的研究者往往泛而不专，如果蜻蜓点水，这样没有明确主攻方向的科研活动必然会浪费很多宝贵的时间，使研究在低水平上徘徊。进行心理学研究时，首先应该确定一个研究方向，并在这一方向的指引下，选择具体的课题进行一系列的研究，只有这样才能取得高水平的研究成果。如果研究目的是要在基础心理学方面做研究，就要具体区分出主要是在认知、情绪、人格等的哪一个领域、哪一个方向进行研究。如果确定要在认知方面做研究，还要进一步明确是在一般的感知、记忆，还是思维或想象方面进行研究。如果确定要做有关感知方面的研究，则更要进一步明确是进行感知的一般理论研究，还是感知的发展性研究。如果要做感知的发展性研究，还要明确重点是做哪个年龄段个体感知发展的研究。同一个研究方向，通常会包含若干个研究课题。研究方向一经确定，就要在一段时期内相对稳定下来，根据自己的主客观条件，按照确定的研究方向在一定领域内选择具体的研究课题。有时候，科学研究需要积极开拓出新的研究方向。这要求研究人员必须具备独立存疑的态度、科学创新的精神和敏锐的洞察力，在遇到问题时多问几个为什么，善于在别人司空见惯的地方发现新问题。这样就能在成功完成某个领域一些具体研究课题后，逐步形成新的研究方向，开拓出新的研究领域。

(2)找到研究问题，初步形成研究课题。科学研究始于问题、终于问题，而问题能否成为科学研究的问题，要看问题的价值。别人已经解决了的问题以及没有理论意义也没有实践价值的问题不能算有价值的问题。因此，在做研究之前，系统、综合、客观地评析这个领域的已有研究是十分重要的工作。心理学研究的课题也就是心理学研究中要说明或解决的问题，找到了研究问题，也就初步形成了研究课题。

在心理学研究中，研究者提出和探讨的问题是大量的、多种多样的。如，智力水平与学习成就存在什么关系？学生区分词类的能力与年龄和受教育水平有何关系？学生的自我评价是否会随着教师对他们评价的越来越差而变得越来越差？惩罚对儿童的不良行为有何影响？不同的教学方法是否会对高中生学科成绩产生不同的影响？心理学研究课题选择的总目标就是要选择有意义的研究课题，这种意义体现在两个方面：一方面是课题的一般意义，即该课题是否属于理论发展或者解决实际问题所必需的领域，也就是说这个课题是否值得研究(即"你为什么要做")；另一方面是课题的专门意义，即这个课题是否有同类研究，如果有，那么为什么你还要做，也就是说，你做这个课题与同类研究的不同之处和创新之处在哪里(即"为什么要你做")。

(3)对课题进行初步探索。探索的方法有很多，如广泛查阅研究文献、向有关专家请教、进行实地考察等。人们在对课题进行初步探索的时候，往往只注意对课题一般意义的阐述，但实际上，在大多数情况下，要达到第一方面的要求并不十分困难，更为重要的是如何达到第二方面的要求，即该课题是否具有专门意义。要达到第二方面的要求，就必须全面系统地掌握该课题研究的现状，进行分析，找到切入点，并提出相应的研究设想，即找到立题依据。这步工作难度是很大的，尤其是当前学术界研究的热点问题，既然成为研究的热点，这个问题肯定非常有价值，要阐述这个课题的一般意义是比较容易的；但是，正因为它是热点问题，很多人都在研究并做了大量的工作，要在这个基础上找到具有独特意义的切入点就不容易了。例如，某人要研究如何培养学生的创造力，这是心理学界、教育学界长期以来研究的热点问题，这个课题的一般意义是显而易见的。然而，如何提出一种不同于前人的、创新性的培养方式却非常困难。

一般来说，在对选题进行初步探索时必须考虑以下几个问题：①我要研究什么问题？②这个问题对于理论发展或者是解决实践问题是否有价值？③前人对这个问题已经做了什么研究，为什么我还要做这个研究？④我对所研究问题的基本设想是什么？对这几个问题的思考也就是探索选择的课题有没有符合课题选择的基本要求。课题选择的基本要求有四点：①选定的问题要具体，表述清晰，避免选择大而全的、宏观性的研究问题。②必须明确研究问题对于理论发展或者解决实践问题有何价值。③必须了解学术界对该课题领域的研究现状，必须有明确的、依据充分的切入点。④必须对所研究的问题进行深刻的、富有新意的研究设想，对研究设想要进行理论分析与论述，阐述清楚该设想的理论依据。

（4）将课题具体化，提出研究假设。探索是为了对准备研究的问题的历史现状、必要性、价值、主要方法等许多方面有一个全面的了解和把握，最终目的在于将课题具体化，并提出研究假设。将研究课题具体化，也就是研究者应当经过从抽象到具体、从整体到局部、从大到小的过程，将一个研究课题(如当前中学生心理发展的特点)分解为一个个有待研究的较具体的问题(如当前中学生思维发展的特点、记忆发展的特点、情感发展的特点、品德发展的特点等)，再将每一个较具体的问题(如品德发展的特点)具体为一个个可以直接着手研究的小题目(如当前中学生友谊发展的特点、助人行为发展的特点、同情心发展的特点等)，如需要，还可以更具体地分解。这样，就将研究课题展开为一个有待研究的问题的网络。尽管研究课题有大有小，但一般来说都是可以而且应当将其进一步具体化的，以便具体着手研究。把一个大的研究课题具体化为一个个小的研究课题之后，就要把每一个小的研究课题所针对的问题以及所要探讨的问题准确、概括地叙述出来。

在大多数情况下，尤其是在进行高水平研究的情况下，研究者要对所研究的问题形成有关的假设或设想。研究假设是指根据研究者所掌握的知识，对该研究可能得出或验证的原理、规律或普遍结论做出的一种推断。一般来说，研究假设要遵循两个基本原则：一个原则是可操作性、可验证性、可重复性。研究者需要考虑该假设所涉及的研究变量是否可以定量地进行操作，是否具备操作研究变量以及控制无关变量的条件，是否有好的范式可以检测这些研究变量。第二个原则是创新性，即超越经验。有的研究假设是人们从经验中也可以体会到的事实，有的是非常有新意的、在日常经验中无法意识到的事实。在选择研究假设时，应该优先选择后一种假设，因为，后一种研究假设不仅体现了科学研究那种超越日常经验的本质，而且显示出整个研究的巧妙构思。在众多的心理学研究报告中，有的很平常，人们感受不到其高明之处，有的则非常巧妙，给人留下深刻的印象，有可能就是因为后者的研究假设富有新意。

2.制定研究方案

选定一个研究课题并确定了具体的研究假设之后，就要设计研究方案回答"如何做"的问题，通常包含以下步骤。

（1）明确研究对象。任何科学研究都必须确定研究对象，然后根据研究对象来选择资料搜集及数据分析的方法，心理学研究也不例外。心理学研究的对象非常广泛且数量庞大，在这种情况下，我们不可能也没有必要对全部的对象都做研究。研究对象的选择范围需要充分考虑课题的要求，并对被试的代表性和典型性提出要求，选定具体的研究被试，以保证研究结果可以说明一个地区、某一类情景或某一个对象的一般规律，具有普遍的指导意义。此外，还需要根据统计学的知识估算样本量的大小，即应选取的被试的数量，其目的在于，一方面保证样本的代表性，提高研究结论的准确性；另一方面减少研究者不必要的时间、精力和物力的浪费和过失误差。总之，做好这一步工作就是要根据课题的要求和研究的可能性、经济性，选定并设计一个行之有效的抽样方案。如果研究需要，还应采用一定的方法，建立一个除研究变量外各方面条件与研究对象都基本相同的对照组。

（2）明确研究变量。研究变量就是研究者根据研究目的确定的自变量和因变量，研究者必须清楚这些研究变量的性质和特点，明确本课题的无关变量有哪些，变量之间的关系是因果关系还是相关关系。为了避免认识、观念上的分歧以及保证研究结果的确定性、可比性，应考虑如何给研究变量下抽象定义和操作定义。明确研究变量还包括明确研究变量的观测指标。观测指标是指在研究活动中，用来观察或测量研究变量的类别、状态、水平、速度等特性的具体项目。观测指标必须是可观察、可记录、可测量的外部行为表现。即便要研究内部的精神现象或过程，也要找到这个现象或过程的客观的外部表现作为观测指标。研究变量的观测指标需要与研究目的、测量手段乃至结果的统计处理方法等结合起来加以通盘考虑和抉择。总之，明确研究变量是研究方案设计的重要内容，对研究工作的质量有着重要影响，同时也是科学评价研究结果的必要前提。

（3）选择资料收集方法、工具和程序。确定了研究变量之后，研究方案设计工作就进入了选择资料收集方法以及研究工具或材料的阶段。在心理学研究中，可采用的收集数据与资料的方法是多种多样的，比如实验法、调查法、访谈法、观察法等。确定资料收集方法后，就要选择相应的研究工具或材料。进行这方面的工作主要有两种形式：一是购买或选用现有的研究工具和仪器，其种类很多，有各种心理测验（如韦氏成人智力测验、卡特尔16项人格量表和成就动机量表等）和仪器设备（如眼动仪、棒框仪和视崖等）等，研究者可以根据需要购买或从中选用；二是研究者根据研究的特殊要求自己编制有关研究材料，如为字词学习与记忆实验编制单词表、为阅读实验编制阅读的小故事、为知觉实验编制各种视觉刺激图形等。

完成上述步骤后，接下来的一项重要工作就是对整个研究过程进行全面规划，不仅要厘清各个研究环节的逻辑关系及采用的研究手段，还要将研究任务和目标加以分解，制定分阶段的操作计划，也就是制定研究程序。研究程序有多个层面的含义：它可以是整个研究的操作顺序、先后工作步骤，也可以指其中的一项具体的数据收集程序；它可以指研究变量的操作程序，也可以指无关变量的控制程序；它可以包括研究的指导语，也可以包括数据的编码和处理程序。我们可以通过制定技术路线和研究计划来明确研究的具体流程以及各阶段需要完成的具体工作内容。

（4）预先考虑数据整理与统计分析。在研究方案设计时，要考虑如何对收集到的研究数据和资料进行整理、分类，用什么方法进行统计分析，并据此对收集资料的方法和内容提出进一步的要求。例如，如果研究结果将用计算机处理，则在问卷设计时就应该考虑到如何方便数据的录入；如果用计算机收集数据，则需要根据 SPSS 软件对数据格式的要求设计好数据结果的呈现方式。如果事先不加考虑，就可能导致找不到需要的数据、数据录入困难或者找不到合适的统计方法等一系列问题，从而影响研究工作。

3.整理研究结果

研究者掌握某一课题的理论脉络、制定好研究方案并在实践中加以实施后，获得了研究的原始资料和数据。但原始资料通常是非常庞杂的，因此要进行整理。研究结果的整理主要包括以下步骤：①设计研究结果整理方案，也就是对研究中所获得的原始资料和数据进行分类、归纳或统计处理(描述统计、推论统计等)，使得这些原始资料和数据能够更加明确、有序地说明问题。②建立原始资料数据文件。现在心理学研究一般采用计算机处理研究结果，因而在确定了研究结果的整理方案后，实施整理的第一步就是建立原始数据文件，即将研究中收集到的定性和定量的资料或数据，按照一定的要求录入计算机，建立研究的原始资料数据文件。③对原始数据、资料进行审核评价。所谓审核就是对收集的原始数据和资料进行审查并核验其真伪，检查数据、资料的完整性、合理性，并根据实际情况予以适当补充。所谓评价就是在审核原始数据、资料的同时，评价原始数据、资料收集的方法和收集数据、资料的研究工具是否可靠、精确程度如何；研究中取样的方式以及获得的样本数量和代表性如何以及研究实施过程中的数据、资料收集过程中的情景、被试和主试的影响程度是怎样的等，以保证研究结果的质量。④对经过审核的资料、数据进行统计分析。一般包括描述统计和统计推论两个部分。⑤对研究结果的所有资料妥善保存，系统积累。研究结果整理的最后一步就是将研究中收集的所有原始数据、资料，以及整理过程中的所有资料妥当保存，以备以后再次检视或者研究所用。

4.撰写研究报告

首先要综述文献并提出问题与研究假设，接下来的重要一步就是说明解决问题的方法，如被试选择、研究工具与材料、研究程序、资料编码技术、统计技术等。对于方法的说明要客观、明确、具体，以便于他人进行重复和验证研究。对于重要的研究结果、研究中发现的重要问题都要进行讨论。讨论可以是分析自己的结果与以往研究结果的关系，分析某个现象的原因，分析研究存在的问题并指出今后的研究方向等。讨论的写法各式各样。对于有些研究而言，还要根据研究结果建构理论体系，理论要具有自洽性、简洁性、一定的普适性等特点。在研究报告的撰写中，要以平实准确的语言报告研究结果，可以使用图表等呈现有关信息，所有的信息都应是真实的，表述应该符合科学规范，实事求是，不能夸大或主观推测。

二、心理学研究的方法论原则

在心理学研究中，我们不能仅考虑具体的方法与手段，还应自觉遵循科学的方法论原则。虽然心理学研究多种多样，但都要遵循如下几条基本原则。

(一)决定论原则

辩证唯物主义决定论是心理学研究的方法论原则之一，又称因果制约性原则。决定论原则认为任何事物的存在和变化都是有原因的。人的行为既受制于生物因素，又受制于社会因素。心理学研究者应从物质世界的普遍联系中理解人的心理和行为的本质规律。人的生活条件和生活方式等外部影响决定着人的心理，但是这种外部影响是通过人的内部特性折射之后起作用的。而人的内部特性最初也是由外部活动内化形成的。人的心理虽然由各种条件和因素决定，但它并不是消极和被动的产物，是人在积极主动的实践过程中形成和发展的。

（二）反映论原则

辩证唯物主义的反映论原则认为心理是人脑对客观现实的反映，人脑是心理的器官。心理反映的内容来自客观存在的现实；人的心理是在人与客观世界相互作用的实践活动中产生并发展的，而实践则是人有意识地认识世界的活动。意识是人的心理所特有的反映形式，它使人的行为具有自觉性和目的性，因而作为人的心理就具有主观能动性的反映特征。

（三）实践性原则

在科学研究中，理论与实践是辩证统一的。实践是理论的源泉，也是检验理论正确与否的唯一标准；而理论是指导实践、为实践服务，并在实践中不断发展的。只有在正确理论指导下的实践，才能取得成效。心理学作为一门科学，心理学理论如果不与现实生活紧密联系，就是"空中楼阁"，既不能为心理科学的发展做出贡献，也经受不起外界压力的考验。因此，在选择和确定心理学研究的内容和课题时，要注意和社会实践活动密切联系，从实践中发现问题、提出问题并用科学的方法去解决问题。这样的研究才有科学意义和社会价值。同时，心理学研究也必须通过科学实验，才能获得有关研究对象内在本质和客观规律的认识。通过各种科学研究所得到的认识和理论，也必须经过实践的检验，才能证明其正确性和适用性。

（四）客观性原则

客观性原则，也就是实事求是的原则。规律是客观的，不以人们的意志为转移。对规律的探求应该做到实事求是，这是一切科学研究的基本要求——求真务实。然而研究的过程是一个主体与客体相互作用的过程，容易产生主观化的错误。例如，功利心会促使极少数的人丧失理智、篡改数据、夸大事实。即便研究者有务实的研究态度，但其已有的观念也很容易使观察或调查受到污染，使他们只挑选需要的信息，而做出与客观情况不符合的片面结论。总之，一个稳健的研究者，应该了解如何在研究中贯彻客观性原则。

（五）系统性原则

事物都是处于普遍联系、有组织的系统中的。现代系统科学与哲学揭示的很多基本原则对于理解心理学问题都有指导意义，例如，整体性原则、矛盾性原则、层次性原则、动力性原则等，都可以用来理解心理的本质。以家庭对儿童发展的影响为例，可以单独研究家庭成员的特点，如父母的文化水平与儿童发展的关系，这是在考察两个各自独立的元素之间的关系；可以研究亲子互动对儿童发展的影响，这是把儿童置于人际相互作用关系中考察其发展，即考察元素之间的关系对其中一个元素的影响；也可以探讨整个家庭系统的演变与儿童成长的关系，这是在考察系统与元素的关系；当然，这种研究还可以探讨系统与系统的关系，甚至这种关系的演变。总之，研究可以在元素的层次、元素关系的层次、关系结构的层次、系统的层次、系统演变的层次等不同层次上进行。每个层次的研究都不能孤立地看问题，要考虑研究的层次性，考虑各因素的相互关联，用系统的原则指导研究。

(六) 发展性原则

一个"活的"系统应该是变化的。因此，心理的研究应坚持发展性原则。心理系统的变化有很多形态，最典型的是心理的发展。心理的发展有两个层次：人类作为一个种系的心理进化与作为个体的心理进化，即种系心理发展与个体心理发展。个体的心理特性和品质往往处于从"萌发"到成熟，甚至衰败的变化过程中，从总体上看，这种变化是在单向的时间维度上展开的，是不可逆的。除了心理发展，还有各种形式的变化过程，如学习性质的变化、信息加工中知识状态的变化等。在具体研究中，必须注重发展性原则，即在系统性原则的基础上把时间维度考虑在内，考察系统的动态变化过程，而不能静态地研究"死的"系统。

(七) 教育性原则

心理学研究不应该对研究对象，尤其是儿童的身心发展产生不良影响，因此在研究时应注意贯彻教育性原则。教育性原则要求研究者在进行研究时要考虑被试的身心发展规律，使研究具有教育意义，有利于被试的正常发展。在进行心理学研究时应特别重视这一原则。例如在某些儿童心理研究中，所使用的材料如图片、故事、短文、词组、影像等，除考虑研究本身需要及科学性之外，更重要的是考虑它们对儿童的教育性。各种心理训练，如学习策略训练、挫折承受能力的训练等，都应有助于被研究者的身心发展。不利于身心发展的内容，如应激性实验可能导致心脏疾病或心理障碍，不能在人身上实施。

(八) 伦理性原则

现代心理学的研究越来越重视伦理学的要求。心理学的研究对象大多数情况下为人类被试，作为人有着自己的权利和尊严，任何研究都必须恪守道德情操，不能损害人类被试的身心健康，也不应该违背人类普遍的和个体所处文化中认为重要的伦理原则。具体来说，以人为被试的心理学实验，必须遵循的基本伦理原则包括：保证被试的知情同意权；保障被试的退出自由；保护被试免受伤害；为被试保密。历史上著名的小艾伯特实验（华生，1920）如今看来就是一场不顾伦理的惨剧。该实验的对象是一个名叫艾伯特的男孩。艾伯特在9个月大时，接受了一系列的基础情感实验，如接触白鼠、猴子、燃烧的报纸等。最初，艾伯特并没有感到恐惧，后来，实验者在艾伯特触摸白鼠的时候，敲打钢棒，发出猛烈的声响。几次以后，艾伯特即使没有听到响声，一看到白鼠也极度害怕，还害怕与白鼠类似的物体，如狗、白兔、皮外套、棉花、羊毛等，甚至害怕圣诞老人的面具。诚然，华生通过这个实验有力地说明了恐惧可以通过条件反射后天习得。然而，华生也因此背负了不尊重儿童的指责，因为这种实验对儿童是一种精神上的伤害。社会心理学中著名的"模拟监狱实验"也因实验造成了被试的过度紧张和情绪困扰而受到批评。即便一些以动物为研究对象的实验，也应该做到保护动物，减少损害。心理学的研究，特别是认知神经科学、学习心理学、进化心理学方面的研究经常以动物为被试。目前，关于动物实验伦理的问题，仍在不断争议中，尚无定论，一些动物保护组织在强烈抗议对动物的过分损害。

第三节 心理学研究的方法与手段

一、心理学研究设计

虽然科学研究中存在意外的发现，但是绝大部分科学研究都依赖于精心的研究设计。研究设计包含诸多内容，可以采用不同的设计类型，只有了解这方面的基本知识才能做到"心中有数"。研究设计有广义和狭义之分，广义的研究设计包括研究的所有准备工作，尤其是方法方面的"计划"和"程序"安排。这里只讨论狭义的研究设计，即对研究中变量及其关系的组织框架的安排。

研究设计的逻辑是否清晰合理，将决定研究结果是否成立或有价值。介绍研究设计时，首先要明确研究设计的类型，然后针对该类设计的特点有所侧重地加以介绍。在心理学研究中采用的研究设计既包括通过观察、访谈、调查等方法收集事实资料来实现研究目的的描述性研究设计，也包括通过测验、问卷、实验等方法收集数据资料来实现研究目的的实证性研究设计。每种研究设计又可以采用不同的设计方式，如描述性研究设计包括观察研究设计、访谈研究设计和个案研究设计；实证性研究设计可分为相关研究设计和因果研究设计（本书第二章将对此进行详细介绍）。对于相关研究，要介绍清楚属于一般的相关设计（对一批被试收集两个或多个变量的数据）还是组间设计（如根据性别分组，考察分组之间在因变量上的差异），变量有哪些，每个变量有几个观测水平或取值范围，变量属于哪种测量水平。对于组间设计要说明哪个变量是自变量、哪个变量是因变量；对于一般的相关设计，若做回归分析，则要说明哪个变量是预测变量，哪个变量是结果变量。通常，相关研究的设计方法不太复杂，其变量关系容易说明，然而，因果研究对逻辑推理的要求更高，设计更复杂，其介绍也需要更为精细，对于旨在得到因果关系的实验研究，其设计类型的介绍要准确无误，如研究是被试间设计、被试内设计还是混合设计，被试间变量有哪些，被试内变量有哪些，各自包含几个观测水平，自变量如何操纵，无关变量如何控制。研究设计还可以分为前实验、真实验和准实验以及单因素实验和多因素实验等。在选择研究设计时，应根据研究目的、被试的特点、研究的主客观条件、各种研究设计的优缺点和适用条件，选择最恰当的研究设计去解决客体所提出的具体问题。

总之，我们要清楚地知晓自己研究的设计类型，明确需要介绍哪些信息，并使用同行普遍接受的技术性语言（如变量、水平、被试间、被试内等）加以表述。

二、心理学数据采集的技术与手段

数据采集是心理学研究方法的核心内容。不同变量之间的关系是通过量化的方式实现的，因此如何去获得各个变量的量化数据就成了心理学研究中的技术重点和难点。心理学数据采集是涉及研究的具体环节的方法。自心理学成为一门独立学科以来，研究者们已经积累了大量心理学数据采集技术。尤其是认知心理学和认知神经科学的兴起，使心理学研究技术获得了空前的发展。了解并掌握这些技术对开展心理学研究无疑具有重要意义。目前常用的数据采集技术有测评法、实验心理范式和认知神经科学范式。

(一) 测评法

获得数据的主要途径之一是测评技术或测评方法。测评法是指通过一定的工具(量表或评估表等)对被试的各种心理特质或行为做出量化描述的方法。传统上，测评法包括测验法、问卷法和评价法。

测验法就是通过心理量表(心理测验)来收集变量数据的一种方法。心理测验是通过观察少数有代表性的行为或心理现象，来推论和量化心理活动特点的标准化工具。测验法具有间接性和相对性。间接性是指通过心理测验所测量到的是被试对测验题目的外显反应，而无法像用尺子量身高那样直接测量到心理现象本身的量值。测验法常用是否失眠、人际关系紧张、烦躁不安、注意力不集中等外在表现来测量人的心理健康水平；通过迷宫、积木、算术等作业来测定人的智力水平。相对性是指心理测验所测得的结果只是一个相对的量数，是与被试所在总体的大多数人的行为相比较而言的。如智商就是一个相对量数，100 表示平均水平，高于 100 说明智商高于平均水平，高于 120 被看作智力超常，而低于80 被看作智力落后。在心理学研究中，通过测验法获得变量的数据具有一些明显的优势：①测验法所用的量表编制严谨，标准化程度高，结果较准确可靠。②心理测验的施测规范，结果评价和处理方便，除了投射性测验，绝大多数测验的数量化程度都非常高，便于在短时间内获得大量数据。③心理测验都有常模，可以将被试的测验结果与一般群体的结果进行对比，或判定个人在相应群体中的相对水平，如智商的测量。④到目前为止，人们已经成功开发了涵盖心理学大多数领域的量表，这些量表有的可以直接使用，有的经过简单修订后即可使用，为大量心理学变量数据的获取提供了捷径。测验法的不足是对研究者有较高要求，如使用不当或结果解释不当会导致很多问题，甚至是非常严重的社会问题，如测量智商时，测量环境恶劣、受测者身心状态不佳、主试态度粗鲁等都可能导致所测智商偏低。这样获得的有关智力水平的数据就不可靠，如果不顾数据质量就考察变量之间的关系，那么就会导致错误的研究结论。此外，当前在测验法的使用中还存在许多测验编制不科学、发行控制不严、测验工作人员缺乏专业性训练等问题，这些都会影响数据的质量，从而影响研究的质量。

问卷法是通过严格设计的书面调查表收集心理学变量数据的一种研究方法。作为获取变量数据的一种常用方法，问卷法有很多优点。第一，问卷法能以较少的投入、在较短的时间内获取大量的心理变量数据。第二，问卷法能搜集到较为真实的材料。在大多数情况下，被试在填写问卷时，既无人员监视，也无须署名，因而在回答一些不宜当面询问的敏感性、尖锐性和隐私性问题时，不会产生后顾之忧。第三，问卷法可有效获取量化资料。由于问卷法具有规范化特征，便于进行整理、比较、分析，可采用计算机技术对资料进行统计分析。但是，问卷法是一种相对不太严谨的数据获得方法，存在一些明显的不足。第一，难以对问卷法所获得的数据给予正确的可靠性评定。第二，问卷设计具有规范与统一的特征，对所要调查的问题和被选答案都做了预先设定，被调查者只能对预定问题做相应回答，或对预定答案做某种选择，在一定程度上缩小了所获信息的容量。此外，问卷法实际上也是一种自陈式的数据获得方法，如果有些东西连被调查者自己都说不清楚，那么就无法进行有效的自我报告了。

评价法是指由评价者根据评估表对被评对象的状况进行分析，然后据此对其特质做出量化评定的方法。评价法是一个应用非常广泛的概念，如教学评价、管理评价、效益评价、素质评价、品德评价等。本书讨论的评价法主要指在心理学研究中为了获得个体心理现象中某一方面变量的数据而采用的微观层面上的方法。其主要评价途径就是让对被评者比较熟悉的人或有关专家根据评定方案为相应的心理或行为表现给予一定的数值。在评价法中，最常用的量化方法是等级评定法，就是评价者运用事先设计好的等级评定量表，根据被评者的实际情况选择量表上相应的数字。如在注意稳定性的研究中，将注意非常不稳定和非常稳定之间分成 5 个级别，由不稳定到稳定依次用 1、2、3、4、5 表示。教师或家长根据某学生的情况选择其中一个数字，这样就可以获得有关注意稳定性这个变量的数据。评价法具有适用面广、操作简便和经济高效等优点。评价法可用于心理问题、行为障碍、能力倾向等多种研究课题的量化评定，如儿童注意缺损多动障碍（ADHD）评定、适应性行为评定、心理健康水平评定、人际关系评定等。可以说，只要是能被他人观察到或感受到的心理表现，都可以采用评价法。而且评价法一般都采用等级评定，操作要求非常简单，评价者在很短的时间内就能掌握。由于评价法是由专家、教师或家长等长辈来实施的，不需要向众多的被评者发放评估材料，也不需要将他们统一召集起来在相同的环境下接受测评，所以能节省大量的时间、人力和物力。此外，评价法还有一个优点是评价结果不受被评者的主观意愿影响。但是，评价法的局限性也很突出，主要表现在以下两个方面：①评价结果容易受评价者的主观意愿影响。这种主观意愿表现在多个方面，一是对被评者的偏见；二是对评价标准的掌握偏差；三是对被评者了解的偏差。②评价法不易揭示行为的原因。由于评价法由他人进行，所以只能评价外在表现。至于外在行为的内在动机和机制则是无法进行评价的。根据上述特点的分析，我们可以看出，评价法的严密性和标准化程度不太高，但适用面很广，很多不适合用测验法和问卷法的研究都可以采用评价法。如由于儿童的自我意识还不成熟，无法用自陈量表和问卷法去了解他们的心理特点，这时如果采用评价法则能取得良好的效果。因此，在一些特殊群体和低龄儿童的心理和行为研究中，评价法具有突出的价值。

（二）实验心理范式

实验心理范式是指通过操纵或控制一些研究变量，探讨一个或几个反应变量随着被操纵变量的变化而变化的趋势，以探求心理现象的原因和发展规律的研究方法。实验心理范式是由某项研究首先创立、被后人广泛应用的、在实验中对各种心理特质或行为进行测定的经典实验任务或技术，如知觉研究中的双关图任务、注意研究中的双耳分听任务、记忆研究中的短时记忆广度任务、问题解决研究中的河内塔任务、阅读研究中的移动窗口技术等。实验心理范式可以分为传统的实验心理范式与认知实验心理范式。传统实验心理范式泛指自冯特（1879）建立第一个心理学实验室以来，除了现代认知心理学和认知神经科学之外的心理学研究领域采用的实验方法，包括传统的实验心理学、比较心理学、发展与教育心理学、社会心理学等领域的实验方法。这一类实验方法包含的技术范式非常广泛，但因研究领域的不同而存在很大的差异，因此代表性强、适用面广的实验技术范式反而相对较少。认知实验心理范式主要指当代认知心理学各研究领域所采用的实验方法，是建立在现代信息加工理论之上的实验技术范式。其主要特点是借助于复杂的实验设计，通过反应时间和正确率等较简单的指标，实现对人类大脑内部认知机制的研究。这种技术范式在当前科学心理学研究中仍处于主导地位，涉及领域之多样、内容之丰富，是其他技术范式很难比拟的。这类技术范式主要分为两大类：一类是认知行为实验范式，另一类是认知联结主义实验范式。认知行为实验范式指依据信息加工理论，通过被试在不同实验条件下的外在行为表现推测内在信息加工机制的方法，又称符号定向的认知心理实验范式。这种技术范式是建立现代认知心理学的方法学基础。经过长期的探索，现在人们已经积累了大量具体的实验范式，其中有很多范式设计精巧、适用面广，已经成了经典的实验技术。认知联结主义实验范式指依据神经网络理论，通过计算机模拟揭示个体分布式信息加工机制的方法，属于网络定向的认知研究方法，又叫平行分布加工模型(parallel distributed processing, PDP)或神经网络范式。Stroop 任务、启动技术、试验性分离技术和双任务范式是应用比较广的、设计思想较为精巧的实验技术范式。此外，适用面比较广的实验技术还有加工水平范式、移动窗口技术、Go/No-Go 范式等。

(三) 认知神经科学范式

认知神经科学范式是指当代认知神经科学领域常用的各种研究技术，被普遍看作21 世纪的领头科学，同时也是代表当前科学心理学最先进研究理念和最高研究水平的一种研究范式。这种技术范式主要分成脑成像技术和脑损伤技术两大类。脑成像技术是通过精密的仪器对自变量引发的大脑神经活动进行实时测量的技术，主要包括正电子发射断层扫描技术、功能磁共振技术、事件相关电位技术、光学成像技术、脑磁图技术和单细胞记录技术等。本书第七章将对这些脑成像技术进行重点介绍。脑损伤技术又包括创伤性的脑损伤和虚拟脑损伤两种。前者主要指针对由于意外突发事件或脑疾病导致大脑某些部位受损的病人的研究，后者则特指采用透颅骨磁刺激仪技术进行的脑机制研究。此外，眼动技术也是当今心理学研究中一种先进的变量数据获得方法，而且内容自成体系。眼动技术之所以能成为一种心理学研究方法，关键在于眼动模型与很多心理现象如知觉广度等存在一定的特异性关系。针对这些关系，研究者提出了许多眼动信息加工模型，如视觉缓冲加工模型。

三、心理学数据分析方法

统计学为研究者分析数据资料以及推论待检验假说的可能性提供了一个有效的工具。对于心理科学领域的研究者来说，没有统计的帮助是不可能进行研究的。心理统计学的内容包括描述统计和推论统计两个部分。

(一) 描述统计

描述统计主要研究如何将调查或实验所得到的大量数据整理成有代表性的数字，从而使其能够客观地、全面地反映这组数据的全貌，将其所提供的信息充分显现出来，为进一步统计分析和推论提供可能。通常情况下，研究者可以对整理后的数据进行两方面的描述统计分析：制作统计图表和计算描述统计量。

（1）制作统计图表。完成对实验数据的初步整理与编码、分类等工作后，下一步工作就是对数据的趋势进行描述。通常情况下是通过统计图或表的形式来直观地反映数据变化的趋势。通过统计图表，可以大致了解数据的分布情况以及数据所反映的初步规律，同时，也有助于对研究数据进行直观的解释。在统计分析中，常见的统计图表包括：次数分布表、累加次数分布表、次数分布图、累加次数分布图、直方图、条形图、面积图、圆形图、曲线图等。不同类型的统计图表可以从不同的侧面反映数据变化的基本规律，研究者可以根据数据的基本情况和探讨的问题确定选择什么形式的统计图表来描述数据。

（2）计算描述统计量。从严格的意义上讲，统计图表的绘制还只是对统计数据的最基本的描述。完成了数据整理与绘制统计图表，下一步就要对实验数据进行最基本的分析——描述统计分析。通过描述统计分析，可以对实验数据进行简化和概括化，从而根据表面上杂乱无章的原始数据计算出简单的描述统计量，并对数据的全貌进行概括性的描述。这些描述统计量包括：集中趋势统计量，如平均数、中位数和众数等；离散趋势统计量，如方差、标准差和变异系数等；相关统计量，包括连续变量的积差相关和各种等级相关，如皮尔逊积差相关和斯皮尔曼等级相关。

（二）推论统计

推论统计是以描述统计为基础，解决由局部到整体的推论问题，即将实验中抽取样本数据反映的情况及其普遍性进行统计分析，推论该样本数据所代表的总体特征。推论统计主要包括总体参数估计、常规的统计检验（如 z 检验、t 检验、卡方检验等）、方差分析、回归分析以及其他的高级统计分析方法（如因子分析、聚类分析等）。

（1）总体参数估计。总体参数估计是指当总体的参数未知时，通过对样本各单位的实际观察取得的样本数据，计算样本统计量的取值来对总体参数进行估计。参数估计可以划分为点估计和区间估计。点估计又称定值估计，是指用样本计算出的描述统计量对总体参数进行估计，如用样本平均数估计总体平均数，用样本的标准差估计总体的标准差等。区间估计是根据样本的概率分布理论和置信水平（或显著性水平），用样本统计量对总体参数可能落入的区间范围进行估计，并对这种估计正确的可能性予以解释。通常情况下，区间估计的置信水平是 0.99 或 0.95（即 0.01 或 0.05 的显著性水平）。具体的估计方法可以参考统计学方面的书籍。

（2）统计检验。统计检验是根据样本分布理论，对抽取的样本与总体或样本与样本之间在描述统计量上是否存在显著差异进行检验的统计分析方法。统计检验是以样本分布理论为理论基础的。在不同条件下，从某一总体中抽取的样本，其样本的分布可能是不同的。根据不同的样本分布，可以对样本与总体或样本与样本之间可能存在的差异进行显著性检验，并根据检验结果对可能存在的差异进行推论。例如，一种团体治疗强迫症的方法，干预前患者的强迫症状严重水平为 μ_1，干预后患者的强迫症状严重水平为 μ_2，该干预方法是否对治疗强迫症有效呢？这个问题所涉及的两种情况可以用统计假设的形式表示：

$H_0 : \mu_1 = \mu_2 ; H_1 : \mu_1 \neq \mu_2$

其中 H_0 称为零假设或原假设，H_1 称为备择假设或对立假设。H_0 表示 μ_1 和 μ_2 之间没有显著差异，H_1 表示 μ_1 和 μ_2 存在显著差异。检验就是要做出是否拒绝零假设的判断。

（3）差异分析。差异分析是心理学研究的主要统计手段之一。对于一项心理特质，研究者可能关心的问题是不同性别之间有差异吗？不同年龄或年龄段之间有差异吗？不同文化背景之间有差异吗？等等。在探究因果关系的心理实验研究中，差异分析是必不可少的环节。虽然实验的目的是探究因果关系，但数据分析时通常只需要做假设检验进行差异分析，就可以对实验结果下结论。这样做是有逻辑背景的，就是运用了因果分析法中的共变法进行因果推理。

因果推理的共变法的大意是，在一个系统中，已知条件 A、B、C、D，可以观测到结果 a、b、c、d。保持 B、C、D 不变，而让 A 变化，例如 A 的值是 A_1、A_2、A_3，若由 A_1、B、C、D，观测到结果 a_1、b、c、d；由 A_2、B、C、D，观测到结果 a_2、b、c、d；由 A_3、B、C、D，观测到结果 a_3、b、c、d，则可以做出如下的因果推理：a 的变化是由 A 的变化引起的。当然，这个推理是否正确，需要专业知识或实践来检验、确认。这相当于一个实验，A 是实验因素，它有三个水平：A_1、A_2、A_3；而 B、C、D 是无关变量，保持恒定；因变量是 a。现在的问题是，a 变化了没有？这个问题等价于 a_1、a_2、a_3 之间有差异吗？考虑到随机误差，问题变为：a_1、a_2、a_3 之间的差异在统计上是显著的吗？所以，从数据分析的角度说，对实验数据要做的是差异分析。例如，"学生对文章内容的不同预期对正常速度阅读理解的影响"的实验，"不同预期"在文章中具体表现为"不同类型标题提示"，有三个水平：正确标题提示、中性标题提示、误导标题提示。要研究"不同类型标题提示"是否影响阅读理解，归结为检验三个实验处理的阅读理解成绩的差异是否显著。

不同的问题背景、变量类型、实验设计，有着许多不同的分析方法，如 t 检验、方差分析等都是常用的差异分析方法。t 检验用于两组之间的比较，包括单样本 t 检验、配对样本 t 检验和独立样本 t 检验。方差分析用于多组之间的比较。方差分析是根据变异可加性的原理对不同来源的变异对总变异贡献的大小以及不同来源的变异之间是否存在显著差异进行统计分析的一种方法。通常情况下，统计数据是否能够进行方差分析至少应该考虑如下三个条件：①抽样的总体为正态分布；②不同来源的变异具有可加性；③不同实验处理的方差齐性，即不同的实验处理组是同质的。在心理学实验研究中，由于采用实验设计方法的不同，对实验结果进行方差分析的方法也有所不同，包括单因素被试间设计的方差分析、单因素被试内设计的方差分析、多因素被试间设计的方差分析以及多因素被试内设计的方差分析。

（4）其他常用的多元统计方法。除了上述的统计分析方法之外，常见的分析方法还有回归分析、因素分析、多元方差分析、路径分析与结构方程、判别分析、聚类分析、元分析、时间序列分析等。研究者可以根据数据的特点和实际研究的需要，选择不同的统计分析方法。

上述统计分析方法的具体内容请参考多元统计方面的书籍或 SPSS/SAS 等统计软件包的使用手册。

（朱熊兆　刘婉婷）

第二章　心理学研究变量与设计

了解心理学研究中的变量类型并针对研究问题选择适宜的心理学研究设计是心理学研究的基础。本章将介绍心理学研究变量的概念以及心理学研究的类型，并概括性地介绍心理学研究中常用的研究设计，包括相关研究设计、因果研究设计以及描述研究设计。

第一节　心理学研究变量与类型

一、心理学研究变量概述

（一）变量的概念

心理学最早起源于哲学，是从哲学中分离出来的一门独立的研究学科。但是直到1879 年，德国心理学家冯特在莱比锡大学建立第一个心理学实验室，才真正地把心理学作为一门科学。和其他学科一样，心理学在达到研究目标的过程中，离不开变量这个概念。例如，在数学学科中，变量是表示数字的字母字符，具有任意性和未知性；在计算机语言学科中，变量是计算机语言中能储存计算结果或能表示值的抽象概念。而在心理学中，变量一般是指有机体（可能是人、社会等）的心理或行为及其相关的因素，这些因素可以不断变化。有研究者把变量作为心理学研究的逻辑起点（莫雷等，2007），认为心理学变量是心理学研究的基础。因此，对于心理学的变量来说，能否被准确测量变得至关重要。

为了能够准确测量心理学变量，定义变量对研究者来说非常重要，它可以明确概念的内涵和外延。对变量的描述除了有理论性的定义，还要有技术性的定义（操作性定义）。布里德曼（Bridgman，1927）认为一个概念应该由测定它所用的程序来下定义，即操作性定义。在心理学研究中，对心理学变量进行操作性定义的一个明显的优点是，可以对复杂的心理行为进行量化，便于研究者进行研究和重复以往的结论，增加研究的可信性。

（二）变量的分类

在心理学研究领域，不同的研究者可能对不同的心理学问题感兴趣，而确定研究的变量是研究者进行心理学研究的前提。因此，对心理学研究中的变量进行分类将有助于研究者进行心理学研究。以往研究者采用不同的分类标准对心理学中的变量进行分类，本节主要从变量的性质和作用对心理学变量进行分类。

1.根据变量的性质分类

根据变量的性质,心理学变量可以分为定性的变量和定量的变量。定性的变量一般指分类变量,例如,性别(男、女)、心理治疗类型(认知疗法、精神分析、人本主义等)、婚姻状态(已婚、未婚)等。定量的变量通常是连续变量,对现象或事件的变化揭示得更为精细,例如焦虑水平、抑郁水平、心理弹性水平等。

2.根据变量的作用分类

根据变量的作用,心理学变量可以分为自变量、因变量和控制变量。

自变量指在实验过程中可以被研究者直接或间接操纵,而且会对研究结果产生特定的影响的变量。例如,单词记忆考察过程中单词呈现的方式、情绪识别实验中情绪的类型等。在实验的过程中,通过对自变量的定向的操纵来确定实验处理对因变量的影响。

因变量一般指实验中被试对刺激做出的反应,可以用研究结果的测量值来表示。例如,在一项数字广度记忆的测验中,安排两组被试记忆一个数字序列,并在一定的时间间隔后对两组人的记忆水平进行测量,那么回忆出来的数字的个数就是因变量。需要注意的是,在这个实验过程中,还有很多因素会影响最后的实验结果(被试回忆数字的个数),例如在间隔时间内被试是否进行复述,是否进行其他相关的活动等,这些因素都是需要控制的。

通常,在心理学研究过程中,需要排除或保持恒定的潜在的对因变量产生影响的变量称为控制变量。控制变量与因变量相关,因此在研究过程中需要对其影响加以控制来考察自变量对因变量的影响。例如,要考察高中生阅读速度和阅读理解之间是否存在联系。一般情况下,高中生的智力水平与阅读速度和阅读理解都存在相关,因此在进行研究时需要控制智力水平的影响,否则研究者将无法准确得出阅读速度与阅读理解关系的结论。

(三)变量间的关系

心理学研究的一个明显的特征是从变量间的关系对心理和行为发生的规律进行解释。对于心理学研究人员来说,无论是探索一个变量(例如记忆成绩、完成任务所花时间)发生变化的条件,还是探索一个变量(如记忆材料呈现时间、问题解决中问题的性质)有什么作用,都需要涉及其他变量的作用,这也表明心理变量之间必然存在某种关系。当心理学家谈论变量间的关系时,一般会涉及两种基本的关系,即相关关系和因果关系。

相关关系指两个或多个变量之间在变化的方向与大小方面存在某种联系。变量之间的相关关系可以概括为三种情况,一是正相关,表现为变量变化的方向相同,即变量同时变大或同时变小;二是负相关,表现为变量变化的方向相反,即一个变量变大或变小时,另一个变量则变小或变大;三是零相关,即变量之间变化的方向和大小没有关系。正负相关可以说明相关关系的方向,而不能得出其他结论,即不能认为正相关就是"好的",负相关就是"坏的"。而且需要注意的是,相关关系在表现变量间关系时提供的信息非常有限,它只能说明变量间存在联系,但是不能确定谁是因、谁是果。例如,工作满意度与工作绩效之间存在正相关关系,但是不能确定究竟是工作绩效增加了工作满意度,还是工作满意度提高了工作绩效,但是研究者可以做出某种预测,工作满意度和工作绩效存在同时变大或同时变小的关系。因此，如果两个变量间存在相关关系，研究者就能对它们进行预测，但是无法推断它们之间的因果关系。还有一点研究者需要特别小心，即假如两个变量间的相关关系可以通过第三个变量进行解释，这种情况下这两个变量之间可能存在"假相关"。例如，夏天冰激凌的销量与溺水的人数之间的相关就可能是由于第三变量（天气因素）造成的。天气炎热，自然买冰激凌的人数就会增加，而天气炎热，还会增加游泳的人数，相对来说，由于游泳而溺水的人数可能增加。从这个例子里可以看出，天气因素可能是导致冰激凌的销量与溺水的人数相关的原因。但是也不能认为如果两个变量之间存在第三变量，原来两个变量之间的相关关系就不存在。例如，"朋友数目"就可能是喜好交际与生活满意度之间的第三变量。朋友数目多的人相较于朋友数目少的人，可能更愿意参与社交活动，对自己的生活更满意。但这并不能说明，爱好社交与生活满意度之间的相关不存在。对研究者来说，朋友数目可以对喜好社交与生活满意度之间为什么存在相关提供一种解释。

变量间的相关关系可以为预测提供证据，但是"相关关系始终无法代表因果关系"。因此在相关的基础上对变量进行因果推论时，要注意相关关系的局限性。对于心理学研究而言，研究者总是希望确定变量之间的因果关系，因为只有这样才能了解事物的规律和本质。

心理学研究中变量的因果关系需要研究者根据资料进行逻辑推断。在这个过程中很容易犯逻辑错误，得出错误的结论。如何做出正确的因果推断涉及判断因果关系的标准问题。拉扎斯菲尔德（Lazarsfeld，1959）提出了三条判断因果关系的标准：①变量发生的时间。这是进行因果推断最基本的条件，作为原因的变量先出现，如中枪导致死亡，必然是先中枪后死亡。②变量间存在实证的相关。即要能够观测到两个变量之间有稳定的共同变化关系，即一个变量的变化总是可以引起另一个变量相应的、可以预见的变化。③两个变量间的相关不是第三变量导致，即可以排除其他解释变量间实证相关的因素，也就是可以排除全部额外变量的干扰。若满足以上三个标准，一般认为变量间存在因果关系。

二、心理学研究的基本类型

心理学家通过建立理论和进行心理学实验来对行为和心理过程进行解释，可以帮助理解人类是怎样感知外界信息和怎样进行信息内化处理的规律，并在这个过程中产生新思想和新问题。心理学研究需要在前人的研究基础上，探索新问题；也有研究者用新的方法探究老问题，进而增加对研究主题的理解。心理学研究是一项可以复制的活动，也就是说，其他研究者采用相同的方式可以重现研究结论，这也是心理学研究的一个重要特点，具有普适性和可操作性。但心理学研究的主题相当广泛，根据不同的标准，可以分为不同类型。

（一）定性研究和定量研究

心理现象有质和量两个方面，从质的方面进行考察称为定性研究，从量的方面进行考察称为定量研究。定性研究主要采用以描述和解释性为主的方法对心理和行为进行研究。例如，在1910—1940年期间，芝加哥大学的社会研究人员进行了一系列有关都市生活和青少年犯罪生活的研究，研究者多采用定性研究的方式，主要包括参与性和非参与性观察、无结构和半结构访谈、案例分析等方法。博格丹（Bogdan）和比克林（Biklen）对定性研究的特点进行了总结，主要包括五个方面：①自然情境作为研究资料的直接来源；②收集的资料是描述性的；③重视研究的过程；④对资料进行归纳分析；⑤关心被试在自然情境下，对事物已经发生或已经存在的意见的看法、体验或理解。

定量研究也称量化研究，量化心理和行为研究是心理学研究科学化的重要标志。心理学研究者一般采用可操作的方法，如用数字计量的方式对活动、事件、人物的性质进行表达，如用数字表达感觉的数量、程度或强度上的差异。定量研究有一套完备的操作技术，包括取样方法（如随机取样、非随机取样）、资料收集方法（如问卷法、实验法）和以数理统计为基础的资料分析方法（如描述性统计、推断性统计）等。这种研究取向主要用于分析心理现象中的各种相关和因果关系，可以人为地操纵变量，这种研究一般可重复。

定性研究与定量研究是两种有着明显区别的研究范式，两者不仅有着不同的哲学基础，同时对于研究对象、研究方法、研究过程、研究结果的分析、研究者自身的角色等问题均有着不同的看法。定量研究适合在宏观层面对事物进行大规模的调查和预测，定性研究适合在微观层面对个别事物进行细致、动态的描述和分析。定量研究证实的是总体的平均情况，定性研究则适合对特殊的情况进行探寻。定量研究对事物进行数量上的计算，用数字来表达事物和现象，而定性研究则强调使用语言和图像来表达事件的变化过程。定量研究从假设开始，收集数据对假设进行验证；定性研究强调从当事人的角度来了解被试的看法，注意他们的心理状态和意义构建。

（二）非实验研究和实验研究

在进行心理学研究时，随着研究变得更复杂，以及研究者越来越具备好的训练素质，研究者可能会采用非实验或实验的方法对心理学问题进行研究。因此，心理学研究可以分为非实验研究和实验研究。

非实验研究包含的研究方法主要以描述变量之间的关系为主，涉及描述法和相关法。采用描述法的研究是描述研究，即对已经存在的现象的特点进行描述。例如，中国每十年进行一次的全国人口普查就是一个描述研究的例子，它收集了方方面面的信息，从门牌号码到各个年龄段人口的数量。描述研究可以单独进行，也可以作为其他类型的研究的基础。例如，研究者通常会在深入了解群组之间的差异之前对群组的特征进行描述，收集描述性数据可以作为深入进行更复杂研究的第一步。采用相关法的研究是相关研究，可以提供两个或更多的事件是如何与其他的事件相联系的，这些事件之间有什么共同的特点或者一个或多个事件在多大程度上能够预测一个特定的结果等。例如研究者想知道大一学生的学习时间与学习平均成绩之间的关系，那么就需要进行相关研究。如果想找出能很好地预测大学生在校表现的变量，那么就要做那些包含预测的相关研究。

需要强调的是，描述研究和相关研究能够描述变量的特点以及变量间的联系，但是无法说明因果关系。这是非实验方法进行心理学研究时的一个局限，如果想考察变量间的因果关系，就需要进行实验研究，主要包括真实验研究和准实验研究。

真实验研究可以依照某种标准将参与者或被试随机分配到不同的组，这一标准称为处理变量或处理条件。真实验研究有三个显著的特点：①在真实验中会实施某种干预或处理。②真实验需要进行严格控制，实验者需要设计实验条件、分配被试、系统地操纵自变量和选择因变量。把被试随机分配到各个实验条件，是真实验研究的关键特点。③恰当的比较，确保控制变量一致。例如，研究者想对比能够减轻成年人强迫行为的两种方法的效果。第一种方法包含行为技术，而第二种方法中没有。被试分配到各治疗组，经过整个治疗过程之后，通过比较两组被试的强迫行为的发生频率来比较两种治疗方法的效果差异。由于是由研究者来决定如何分组的，所以研究者能够绝对地控制被试所处的环境。这是探寻因果关系的理想模式，因为研究者已经明确了可能的原因(如果研究结果也支持的话)，并且继续检测事态的发展。但是关键还是研究者能够完全掌控整个治疗过程。实验方法与其他方法的差别归根结底就在对变量的控制上。

当真实验不可行的时候，准实验提供了一个重要的备选方法。准实验研究不像真实验研究控制得那么严格，最为明显的差别是准实验研究的被试没有随机分配。在准实验研究中，研究者依照被试现有的特征或者性质进行分组，如不同的性别、种族、年龄、年级、居住社区、工作类型甚至经历。在实验之前，这些分类已经存在，研究者在分组上没有进行任何控制。比如说，想了解住在同一社区的人的投票方式。研究者不可能改变被试的邻里关系，但是可以通过准实验研究来探寻居住地与投票方式的因果关系。因此，当结果发现投票方式和居住地有关，研究者可能会认为一个人的投票方式与他的居住地之间有因果关系，但是这种结论仍然没有真实验研究那样准确。

第二节 心理学描述研究的类型与设计

一、描述研究的基本特点

科学研究的初始点是描述，因为任何一项科学研究都要回答"是什么"的问题。描述研究就是对既有现象进行描述，收集研究对象在研究时间内的状态，收集到的描述性数据可以为更复杂的研究提供基础。例如，研究者想了解有多少老师在使用某种教学方法，就可以设计一份调查问卷，设计问题，收集参与调查的老师的回答，然后计算出结果，可以进一步为研究不同教学方法下学生成绩的差异提供基础。描述研究可以描绘出关于描述对象的特征，但是对某些特征的发生发展无法进行确切的解释，这是描述研究与实验研究最显著的差别。描述研究不设处理组和控制组，研究者不需要检验变量间的相互影响。

描述研究有一些基本特点：

(1)描述研究的主观性：研究者一般使用非强制的方式与研究对象进行交往，来描述研究对象在真实情景中的状态，因此研究者可以将主观能动性发挥到最大限度。但是研究者可能会受到研究对象情绪状态的影响，无法进行客观的评估。因此，研究者要提高对主观偏见的警觉，加强对有关背景条件的认识，尽可能了解社会背景对研究对象的影响。

(2)描述研究资料的信度：研究者应该努力将研究程序标准化，客观公正地对研究对象的资料进行描述，保证所得资料具有一致性，增加研究的信度。

(3)描述研究的量化趋势：对研究对象进行描述时，要尽可能地从不同维度以量化的方式给予描述，充分利用量化程序和量化信息，力求使这种描述更加客观和精确。

二、个案研究的设计

个案研究是对个体行为进行详细的描述和分析，可以提供关于该个体的大量信息。个案研究常用来描述某一特别疗法的疗效与应用。比如，一份关于某一个案研究的临床报告可能会包括对某一症状的描述、诊断和治疗以及证明该疗法有效的证据。

(一)个案研究的类型

1.描述性个案研究

描述性个案研究是指收集单个被试各方面的资料并进行分析的方法。收集的资料根据研究问题而有所侧重，但一般包括被试从出生到现在的生活史、家庭关系、生活环境及人际关系特点等资料。根据需要，还可以从熟悉被试的亲属或朋友那里了解情况，或者从被试的书信、日记、自传或者他人为被试写的资料(如传记、病历等)进行分析。总之，这种方法就是围绕一定的目的，收集单个被试过去和现在各个方面的资料，然后进行周密的分析。

2.实验型个案研究

个案研究设计与实验研究设计相结合，即实验型个案研究。在个案研究中，根据研究假设，通过操纵自变量、控制无关变量和因变量的观测，来推断自变量对因变量的效果。这是一种兼有实验研究和个案研究特点的研究设计。由于这种方法只处理单个被试，因而又与个案研究相似。这种研究设计有助于研究个体的独特性，同时也能为今后的实验提供有益的探索。

(二)个案研究设计

个案研究通常根据基线条件和干预条件的呈现顺序来选择具体的设计类型。有些设计在干预条件消退的同时，重复基线条件下的资料收集工作，有些设计则在基线条件后伴随着若干干预条件。具体设计方法如下：

1.A-B 设计

A-B 设计是最简单的个案研究设计，包括基线条件(A)和干预条件(B)。研究者通过比较第一条件(基线条件)到第二条件(干预条件)记录到的所有资料，确定实验处理的效果。基线条件和干预条件下记录到的资料若有较大的差异，则说明干预效果显著。

2.A-B-A 设计

A-B-A 设计，又称反转型设计，包含两个基线条件。这种设计的基本思路是：先取得研究对象行为的基线值；然后进行干预处理，并观察研究对象的行为变化；最后把干预条件取消，回到原来的基线状态，再一次测量行为。A-B-A 设计的目的是通过干预措施的引入和撤销，更为清晰地显示研究对象的行为表现与特定干预措施之间的关系。

3. A-B-A-B 设计

为使研究结果更有把握做出合理的推论，可采用包含四个阶段的反转设计，即 A-B-A-B 设计。这种设计在第二基线条件之后，再一次呈现干预条件。如果 A-B-A 设计显示干预措施有显著的效果，研究者就可再次对研究对象施以同样的干预措施，再回到先前的干预状态（条件 B），使推论更加可靠。

（三）个案研究的评价

个案研究的优点：①个案研究只关注单个个体或一件事，可以进行详细审视，能收集详细的数据，是临床背景下最受欢迎的一种方法；②个案研究鼓励使用不同的技巧获得必要的信息，其范围从对个人的观察到可能了解个案信息的其他人；③个案研究虽然并不一定产生需要检验的假设，但能指明进一步研究的方向。

个案研究虽然提供了一些其他方法无法提供的重要信息，但它也存在一些缺点：①个案研究是最耗时的研究方法之一，需要研究者在多种背景和来源的情况下收集数据。②在现实中，每个人可能带着偏差进入一个给定的情境，研究者必须尝试不让偏差影响数据收集和阐述的过程。③个案研究有深度，但广度不够。虽然它很受关注，但不像其他研究方法那样有综合的理解力。④个案研究结果的外部效度有限，研究者不能因为研究的关注点相似，就认为对不同个体的推论结果也相似。

三、观察法的设计

观察法是研究者通过人的感官或借助于一定的科学仪器，在一定时间内有目的、有计划地考察和描述人的各种心理活动和行为表现并收集研究资料的一种方法。

（一）观察法的类型

1. 非干预观察

非干预观察是在自然情形下的观察行为，研究者没有任何的干预，通常称之为自然观察。自然观察的主要目的是描述正常发生的行为，并且调查行为所涉及变量间的关系，有助于建立实验室研究结果的外部效度。在这种方法中，事件自然发生，观察者没有操纵或控制，研究者扮演了被动记录行为的角色。值得注意的是，在心理学实验室内进行的观察不能称为自然观察，因为实验室情境是为了研究行为而专门创建的，从这个意义上说，实验室是人造的情境而不是自然情境。

2. 干预观察

大多数心理研究采用干预观察，干预比非干预更能显示大多数心理学研究的特色。当研究者在自然情景中进行干预的时候，通常采用三种主要的观察方法：参与性观察、结构化观察和现场实验。

（1）参与性观察。

在参与性观察中，观察者扮演着双重角色。他们在观察人的行为的同时又积极参与到观察情境中去。参与性观察能让研究者观察到通常不能被直接进行科学观察的行为。在无须伪装的参与性观察中，被观察的个体知道观察者在收集他们的行为信息。但当研究者知道个体会因为被记录而改变行为时，通常使用伪装的参与性观察。在伪装了的参与观察中，被观察者不知道他们在被观察。

（2）结构化观察。

结构化观察用于记录那些自然观察法难以观察的行为，临床和发展心理学家经常使用结构化观察。实验者事先确定观察样本和观察项目，并设计记录观察结果的指标。结构化观察建立在对所观察事物的深入了解的基础上，并设计严格的记录表格，对资料进行准确的分类、记录、编码。

（3）现场实验。

观察者在自然情景中操纵一个或多个自变量以确定它们对行为的影响，这一方法被称为现场实验。现场实验代表了观察法中最极端的干预形式。现场实验与其他观察法的本质区别在于研究者在其中施加了更多的控制。在现场实验中，研究者操纵一个或多个自变量以创造两种或多种条件，并测量自变量对行为的影响。

（二）观察研究的设计

1.鉴别及定义目标行为

在研究过程中，观察人员会面对研究对象的多种行为表现，这就需要根据研究目的和计划，将这些繁杂的行为加以鉴别和区分，确定出当前的观察所应指向的目标行为。如有需要，还应将多种目标行为排出一个先后次序。

2.确定可观察行为的维度

鉴别并定义好观察的目标行为，并确立行为指标之后，接下来的问题是：目标行为包括哪些维度？应该如何去观测这些维度？可观察的行为维度可以是频率（一个行为在特定的时间段内出现的次数）、比例（单位时间里目标行为发生的次数）、持续时间（一个行为表现所花费的时间量）、潜伏时间（个体接到一个指令或要求后，到开始表现出目标行为所用的时间量）、强度或大小（行为强度的观测）。

3.确定观察的精度水平

如何进行观察是一个很复杂的问题，在选择哪种方法进行观察时，首先要确定在哪种精度水平上进行观察。观察的精度一般分为精细水平的观察和概括水平的观察。精细水平的观察要求观察活动集中在行动细节上，记录的内容基本上是客观而详细的实际行为表现或是某一事件发生变化的全过程。概括水平的观察在实施过程中，事先要进行一些抽象概括，给要研究的行为和现象做出严格的定义和精确的分类。

4.选择具体的观察方法

确定精度水平之后，就要采用具体的观察方法，可以采用以事件为单位的观察和记录，即对目标行为从头至尾全面地观察，把认为重要的一切有关表现和现象都记录下来；也可以以时间为单位进行观察和记录，把一个观察期间分成几个相同的较小时间间隔，运用间隔记录同时监控若干研究对象的行为或若干不同行为。

(三) 观察研究的评价

观察研究可以考察研究对象在自然状态下的行为表现,可以实时地观察到行为的发生发展,把握当时的全面情况、特殊的气氛和情境。但是观察研究中研究者往往处于被动的地位,难以观察到研究所需要的行为。观察所获得的结果只能说明"是什么",而不能解释"为什么"。需要注意的是,在任何观察研究中,都必须控制反应性或观察者偏差可能导致的问题。另一个需要研究者注意的是,在开始一项调查研究之前必须重视伦理问题。

四、访谈法的设计

访谈法是研究者通过与研究对象的交谈收集心理特征与行为数据资料的一种研究方法。访谈法是根据特定的科学目的来实施资料收集的。访谈是研究者与研究对象之间的一种社会交往过程,在这个过程中访谈者与研究对象之间会呈现出一种社会互动关系。

(一) 访谈法的类型

1. 个别访谈和集体访谈

根据访谈对象的人数,可以分为个别访谈和集体访谈。个别访谈通常只有一个访谈者与一个访谈对象。在个别访谈过程中,访谈对象能够有较多的机会与访谈者进行交流,能够对问题进行深入、全面的了解。集体访谈是由访谈者同时对多个访谈对象的访谈。

2. 结构访谈和非结构访谈

根据访谈内容和过程有无标准化程序,可以分为结构访谈和非结构访谈。结构访谈是指根据统一的设计要求,通过结构化的问题进行的标准化访谈。这种方法按照一定的标准和方法选择访谈对象,根据设计规定,按顺序提出问题,对如何回答问题和如何记录访谈内容等都有统一要求。这种方法的最大优势是,访谈结果客观性强,易于对不同访谈对象的回答进行比较分析。其局限性表现在因其严密的结构和严格的规定,访谈双方缺乏必要的灵活性。

非结构访谈是指按照一个粗线条式的访谈提纲而进行的非正式、非标准化的访谈。访谈人员根据具体情况可以对这些内容做出灵活的调整。这种方法的局限性是所获资料缺乏量化指标,难以对不同访谈对象在同一问题上的回答做比较分析。

半结构访谈兼有上述两种访谈的特点,将访谈人员的提问和访谈对象的回答区分开来做不同的设计。这种访谈又分为 A、B 两种类型:A 型半结构访谈,即访谈者提出的问题是有结构的,而访谈对象的回答方式是自由的。B 型半结构访谈,即访谈者提出的问题是自由的,但访谈对象回答问题的方式却有一定的结构要求。

3. 直接访谈和间接访谈

根据访谈时访谈者与访谈对象的接触方式,可分为直接访谈和间接访谈。直接访谈是指访谈者与被访谈者进行面对面的交谈。直接访谈的访谈者与访谈对象直接发生相互影响、相互作用。访谈者不但能广泛、深入地探讨有关问题,了解访谈对象的思想、态度、情感和其他各种情况,而且能观察到访谈对象的有关特征和他们在访谈过程中的许多非言语信息,从而加深对谈话内容的理解,有利于判断访谈结果的真实可靠性。间接访谈就是访谈者通过一定的中介物与访谈对象进行非面对面的交谈。电话访谈就是一种间接访谈方式。电话访谈适用于访谈内容较少、较简单的调查研究。

(二)访谈的设计

1.访谈目的的确定

对同一研究问题,可以从不同角度去研究。进行访谈设计时,首先需要将一个比较笼统的大的研究目的和问题具体化成一个限定的研究目的和问题,并提出自己对研究问题的各种具体假设。再根据这一具体研究问题详细列出研究所涉及的所有变量的类别与名称,进一步明确回答研究问题要收集哪些方面的信息。

2.访谈问题形式的设计

访谈包含两种基本类型的问题:结构化的以及非结构化的问题。结构化(或称封闭式)问题必须有清楚、明确的焦点,并且给予明确的回答。对于它们,访谈者和访谈对象须有同样的理解。如"你多大开始上小学一年级?"或"你来过这家商店多少次?"这样的问题,就需要明确的答案。非结构化问题(或称开放式问题)就允许访谈对象详细地作答,此类问题如"为什么你反对第一次海湾战争?"或"你是怎么看待早恋问题的?"就需要访谈对象做出更加广泛的回答。

3.回答方式的设计

拟定具体访谈问题之后,还需要考虑让访谈对象以何种方式对每一问题做出反应。对于同一具体访谈问题,可以有不同的反应方式。访谈可以采取从最不正式的街头问答会话的方式,到访谈者和访谈对象之间互动的高度结构化的方式。在访谈设计中,为了选择最佳、最恰当的反应方式,要综合考虑研究变量的性质、统计处理需要的数据类型、反应的灵活性、完成访谈所需要的时间、各反应潜在反应误差的大小、计分的难易程度等。

4.访谈过程中的注意事项

开始访谈时不能太冷淡,记住自己是在获取信息,态度要坦率和直接,穿着要得体,要寻找一个安静场所。第一次提某个问题时,如果访谈对象没有给出满意的答案,就复述一下问题。如果有可能,就使用录音设备,让访谈对象觉得这是一个重要项目中的一个重要部分,而不仅仅是在实施一项测试。访谈后要感谢访谈对象并询问其是否还有其他问题。

(三)访谈研究的评价

从积极方面来看,访谈研究提供了极大的灵活性,因为它可以帮助研究者追逐问题的任何方向(在研究目的范围之内),可以关注访谈对象的非言语行为、情境以及可以提供其他方面的重要信息。访谈研究的另一个优点是访谈者可以根据自己的便利设置访谈的基调和日程。访谈研究的一个缺点是比较费时,要花费大量的时间才能获得研究信息。访谈研究的另一个缺点是由于匿名性比问卷法等其他方法更低,访谈对象在提供某些信息时可能不如在填写问卷时那样无所顾忌。

第三节　心理学相关研究设计

心理学研究主要通过对研究变量之间的关系进行探索与验证从而揭示心理现象发生发展的规律。相关研究是心理学家经常用来探究两个或多个变量之间联系的方式。为了了解相关研究中的变量之间是否存在联系，从研究逻辑来看，一般采用的方法是使研究中的变量发生移动或变化，考察变量间是否存在规律性的变化。心理学涉及大量的变量，有的变量可以精确地测量，有的只能进行分类，通常把可以采用连续的数值形式表现的变量称为连续变量；把采用若干个间断的形式表现的变量称为类型变量。本节将分别从两个变量和多个变量的角度，对不同类型数据的相关研究设计进行叙述。

一、两个变量相关关系的研究设计

两个变量的相关研究设计是从一个被试样本中收集两组数据，其中一组数据是观测到的结果，另一组数据则是被追溯的原因，通过研究这两组数据之间的关系，来阐明两者之间的关系属于正相关、负相关还是无相关。

(一) 两个变量均是连续变量的相关研究设计

当两个变量都是连续变量时，相关研究的具体设计是：从研究群体中随机选出一批被试，分别确定各被试在两个变量上的连续水平。

研究实例：研究者采用问卷法，探讨大学生的主观幸福感与人格特征的关系，采用艾森克人格问卷与主观幸福感量表对大学生进行测验。在该项研究中，人格特质和主观幸福感是两个连续变量。结果发现外向性和神经质等人格特征与大学生的幸福感相关，研究者认为外向性和神经质等人格特征可能是影响大学生幸福感的重要因素(郑雪等，2003)。

(二) 两水平类型变量与连续变量的相关研究设计

当两个研究变量中的一个是类型变量，有两个水平，另一个变量是连续变量时，研究设计如下：首先确定研究群体各成员在类型变量上的两种类型，每种水平选出 1 组被试，共两组，然后确定每组各个被试在连续变量上的水平。

研究实例：研究者想研究大学生高、低自闭特质与共情能力的关系，可以采用自闭特质量表按一定的标准，把大学生分为高自闭特质组和低自闭特质组，然后分别对这两组大学生采用共情量表测量共情能力。这项研究中，把被试分组作为一个二分变量，这样可以求得自闭特质与共情得分之间的二列相关系数，然后根据显著性情况确定二者之间的关系。

(三) 三水平类型以上变量与连续变量的相关研究设计

当两个研究变量中的一个是类型变量，有多个水平(k，$k>2$)，另一个变量是连续变量时，研究设计如下：首先确定研究群体各成员在类型变量上的 k 种水平，每种水平选出 1 组被试，共 k 组，然后确定每组各个被试在连续变量上的水平。

研究实例：研究者想研究不同经济水平与主观幸福感的关系。首先研究者根据被试的收入状况把被试分为高水平收入、中等水平收入和低水平收入，接着对三组被试进行主观幸福感的测验，用他们的得分作为幸福感的指标。然后对三组被试进行 F 检验，考察三组被试的主观幸福感是否存在显著差异，进一步确定经济水平与主观幸福感的关系。

(四)两变量均是类型变量的相关研究设计

当两个变量都是类型变量时，研究设计如下：首先确定各成员在一个变量上的 p 种类型水平，每种水平选出 1 组被试，共 p 组，然后确定每组各个被试在另一变量上的 q 种水平。

研究实例：研究者想探索家庭管教类型与学生心理焦虑的关系。首先对某普通中学学生进行家庭管教类型评定，分为"民主型""专制型""放任型"三种类型，然后分别从三种类型的学生中各随机选出 30 名，组成"民主型管教组""专制型管教组""放任型管教组"三个组，接着对三组被试进行"高焦虑""中等焦虑""低焦虑"三级评定，然后对三组被试进行卡方检验，考察家庭管教类型与学生的心理焦虑情况是否相关。

二、多个变量相关关系的研究设计

两个变量的相关研究是最基本的相关研究，在更多情况下，研究者需要探讨多个变量之间的相关关系，即要进行多个变量相关关系的研究。在多个变量相关关系的研究中，变量既可以是连续变量又可以是类型变量。

(一)多个变量均是连续变量的相关研究设计

当研究中的所有变量都是连续变量时，研究设计如下：从研究群体中随机选出一批被试，分别确定各被试 k 个变量上的连续水平。

研究实例：研究者想研究学校归属感、自我价值感与心理弹性之间的关系。研究者对 423 名初中生进行学校归属感、自我价值感和心理弹性量表的测试，在这项研究中归属感、自我价值感和心理弹性三个变量都是连续变量。研究者发现初中生的学校归属感、自我价值感、心理弹性之间有显著正相关(孙晨哲等，2011)。

(二)自变量均是类型变量而因变量是连续变量的相关研究设计

当研究的若干变量中，前面几个假设的自变量均是类型变量，后面一个假设的因变量是连续变量时，研究设计如下：首先确定各个自变量的类型水平，然后进一步确定自变量的组合水平，自变量的组合水平数等于各自变量的水平数相乘；其次确定被试在各自变量上的类型水平，再按照自变量组合水平各选出一组被试；最后确定每组各个被试在因变量上的连续水平。

研究实例：研究者考察学习动机、学习热情对学习成绩的影响研究。首先确定学习动机的水平(强/弱)、学习热情的水平(高/低)，两个自变量组合水平为 $2 \times 2 = 4$ 个：①动机强/热情高；②动机强/热情低；③动机弱/热情高；④动机弱/热情低。然后针对某普通中学学生，根据教师评定确定每人学习动机的水平以及学习热情的水平，分别随机选取"动机强/热情高""动机弱/热情高""动机强/热情低"与"动机弱/热情低"的四组被试，每组30人，然后用他们本学期语文、数学、英语三门主科统考成绩平均分作为成绩的指标。

(三) 多个变量均是类型变量的相关研究设计

当研究中的所有变量都是类型变量时，如果是相关关系设想，研究设计如下：从研究群体中随机选出一批被试，分别确定各个被试在 k 个变量上的类型水平，得出 $n \times k$ 列联表，然后采用卡方检验的方法确定关系；当研究是因果设想时，即在将前面 k 个变量看成自变量，将最后一个变量看成因变量的情况下，研究设计如下：首先确定各个自变量的类型水平，进一步确定自变量的组合水平；其次确定研究群体各个自变量的类型水平，按照自变量的组合水平各选出 1 组被试，最后每组确定各个被试在因变量上的类型水平。

研究实例：当研究者想探索学习动机、学习热情与学习毅力的关系进行相关研究设想时，研究者从某普通中学随机选出 150 名学生，根据教师评定确定每人学习动机的强/弱水平，学习热情的强/弱水平，学习毅力的强/中/弱水平，确定三个研究变量的组合水平，做出列联表。再进行数据分析，进行某两个变量的相关分析，合并这两个变量的水平，忽略第三个变量。

当研究者想对学习动机、学习热情对学习努力程度的影响进行因果设想设计时，首先确定学习动机的水平(强/弱)，学习热情的水平(高/低)，两个自变量组合水平为 $2 \times 2 = 4$ 个：①动机强/热情高；②动机强/热情低；③动机弱/热情高；④动机弱/热情低。然后针对某普通中学学生，根据教师评定确定每人学习动机的水平以及学习热情的水平，分别随机选取"动机强/热情高""动机弱/热情高""动机强/热情低"与"动机弱/热情低"的四组被试，每组 30 人，然后对每组各个被试的学习努力程度进行教师评定。

第四节　心理学因果研究设计

科学研究的根本目的在于揭示科学规律，相关研究可以揭示变量之间存在某种联系，但是不能确定变量之间的因果关系，而变量间确定的因果关系是科学规律的基础。同样地，对于心理学研究来说，只有明确了变量间的因果关系，研究者才能对心理现象和行为发生的原因做出肯定的解释，做出准确的预测控制。为了对心理学研究变量间的因果关系进行研究，研究者需要进行实验研究。

一、两个变量因果关系的单因素研究设计

单因素完全随机设计是指研究者在实验中只操纵一个自变量，并采用随机化的原则把被试分配到自变量不同水平上的一种实验设计，包括实验组控制组后测设计、实验组控制组前测后测设计、所罗门四组设计。

（一）实验组控制组后测设计

1.实验组控制组后测设计

实验组控制组后测设计只有一个自变量，并且自变量只有两个水平，这种实验设计的基本做法是：首先采用随机分配的方法将被试分为同质的两组，两个组在理论上完全相同，然后随机选择其中的一组作为实验组接受实验处理，另一组作为控制组不接受实验处理。在实验处理后，两组接受相同的后测，并对所得的观测结果进行差异比较，以推论实验处理的效应。

研究实例：拟研究某种分阶段综合社交技能训练对孤独谱系障碍儿童社交认知的干预效果。具体做法，首先把孤独谱系障碍儿童随机分为实验组和控制组。实验中，实验组儿童进行为期6周，每周3次、每次60分钟的社交技能训练，控制组儿童不进行干预训练。结果发现，进行社交技能训练的孤独谱系障碍儿童的社交认知、社交动机改善明显，而未进行训练的控制组儿童的社交技能没有变化。研究者得出结论，分阶段综合社交技能训练可显著提高孤独谱系障碍儿童的社交认知能力。

2.实验组控制组多组后测设计

如果在一个实验中，实验因素具有三个或三个以上的处理水平，这种设计与实验组控制组后测设计的区别仅在于增加了自变量的水平，也被称为随机多组后测设计。这种实验设计的基本做法是：随机选取并分配被试组成等组，其中可以有一个组是不接受实验处理的控制组，其他各组分别接受不同的实验处理；也可以所有的组都接受不同的实验处理，对各组可能出现的结果进行差异比较。

研究实例：研究者拟在某种分阶段综合社交技能训练可显著提高孤独谱系障碍儿童社交认知能力的研究基础上，进一步考察这种干预方案与ABA训练的效果差异。研究者设置三种类型，即分阶段综合社交技能训练、ABA训练和不参加训练由家长日常照料的三种方式考察对孤独谱系障碍儿童社交行为的影响，这种设计就是实验组控制组多组后测设计模式。同样地，实验中儿童被随机分成三个组，在同样的时间里，第一组儿童参加分阶段综合社交技能训练，第二组儿童参加ABA训练，第三组儿童不参加训练由家长日常照料(作为控制组)。然后，考察分析不同干预方法对孤独谱系障碍儿童社交行为的影响。

3.实验组控制组后测设计的评价

实验组控制组后测设计的特点是采取随机化的原则对被试进行分组，可以控制选择、历史、成熟、仪器的使用等因素对实验结果的干扰；该设计没有对实验组和控制组进行前测，可以避免因前测而产生的练习、熟悉和疲劳效应，从而控制前测对后测的反作用效应。单因素完全随机等组后测设计的局限是，因为只有一个自变量，所以不能分析多个自变量及其交互作用对因变量的影响，这是所有单因素实验设计共同具有的研究局限。

（二）实验组控制组前测后测设计

1.实验组控制组前测后测设计

实验组控制组前测后测设计是在单因素完全随机等组后测设计基础上的扩展，即对两个等组施加了前测。

研究实例：研究者采用实验组控制组前测后测设计来研究教学训练对培养学生根据报纸标题预测报道内容的能力的影响。研究者随机抽取 46 名中学生随机分配为实验组和控制组。在接受训练前，要求学生阅读 20 个文章标题并预测其内容，然后对实验组进行为期 3 周的阅读教学训练，而控制组则进行常规阅读训练。3 周的训练结束后，两个组同时接受后测测验，即根据 20 个文章标题来预测所报道的内容。然后考察教学训练对学生预测能力的影响。

2. 实验组控制组前测后测设计的评价

实验组控制组前测后测设计的优点主要体现在：可以控制选择、经验、成熟、仪器的使用等因素对实验结果的干扰；由于安排了实验组和控制组，对于实验结果的分析是以实验组和控制组后测成绩的比较为依据，因此在前测到后测的阶段内，所发生的一切可能影响实验结果的因素对实验组和控制组的影响是基本相同的，这可以控制历史、成熟、仪器的使用和统计回归对实验结果的影响。

实验组控制组前测后测设计的局限性主要体现在：由于实验组和控制组都参加前测，使得被试的前测经验可能影响后测的敏感性，可能产生熟悉效应或疲劳效应，从而影响后测的可靠性。此外，进行两次测验，从人力、物力和时间上也不是很经济。因此，该种设计所得的实验结果不能推论到没有使用前测的样本群体中。

(三) 所罗门四组设计

1. 所罗门四组设计

所罗门四组设计是由所罗门(Solomon)于 1949 年提出的一种具有两个实验组和两个控制组的随机设计，其基本的做法是：将被试随机分成四个组，其中随机组 1 和随机组 2 接受前测，随机组 1 和随机组 3 接受相同的实验处理，而随机组 2 和随机组 4 不接受任何实验处理(作为控制组)，4 个随机组都接受实验后测。

研究实例：研究者想研究心理干预是否可以提高护士群体的心理健康水平。研究者在某医院随机选择 120 名护士，将其分为实验组(进行心理干预)和控制组(不进行心理干预)，把实验组和控制组分别分为两组，每组 30 人，一组进行前测，一组进行前测和后测。

2. 所罗门四组设计的评价

所罗门四组设计的主要特点是把"有无前测"作为一个变量放进实验设计中。在实验设计中，将此变量所造成的变异量从总变异量中排除出去，以此来检验实验处理所产生的效果是否显著。与实验组控制组前测后测相比，它增加了两个后测组；同样，与实验组控制组后测相比，它增加了两个前测组。因此，事实上这种设计是实验组控制组前测后测设计和实验组控制组后测设计合并的结果。

所罗门四组设计除了具有前两种实验设计的优点外，还能够考察测验、历史和成熟等因素对因变量的影响。所罗门四组设计是心理和行为科学研究中一种理想的研究设计。所罗门四组设计有很好的内部效度和外部效度，这种设计最大的局限是很难找到四组同质的被试，因此，在研究的初级阶段不宜采用这种研究设计。

二、多个变量因果关系的多因素研究设计

(一)多因素完全随机设计

心理和行为通常不是由单一变量引起的，往往涉及多个变量。例如，对道路交通标志的反应不仅取决于标志本身的亮度，而且与个人对标志意义的理解、所处的意识状态(疲劳或饮酒)、视敏度、驾驶速度等因素有关。因此，只有一个自变量的实验设计不能满足心理学研究的需要。考虑到研究的需要，研究者提出了复杂的多因素完全随机实验设计。所谓多因素完全随机实验设计，是指研究者在同一个实验里同时操纵两个或两个以上自变量，并把被试完全随机地分配到各个实验处理(自变量的不同水平)的组合中，可以观察自变量以及自变量之间交互作用的效果，可以获得比单因素实验更多的信息。基本做法：在两个因素且每个因素各有两个水平的因素设计中，以 A 和 B 表示两个因素，a_1、a_2 和 b_1、b_2 分别表示因素 A 和 B 的两个水平，共组成 a_1b_1、a_1b_2、a_2b_1、和 a_2b_2 四种实验处理组合。这种有两个因素并且每个因素各有两个水平的设计称为双因素实验设计，也可称为 A×B 因素设计，还可称为 2×2 因素设计，这是最简单的因素设计。如果实验有 A、B、C 三个因素，每个因素分别有 3、4、5 个水平，则该实验可称为三因素实验设计，也可称为 A×B×C 因素设计，还可称为 3×4×5 因素设计。在多因素实验设计中，实验处理的个数就是各个自变量水平数的乘积。例如在一个二因素的实验设计中，自变量 A 有 p 个水平，自变量 B 有 q 个水平，一共就有 $p×q$ 个实验处理。从理论上讲，一个多因素实验中自变量的数目及每个自变量的水平数可以任意多，但是这样造成过多的人力、物力投入，而且会造成对实验结果的解释尤其是交互作用解释的难度增大。因此，研究者一般将自变量的数目限制在 2~3 个。

研究实例：为了研究专业知识对记忆的重要作用，研究者进行了如下实验。在研究中，要求象棋初学者和象棋专家分别对所呈现的数字和棋子进行回忆。棋子任务要求被试看一些在正常下棋中常出现的棋子，数字任务是要求被试进行标准数字测验。这是一个 2×2 因素设计，专业知识包括象棋初学者和象棋专家两个水平，回忆任务包括棋子和数字回忆两个水平。

(二)多因素完全随机设计的评价

多因素完全随机设计是单因素实验设计的扩展。因此，多因素完全随机设计不仅具有单因素设计的优点，而且具有单因素设计不具备的其他优势。这主要表现在：第一，可以同时获取两个或多个自变量对因变量的影响，因而可以相对节省人力、物力和时间。例如可以在原有单因素设计的基础上，再增加一个或几个变量，这样在不增加被试的情况下，就可以获得两个或更多的自变量效果的信息及其间复杂关系的信息。第二，可以探讨不同自变量间的交互作用。在复杂环境中，某一心理和行为现象产生的原因是多方面的，并且这些原因相互交织以复杂的形式表现出来。多因素设计的局限性在于：这种设计在各个实验处理的组合上、被试分配上以及统计分析上，都是比较复杂的。特别是多个因素间的交互作用如果统计达到统计显著水平，对交互作用的解释就变得相当复杂和困难。

三、真实验设计和准实验设计

(一) 真实验设计

1. 真实验设计的特点

心理学研究中的真实验设计是指各种研究设计中条件控制最严密、变量操纵最有效和因变量测量最准确的一种设计。这种研究设计通常在实验室条件下进行，因此又被称为实验室实验设计，可简称为实验设计。真实验设计一般具有三个主要特征：第一，由实验者创设实验情景并操纵实验变量；第二，由实验者通过控制手段确认变异源，包括实验操纵和统计控制两种方式；第三，在实验室环境中最能有效地运用实验控制策略。真实验设计一般要遵循一定的程序和策略，实验者需要根据实验目的创设实验情景，对实验程序进行说明，让被试熟悉实验情景。单因素完全随机设计和多因素完全随机设计都是真实验设计。

2. 真实验设计的评价

真实验设计的优点：第一，它可以让研究者掌握主动权，选择适当的时间、地点使所需要研究的心理活动和行为反应在规定的条件下发生。第二，它可以不必为等待某种心理活动和行为表现在日常生活中偶然出现的可能性而浪费时间和精力，并可以使同一种心理活动和行为反应在同样的条件下重复发生。这不仅能通过反复的研究使获得的实验结果得到验证，而且还可以让其他研究者用同一种方法来重复和核对研究结果。第三，它可以通过对实验中各种因素的严格控制，获得在日常生活中难实现的条件，以便对某一种特定的心理活动和行为反应进行研究。第四，真实验设计通过精确的定量研究，不但可以确定产生某种心理活动和行为变化的条件和原因，而且能够掌握这种原因和结果之间的变化规律，表达它们之间的数量关系，为人们掌握和运用这些规律提供可靠的科学依据。真实验设计的主要不足：这种方法对实验条件和各种因素施加了严格的控制，虽然可以获得较精确的定量化的结果，但这些受到严格控制的实验条件和生活中的实际情况存在较大的差异，因而往往不能把这种研究的结果直接应用到现实中。

(二) 准实验设计

准实验设计与真实验设计最大的区别是，在准实验研究中，导致组间差异的某些变量已经存在，无法对被试进行随机分组。例如，研究者对言语能力的性别差异进行研究，性别(自变量)可能是导致这种言语能力的原因，被试组是已经分配好的，无法进行随机分配。准实验设计可以分为不相等控制组设计和静态组比较设计。

1. 不相等控制组设计

不相等控制组设计是最常用的准实验设计之一，特别是在研究者不能或是很难将被试进行随机分组的情况下。例如，在教育研究的背景下，研究者很难将学生重新分配到不同的班级中去，但是可以将现有的教学单位整体作为样本之一。在这种设计模式下，研究者不能对被试进行随机取样和分配。这种设计与所说的控制组前测后测设计非常相似。研究者采用原始群体作为被试，例如养老院老人、一个班级的学生或工厂工人。在实验开始之前，组间可能已经存在差异，这一点直接降低了其验证其他自变量与因变量因果关系的能力。

2. 静态组比较设计

如果既不能随机对被试进行分配又不能实施前测，那么应该选择静态组比较设计，除了没有进行前测，静态组比较设计和不相等控制组设计是相似的。在没有时间实施前测、实施前测太昂贵或是在实验处理前被试不能接受前测等，不管是什么原因导致的上述情况下，都可采用此设计。例如，研究者要检验一种处理促进养老院老人的社会互动的效果。研究者选取三家养老院并采用同样的处理（两个实验组和一个控制组）。即使实验结果发现他们在社会互动的效果上存在差异，但无法确定这种差异是否在采用处理之前就已经存在于三家养老院之间。

3. 准实验设计的评价

在实验控制和内部效度上，准实验设计比非实验设计具有更高的内部效度，但是比不上真实验设计。对被试（或处理）的预分组导致了准实验方法与经典真实验方法相比的最大缺陷：对于因变量变异原因的解释能力较弱。就像前面所说的，言语能力存在性别差异，那么这种差异是由性别原因导致的结论可能是对的，但存在异议。例如，这种差异为什么被归结为性别？为什么不是早年教养方式、经历和机遇的不同或是激素分泌水平的差异影响了大脑的发育？这些都是可能的原因，因此在了解差异的实质时，也要将其他因素考虑在内。

（吴大兴　靳志帅）

第三章　心理学文献的检索方法

检索和阅读心理学文献是了解本领域的研究现状以及提出心理学科学问题的重要环节。本章介绍心理学文献查阅的意义，文献类型、来源、查找和阅读方法。此外，本章将简要介绍心理学文献综述的写作方法与技巧以及写作过程中的注意事项。

第一节　心理学文献查阅

一、查阅心理学文献的意义

著名科学家卢嘉锡曾说，学术期刊的出版工作是科研活动的龙头与龙尾。这句话中的"学术期刊"改为"学术文献"意思也是一样的。科学研究是一个承前启后的过程，具体到研究者个人，科研的第一步是广泛阅读文献，因此说学术文献是科研活动的龙头即起点。而科研活动的结果或成果常常体现为公开发表的学术论文也即学术文献，因此学术文献又是科研活动的龙尾即终点。每一个科研工作者从（阅读）前人或他人的文献开始，经过一系列研究过程，最后在人类学术文献总库中留下自己的一砖一瓦，从而自己又成为后人或他人的起点。如此循环积累、薪火相传，推动着各个学科领域学术文献的日新月异和活力常青。

查阅文献是科研活动不可绕过的环节，阅读文献是进行科学研究的基础。

第一，查阅文献可以让初入门者了解所在学科领域的整体研究状态。比如，哪些问题是领域内当前比较受关注的？这些问题的历史渊源和演进如何？重要的具有代表性的研究机构、研究者有哪些？当前主要的研究范式、方法、结论有哪些？存在哪些学术性的争议？等等。了解这些问题有助于初入门者在头脑中形成一幅关于自己所在学科或所涉领域的"学术地图"。所谓学术地图可以简单地理解为一个研究领域的重要问题、重要学者、重要机构以及当前研究进程和程度（方法、结果、争论等）。一个人只有对一个特定领域有了基本的整体性的了解，才有可能进入该领域与同行们进行有意义的学术性的交流和对话，也即成为学术圈的一员。

第二，阅读文献可以帮助研究者找到自己的研究问题。在阅读文献前，许多人头脑中也有这样那样的问题。这些问题有些是想当然的，有些是不具备可行性的，有些是过时（他人已有研究定论）的。只有系统地阅读文献，才能确定什么是自己想做的、能做的，并

39

且真正值得一做的课题，避免异想天开，也避免完全重复已有的研究。

第三，阅读文献有助于研究者明确自己研究的起点和高度，不妄自菲薄，也不夜郎自大。科学研究具有继承性，每一次研究都是在他人已有研究基础上的突破和提高，只有系统、完整地查阅文献，才能准确地判断自己的研究是否新颖，是否具有创新价值和学术上的重要性。有些人特别是初入门的研究生，喜欢说自己的研究是首创，填补了某某领域的"空白"，而更多的研究生对自己的研究缺乏信心，不知道自己的研究的意义。这两种态度常常与文献阅读不够有关。

第四，阅读文献的过程实际上也是与其他同行交流和对话的过程，通过对话激发自己的灵感和创造性，有助于科研能力和学术水平的提高。科学研究的理念常常来自同行之间的闲聊和争论，而文献阅读可以视为与学术同行的跨时空对话，对于激发研究理念和灵感是大有裨益的，甚至是必要的，否则与世隔绝、闭门造车，必将闭塞眼界。

第五，阅读文献是初入门者学习论文撰写方法的重要途径。好的研究只有通过好的展示和报告才能得到同行的认可，阅读领域内重要的有代表性的论文，是研究生学习如何简洁、准确、清晰地报告自己的研究工作和研究成果的一个最直接、最有效的渠道。

二、心理学文献的类型

根据国家标准《文献著录总则》的定义，文献是"记录有知识的一切载体"。该定义后来被修订为"记录知识和信息的一切载体"，加了"信息"二字，与"知识"并列。这是一个广义的定义。首先，所谓"载体"的形式极其多样，文字符号是知识和信息的载体，而石头、竹子、皮革、布帛、纸张、磁带、胶片等又是文字符号的载体，随着多媒体的出现，信息存储的载体形式还在不断增多。其次，从信息的内容形式和性质来看，又包括图书、连续出版物、小册子、专利、标准、图片、音像作品等，甚至个人日记和书信也属于文献。此外还包括大量的数字文献，如电子公告、电子图书、电子期刊、数据库等。

从心理学学科和学术的角度以及研究生对文献的阅读和使用的实际情况来说，文献的范围就要窄得多了，主要包括印刷形式和非印刷形式的图书和连续出版物。按文献的载体形式主要分为印刷形式和非印刷形式两种文献类型，印刷形式文献指的是所有学术性纸质出版物，非印刷形式文献指的是各种数字文献；按文献内容主要分为图书和连续出版物两种文献类型，其中图书又分为教材、专著、手册、指南等，连续出版物主要指学术期刊。这些可统称为"学术文献"，以区别于一般性的记录一切信息的广义的"文献"。

三、心理学文献的来源

未有网络之前，人们主要依靠图书馆的馆藏查阅学术文献，订阅学术期刊也是许多研究人员的习惯，甚至有人专门出国一年半载就为了查阅文献。当今是网络时代，文献主要来自各种学术文献数据库。网络数据库收集的文献既齐全又方便检索，对当今的研究生来说是非常便利的。

以下电子数据库与心理学关系较密切，是心理学研究生查阅相关文献的主要来源。

中国知网（CNKI）：以《中国学术期刊（光盘版）》全文数据库为核心，发展成为目前国内学术资源最齐全的"CNKI 数字图书馆"，收录包括期刊、博硕士论文、会议论文、报纸等在内的学术与专业资料，覆盖理工、社会科学、电子信息技术、农业、医学等广泛学科范围。

万方数据知识服务平台：内容涉及自然科学和社会科学各个专业领域，包括学术期刊、学位论文、会议论文、专利技术、中外标准、科技成果、政策法规、新方志、机构、科技专家等子库。

维普中文科技期刊全文数据库：收录我国自然科学、工程技术、农业、医药卫生、经济管理、教育科学和图书情报等学科文献的题录和全文。该数据库中的期刊回溯至 1989 年。

MEDLINE：主要涉及生物医学与生命科学、生物工程学、公共卫生、临床护理以及植物和动物科学。其中较多与医学心理学、临床心理学、精神医学等相关的文献。

ProQuest Research Library（PRL）：PRL 是世界知名的综合性全文期刊数据库，内容覆盖全学科领域，包括商学、经济学、教育学、文学、历史学、科学与技术、医学、军事学、艺术学等 150 余个重要的学科。其中心理学相关学科的文献资源也是较为丰富的。

ProQuest Dissertations & Theses（PQDT）：目前世界上最大和使用最广泛的学位论文数据库。截至目前，该数据库收录了全球 2000 余所大学文、理、工、农、医等领域近 400 万篇毕业论文的摘要及索引信息。

Web of Science：涉及自然科学、社会科学、艺术与人文学科的文献信息，包括国际期刊、免费开放资源、图书、专利、会议录、网络资源等，可以同时对多个数据库进行单库或跨库检索。

PubMed：可检索自 1950 年以来 MEDLINE 数据库的期刊文献以及其他生命科学期刊文献。PubMed 的信息资源主要包括 MEDLINE 数据库、PreMedline 数据库以及部分由出版商提供的书目信息。

Elsevier Science Direct：荷兰爱思唯尔（Elsevier）集团生产的科学文献全文数据库，为全球研究人员提供 3800 多种同行评审期刊，该数据库可检索大量心理学相关文献。

Wiley online library：一个多学科在线资源平台，覆盖学科范围广，几乎是全学科覆盖。其中的医学、生命科学、心理学等学科包含大量心理学相关学术文献。

EBSCO PBSC（Psychology & Behavioural Sciences Collection）：心理学及行为科学全文数据库可以检索到 550 余种期刊的全文，包含临床心理学、精神病学以及神经科学领域的顶尖知名期刊，许多全文与出版社同步出刊。

四、心理学文献的查找

现有的各种文献数据库均提供了非常方便和完善的文献检索选项，以中国知网为例，可以通过篇名、关键词、主题、作者名、文献来源、作者单位等进行文献检索，其他数据库也大同小异。对于网络时代的研究生来说，掌握和熟悉各种数据库的检索路径和技巧应非难事，可多练习、多实践。针对心理学专业的研究生提出以下几点建议以供实际查找学术文献时参考。

第一，不同检索选项组合使用。不同选项组合可提高文献检索的效率和精准度，如作者+文献来源（刊名）、作者+单位、作者+刊名+单位等组合方式可有效避免作者重名导致的海量无关文献。这种检索策略的弊端是容易遗漏文献，如果某作者先后甚至同时在多个刊物以不同的署名单位发表论文，对作者不是相当了解的话就很可能发生严重的遗漏。

第二，根据不同检索目的采用不同的检索策略。研究生可能出于不同的目的查找文献，有时是为了给自己的研究理念和选题寻求依据，有时是为了给自己的假设或结果寻找佐证，有时是为了查找一个具体的工具(如量表或问卷)。诸如此类的情况，查找文献的目的明确，可以采用篇名或关键词检索，一旦找到所需文献便达目的，不求文献之多之全。但有的时候，文献检索的目的是系统综述或做元分析研究，这时应尽量做到文献搜索系统、全面、无遗漏，应同时使用多种检索策略，而且尽量不要限制检索范围，如同时使用主题词、关键词检索，以及篇名模糊检索。

第三，注意同一概念的多种表述形式。心理学的一个特点是同一个概念往往有多种表述形式，如"心理弹性"(resilience)，又称为"心理韧性""复原力""抗逆力"等。以"心理弹性"为篇名检索中国知网，可得文献3649篇，以"心理韧性"为篇名，可检索到1674篇文献，以"复原力"为篇名可检索到517篇文献，以"抗逆力"为篇名可检索到907篇文献，而对应的英文术语都是"resilience"。可见如果仅用其中的某一个术语作为检索关键词，将遗漏相当一部分文献。如"网络成瘾"往往又称为"网络依赖""网络过度使用""病理性网络使用"等。这种现象在心理学中并不少见，这是研究生查找文献时应注意的。

第四，多种数据库同时检索或跨库检索。虽然有很多数据库收录心理学学术文献，但不同的数据库各有侧重，收录的心理学文献来源(期刊种类)和数量是有差异的。如果仅检索某单一数据库或少数几个数据库，得到的文献是不完整、不全面的。有研究发现，分别检索中国知网和万方数据知识服务平台，检索主题是抗抑郁药对抑郁症的治疗效果，中国知网仅能检索到全部文献的33.12%，万方数据知识服务平台仅能检索到全部文献的37.75%，同时检索中国知网和万方数据知识服务平台也只能得到全部文献的42.88%。可见，中国知网和万方数据知识服务平台虽然是国内中文学术文献的集大成者，对于医学相关文献却不是检索首选。

第五，有效利用通用搜索引擎。像百度学术、谷歌学术(Google scholar)等，如善加运用将收事半功倍之效。通过百度学术知识发现系统，搜索时可直接发现图书馆所购买资源，进行文献下载。Google scholar(及其镜像网站)是检索工具，虽不提供文献免费下载服务，但多尝试多钻研将会发现很多意想不到的妙用。

第六，在文献阅读中发现和收集文献。如果你正在阅读一篇近期的系统综述，尤其是英文综述，那么该综述的参考文献部分将是你的一个非常便利的文献来源。你可以按照该综述的参考文献清单，找到大量原始研究论文。如此寻找文献的一个好处是，这些原始研究论文在综述中已被作者评论，因此你在阅读时可以将综述中的评论作为你自己的判断的一个参照。

五、心理学文献的阅读

查找文献是为了阅读。如何阅读文献是研究生训练的重要环节。阅读文献贯穿于整个研究生阶段，持之以恒的阅读，能提高阅读速度和理解、判断能力。作为研究生，在文献阅读时应注意以下几点。

第一，文献阅读顺序。建议大致按照中文综述→中文研究论文→英文综述→英文研究论文的顺序阅读文献。跨专业研究生则建议从教材开始，按照教材→中文综述→中文研究论文→英文综述→英文研究论文的顺序进行文献阅读。阅读教材的目的是了解整个心理学学科或自己将要进入的某分支学科的研究概况、基本理论、方法、概念、术语等，这对于新手尤其是跨专业研究生是十分必要的。一般的研究生先读中文综述，可以较全面地了解自己的研究问题或研究领域已经被研究到什么程度了：他人已经做了什么？做得怎么样？有哪些问题没有解决？自己还可以做些什么？阅读几篇有分量的中文综述后，接着阅读具体的研究论文，从研究设计、具体方法到结果、结论。一方面了解综述中的那些论述和结论是怎么来的，另一方面也知道一个完整的研究是怎么做的。有了一定量的中文文献阅读经验后，再读英文综述和英文研究论文，理解起来就容易很多了。

第二，文献的选择。阅读学术文献不是漫无目的的浏览。研究生应结合自己的能力、兴趣以及导师的研究课题和研究任务等有目的、有选择地查阅文献。首先，根据自己的兴趣和专业程度按先易后难、先中文后英文的顺序阅读文献。其次，根据导师的研究领域和研究课题选择阅读文献。在结合自己的兴趣和导师课题确定自己的研究方向后，应迅速调整文献阅读重点，围绕自己的研究方向选读文献。在查阅与自己研究方向相关的文献时，还可以限定作者或期刊，在一段时间内集中阅读某些重要作者或权威刊物的文献，这样可以避免因阅读低质量文献而浪费时间甚至被误导。

第三，养成做笔记的习惯。做好阅读笔记不仅是一个良好的习惯，而且具有重要的意义。没有做过笔记的文献不能说是真正读过的文献。笔记中应重点记录以下内容：①文献的作者、标题、出版信息等，以便于将来引录。②文献的结果、结论等关键信息，以免将来重复阅读而浪费时间。③文章前言部分（Introduction）的重要论述和评论，特别是英文文献，其 Introduction 部分是值得重点阅读和摘录的部分，因为 Introduction 部分对问题的提出以及当前研究进展等常常有非常充分的论述。④收获和疑惑，即阅读后得到什么启发，对自己的研究有何借鉴和帮助，有哪些不明白或质疑的地方等。⑤英文文献中一些好的句子和表述方式也建议摘录下来，以便自己以后写作时模仿借鉴。特别是结果描述，要学习他如何灵活地使用不同的句型结构来描述统计结果。

第四，在阅读中学会鉴别文献的好坏优劣。研究生一方面要大量阅读文献，另一方面也要不断提高自己的文献鉴别能力，知道区分什么是好的高质量文献，什么是无意义的低质量文献甚至是假劣文献。刊物的影响因子、文章被引用和被下载的次数、作者的知名度等客观因素当然是判断文章好坏的重要依据，但除此之外，还应学会如何从文章本身判断文章好坏。比如，前言部分是否逻辑清晰、语言流畅？研究的问题是否具有理论依据和学术意义？研究方法、研究过程是否清楚明确？结果描述是否简明扼要？讨论分析是否有理有据，合乎逻辑？

第五，有意识地训练和提高英文文献阅读能力。毋庸讳言，心理学领域绝大部分高质量文献是英文文献，有志于从事心理学学术研究的研究生必须习惯阅读英文文献。因此，必须从简单的文献入手，从一天甚至几天读一篇文献开始，持之以恒，日积月累，逐步提高英文文献阅读能力。

第二节　心理学文献综述

一、心理学文献综述的写作方法与技巧

文献综述的写作包括两种情况，一种是研究生学位论文或其他研究论文的前言部分的文献综述，另一种是独立的综述性论文，如系统综述或元分析研究中的文献综述。第一种情况的文献综述重点在于材料组织和论述的逻辑性，目的是通过适当和适量的文献回顾和评论，提出自己的研究问题和研究假设，文献综述的意义是为自己的研究提供学理上的依据。这种情况下的文献综述强调文献的代表性、关联性和权威性，相对来说不特别要求文献的全面性和完整性。第二种情况下的文献综述则强调文献的完整性和系统性，并且可能规定文献的时效性(如仅限近10年或近5年的文献)和语种(如仅限中文文献)等。

对于第一种情况，由于文献综述的目的是论证自己的研究问题，为自己的研究提供依据和基础，建议根据不同的研究内容选择不同的问题提出策略。常见的问题提出策略有以下几种。

(1)从自变量出发：当研究涉及大家普遍关心的社会问题或社会现象时，从自变量出发，往往能够迅速阐明问题的严重性和研究的意义。如虐待、创伤、校园霸凌等，由于这些现象常常引发对受害者较严重的负面影响，因此广受关注。前言若从虐待、创伤、校园霸凌等的概念、发生率、常见负面后果等入手，则可以较快引出拟研究的问题。

(2)从结果变量出发：从结果变量出发常常也是一种简洁明快的导出问题的思路。如游戏成瘾、自杀、攻击和反社会行为、焦虑、抑郁等，这些问题始终存在又常变常新，备受关注。无论是病因学研究、防治对策研究还是具体干预效果研究，从问题本身(概念、严重性等)出发，均能快速阐明研究意图及意义。

(3)从研究对象出发：如果研究对象是某特殊群体，如留守儿童、艾滋病感染者、失独老人等，从研究对象入手，通过对该群体的特点、处境、生存状态等独特性的论述而引出研究的问题，也是一种常用的方法。

无论采用哪种问题提出策略，引出问题之后均应进行充分而适当的文献综述，通过文献梳理，总结概括当前的研究现状和局限，进而提出自己的研究方案、设想及假设。因此，在文献综述阶段如何组织文献也是需要精心考虑的。通常可采用以下三种文献组织策略：

(1)按时间顺序组织文献：心理学的许多问题的研究进程具有明显的时间特征。如网络成瘾问题，从最初笼统的一般性的网络成瘾，到后来的游戏成瘾、智能手机成瘾、社交网站成瘾以及最新的网络购物成瘾、短视频网站成瘾等，显示出明显的时间发展轨迹。又如依恋问题，从最初的亲子依恋(母婴依恋)到后来的成人依恋、同伴依恋以及其他特定对象依恋(如手机依恋)，研究范围和主题不断扩展。若按时间线索组织文献，可以较清晰地展现当前研究问题的历史渊源和演进路向。

(2)按主题组织文献：有些问题，其前因后果涉及方方面面，如校园霸凌对受害者的

影响，涉及生理和心理的影响，而生理和心理的影响又各自有不同的亚类。若根据不同亚类分设主题，组织文献，则显得条理分明、井然有序。

（3）按研究方法组织文献：心理学的研究越来越注重不同方法的综合运用，往往一个问题同时采用问卷法、实验法、电生理以及脑影像方法进行研究，如认知偏差问题、执行功能问题、情绪加工问题等。根据研究方法组织文献，可以从不同侧面提供研究证据，使综述显示出层层递进的层次性。

第二种情况，系统综述或元分析研究，目的是对某一问题的研究状况进行全面系统的总结和评价，因此首先应保证文献检索全面、完整、无偏倚。系统综述重视文献材料的组织性和条理性，尽量做到分门别类、脉络分明。系统综述通常包括以下 4 个部分：①界定问题，即简要说明综述的问题和范围。②主体部分，对以往研究进行文献总结。③对已有研究的差异、矛盾、不一致之处进行分析解释。④建议和展望，基于对现有研究文献的回顾提出对未来研究的期望和建议。

撰写系统综述或元分析报告时，通常还应详细说明文献检索策略和筛选过程，包括文献纳入标准、检索方案、文献筛选和资料提取过程、文献质量评价等。

二、心理学文献综述写作过程中的注意事项

文献综述的写作检验研究生对自己研究领域的了解和掌握程度，也检验研究生组织和驾驭海量材料信息的能力，更检验研究生的文字表达和写作能力。无论是学位论文中的文献综述还是独立的系统综述，无论采用何种文献组织方法，贯穿始终的潜在线索应该是研究变量之间的逻辑关系。因此，撰写文献综述时最应注意的是逻辑性，逻辑是文献综述的灵魂。此外，以下几点也是撰写文献综述时应特别注意的。

（1）避免机械地罗列文献：不要将文献综述写成流水账，张三的研究、李四的研究、王五赵六的研究……堆积一片，缺乏轻重详略处理，缺乏概括归纳。重要的、有代表性的研究可以详细引述，包括研究对象、方法、主要结果结论等，其他类似的一般性研究作为辅证简要概括即可。

（2）避免大量复制粘贴他人文献：即使打上引号，整段或整句复制粘贴他人文献也是不符合学术规范的。撰写文献综述时，下笔之前应反复阅读文献，然后基于对文献的理解用自己的语言将重要的内容或观点复述出来。

（3）避免引用无关文献以及文献的无关内容：有些研究生有时为了一些与学术无关的原因而引用一些文献，比如为了显得"好看"而引用与综述主题无关的英文文献。这是一种必须改掉的不良习惯。另外一种情况是，因为不善取舍而引用文献中的一些无关内容。引用文献中的哪些内容，应视综述的问题而定，不必将一篇文献中的所有内容都引用过来。

（4）不要忽略中文文献：在前言的文献综述中不提中文文献，有时是出于无意，有时是有意。无意识的忽略是因为不重视，没有检索中文文献。有意不引用中文文献则可能是想宣示自己的首创权。实际上这是徒劳的，不引用、不提及并不说明他人的研究不存在。系统综述中不纳入中文文献则会影响结论的客观性，除非在文献纳入标准中明确排除中文文献。

（周世杰）

第四章　心理测量学

如何对心理学研究变量进行测量以及制定标准化的心理学量表是心理学研究的重点。本章将首先介绍心理测量学的基本概念以及心理测量学相关方法，然后介绍标准化测验的技术指标，最后概括性地介绍现代心理测量学理论，包括项目反应理论、概化理论以及计算机自适应测验。

第一节　心理测量学概述

心理测量学是心理学科的重要分支之一，它是以古代测验思想及方法为基础，在近现代的社会需求、个体差异研究、心理实验室建立以及统计学的发展中而逐渐成熟的一门科学。至今，心理测量学已经历了先验期和科学期两个发展时期，先验期主要为 20 世纪以前，特点是重视实用，主观性强而缺乏理论指导；科学期则是 20 世纪以后，不仅测量工作变得更加系统化，测量理论也日渐成熟与完善。根据测量理论的发展，科学期可划分为经典测验理论时期和现代测量理论时期。经典测验理论(classical test theory，CTT)以 20 世纪 50 年代古利克逊(Gulliksen，H. O.)的《心理测量和测验导论》为成熟标志，20 世纪 50 年代后测量学家针对经典测验理论存在的不足提出了现代测量理论，如项目反应理论、概化理论、认知诊断理论等现代测量理论，以提高测量的可靠性和有效性。

一、心理测量学的基本概念

(一) 测量与心理测量

测量可以分为物理、社会、生理和心理测量 4 种。完成一次测量过程，譬如称重量、量长度，必须具备 3 个条件，即测量对象、测量工具和测量结果。测量对象具体指所测物或人的属性和特征，在物理测量中测量物体的重量、长度、体积等，在心理测量中测量人的能力、个性等各种心理状态和特质等。测量工具又称法则，是对事物的属性分派数字的依据，它既包括制定测量用具时所遵循的标准，又包括测量实施的过程所遵守的规则。测量结果是用数字来表示的，即表示事物属性和特征的数字和符号。虽然不同的学科领域具体的测量对象不同，但是却有着共同的特性，因此，对于物理、社会及心理等领域而言，测量就是人们根据一定的法则，对客观事物的属性进行某种数量化确定的过程。不同的学科领域在测量中所遵循的理论与方法也是不同的。心理测量是依据一定的心理学理论，通过科学、客观、标准的测量手段对人的特定素质做出某种数量化确定，并进行分析和评价。这里所谓的素质，是指那些完成特定工作或活动所需要或与之相关的感知、技能、能力、气质、性格、兴趣、动机等个人特征，它们是以一定的质量和速度完成工作或活动的必要基础。

人们对物理属性的可测性通常不会产生异议，而对人的心理属性是否具有可测性往往会产生疑虑，因为人的心理是对客观现象的主观反映，是看不见，摸不着的。心理学家桑代克（Thorndike, E. L, 1918）曾提出"凡物之存在必有其数量"，不仅物质世界存在着量，人的心理世界也存在着量，这种量既有大小多少之分，也有程度的不同，譬如记忆强与弱，思维敏捷与缓慢，想象丰富与贫乏，观察仔细与粗心等。测量学家麦克尔（McCall, 1923）则提出"凡是有数量的东西都可以测量"，因此，心理属性的量也是可以测量的。广义的心理测量不仅包括以心理测验为工具的测量，也包括用观察法、访谈法、问卷法、实验法、心理物理法等方法进行的测量。

（二）测量的要素

任何测量都包括基本的两个要素，即参照点和单位。

1. 参照点

参照点是计算事物的量的起点。参照点有两种：一种是绝对零点，如测量物体轻重、长短时使用的都是绝对零点。另一种是人为指定的参照点，如以海平面为测量陆地高度的起点，以冰水混合物为测量温度的起点。心理测量中所用的参照点都是人定的，这种参照点有一个很大的限制，就是从该点起计算的数值不能以"倍数"的方式解释。如甲的智商为100，乙的智商为50，不能说甲的智力是乙的两倍，因为没有零智力。

2. 单位

单位是量具的基本要求，没有单位就无法测量。理想的单位需要具备两个条件：一是有确定的意义，即同一单位在大家看来意义相同，不允许有不同的解释。二是有相等的价值，也就是说，第一单位与第二单位间的距离等于第二单位与第三单位间的距离。长度、重量等物理测量的单位符合这两个条件。而心理与教育测量所用的单位则不等值。如智龄是以年龄作为智力的单位，因为智力发展的速度先快后慢，4岁与5岁之间的差别明显大于34岁与35岁之间的差别。

（三）测量的量表

要测量某个事物，必须有一个定有单位和参照点的连续体，将要测量的每个事物放在这个连续体的适当位置上，看它距离参照点的远近，以此得到一个测量值，这个连续体就叫量表（measurement scale），即进行测量时体现了测量规则的连续体。根据测量的精确程度不同，斯蒂文斯（Stevens. S. S）将测量从低级到高级分成四种水平，即命名量表、顺序量表、等距量表和比例量表。高级量表除包括低级量表的条件假设和功能外，还有其自身的特点。

1. 命名量表

命名量表也叫类别量表或称名量表，它是量表中测量水平最低的一种，只是用数字来代表事物或把事物归类，没有任何数量的意义，只起着标志事物的作用，因而没有序列性、等距性和可加性。命名量表不具备量值、等距(单位)和绝对零点的特征，从本质上而言它不是一个真正意义上的量表。当信息需要区分，而且是具有质的特征而非量的特征时，我们就使用类别量表。

例如，人分为男人和女人，用"1"表示男人、"2"表示女人，这就是用数字表示人的性别属性，而这里的1+1与2之间是没有任何关系的，并不意味着两个男人和一个女人是等价的。又如在电子线路中，用"1"表示高电位、"0"表示低电位等。命名量表的数据是计数数据，只能计算次数的多少。它所适用的统计方法属于次数统计，如频数、众数、百分比、偶发事件相关(如四分相关、φ相关)以及卡方检验等。

2. 顺序量表

顺序量表也叫等级量表，指明类别的大小或含有某种属性的多少，如学生的考试名次、能力等级、对某事物喜爱的程度等。它所适用的统计方法有中位数、百分位数、斯皮尔曼等级相关系数和肯德尔和谐系数等，但不能做加、减、乘、除运算。在心理学中，人的多数心理特征是符合顺序量表的要求的。

例如，学生的成绩可以分为优、良、中、及格和不及格5个等级，相应地用五个数字5、4、3、2、1来表示。数字5、4、3、2、1构成了5>4>3>2>1的位次关系，但不能说各个数字之间的距离(或单位)相等。顺序量表具有区分性和序列性，但不具有等距性，也没有可累加性。

3. 等距量表

等距量表不仅有大小关系，而且有相等的单位。其数值可以相互做加、减运算，但没有绝对的零点，不能做乘、除运算。它所适用的统计量有平均数、标准差、积差相关以及t检验和F检验。

例如，10℃与15℃的差别，同15℃与20℃的差别是一样的，我们可以说某物温度比另一物温度高多少，但不能说某物温度是另一物温度的多少倍。

等距量表在心理学和教育学中应用较多，这主要是因为：第一，心理与教育领域中的许多测量结果都可以转换为等距量表，并且心理和教育测量中所要测量的人的智力、成就和能力等在客观上并没有绝对零点，这与等距量表的特征是一致的。第二，等距量表具有一个良好特征，如果我们对等距量表上的每一个观测值加减或乘除一个数，将不改变这些数值之间的关系，即对等距量表唯一可进行的不改变原有数量信息关系的转换是$y=ax+b$，其中a和b都是常数。这样，我们将一个等距量表上的观测值转换到另一个与之不同的等距量表上去，就可以对不同测量方法得到的结果加以比较。第三，等距量表能够应用多种统计方法对观测值进行分析，充分利用了观测值的信息，能够找出数值信息所隐含的规律。

4. 比率量表

比率量表是最高水平的一种量表，既有相等单位又有绝对零点。这种量表在物理测量中容易见到，如长度、重量等，所得数值可做加、减、乘、除运算。它所适用的统计量除上述几种外，还有几何平均数及变异系数等。对比率量表可进行的唯一不改变其原有数量信息关系的转换是$y=ax$，其中a是常数。

例如，质量、长度、光的亮度等都是比率量表。但由于大多数心理特征难以找到有意义的绝对零点，所以此种量表在心理测量中不常用到。

通过对上述四个水平的量表的比较我们可以发现，比率量表含有其他三种量表的所有信息；从命名量表到比率量表，可以进行的量化处理方式越来越多，可从数据获得更多的信息。有些心理特征的测量数据可以通过某些数理手段从较低层次的量表转化为较高层次的量表，从而提高数据的利用率。切忌滥用数理转化手段，使转化后的生成数据违背或偏离人的心理特征的客观规律。

(四) 心理测验与心理测量

心理测验(mental test)是根据一定的法则和心理学原理，使用一定的操作程序量化人的认知、行为、情感的心理活动(郑日昌，2011)。

心理测验包括两层含义：一是指测量心理变量或心理特质的工具如人格测验、能力测验、智力测验等测验工具；二是指对心理变量如智力、记忆、才能等的测量。前者强调测验的工具属性，后者强调测验的过程。人的心理特性不能直接观察，而且存在明显的个体差异，但心理特性总会以一定的行为方式表现出来。心理测验就是通过设置的情境让人们产生某些行为，也就是个体对测验题目的反应，并根据个体的不同反应来预测其相应的心理特性。从这层意义上讲，心理测验指的是一种具体的测量心理特质的方法和活动。

心理测验包括三个基本要素，分别是行为样本、标准化和客观性。因为心理变量的样本不是该个体样本的全部，所以样本要有充分的代表性，这些代表性的行为称为行为样本；标准化是指在标准情况下取出个性心理特征如记忆、智力等样本进行分析和描述，标准情况是指取样方法合适，受测者心理状态稳定，分析和描述是指将所测心理变量数量化，并分出等级、类别或范畴，以便解释。客观性是指测验不受主观支配，其测量方法是可以重复的，被试的外部行为是客观的，测验的实施、计分和解释都是客观的，客观性是衡量心理测验科学性的一个根本标志。行为样本的代表性和测验程序的标准化都是为了保证客观性。

心理测量的意义相对心理测验更加广泛。凡是涉及人的心理活动和心理属性的测量都可以称为心理测量。在许多场合，心理测量与心理测验常被作为同义词来用。这两个概念的内涵在很大程度上是重叠的，但又存在显著的区别。如对人的心理所进行的神经生理学测定是心理测量，不属于心理测验；有的人格测验是不计分的，主试只由测验结果对被试做出定性的描述，这样的测验就不是对被试的测量。心理测验是了解人心理的工具，主要在"名词"意义上使用；而心理测量则是以测验为工具来了解人类心理的活动，主要在"动词"意义上使用。能被用于实际心理测量的心理测验才是真正有效的测验工具。当然，不应用规范标准的心理测验工具的心理测量活动也不能被称为科学的测量。

二、心理测量学相关方法

在许多自然科学中，测量是一个相对直接的过程，包括评估客体的物理特征，如高度、重量和速度。然而，很大程度上，诸如智力和创造性等心理属性并不能使用与测量物理属性相同的方法来进行测量，心理属性主要是一种内在的属性，可以通过个人行为表现出来。但是行为很少只反映心理属性，它还反映生理的和社会方面的属性。相对于物理测量，心理测量涉及的内容复杂且不易控制，因此实施起来困难较大。但心理并不是不可测的，因为人的心理活动往往会通过言语、表情和行动表现出来。

中国古代个性心理测量的方法，概括起来主要有以下几种：观察法、访谈法、自然实验法和个案调查法等，虽然这些方法在数量化方面没有达到现代心理测量的水平，但主试能系统地收集被试在多种情境中的行为表现，综合各方面的资料进行评价，这些特点和长处仍值得我们借鉴。

广义的心理测量包括以心理测验为工具的测量，也包括用观察法、访谈法、问卷法、实验法、心理物理法等方法进行的测量，目前心理测验是心理测量中应用最广泛的方法。大多数心理测验可以分为三种主要类型：

(1)被试执行某些具体任务的测验，如写论文、回答多项选择题或对呈现在计算机屏幕上的形象进行心理旋转。

(2)在一个特定情境下对被试的行为进行观察的测验。

(3)自陈式测量，被试描述出自己的情感、态度、信念和兴趣等。

(一)绩效测验

绩效测验是大众最熟悉的心理测验类型，给被试某些界定好的任务，他们尽自己最大的能力以期成功地完成，测验分数是由被试完成每个任务的成功度决定的。克隆巴赫(Cronbach，1970)认为此类测验可以看作"最佳表现的测验"。一个绩效测验的表面特征与测验参加者的目的和心理状态相关。绩效测验的一个假设是：被试知道应该如何对问题或组成绩效测验的任务进行反应，被试为了获得成功要付出最大努力。因此，绩效测验的设计是为了评估个体在测验情形的条件下能做什么。

在一般心理能力的标准化测验中，智力测验是这种类型测验的最好例证。被试可能会对数百个多项选择项目进行反应，而且测验分数由回答正确的项目数量决定。具体能力的测验，例如空间能力或机械理解也属于此类测验。更加具体的技能或特长，例如生物学测验或音乐测验也属于此类型。

大量的测验要求回答者展示某些生理性或心理动力学方面的活动。在一个典型的计算机化的心理动力能力测验中，测验参加者必须使用操纵杆使游标跟踪在屏幕上随意运动的一个特定点；此类型任务的成绩可以根据总的跟踪时间、跟踪中断的次数或这些因素的组合来决定。其他复杂的生理绩效测验包括飞行模拟器、拿驾驶执照前进行的道路测试等，计算机游戏也包含在心理动力绩效测验中。

(二)行为观察

许多心理测验都是要求在一个特定的情境下观察被试的行为和反应。为了评估销售员在处理刁钻顾客的情况时表现出来的能力，许多商店会聘请一些观察员随机到他们的商店里观察和记录每个销售员的行为。观察员甚至会自己充当刁钻的顾客，记录销售员在处理各种不同类型问题时采用(或缺乏)的技巧。这种类型的测验不同于绩效测验，因为被试没有一个单独的、界定清晰且可以努力表现的任务。事实上，在这种类型的测验中，被试甚至可能不知道自己的行为正在被观察。因此，行为观察评估的是一个具体情景下的典型行为和表现，而不是在某些已界定清晰且理解深刻的任务上的最佳表现(Cronbach，1970)。

对典型的表现或行为的观察可用于测量各种类型的属性，包括从社会技能和友谊形成到职业上的表现等。访谈，包括临床访谈和职业访谈可以看作行为观察的方法。虽然应聘者在求职面试中要努力做到最好，但是他们所面临的任务是结构比较松散的，因此，可以通过观察应聘者在这种具有潜在压力的双重互动过程中的行为获得有效的数据。

自然情境下对行为的系统观察在评估诸如社会技能或适应等属性中是非常有用的。例如，一个心理学家希望评估一个儿童与其同伴的社交能力，他可以在各种结构化的或无结构化的情境中（如在教室里、在操场上）间接地观察该儿童与其他儿童间的互动，也可以系统记录下几种关键行为的频率、强度或指向性。同样地，我们也可以对病房中一个病人的行为进行系统的观察和记录，同时，努力评估其对具体治疗的反应。

（三）自陈式测验

测验的最后一种类型包括各种诸如要求被试报告或描述自己的情感态度、信念、价值感、观点和生理或心理状况等的测量。许多人格调查表可以认为是自陈式测验，这种类型的测验也包括各种类型的调查、问卷和民意测验。

自陈式测验根据个体标准化问卷进行评定，在大多数情况下，当事人的内心体验信息依靠个体自己进行收集。自陈量表在关注内心体验的焦虑及其他障碍的诊断中非常重要。由于自陈评估的信息直接从当事人那里获得，因此，这种评估方法成本效益好、容易管理，而且，对运动、生理、认知过程的评估易于控制。与其他形式的评估（如行为观察）相比，自陈评估节省时间和资源，但由于多种因素的影响（包括有意错误和记忆不清），提供的信息欠准确。

许多测量技术既包括了行为观察也包括了自陈式测验的特征。例如，访谈包括的问题可能与被试的想法、观点和情感有关，临床访谈更是如此。这两种方法并非一定会产生相融合的结论，一个人将自己描述为胆小的、退缩的，但是在某种情境下他仍然会表现出攻击性行为来。不过，这两种技术产生的有关个体的信息经常是相互融合和相互补充的。

第二节　测验标准化的特征

一、测验标准化

测验标准化（test standardization）是指测验全过程的标准化，包括测验编制、施测、评分、分数解释的一致性，其主要目的是保证测验结果的准确性和稳定性。

（一）测验标准化的相关概念

1. 行为样本

行为样本是指反映个体某一属性的代表性行为。例如，个体的内外向性可以由其在公共场合的说话频次、是否喜欢进行安静的活动等行为表现出来。因此，某个特定属性的测量包括了对其相应不同行为的测量。在测量中，通常会选取一些具有代表性的行为进行评估，随后根据测验表现对个人相应心理特质进行解释说明。这些具有代表性的行为即行为样本，因此也可以认为行为样本是所有行为中抽取的部分行为。

2. 常模

常模是指经过标准化的样组在某一测验上的平均值和标准差，它可以反映某一个体在团体中的相对位置。例如，某人完成了一份能力测验，若其分数高于常模团体的平均分，那么说明其能力高于一般人的平均水平；若其分数低于常模团体的平均分，那么说明其能力低于一般人的平均水平。常模是一种用于明确测验分数及其优劣的参照系，因此是用于解释测验分数的标准之一。建立常模也是测验标准化的重要步骤。

常模通常有如下几种形式：

（1）均数。

均数是常模的一种普通形式。被试测得成绩（粗分，或称原始分）与标准化样本的平均数比较后，才能确定被试测得成绩的高低。

（2）标准分。

均数解释的问题是有限的，若不注意分散情况，所得被试的信息非常受限。若用标准分做常模，则可提供更多的信息。标准分表示被试的测验成绩在标准化样本的成绩分布图上的位置。标准分(Z) = 被试成绩(X)与样本均数$(\overline{X})$之差（即 $X-\overline{X}$）除以样本成绩标准差(SD)，简化为 $Z=(X-\overline{X})/SD$。由此，不仅表明被试的成绩与样本比较在其上或其下，还表明相差多少个标准差。

许多量表采用这种常模或采用由此衍化出来的常模。例如：在韦克斯勒量表中（杜玉凤、李建明，2002），离差智商 $=100+15(X-\overline{X})/SD$ 便是其中的一种。离差智商与标准分常模的不同之处在于：一是标准分均数为 0，离差智商均数为 100。即 $Z=X$ 在标准分时为 0，在离差智商时为 100；二是标准分的 SD 值随样本决定，而离差智商中是令标准差为 15。

（3）T 分。

T 分是标准分衍化出的另一种常模形式，MMPI 便采用此种常模。它与离差智商的区别是所设的均数值与标准差不同。T 分常模的计算公式如下：

$$T=50+10(X-\overline{X})/SD$$

（4）由标准分衍化而来的其他形式的常模。

标准 20 和标准 10 均属于这一类，都是改变均数及标准差值而得。其计算公式如下：

$$标准 \quad 20=10+3(X-\overline{X})/SD$$

$$标准 \quad 10=5+1.5(X-\overline{X})/SD$$

在韦氏量表中，有粗分、量表分以及离差智商诸量表分数。其中量表分的计算方法即属此处的标准 20 计算法。

（5）划界分。

在筛选测验中常用此常模形式。如教育上的 100 分制以 60 分为及格分，60 分即划界分。入学考试时的划界分取决于考生成绩和录取人数。在临床神经心理测验中，比较正常人与脑病患者的测验成绩，设立划界分，以这个分数作为有无脑损伤的划分依据。如果某测验对检查某种脑损伤比较敏感，说明设立的划界分很有效。病人被划入假阴性的人数就很少甚至没有，正常人被划为假阳性的也很少或没有。若是某测验对检查某种脑损伤不敏感，则被划入假阳性或假阴性的机会均会增加。

（6）百分位。

百分位是另一类常用常模，比标准分应用得更早，也更通用。它的优点是不需要统计学的要领便可理解。习惯上，其成绩的排列是差在下、好在上，计算出样本分数的各百分位范围，将被试的成绩与常模做比较。如相当百分位为50（P50），表示此被试的成绩相当于标准化样本的第50位。也就是说，样本中有50%的人的成绩比他差（其中最好的至多和他一样），另外50%的人的成绩比他好。如百分位为25，说明样本中25%的人的成绩在他之下（或至多和他一样），另有75%的人的成绩比他的好，依此类推。

（7）比例（或商数）。

这一类常模也较常用。在离差智商计算方法出现之前，便使用比例智商。其计算方法：智商 IQ=$MA/CA \times 100$，是将 MA（心理年龄）与 CA（实际年龄）的比值乘以100，以使 IQ 成整数。H.R.B 神经心理成套测验中的损伤指数也是比例常模。损伤指数=划入有损的测验数/受测的测验数。

以上是通用的常模形式，此外还有各种性质的常模，如年龄常模（按年龄分组建立的）、性别和各种疾病诊断的常模。从可比性的角度看，常模特异性越高，则常模越有效。从适应性讲，通用的常模形式使用更方便。例如智力测验，全国常模运用范围广，区域常模应用的地区则有限，但后者较前者更精确。有的常模虽然具有区域性，但因该区域有代表性，所以也可用于相似地区。

不同测验分与 Z 分和正态分布的关系如图4-1所示。

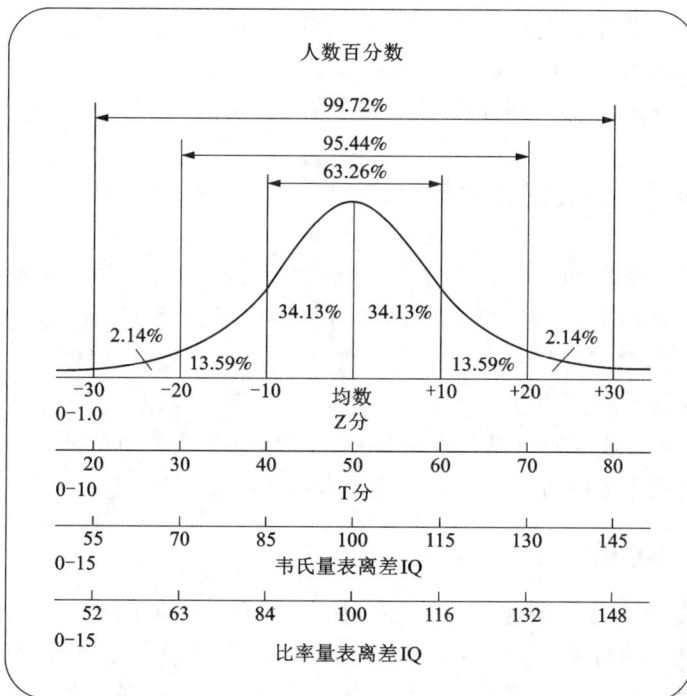

图4-1　不同测验分与 Z 分和正态分布的关系

(二)测验标准化的内容

测验的标准化包括了测验内容标准化、测验实施标准化以及分数解释标准化。

测验内容标准化是指测验内容编制的标准化，包括了测验内容确定、试题编制、测验编排与预测等步骤，其主要目的是保证量表自身的准确性与稳定性，确保在测量不同人群的同一特质时都具有相同的测验信效度。

测验实施标准化是指在使用测验进行评估时的标准化。这就要求所有被试都在相同设置标准的环境中进行测验，排除因施测环境不同而造成的无关因素困扰。同时，在对被试进行测量时应尽量安排相同主试并按照统一的指导语，主试的指导语要求清晰准确、完整反映测验目的与内容，当被试遇到问题时应按照相同方法进行处理、解释。

测验分数标准化是指完全按照客观标准进行计分或者根据测验指导手册进行计分，力求做到分数评定与分数解释的一致性。一般情况下，如果在成对的受过训练的评分者之间一致性达到0.90以上，就可以认为计分是客观的，当计分是客观时，才可以将分数差异归结为被试引起的差异。

测验分数标准化的客观计分步骤包括：第一，要及时、清楚地记录被试的反应，避免因遗忘导致的计分混乱。第二，要使用记分键进行计分，记分键即一张标准反应表或正确反应表。客观题的记分键即题目及其答案，主观题的记分键即一系列的正确反应。第三，将被试反应与记分键相比较。

除了以上3个标准化外，还需要注意被试测验可能需要的时间，通常根据被试年龄、题目性质以及题目数量进行判定。一般来说，测验题目数不应过多，时间控制在1个小时左右，能力测验时间可稍延长，人格测验时间需稍缩短。

另外，当对被试进行分数解释时还需要注意：确保被试已经清楚理解测验的内容以及目的，注意其心理状态、情绪状态，使用易于理解的语句进行解释。还需要强调分数只是当时状态的"最优"选择，防止部分被试因测验分数的高低而影响其自我评价、自我认识。

二、测验标准化的技术指标

当人们使用某一测验问卷时通常都会产生一些疑问，例如，这份测验真的有用吗？这份测验检出某一疾病(抑郁、焦虑)的准确性有多少？通过哪个标准判断某个体的行为异常还是正常？以上问题都对测验的可靠性、准确性做出了要求。根据这些要求对测验项目进行删改、编辑就是标准化的过程。测验标准化的主要工作包括：一是对测验整体质量进行分析，包括其信度、效度分析以及常模建立；二是对测验项目的质量进行分析，包括难度、区分度以及猜测系数的分析。以下是几个常用的技术指标。

(一)信度(reliability)

信度是指测量结果的可靠性与一致性。例如，不同人使用同一钢尺测量某物体的长度，那么在正确操作的情况下，其测量结果应该是基本一致的，这说明其信度较高。反之，使用具有较大弹性的橡皮筋测量某物体的长度，那么不同人的测量结果会大相径庭，说明其信度较低。

在测量理论中，信度被定义为：一组测量分数真变异数与总变异数的比值，即：

$$r_{xx} = S_T^2 / S_X^2$$

式中，r_{xx} 代表信度；S_T^2 代表真分数变异；S_X^2 代表总分数变异，即测量分数变异。

对信度进行定义还应该注意以下方面：

（1）信度代表测量工具所得"结果"的可靠性，并不代表测验工具本身。任何一个工具都有不同的测验信度，这主要取决于工具测量对象的性质，即同一测验在测量不同属性对象时测验信度不同。

（2）每个信度的估计值仅代表某一特定方面的一致性，即测验分数可能在某一属性上一致性高，但在其他属性上不是。例如，当测量被试在不同情境下的焦虑水平时，要求测验不能具有很高预测性或者恒久性。而当对人格进行测验时，则要求测验具有较高的预测性或者恒久性。测验要求的场合不同，其信度需要根据场合要求进行调整，如果将信度一般化，就会导致测验结果不准确，影响测验使用效果。

（3）信度估计完全使用统计方法。信度是一个完全构想的概念，而在实际应用中，通常以同一样本所得两组资料的相关系数作为测量的一致性指标。由于测量误差来源十分丰富，因此测验信度的计算方法也多种多样。以下介绍几种具有不同含义的信度：

1. 重测信度（test-retest reliability）

重测信度又称稳定性系数，采用重测法进行计算，即同一测验间隔一段时间测量同一测验对象所得结果的相关系数。测验的间隔时间从几天到几个月不等，但间隔时间不宜过短或过长，否则会加大误差。例如，对于智力测验来说，如果间隔时间过短，则记忆犹新，会增大联系误差；对于发展量表来说，如果间隔时间过长，则会因为被试成长的因素影响结果。通过重测信度可以有效了解测验目标在一段时间内的稳定程度。一般而言，重测信度越高说明测验的稳定性越高，越不容易受到环境和机体随机因素的影响。

2. 复本信度（parallel reliability）

复本信度又称等值性系数，是同一被试在两个平行测验中所得结果的一致性，常用于认知测验。复本信度最基本的假设是测验平行，即它们不仅在测验内容、类型、长度上基本相同，而且在测验难度、区分度等上也几乎一致，唯一不同的就是条目表述的差别。除此之外，复本信度也要考虑测验间隔时间，只有当两个测验同时进行测量时所得的相关系数才是复本信度。因此，复本信度计算时主要的误差来源为题目取样误差和时间误差。

在实际测验过程中，为避免施测带来的顺序效应，通常会将被试一分为二，一半被试做其中一个复本，另一半被试做另一个复本。因此，复本信度在避免记忆效应与练习效应的同时，还减少了辅导和作弊的影响。

3. 同质性信度（internal consistency reliability）

同质性信度又称内部一致性信度，是测验内部所有题目间的一致性程度，即所有题目得分的相关程度。如果项目间正相关较高，说明测验同质，如果项目间相关为零或负值，即使所有题目看起来是测量同一特质，其测验也是异质的。

影响同质性信度的因素主要包括两个：一是内容取样，与条目内容的一致性有关；二是所研究行为的异质性。当所研究行为的同质性越高，项目之间的一致性就越高。例如，一个测验主要测量阅读速度，另一个测验主要测量语言能力，那么前者测量的为单一特质,而后者的测验包含多个维度,可以包括理解能力、表达能力等,不同的人在不同维度上的得分存在差异,项目之间的一致性也会存在差异。

4. 分半信度(split half reliability)

分半信度是指将一份测验分为两半后,所有被试在这两半上所得分数的相关。在计算分半信度时,主要的任务是对测验进行分半,而对于一般测验,由于受到测验难度、题目特性等的影响,其前后两部分通常不可比较。较常使用的测验分半的方法为按照题目奇偶数进行划分,该方法对于由易到难顺序排列的测验十分适用,可以有效将测验分半。

可以影响分半信度的除了分半方法外,还有测验长度,通常,测验越长,其分半信度越高。分半信度的计算方法包括斯皮尔曼-布朗公式、弗朗那根公式以及卢仑公式,当使用不同方法计算分半信度时会发现不同的测量结果,此时可以使用 K-R20 或 K-R21 公式对其结果进行校正,得到满意的分半信度。

5. 评分者信度(scorer reliability)

测验信度不仅受到不同测验时间和测验取样的影响,还受到评分者评分时的情绪、经验、学识、偏好等因素的影响,因此不同评分者会对同一被试测验给出不同的评分。评分者信度指的是多个评分者给同一批人的答卷评分的一致性程度。考察评分者信度的方法是:随机抽取相当份数的试卷,由两位评分者按计分规则分别给分。然后根据每份试卷的两个分数计算其相关系数,即评分者信度。一般认为在成对的受过训练的评分者之间的平均一致性达到 0.90 以上,评分才是客观的。当多个评分者评多个对象,并以等级法计分时,还可以采用肯德尔和谐系数作为评分者信度的估计指标。

一般情况下,间隔施测的复本信度,因为受很多因素影响,所得的信度估计值最低,相反,校正过的分半信度,因为影响因素少,其值最高。其实,估计信度的方法远不止以上几种。实际上,有多少种误差来源,就有多少种估计信度的方法。而且,不同测验所获得的信度不同,同一测验在不同使用情况下所获得的信度也会不同。在实际操作中要对一个测验计算多种信度系数,以确定在不同情景下测验结果的稳定性。

(二)效度(validity)

效度是指一个测验或量表实际所能测出其所要测的心理特质的程度。由于个体心理现象的复杂性与特殊性,心理学无法像物理、数学等学科一样拥有明确测量某一物体的工具,因此在心理评估工具研制中还需要考虑其能否准确测量目标特质的能力。例如,在对个体的数字运算能力进行测量时,有可能在测验个体推理能力的同时,也在测验其语言文字理解能力。因此,效度作为一种衡量测验有效性的指标被心理学家广泛使用。目前主要有以下三种效度。

1. 内容效度(content validity)

内容效度是指一个测验对欲测内容的覆盖程度,其目的主要是探讨测验题目取样的恰当性问题。因为测验是通过被试回答部分代表性试题来估计其心理特质的,因此测验的价值取决于测验的测值在多大程度上代表了想要测量的那些已规定好了的内容。内容效度是编制每一份测验必须考虑的,尤其对于成就测验来说,内容效度高说明测验测量了所要评估的知识和技能。

确定内容效度的方法主要为逻辑分析法，通常采用专家判断法来评定假设的测验内容与代表性样本(测题)的符合程度，并计算其符合率。在确定内容效度时要注意区分其与表面效度的不同，表面效度是指被试进行测验时对测验目的的猜测程度，即测验使用者主观上觉得测验有效的程度。

2.结构效度(construct validity)

结构效度是指心理学理论对所测行为的解释程度。由于心理学中的理论以及特质非常丰富且抽象，我们不能对其进行直接测量，只能通过观察其相应行为表现对内在心理特质进行推论分析，所以结构效度的评估是一个复杂且长期的过程。目前主要通过两大方面对结构效度进行评估：一是收集理论证据，主要为建立构念列表和进行实验假设；二是收集心理测量学证据，主要收集的测量学指标包括内部一致性、发展变化、与其他测验的相关关系等，除此之外还可以通过因素分析、建立结构方程模型对结构效度进行估计。

3.效标关联效度(criterion-related validity)

效标关联效度是指测验分数与某一外部效标间的一致性程度，即测验结果能够代表或预测效标行为的有效性和准确性程度。其中"效标"是指独立于测验结果，反映测验目的的行为参照，也称效标行为。常用的效标包括工作绩效、已确定患病的患者的行为表现等。

依据效标资料获取时间的不同，可将效标关联效度分为同时效度(concurrent validity)和预测效度(predictive validity)。同时效度指测验与同时获得的效标资料的一致性程度。比如通过血液理化检验确定某位患者是否贫血。预测效度指测验结果对效标行为的预测程度。此种效度的效标测量通常在未来一段时间之后进行，而在这段时间里通常有某种"干预性"的事件发生，这种干预性的事件可以多种多样，比如训练、经历、某种治疗，或者仅仅是时间的流逝。比如运用智力测验结果预测个体未来的成就等。

以上三个效度中，内容效度最适合于预测具体属性的测验，如成就测验；结构效度最适合于预测抽象构念的测验，如自我效能感、心理资本等；效标关联效度最适合于用来预测结果的测验，如各种人事选拔测验。

(三)项目难度(difficulty power)

项目难度即项目通过率，是以答对或通过某一项目的人数百分比作为指标表示。通过率(P)与难度成反比，通过率越大，表示项目越容易，反之则越难。

在测验编制中，项目难度水平的选择依赖于测验的目的、性质及形式等。通常，在最高行为水平的测验(如能力测验)中，都能通过的项目(通过率为1)或都不能通过的项目(通过率为0)不宜选择，因为这些项目不是太难就是太易。为了使测验具有最大的区分能力，理想的项目难度为0.50，然而项目难度均为0.50时，被试团体的分布会出现两极现象，即该团体中有50%的被试答对所有的项目而得满分，另50%的被试无法答对任何项目而得0分。因此，选择项目难度的一般原则是项目的平均难度接近0.50，各项目的难度分布则视测验性质而定。而整个测验难度的确定，取决于测验分数的分布形态。因为人的心理特性基本上是呈正态分布的，所以大多数的心理测验结果应当符合正态分布的数学模型，尤其是标准化的心理测验。但是，有些效标参照性测验则允许出现偏态分布。若项目较难,使大多数学生的得分集中在低分端而形成正偏态分布;若项目较易,使大多数学生的得分集中在高分端而形成负偏态的分布。

(四)项目区分度(discriminating power)

项目区分度用于分析项目对所测心理特性的区分程度或鉴别能力,即区分项目优劣的指标,亦即衡量项目有效性的指标,又称项目鉴别力。项目区分度优良时,学得好的人通过该项目的比例较高,学得差的人通过该项目的比例较低。主要的估计方法为相关法与区分度指数法。

(五)猜测度

猜测度是指被试全凭随机猜测而答对题目的概率,可以用于分析被试对试题猜测的可能性程度。猜测行为主要出现在客观题(如选择题、是非判断题、匹配题等)中。对于一个高质量的测验来说,猜测度越小越理想。

一个优秀的、经过标准化的测验评估工具应该符合以下标准:信度好、效度高、难度适中、区分度强、猜测度小。

第三节　现代心理测量学理论

一、项目反应理论

项目反应理论(item response theory, IRT)也称潜在特质理论或潜在特质模型,是一种现代心理测量理论,其意义在于可以指导项目筛选和测验编制。项目反应理论假设被试有一种"潜在特质",潜在特质是在观察分析测验反应基础上提出的一种统计构想,在测验中,潜在特质一般是指潜在的能力,并经常用测验总分作为这种潜力的估算。项目反应理论认为被试在测验项目上的反应和成绩与他们的潜在特质有特殊的关系。通过项目反应理论建立的项目参数具有恒久性的特点,意味着不同测量量表的分数可以统一。

(一)项目反应理论的基础

1.潜在特质理论

在心理学上把制约人的行为的心理品质称为心理特质。由于这种特质至今没有任何迹象表明它的物质存在,因此又被称为潜在特质(latent trait)。心理学家致力于弄清这种潜在特质的理论结构,从测量学的角度弄清它的结构和性质并将其数量化,通过测量个体在这些特质变量上的量值,以预测个体的行为。为了达到这一目的,心理测量学家做了以下定义:对人的某种任务行为起制约作用的若干潜在特质的集合称为潜在特质空间,记为θ,其中相互独立的潜在特质的个数代表空间的维度。一个 K 维潜在特质空间可表示为$\theta=$

$(\theta_1, \theta_2, \cdots, \theta_k)$，其中的每一个 θ_i 称为一个潜在分量。在认知测量中，潜在特质常常被称为"能力"。

如果一个 K 维潜在特质空间包含了制约人某种任务行为的所有潜在特质，则称其为一个完备的潜在特质空间，简称全特质空间。潜在特质空间的维度有高有低，如果制约某种任务行为的特质空间既是一维的，又是完备的，则称这一任务行为的测量具有单维性。单维测量是最为简单的，也是最为人们所熟悉的。下面的介绍都将在单维测量的条件下进行。

2. 局部独立性假设

所谓局部独立性假设是指某个被试对于某个项目的正确概率不会受到他对该测验中其他项目反应的影响，也就是说只有被试的特质水平和项目的特性会影响到被试对该项目的反应。局部独立性是建立在统计意义上的，用统计学的语言来说，局部独立性是指对每一个测验者来说，对整个试题做出某种反应的概率等于对组成试卷的每个项目的反应的概率的乘积。

3. 项目特征曲线

经验告诉我们，对于一道编制质量良好的试题而言，随着被试水平的提高，其正确作答的概率会越来越大。在经典测量理论中，就依据这一经验定义了一条项目特征曲线（item characteristic curve，ICC），其实质就是被试正确作答概率对其测验总分的回归曲线。但是，测验总分随测验特性而变化，稳定性较差。在项目反应理论中，人们用被试潜在心理特质替换被试总分，从而获得了项目反应理论的项目

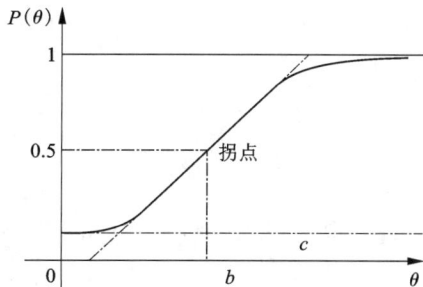

图 4-2　三参数 Logistic 模型

特征曲线（图 4-2）。从本质上说，项目反应理论中的项目特征曲线是被试在题目上正确作答概率对被试潜在特质水平的回归线。由于被试潜在特质量表定义在正、负无穷区域，被试正确作答题目的概率 $P(\theta)$ 在 $[0, 1]$ 之间，项目特征曲线在正常情况下应是单调递增的，因此在单维 0-1 计分的认知测量项目中，多数研究者认为测量数据与左低右高、连续渐变的 S 形中心对称曲线拟合。进而，寻找这条 S 形曲线的解析式成了项目反应理论发展的关键。项目特征曲线的解析式被称为项目特征函数（item characteristic functions，ICF），也即通常所说的项目反应理论的模型。

4. 项目反应理论的优良性质

（1）被试能力估计独立于测验题目的选择。

由于项目反应理论建立的是关联被试水平、被试作答行为与题目特征的参数化模型，因此模型在测验中为题目性质调整数据，结果生成独立于题目内容的被试水平测量。也就是说，在项目反应理论中，用"不同"的题目组对被试施测，其能力值是不变的，这个"不同"既可以是题目组合不同，也可以是题目数量不同，这是项目反应理论的最大优点。这一优点为发展 θ 自适应测验提供了理论基础。

（2）项目参数估计独立于被试样本。

项目特征曲线的本质是，被试作答正确率对潜在特质 θ 的回归。我们知道，回归线是不依赖于自变量的分布形态的。项目特征曲线的回归值 $P(\theta)$ 唯一依赖于具有 θ 能力被试的正确作答概率，与 θ 点的人数无关，所以曲线形态与 θ 的分布无关。从而，刻画曲线形态的参数，即 a、b、c，也就与被试分布无关。这有利于将不同次施测所估项目参数统一到同一量表上来，为建设大型题库提供保证。

（3）被试能力参数量表与题目难度参数量表的一致性。

这一特点在前面我们已经看到，其有两个好处：其一是对能力已知被试，配给一个难度参数已知的题目，即可以准确预估他的正确作答概率；其二是可以有针对性地选择题目对被试施测，这同样也是进行自适应测验的技术保证。

（4）可以精确估计每一测试题目以及整个测验针对每一被试施测的测量误差。

项目反应理论的另一个特色是它导出了一个称为项目信息函数的概念，记为 $I_i(\theta)$：

$$I_i(\theta) = (P'_i(\theta))^2/P_i(\theta) \cdot Q_i(\theta)$$

其中，$P_i(\theta)$ 即项目特征函数，$Q_i(\theta) = 1-P_i(\theta)$，$P'_i(\theta)$ 是 $P_i(\theta)$ 的导函数。

项目信息函数具有可加性。对于含有 n 个题目的测验，可求测验信息函数：

$$I(\theta) = \sum_{i=1}^{n} I_i(\theta)$$

而使用这个测验测试能力为 θ 的被试的测量标准误差为：

$$ME(\theta) = 1/\sqrt{I(\theta)}$$

据此式既可以求取整份试卷的测量误差值，也可以求取一个题目针对每一个被试施测的测量误差值。

（5）项目反应理论模型的参数估计和模型—数据资料拟合检验。

项目反应理论得以应用的一个先决条件是能够根据测试数据估计出所有的参数，这在项目反应理论发展历史上曾经是一个制约其应用发展的重要原因。但在计算机技术高度发展的今天，这已经不再是难题。我们今天更多的是应用现成的软件实现所需参数的估计，如 BILOG、PASCAL、MULTILOG，还有中文软件 ANOTE 等。

项目反应理论估出题目和能力参数后，通常还要做模型—数据资料拟合检验，以证明模型适用于该测验数据，或用来发现和剔除少数不拟合题目。

（二）项目反应理论的应用

在教育和心理测量中，由于测量的对象是不可观察的潜在特质，同时考生对测验项目的反应会受到大量随机因素的影响，测量工具本身的有效性和可靠性程度又是有待鉴定的。因而，在测量中这是一个相当复杂的系统问题。为了描写并解决这个复杂的系统问题，人们往往采用建模的方法，即用模型代替系统本身。在项目反应理论中，其关键问题之一是建立合适的数学模型。换句话说，数学模型在项目反应理论中起着极为核心的作用。为了定量地描述考生对项目的反应，测量学家们提出了各种各样的模型，这些模型的共同之处就是通过一个数学方程式把可观察到的考生的反应和潜在的特质联系起来。这种数学方程式就是项目反应模型。

一般认为，Logistic 模型和正态卵形模型是得到普遍应用的两个模型。近来，运用曲线回归的方法，有人又提出了 ARCTG、COS、LINEAR 三个模型。而作为一个良好的数学模型，应该能够使参数估计的结果比较精确。在一项研究中运用蒙特卡罗模拟方法，对项目反应理论中的 Logistic、正态卵形、ARCTG、COS 和 LINEAR 模型进行了比较研究，其结果表明：Logistic、正态卵形和 ARCTG 三个模型的参数估计的精确度很接近，COS 模型的参数估计的精确度次之，而 LINEAR 模型对于项目区分度的估计精确度大大低于另外四个模型，对于项目难度和被试能力的估计精确度和其他模型接近。

总之，项目反应理论是当前国际上最先进的教育和心理测量理论。自北京师范大学张厚粲教授于 20 世纪 80 年代将它介绍到我国后，引起了人们的极大关注，它是一个博大精深的体系，目前仍在蓬勃地向前发展。项目反应理论与计算机技术和测验实践相结合，促使了计算机化适应性测验的诞生。目前，国外比较流行的是 ASCAL 和 BILOG 程序，最近，又提出了 GIRT 程序，其中 ASCAL 程序联合极大似然法和贝叶斯方法进行参数估计；BILOG 程序是另一计算机软件，它运用边际极大似然法和贝叶斯方法进行参数估计；GIRT 程序联合极大似然法和图形化方法进行参数估计。项目反应理论一定会在实践中不断发展和完善。

二、概化理论

(一) 概化理论(generalizability theory，GT)简介

在经典测量理论中，信度是一组测验分数中真分数方差与观察分数方差的比例，由于误差本身无法直接测量，经典测量理论在实际运用中是依据信度操作定义和相关的方法来求解信度系数的，这种方法求解的信度系数往往随测量设计的不同而不同，误差难以控制，也不能有效地分离误差的来源。而事实上，误差变异并非单一的结构，经典测量理论对误差来源的笼统划分与控制成为它在实际应用中最为突出的缺陷。经典测量理论的另一个突出的缺陷在于"严格平行测验"(strict parallel test)的理论假设，即要求子测验在内容、均数、方差、信效度方面完全相同，这在实际的测验情境中很难满足。

针对经典测量理论存在的问题，20 世纪 70 年代初，克伦巴赫(Cronbach)等提出了概化理论。概化理论将经典测量理论的内容和运用范围进行了扩展和延伸。概化理论是经典真分数理论与方差分析相结合的产物，它把因素试验设计、方差分量模型等统计工具应用到教育与心理测量学，对经典的信度理论进行推广，针对测验的编制、施测过程中的误差控制、测验的评价等提出了一整套新的方法。

概化理论认为，任何测量都是在特定的测量情境下进行的，测量的根本目的并不是获得特定条件下的测量结果，而是以此来推断更广泛的条件下可能得到的测量结果。

(二) 概化理论的基本概念

1. 测量目标(object of measurement)

测量目标即测验中所要描述的特性。与经典测量理论不同的是，在概化理论中，测量目标不仅可以是被试的某种潜在特性，也可以是试题或评分者的某种特性。概化理论强调，测量目标是具体的，并不是绝对固定不变的，因而全域分数也就不固定，可以有多种。

一方面，当固定侧面时，侧面本身会转化为测量目标的一部分（如对一般阅读理解能力的测量转变为对科技说明文阅读理解能力的测量），测量目标要局限化；另一方面，当测量中考察目的与应用需要改变时，测量目标对象就可能完全转移。比如，当作文考试结果是要对考生做判断时，测量目标就是考生的作文能力，若要把评分严与评分宽的评分者区分开，评分者的能力就成了测量目标，也即测量目标完全发生了转移。显然，测量目标不同时，标志测量目标的分数也就不同。测量目标在具体关系条件下的分数叫全域分数。这样，有时对同一批测量资料来说，当测量工作的具体关系变化时全域分数也会变。即同一测验资料可能有多种全域分数。

2. 测量侧面（facets of measurement）

除了测量目标以外，凡是会影响和制约测验得分的各种因素和条件都称为测量侧面，类似于数学中的维度，也相当于实验设计中的干扰因素，包括测量工具、测量环境、测量时间等。

测量侧面又可分为随机侧面（random facet）和固定侧面（fixed facet）。随机侧面是指测量侧面中所包含的各水平是类似水平的随机样本，而非固定不变的侧面，如大规模考试中评分者每次都有可能不同，由这样变化的评分者所组成的测量侧面就称为随机侧面。在概化理论模型中，至少需要包含一个随机侧面才能进行推广或概化。固定侧面是指在各次实施中测量侧面的所在水平一直保持不变的测量侧面，如标准化的心理测验中测验的项目总是一样，这样的侧面就叫固定侧面。因此，进行测验的标准化就是对某些测量侧面进行固定。固定测量侧面可以减少测量误差，但却会使测量目标变得更为局限。比如，把阅读理解题固定为"科技说明文"，这时，所测的特质就不再是一般的阅读理解能力，而是特定的对科技说明文的理解能力了。这样，测验所得的分数就不能再推广到原来那么宽广的范围了。

值得注意的是，测量目标与测量侧面可以根据研究的需要互相转化。比如，当研究目的是评分者的评分一致性时，评分者成为测量目标，被试分数成了测量侧面。

3. 全域分数（universe score）

概化理论认为，在讨论被试的某种潜在特质水平时，必须同时指出这种水平是在何种测量条件下取得的，在根据行为样本的表现（得分）估计行为总体的水平时，必须同时指出测量条件样本是否也推论到了各自所对应的条件总体（全域）。这种把被试的某种潜在特质水平定义在特定概括全域（范围）上的分数，叫作全域分数。

4. 条件全域（universe）

测量面的条件样本所对应的条件总体叫条件全域。比如，评分者作为测量侧面时，评分者样本所对应的评分者总体就是其条件全域。

5. 观测全域（universe of admissible observations）

观测全域即实际测量活动中所有测量侧面条件全域的集合。例如，在一次人事面试中，试题面条件全域和评分者面条件全域的集合就构成了面试的观测全域。

6. 测量模式

如果测量面的条件样本是从观测全域中随机抽取的，则称该测量模式为随机测量模式，这种测量的面为随机面；如果测量的所有面的条件样本都是固定不变的，则称这种测量模式为固定测量模式，其中的测量面称为固定测量面；如果一次测量中有部分面是随机的，另一部分面是固定测量面，则称它为混合测量模式。

7. 测量结构

测量目标与测量条件（侧面）及条件之间的相互关系十分重要，不同的设计结构会有不同的测量信度。一般来说，如果所有被试都要求回答所有试题，则称这种测量结构为交叉设计；如果要求被试分别回答不同的试题，则称试题面嵌套于被试中，这种测量结构称为嵌套设计；如果存在多个测量面，且测量对象与测量面或测量面与面之间有部分是交叉设计，另一部分是嵌套设计，则称为混合设计。

(三) 概化理论的误差观点

概化理论认为，测量误差不能粗糙地归结为随机误差或系统误差。实质上，每个测量面都是系统误差的来源，而测量对象自身的稳定性以及各种因素间的交互作用均是随机误差的来源。测量误差包括两种，其一为相对误差，即由所有随机误差引起的测量误差；其二是绝对误差，是指样本观测值与概化全域上的全域分数之差。在概化理论中，将传统测量理论中的"信度"转化为概化系数或可靠性指数，概化系数关注的是测量的相对误差，可靠性指数关注的是绝对误差。

(四) 概化系数与可靠性指数

由于概化理论可以针对不同的概化全域做推论，因此，在不同条件下其测量误差会有所不同。于是，对同一次测量可以针对不同的推论范围估计出不同的测量精度值。

就标准化常模参照测验而言，我们的主要兴趣在于测量的相对误差，应用概化系数来衡量其大小，可以定义为：$E\rho^2 = \sigma^2(p)/[\sigma^2(p) + \sigma^2(\delta)]$，即用测量目标的有效变异占有效变异与相对误差变异之和的比值作为精度指标。一般说来，增大概化系数的方法有两种：第一种是固定测量侧面（如固定试题），第二种是增加侧面所包含的水平数（如增加试题或评分者数目）。

对于非常模参照测验或非标准化测验而言，研究者必须考虑测量的绝对误差，应用可靠性指数来衡量其大小，其数学定义为：$\Phi = \sigma^2(p)/[\sigma^2(p) + \sigma^2(\Delta)]$，即测量目标自身的分数变异在全体分数变异中所占的比例。其中 $\sigma^2(\Delta)$ 实质上包括了全部的系统误差和随机误差的变异。

(五) 概化理论研究问题的基本过程

概化理论是用方差分析的方法来全面估计出各种方差成分的相对大小，并可直接比较其大小。虽然真分数理论也可以分别地估出某一方差成分的大小，如代表试题侧面的内部一致性系数，代表评分者侧面的评分者信度等，正因为是单独估出的，这些值之间不能直接比较，只有对主效应做估计，而不能对交互效应进行估计。而概化理论却能做到这一点。它既能估计出主效应，也能估计出交互效应，并能对各估计值的大小进行直接比较。

在概化理论中，理论估出各方差成分相对大小的过程，叫概化理论的概括分研究阶段或 G 研究阶段。概化理论并不是静止地分析各种误差来源，还要在 G 研究的基础上通过实验性研究,进一步考察不同测验设计条件下的概化系数的变化情况,如固定侧面或增加侧面水平下的变化状况,从而探求到最佳的控制误差的方法,做出最佳的设计决策,为改进测验的内容、方式方法提供了有价值的信息。这一阶段称作决策研究或称 D 研究阶段。

1. 概化研究(G 研究)

G 研究是指在观测全域上,根据测量设计对测量目标、所有侧面以及它们之间的交互作用的方差、协方差分量进行估计。在这个研究中,需要研究者明确测量对象和测量目标、测量侧面和观测全域以及它们的关系,还包括对测量设计和测量模式的确定。G 研究的主要任务是在观测全域上尽可能地"挖掘"出研究设计中各种潜在的测量误差来源,并估计这些误差来源的方差分量(variance component)。

第一步,明确测量对象和测量目标。

第二步,明确测量侧面和观测全域。

第三步,明确测量设计和测量模式。

第四步,依测量设计收集样本资料。

第五步,变异数分析。根据测量设计实测的样本数据,用实验设计的思想方法来分解总变异,将各种因素(测量目标以及众多的测量侧面)的效应及因素之间的交互效应一一估计出来。

2. 决策研究(D 研究)

D 研究的主要任务是在概化全域(universe of generalizability)上,为了某种特殊的决策需要,以 G 研究所得到的方差分量估计值为基础,通过调整测量过程中的各种关系(如调整各个侧面样本水平数、调整各个侧面之间的关系或权重等),来探索如何控制和调节测量误差。

第一步,根据测量目的确定概化全域。也就是确定测验结果推广的侧面,以及各侧面推广的范围。

第二步,根据概括全域中各侧面的样本容量的个数,在侧面样本均值的意义上重新估计 G 研究中各因素的效应或因素间的交互作用,进而求取各因素的均方值。

第三步,在具体的一个概括全域上分别估计相对误差变异和绝对误差变异。前者主要用来估计常模参照性测验的精度,后者主要用来估计标准参照性和非标准化测验的精度。

第四步,在特定的概括全域上估计整个测验的概化系数或可靠性指数,并以此作为整个测量工作的精度指标。

第五步,重新确立概括全域,并重复上述 4 个步骤。通过多次重复,获得不同概化全域上的系数指标,比较这些系数的估计精度,从而确定最佳的测量设计方案,将 G 研究中的结果概化到新的全域上。

(六) 概化理论的发展

概化理论的发展主要经历了一元概化理论(univariate generalizability theory,UGT)和多元概化理论(multivariate generalizability theory,MGT)两个阶段。一元概化理论产生于 20 世纪 50 年代末 60 年代初,它是在单变量方差分析(analysis of variance,ANOVA)的基础上发展起来的,所针对的问题是每一个测验只对应一个全域分数。但是,在具体测量活动中经常会涉及一个测量目标同时具有多个全域分数的问题，比如一个测验包括多个分测验，这些分测验的分数就可理解为同一测量目标所具有的多个全域分数。由于每个分测验的测量误差并不相等，于是，1976 年 Joe 和 Woodward 首次将一元概化系数推广为多元概化系数，形成了多元概化理论。多元概化理论是在一元概化理论的基础上发展起来的，是基于多变量方差分析（multivariate analysis of variance，MANOVA）对方差和协方差分量的分析技术而建立的，在继承了单变量概化理论的思想基础上，还提供了测验目标、测量侧面等因素更为详细的方差、协方差分量的信息，具有更为广泛的使用范围。

总的来看，概化理论在研究测量误差方面有更大的优越性，它能针对不同测量情境估计测量误差的多种来源，为改善测验、提高测量质量提供有用的信息。其缺陷是统计计算相当繁杂。但是，借助一些统计分析软件可以解决这一问题。概化理论目前在我国还处于实验研究阶段，在面试、考核等主观性测评中开展了相关的应用。

三、计算机自适应测验

（一）计算机自适应测验概述

计算机自适应测验（computerized adaptive testing，CAT）是近年来发展起来的一种新的测验形式。这种测验以项目反应理论为基础，以计算机技术为手段，在题库建设、选题策略等方面形成了一套理论和方法。本书将简单介绍计算机自适应测验的原理和方法。

计算机自适应测验是用项目反应理论建立题库，并由计算机根据被试能力水平自动选择测题，最终对被试能力做出估计的一种新型测验，是近 30 年来将计算机技术应用于教育测量学并取得重大进展的考试方法。基于计算机的自适应测验是由适应性测验发展而来的。当时的适应性测验是指对被试根据已经掌握的情况，选取适合被试能力水平的题目进行测验。被试作答完毕每一试题后，立即评分，并根据前一试题的作答情况决定后一试题的选取。

20 世纪五六十年代有许多教育测量学家对适应性测验的理论做了大量的深入研究，为日后的基于计算机的自适应测验奠定了坚实的理论基础。20 世纪 70 年代以后，计算机科学技术的发展给全社会各行各业都带来了巨大变革，同样也促使适应性测验的研究迈上了一个新的台阶。1971 年，美国的教育测量学家洛德依据当时的计算机技术的发展，首先提出了基于计算机的自适应测验这一概念。它的出现首先从方法上突破了延续千年的以纸笔作答的考试方法的老框框，而变革为以显示器呈现题目、以键盘和鼠标为作答工具的考试方法。更重要的是考试思想的变革。它通过计算机给每个被试建立一个个性化的考试来达到更为准确的知识、能力、水平的测量。考试的题目是根据对被试的能力水平进行测试而确定的。与传统的考试相比较，CAT 的每一道试题不是对被试能力水平消极的度量，其作用由单一评定这一项功能而变成两项功能，即不但要评定学生对该试题所代表的知识掌握的程度，而且还要决定下一道试题的挑选。如若此题回答正确，则下一道试题将在此题基础上增加难度；如若此题回答错误，则下一试题将在此题基础上降低难度。因而被试做的每一道题都与被试的能力水平相适应。这样，能力水平高的考生能够避免做层次较低、难度较低的题目，而能力水平较低的考生则能避免做超出其能力范围的题目。

由于各个被试的知识和能力水平不同，因而在基于计算机的自适应测验中，相同时间内，各个被试所做的题目数量也不一样。在考试的过程中，各个被试做题的对错情况不一样，因而在这种基于计算机的自适应测验中各个被试所做的试题也是有差异的，有时差异还会很大。这样，在考试过程中，如果个别考生要看别人正在作答的显示器，除了浪费自己的时间外，得不到任何好处。基于计算机的自适应测验与传统考试不同的另一特点就是，做过的试题不能更改，即使在做后面的试题时发现前面做过的试题做错了，也不能更改。基于计算机的自适应测验的终结有两种方法：

1.时间长度定值法

考试所用时间长度由考试组织管理者在考前将指令输入计算机。被试上机按第一个按键后系统自动计时，时间到后系统自动锁机，这在时间上保证了对每名被试的公平合理。

2.测验程度固定方法

回答到系统事先约定的试题数目，系统会自动锁机，在试题数目上能保证对每名被试做到公平合理。基于计算机的自适应测验的被试答题量，通常只有普通考试试题容量的一半。这是由于基于计算机的自适应测验被试所作答的试题都是与被试本身的知识和能力水平相匹配的，这样使用较少的试题就可以把被试的知识和能力水平测量出来。这也是教育测量学百年来所追求的目标。

美国最先将计算机自适应测验引入实际测试中，当前，CAT 在美国的多个领域中已有了较为成功的应用，如 GRE（graduate record examination，研究生入学考试），GMAT（graduate management admission test，工商管理研究生入学考试）等都已经采取了计算机自适应测验的方式。而在国内，计算机自适应测验主要还是应用于由国外测试机构组织的考试，如 GRE 和 Microsoft 公司的微软认证系统工程师（Microsoft Certified Systems Engineer，MCSE）认证等。从 20 世纪 90 年代中期开始，全国大学英语四、六级考试（CET4/6）委员会一直致力于计算机自适应测验的研究与开发，目前，计算机自适应测验题库正在建设和完善过程中，考试委员会将在不久后推出 CET4/6 的 CAT 系统。

计算机自适应测验能根据被试对试题的不同回答，自动地从大型题库中调用难度跟被试相适应、测量性能优良的试题来施测，最终对被试能力做出最恰当的估计。因此，计算机自适应测验是主动适应被试水平，灵活地因人测验。

（二）计算机自适应测验的优势

1.适当减少考生作答试题的题量（高效性）

依据考生不同能力水平来挑选不同的试题，高能力考生无须回答过多的简单题，低能力考生也无须回答太多难题，通过较少题目就能对考生的能力水平做出有效的测量。相关研究表明它甚至能够以一半的测验长度达到与纸笔测验同样的测量信度和效度。

2.有效提高测量的精度

传统纸笔测验中，难度不同的试题对能力不同的被试而言，其估计误差是不同的。计算机自适应测验能因人而异地选题，题目针对性强，选择与考生能力匹配的题目，较精确地估计被试的能力。

3. 有利于提高考试的安全性

题库的试题管理由计算机控制，测验时根据被试的能力动态选择相应试题，所以很难提前窃取试题，也很难在考试过程中相互抄袭。这点是计算机自适应测验受很多用户欢迎的原因之一。

4. 不必统一规定测验举行的时间，考试部门一年可以组织多次测验

考生可根据自己的情况选择其中的一次或多次测验，这是因为计算机自适应测验是因人而异的，不必因害怕泄露试题而规定统一的测验时间。

（罗兴伟　蔡太生）

第五章　高级心理统计学一：因素分析

在心理学研究中，测量某一个特定心理学变量的观测值往往较多，加大了结果解释的难度。那么如何采用具有代表性的因素最大程度地解释各个观察值之间的深层次关系呢？因素分析就是解决该问题的一种可靠的方法。本章将先概括性地介绍因素分析方法，再依次介绍探索性因素分析和验证性因素分析的基本原理、基本步骤以及实践操作。

第一节　因素分析概述

一、因素分析的基本概念

对于许多学科来说，科学研究的过程就是对一系列现象进行观察并做出总结的过程。大千世界中，可观测的现象为数众多，想要提取观测变量背后的一般公理就需要花上一番工夫。在诸多可被研究者用于提取一般结论的方法中，因素分析（factor analysis）是其中一种被普遍承认与采用的有效方法。

在进行研究之前，研究者们都会设定自己的研究变量、样本和观测条件，即感兴趣的且能够被测量的事物，受测的对象、时间、地点、场景、测量方法、干预手段等。例如在实验室中观测抑郁和健康小鼠饮用糖水的量，或是在学校里调查一个班级的学生在某次数学考试中的成绩。在获得了感兴趣的观测变量值之后，研究者就要对变量之间的关系进行研究，以建立合理的理论解释所观测到的现象。然而，由于研究中设置的变量及其观测值往往数量太多，仅靠观察这些庞大的数据，难以直接得出结论。因此，因素分析假设，在大量的观测变量背后，隐藏着少数几个维度，可以用于解释大多数变量的变异。换句话说，只要提取出这少数几个因素，就可以最大程度地解释所观测到的表面现象，并概括出一套简明的概念系统来展现事物之间深层次的关系。

　　在具体讲解因素分析的原理和方法之前，我们首先要熟悉一些因素分析中的基本概念。除了上述讲到的变量、样本、观测条件之外，我们还需要知道：

　　首先，能够被直接观察和测量的变量，被称作观测变量（observable variable）或显变量，例如上文例子中小鼠食用糖水的量和学生的考试成绩。

　　在观测过程中，个体之间往往存在表现或观测值上的变异（variation），即个体差异；观测值之间还存在共变（covariation），即观测变量之间的相关性。例如每个同学的数学考试得分不同，这就是变异；某同学的乘法考试成绩和其加法考试成绩存在高度相关，但和其语文考试成绩不存在显著相关，这就是乘法考试成绩和加法考试成绩的共变高，但和语文考试成绩的共变低。

　　从这些大量的观测变量中提取出的、能够最大程度解释观测值间差异的少数维度，被称作公因素（common factor）或公因子，即受到同一个因素影响的观测变量之间共同相关的那部分。值得注意的是，公因素并不能被直接观测，属于一种潜变量（latent variable）。每个观测变量与每个公因素的相关程度叫作因素载荷（factor loading），因素载荷越高，说明该变量更依赖于该因素。某一原始变量在所有公因素上的载荷平方和叫作公因素方差，也称为共同度（communality），表示所有公因素对该原始变量变异的解释程度。每个公因素对数据总变异的解释能力称作公因素的贡献（contribution），贡献度越高，说明该因素对数据方差的解释能力越强。

　　不能被公因素解释的部分叫作变量的特殊因素（unique factor），它包含两个成分——具体因素与测量误差。在因素分析中，有些因素只影响一个显变量，这样的因素就称作该显变量的具体因素（specific factor）。如果改变测量条件（如改变整套测验的构成，增加或删除某种分测验），则具体因素有可能在新的测量条件下变成公因素，公因素也有可能变成具体因素。此外，不管测量手段多么先进，在测量过程中总会存在一些短暂、随机、非系统性的事件导致测量误差（errors of measurement）的出现，这些测量误差也能够解释一部分变异。对于每个观测变量，都存在一组由具体因素和测量误差组成的特殊因素。由此一来，对于任意观测变量，都可以表示为一组包含公因素和特殊因素的线性组合，即公因素模型（common factor model）。可写作：

$$X_i = a_{i1}F_1 + a_{i2}F_2 + \cdots + a_{im}F_m + \varepsilon_i$$

　　其中共有 m 个公因素 F，对于每个观测变量 X_i，在每个公因素上都有相应的因素载荷 a_i，不能被公因素解释的部分则是 X_i 的特殊因素 ε_i。

　　我们一般采用矩形来表示观测变量，采用圆形来表示潜变量；单箭头意味着发出者对接收者存在定向的影响，双箭头意味着两者互相关联，但并不假设哪一方定向地影响另一方。

　　在图 5-1 中，两个公因素各自影响多个观测变量，且公因素 F_1 和 F_2 被示意为彼此相关，这在实际研究中非常常见；四项具体因素被表示为 F_3、F_4、F_5 和 F_6，这是因为它们同 F_1 和 F_2 一样是因素，而每个具体因素都只能影响一个观测变量；对于每个观测变量，都存在只影响该观测变量的测量误差；具体因素和测量误差共同构成特殊因素，每个特殊因素对应影响一个观测变量。

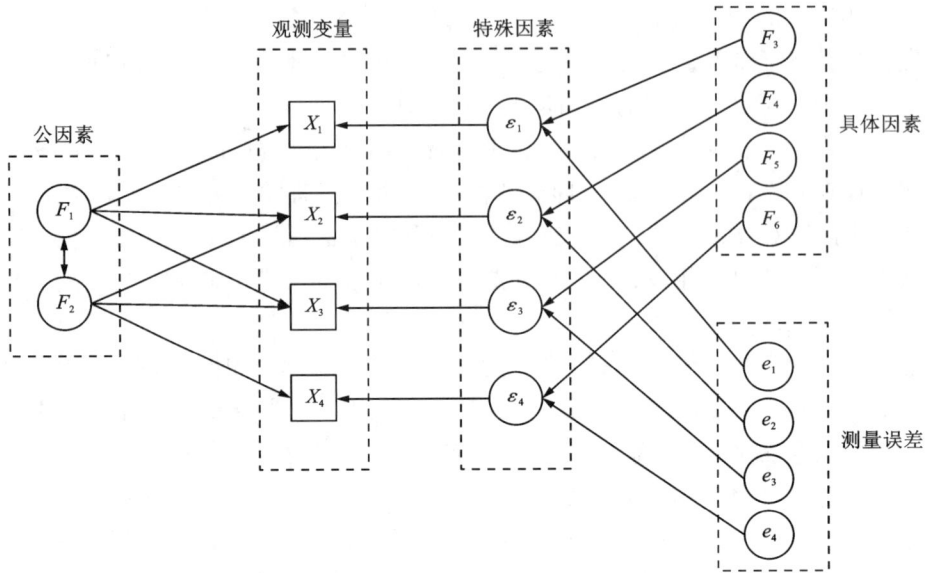

图 5-1　公因素模型示意图

二、因素分析的类别

根据因素分析的目的和应用场景不同，可将因素分析分成不同类别。

（一）R 型因素分析和 Q 型因素分析

1. R 型因素分析

R 型因素分析旨在寻找各变量之间的共同因素，通过分析各个变量之间的相关矩阵，找到变量的几个公共因素来描述多个变量之间的相关关系，然后再把变量分组，使同组变量相关较高，异组变量相关较低。

2. Q 型因素分析

Q 型因素分析的对象是样本或被试而非变量，采用的相关矩阵是各个被试之间的相关矩阵，主要目的是将样本或被试进行分类。进行 Q 型因素分析时，要先从其相关矩阵中抽取几个被试类型，根据每个被试与这些类型的相关程度将被试划分为不同类别，使同类间被试相关较高，异类间被试相关较低。

（二）探索性因素分析和验证性因素分析

1. 探索性因素分析（exploratory factor analysis，EFA）

狭义上的因素分析就是指探索性因素分析，即在不预先假定因子结构的情况下通过分解变量的共变关系提取公因素，根据每个变量与每个公因素的相关来说明因素与其对应的观测变量的关系，再根据这些关系为每个公因素命名，并从整体上说明观测数据反映的理论框架和意义，是一种数据驱动的分析模式。因此，探索性因素分析往往用于不知道数据结构的情况或需要建构理论框架的情况。探索性因素分析要采用最少的因素解释最多的信息，因素数量的最大值等于原始观测变量的数量。如果把所有因素都保留，或保留许多因素，则确实可以解释整体所有的变异，不损失任何信息，但如此一来，模型就会非常复杂，也失去了简化数据结构的意义。然而，如果因子数量太少，则损失的信息太多，也无法获得有说服力的解释。因此，在进行探索性因素分析时，研究者必须找到因素数量和解释信息数量之间的平衡。

2. 验证性因素分析（confirmatory factor analysis，CFA）

验证性因素分析通常用于验证、拓展某个既定理论模型的内容或应用，或研究者对数据的结构已有先行假定的情况，属于假设驱动的分析方法。研究者在进行验证性因素分析之前，必须先详细说明所采用假设的理论基础及假设的因子结构，并验证当前数据是否符合假设的或既往研究中发现的因子结构。在心理测量学中，验证性因素分析是检验心理测量工具是否可靠、有效的重要方法。

三、因素分析的目的

总的来说，因素分析的目的是简化数据，以及概括出少数的因素来解释观测信息。具体来说，因素分析可以帮助研究者达成以下目的。

（一）发展概念

在任何领域中，概念的发展都依托于对变量的恰当选择，这些变量不仅需要切实可测，还要对目标概念有代表性。因素分析可以帮助研究者选择出恰当的变量，从而为概念的建构提供实证依据。

（二）开发新变量

当某个领域已经有了一些被大致划分出来的概念时，研究者可采用因素分析开发新的变量，使这些概念足够精确，可以被准确测量。在一系列的因素分析中，研究者们为每个因素找到一组复合变量，使得未来对该因素的研究只需要用到这些变量就足够了。

研究中常用的量表就属于这种复合变量。在开发、修订量表的过程中，研究者们首先采用探索性因素分析，逐步了解并找到可能存在的因素，然后再用验证性因素分析检验量表的结构，评估所用的每个条目（即单个变量）是否确实能够反映所测的因素。这样开发出来的量表能够以最少的条目获取最充分的信息，并且条目之间的相关程度适中，便于进行其他统计分析，如回归分析、方差分析等。

（三）提高自由度

在有许多自变量的情况下，假如不做因素分析，那么传统的多重回归分析将纳入所有可能有价值的变量，这就可能会让某些偶然与因变量存在相关的自变量被赋予不符合实际的权重。这样的自变量越多，出现偶然相关的概率就越高。在获取信息量不变的条件下，用到的自变量越少，受偶然相关影响的概率就越低，同时自由度就越高。因此，因素分析可以通过减少自变量数量的方式提高自由度。

(四)提高结果的可解释性

实际研究中，往往会有多个自变量和多个因变量，且自变量之间以及因变量之间都会彼此相关。这会造成三个问题，但都可以通过因素分析方法来解决。

(1)当自变量之间存在共变，如果不做因素分析，则多重回归只能从一些相似的变量中选出一个变量作为预测变量，而如果能将这些相似变量合并，就能提高结果的精确度和可解释性。因素分析能够告诉我们如何找到及合并这些相似的变量。

(2)传统的统计方法可能无法计算出自变量对每个因变量独立的影响，也不方便解释自变量对因变量的影响。这时，因素分析可以对因变量做正交化，正交化过程中采用每个变量作为一个因素，从所有相关中提取主成分，做正交旋转，并计算因子分，最后使得因变量间彼此独立。

(3)多数的多变量分析方法(如多因素方差分析、典型相关分析等)都存在解释上的困难。采用因素分析方法可以找到影响变量的共同因子，简化数据，并通过旋转使公共因子更具可解释性以及拥有更高的命名清晰度。

(五)指引未来研究方向

在预实验或探索性研究当中，对探索性数据进行全面的因素分析往往能够指出下一步研究应考虑的方向。例如，自变量与因变量之间的相关结果不好，或预测变量无法很好地预测效标变量，这可能是由于自变量之间的差异使得结果不显著，或是因变量之间存在与自变量不相关的变异。因素分析能够帮助找出这两类潜在误差的来源。

第二节　探索性因素分析

一、探索性因素分析的基本原理

(一)公因素模型

探索性因素分析(explorary factor analysis，EFA)是一种多变量统计方法，用于解释多个观测变量间的相关关系，以找出影响观测变量的少数几个因素。Spearman 在进行智力研究时建立了首个探索性因素分析模型，用以解释个体在众多智力测验上得分间的相关情况。该模型分离出智力的 G 因素和 S 因素，前者影响着所有智力测验的表现，而后者只体现在特定的任务中。这一思想为后来的许多探索性因素分析模型奠定了基础，而 Thurstone 建立的公因素模型则是当前探索性因素分析方法最为常用的理论模型。

正如我们在本章第一节所述，公因素模型认为在一个或多个公因素的作用下，一系列观测变量之间会表现出一定程度的相关。除公因素外，每个观测变量还会受到一个特殊因素的影响，根据其所带来的变异是否稳定，可进一步将特殊因素划分为具体因素和测量误差。因此，特殊因素虽然代表了无法被公因素解释的部分，但不能用于解释观测变量之间的相关，将特殊因素带来的变异独立出来，探究一组彼此相关的观测变量潜在的公因素才是探索性因素分析的目标。

采用矩阵可以构建公因素模型的数学表达式：

$$R_{n \times n} = L_{n \times p} \times F_{p \times p} \times L'_{n \times p} + U_{n \times n}$$

其中，n 为观测变量数，p 为因素数，$R_{n \times n}$ 为观测变量间协方差矩阵，$L_{n \times p}$ 为各观测变量在各因素上的负荷系数矩阵（$L'_{n \times p}$ 即对原矩阵做行列互换），$F_{p \times p}$ 为因素间相关系数矩阵。当研究假定因素间相互独立时，$F_{p \times p}$ 为单位矩阵（即对角线上值为 1，其余值为 0 的矩阵），不影响矩阵乘积结果，此时公因素模型的数学表达式为：

$$R_{n \times n} = L_{n \times p} \times L'_{n \times p} + U_{n \times n}$$

$U_{n \times n}$ 为特殊因素间协方差矩阵，由于公因素模型假设特殊因素之间是相互独立的，故非对角线处取值均为 0，对角线上的取值为各特殊因素的方差。由此也可看出，特殊因素对不同变量间相关情况无影响。

（二）公因素分析法与主成分分析法的异同

公因素分析法可以在一系列观测变量中找到少数几个因素，通过计算各因素的总分，最终实现数据的简化与总结。而主成分分析法（principal component analysis，PCA）作为另一种数据简化方法，寻求少数几个主成分来尽可能多地解释观测变量的变异，与公因素分析法存在诸多相似之处。由于两者最终都能实现观测变量的减少，两者得出的结果也较为相似，以及一些统计分析未对两者进行区分，导致主成分分析常被误用为公因素分析的一种因素提取法。然而，两者在目的和理论模型上均存在差异，在某些情况下得出的统计结果也不一致。

第一，公因素分析的目的在于解释观测变量间的相关关系，找到少数几个潜在的因素，这些因素对应的是某些具有现实意义的心理结构。而主成分分析的目的是解释观测变量的变异情况，将一系列观测变量缩减为一个或一组主成分，保留尽可能多的原始观测变量的信息。这些主成分本质上是原始观测变量的线性组合，不需要解释为特定的心理结构。

第二，公因素分析和主成分分析都对观测变量的变异来源进行了假设。公因素分析法基于公因素模型，将观测变量的方差分解为公因素和特殊因素两个部分，主要关注由公因素决定的观测变量间的相关情况。而在主成分分析模型中，主成分本身是为了解释观测变量更多的信息，由特殊因素带来的观测变量方差也是其关注的内容。因此，主成分分析中并未区分出特殊因素带来的变异，由此建立起的统计方法与公因素分析也不同。

第三，在一些情况下，主成分分析和公因素分析得出的结果差异较大，尤其当共同度相对较低且各因素上负荷的观测变量数适中，以及当数据符合公因素模型的假设时，公因素分析得出的结果相比主成分分析更准确。

总而言之，研究者应根据研究目的选择相应的统计手段，避免滥用主成分分析。如果分析的目的不仅仅在于缩减数据，而是希望找到影响观测变量的潜在因素，关注提取出的因素的现实意义，则应选择公因素分析。

二、探索性因素分析的基本步骤

探索性因素分析是一种逐步技术，按照一定顺序进行分析。在每一个步骤中，研究者都必须做出合理的决策。首先需明确该数据是否适合进行探索性因素分析，若适合，则下一步是选择最恰当的估计方法。其次，研究者必须确定数据中潜在的公因素个数，并选择最合适的旋转方法来产生最终可解释的因素解。这些决策环环相扣，如果前一个或多个步骤未能做出正确决策，可能会导致错误的结果，并限制探索性因素分析的有效性。

(一)前提假设

研究者进行探索性因素分析前，应该先从观测变量、样本和数据分布特点三个方面考察数据是否适合进行探索性因素分析。

首先，观测变量需有效反映研究主题。如果选择的观测变量偏离研究主题，或者未涵盖研究主题的所有重要方面，因素提取结果的有效性降低，会导致因素的作用被低估。另外，为了获得更为精准的结果，还需要考虑每个因素下是否有足够的观测变量，一般认为有 3~5 个。

其次，不同研究者对探索性因素分析所需的最小样本量制定了不同的标准，早期研究者主要以样本量与观测变量数量的比值为依据，通常推荐每个观测变量有 10~20 个样本。而之后的研究者提出在估计所需样本量时，还应当考虑数据特点和模型拟合效果，Fabrigar 等建议：①共同度(communality)大于等于 0.70 且每个因素负荷 3~5 个观测变量时，样本量为 100 即可保证较精确的结果；②共同度为 0.40~0.70 且每个因素至少负荷 3 个观测变量时，至少需要 200 个样本；③共同度小于 0.40 且有因素仅负荷了 2 个观测变量时，至少需要 400 个样本。此外，研究者应当尽量采用随机取样法，因为基于方便取样法得出的样本常会导致样本间同质性增高、观测变量变异减少、观测变量间相关降低，进而降低因素负荷和因素间相关。

最后，由于探索性因素分析主要是基于观测变量间的线性相关，且假定观测变量受因素的线性影响，故要进行探索性因素分析的数据应满足皮尔逊积差相关所需的前提假设。可通过散点图趋势考察变量间相关是否为线性。采用偏度和峰度两个指标可评估变量的正态性，一般而言，单个变量的偏度系数大于 2 且峰度系数大于 7 时可认为该变量不服从正态分布。

此外，为保证观测变量间具有足够的协方差来生成公因素，研究者首先要结合多种标准来评估相关矩阵以考察数据是否适合进行探索性因素分析。①相关矩阵：存在大量大于 0.30 的相关系数。②Bartlett 球形检验：用于检验整个相关矩阵中是否存在一定程度的变量间相关，结果显著时表明当前的相关矩阵适合进行探索性因素分析。该检验方法的局限在于其对样本量比较敏感，当样本量较大时很容易达到显著。③Kaiser-Meyer-Olkin (KMO)：用于评估抽样充分性，取值范围为 0~1。一般情况下，KMO>0.90 表明非常适合，0.80~0.90 表明适合，0.70~0.80 表明尚可，0.60~0.70 表明效果很差，0.50 以下则表明不适合做因素分析。

(二)确定提取公因素的方法

在初始阶段，研究者必须选择恰当的方法提取公因素，其中常用的方法有极大似然法(maximum likelihood，ML)、主轴因素法(principal axis factoring，PAF)和主成分分析法(principal components analysis，PCA)等。每种方法都有其特定的前提假设与优缺点。极大似然法是多种统计软件的默认估计方法，其主要特征是似然函数，表示模型参数中的似然性，该方法能得到最有可能产生指定因素模型的参数估计。此外，极大似然法还能提供整个模型的拟合度，因素间相关性的显著性检验，以及因素负荷的置信区间等信息，但它的前提假设过于苛刻，要求数据是随机选择且满足多元正态分布的连续变量，在实际的研究中常常难以达到。然而，对于至少有五个类别的有序分类数据，并且在没有严重违反多元正态性假设的情况下，极大似然法依然可以提供准确的结果。相比之下，主轴因素法不依赖于分布假设，因此能为非正态数据提供更准确的结果。尽管主轴因素法提供的拟合指标范围有限，但它产生错误结果的可能性较小。此外，主成分分析法也是许多统计程序的默认方法，在实际的研究中十分普遍。然而，使用主成分分析法或主轴因素法一直是研究者们争论的焦点，虽然主成分分析法具有更高的计算效率，但有研究者已证明主轴因素法的准确性更高，特别是在因素负荷较低(小于0.40)或每个因素/成分的项目很少(如3：1)的情况下(Widaman，1993)。

得益于统计软件的发展，研究者能够采用计算更为复杂且不需要大样本、连续变量或多元正态分布的估计方法。如Mplus软件能实现贝叶斯估计(bayes estimation)，这种估计方法结合了先验信息，并提高了估计的准确性。与极大似然法相比，贝叶斯估计不要求数据满足多元正态分布，对小样本更友好，且允许计算更复杂、覆盖更广的因素模型。而对于有序分类和严重偏离正态的数据，稳健加权最小二乘法被认为是最有效的方法。

(三)确定公因素个数的原则

确定数据潜藏的公因素个数是探索性因素分析中非常重要的问题。首先抽取变异量最大的变量组合，然后继续处理变异量占比越来越小的组合，从而确定公因素的数量。而问题在于有多少变量组合应被纳入最终的因素解，理想的因素解应该是简洁的，并用尽量少的因素解释最大的变异量。因此，当被解释的变异量没有增加太多时，研究者应停止因素抽取。下面介绍的几种方法能帮助研究者决定公因素个数的取舍。

1. 特征根大于1(Kaiser's rule，K1)

特征根是指每个变量在某一公因素上的因素载荷量的平方总和。只有特征根大于或等于1的公因素才会被保留。K1标准是几乎所有统计软件中运行探索性因素分析的默认标准，因此也相应地成为研究者运用最普遍的标准之一。然而，这种方法只适用于主成分分析，且受观测变量个数的影响大，当变量个数很多时，可能会导致过多的因素被保留，而在变量较少的情况下，抽取的因素又过少，显得极不稳定。

2. 碎石检验法(scree test criterion)

碎石图(scree plot)是根据最初提取因素所能解释的变异量高低绘制而成的，提供了因素数目与特征值大小的图表形式，在因素分析中可用来判断应保留的因素数量。该方法的优点是直观方便，SPSS 软件提供了碎石检验的曲线，一般认为，曲线从陡峭变平缓的前一个点是抽取的最大因素数，而碎石图底端的因素不具有重要性，应当舍弃。但在没有明确的实质性拐点时，选择便显得异常困难，对碎石图的解释较为主观，哪些因素应该保留常常是有争议的。

3. 平行分析（parallel analysis）

平行分析的主要逻辑是：如果真实数据下的特征值小于一组模拟的随机数据的平均特征值，则可认为其没有保留的价值，而该点前的因素即为应抽取的数目（Reise，Waller 和 Comrey，2000）。具体的步骤如下：①生成一组随机数据，要求其包含的变量数目、被试数目与真实数据保持一致；②计算这组随机数据的平均特征值；③分别绘制真实数据的碎石检验的曲线与随机数据的平均特征值曲线，找到两条特征值曲线的交点，若真实数据的特征值大于随机数据的平均特征值，则保留该因素，反之应当舍弃，由此来确定抽取因素的绝对最大数目。平行分析被认为是众多确定因素个数的方法中较为理想的方法，研究证实该方法的准确率高达 92%，且对不同因素的变异性和敏感性最小。然而平行分析在实际的研究中却很少应用，可能由于当前流行的统计软件无法直接生成随机数据的相关矩阵，研究者需要手动编程并通过复杂的语法来实现，如 R 软件语句、SPSS 语句以及处理类别变量的 SAS 语句等（孔明，2007）。

4. 因素的累计贡献率

研究者常用的另一种取舍因素的标准是因素的累计贡献率。一般来说，当抽取的公因素的累积贡献率达到某一特定值时，可以将它作为提取因素结束的判断指标。但关于累计贡献率达到多少合适并没有统一的标准。如根据 Floyd 和 Widaman（1995）给出的经验法则，一般以大于 50% 为宜；而在自然科学中，Hair（1995）等提出的标准是达到 95% 时才停止抽取因素；在人文学科中，被解释的方差通常低至 50% ~ 60%（Pett，Lackey 等，2003）。该方法虽相对简易，但由于它是基于主成分分析的思想发展而来的，因素的累计贡献率并非判断探索性因素分析成功的关键。

上述的几种方法各有优缺点，但都不足以得到"完全正确"的因素数。因此，在实际的操作中，应利用多种判断方法、结合多渠道信息以确定抽取因素的个数，而不能依赖于某一机械的貌似客观的方法。同时，研究者在抽取因素时还需兼顾"简约性原则"（即公因素相对较少的模型）与"完备性原则"（即具有足够数量的公因素以充分解释观测变量之间相关性的模型），根据一定的理论架构、专业知识和经验来决定因素数，确保因素分析的结果是有意义的，并且应是得到统计和理论证据支持的。

（四）确定因素旋转的方法

因素个数确定后的下一步是因素旋转。为了获得比初始因素结构更简洁、更容易解释的因素解，必须对因素负荷矩阵进行旋转，调整各因素负荷量的大小。因素旋转有助于将变量在每个因素上的负荷量最大化或最小化，但每个变量的共同性不会改变，该方法使得因素结构的意义更加明确。因素旋转的方法有两类：正交旋转（orthogonal rotation）和斜交旋转（oblique rotation）。正交旋转包括方差极大法（varimax）、等量方差极大法（equamax）和四次方极大法（quartimax）等。其中，方差极大法是心理学研究中应用最广泛的正交旋转方法。而斜交旋转中最常用的是直接斜交极小法（direct oblimin）和快速斜交旋转法（promax）。

正交旋转的前提假设是所抽取的因素之间相互独立，保持因素间正交，该方法始终保持坐标轴夹角为 90 度，因素间提供的信息不会重叠，新生成的因素仍可保持独立不相关。相反，斜交旋转对因素之间的关系并无限定，坐标轴的夹角可以为任意度数。在过往的研究中，研究者大多采用正交旋转，因为这种方法产生的结果更为简单，且易于解释。但在社会科学中，由于人类行为的复杂性，因素往往是相互关联的，若强硬将它们限制成相互独立的因素可能会导致重要信息的丢失甚至误导结果，所以大多数情况下选择斜交旋转更为合理。由于没有因素正交条件的约束，斜交旋转其实就是将因素轴尽量调整到各组变量周围或更有利于解释因素的位置，并且能提供更多关于因素相关性及其强度、方向等信息，这对解释公因素的概念和性质是有帮助的。然而，斜交旋转结果在很大程度上受到研究者对斜交参数定义主观判断的影响，因此有一定的使用风险，易削弱该方法的实际功用。

在具体应用中，由于正交旋转事先假定因素间相互独立，因此这种方法在社会科学研究中几乎不符合事实。相反，研究者可以先使用斜交旋转，如果发现因素间的相关较小或可以忽略时，则可以采用正交旋转来改善因素结构。另外，需要注意的是，若因素间的相关较高，可能意味着存在高阶因素，可以反过来分析因素的相关矩阵，以洞察这些高阶因素的数量和性质。由于正交旋转不提供因素之间的相关性，无法确定数据中是否存在一个或多个高阶因素，因此这种情况下仅能采用斜交旋转。总而言之，研究者需根据数据的实际情况选择最合适的方法以达到研究目标。

（五）因素的命名与解释

经过旋转后，研究者需确定因素个数，在选取较少因素的同时，获得较大的解释量。此外，研究者要梳理归纳变量的内容特征，给每一个公因素取一个适当的名字，并根据因素的实际情况及负载大小进行具体解释。因素命名的过程类似于定性研究中的内容分析或主题分析。重要的是要基于相关理论以及先前的研究来对因素进行命名，并与其他研究者使用的名称保持相对的一致性，这样才能对该领域的研究进行比较。

当因素旋转没有形成简单结构，并且改变抽取因素数量仍无法改善时，可以选择删除"有问题"的变量重新进行分析。"有问题"的变量即因素负荷低于 0.32，或者在两个或多个因素上有高于 0.32 的显著负荷（Tabachnick 和 Fidell，2007）。研究者应从问题最严重的条目开始，一次仅能删除一个变量，因为每个变量的删除都可能会改变因素结构。当删除变量仍无法改善因素解时，需考虑可能是测量工具、因素结构、样本量大小或数据满足探索性因素分析假设的程度存在问题。

（六）计算因素值

选择了最佳的因素解后，通过因素值的计算，可以将因素分析的结果应用于后续的研究中，如方差分析、聚类分析等。因素值是一个综合变量，用于估计每个研究对象在已识别因素上的位置，比起原始变量更有效，且更有利于描述研究对象的特征。因素值的估计方法有很多，最为常用的方法包括：计算回归分数、Bartlett 分数和 Anderson-Rubin 分数，这三种估计方法能获得真实因素得分的无偏估计,试图保留因素间的相关关系,且这些方法均可通过 SPSS 软件来实现(Phakiti, 2018)。此外,虽然因素值的计算较为简单且对后续分析有利,但由于因素值对探索性因素分析因素抽取方法和旋转方法较为敏感,在使用时仍需注意(Beauducel, 2017)。

三、探索性因素分析实践操作

(一)数据介绍

本节采用某抑郁量表的数据作为示例数据,该量表共 20 个条目,采用 Likert 4 点计分方式,具体数据见文件"EFA_Data. sav"(见二维码)。当前分析的目的在于介绍探索性因素分析的实践操作过程,同时探索该抑郁量表的因素结构。数据分析过程分别基于界面化操作平台 SPSS 25.0 和代码操作平台 Mplus 8.3 展开。

扫一扫,看数据文件

当前数据的样本量为 269 人,与量表变量数目之比大于 10:1,达到所需样本量的标准。经统计分析得出各条目的偏度范围为 0.10~0.69,峰度范围为 0.01~1.14,数据满足正态性假设。

(二)探索性因素分析的 SPSS 操作

在 SPSS 界面依次选择"File→Open→Data",导入文件"EFA_Data. sav"。点击"Analyze→Dimension Reduction→Factor Analysis",以下所述的探索性因素分析操作步骤均通过该界面完成。

1.检验数据是否适用于探索性因素分析

将 Item1 ~ Item20 选入"Variables"框后,点击"Descriptives",勾选"Statistics"下的"Initial solution"以及"Correlation Matrix"下的"Coefficients""Significance levels""KMO and Bartlett's Test of Sphericity"。研究者也可根据自身需求在该界面勾选其他指标,如"Determinant""Anti-image""Inverse"等。

结果显示,相关矩阵中的绝大部分相关系数大于 0.30 且达到显著性水平,限于篇幅,这里未呈现具体的相关矩阵结果。如表 5-1 所示,KMO 值为 0.892,且 Bartlett's 球形检验结果显著,可认为当前数据适合进行探索性因素分析。

表 5-1　KMO 和 Bartlett 球形检验结果

Kaiser-Meyer-Olkin Measure of Sampling Adequacy.		0.892
Bartlett's Test of Sphericity	Approx. Chi-Square	2259.082
	df	190
	Sig.	0.000

2.确定公因素提取方法

点击"Extraction",可在该界面中的"Method"里选择公因素提取方法,由于当前目的在于探索该抑郁量表潜在的因素结构，而非缩减量表条目，应采用公因素模型，故在此不选用默认的"Principal Components Analysis"，而选择"Principal Axis Factoring"。

3. 确定公因素个数的依据

点击"Extraction"，保持"Analyze"和"Display"处默认设置，并勾选"Scree Plot"。此外，SPSS 默认的因素提取依据为特征根大于 1 原则，但当研究者对因素个数有预先假设时，可将"Extract"下的选项更改为"Fixed Number of Factors"并输入设想的因素数量。当前研究结合碎石图和累计贡献率，采用特征根大于 1 原则确定公因素个数。另外，研究者还可根据需要进行平行分析，这一统计方法可通过 SPSS 语句、R 软件语句、SAS 语句来实现，研究者可从以下网址 https：//people. ok. ubc. ca/brioconn/nfactors/nfactors. html. 获取所需语句。

4. 因素旋转

点击"Rotation"可以看见 SPSS 为研究者提供的五种因素旋转方法，其中"Quartimax""Varimax""Equamax"为正交旋转法，"Direct Oblimin"和"Promax"为斜交旋转法。由于没有充足的证据支持因素间相互独立，勾选"Direct Oblimin"作为旋转方法。"Display"部分保持默认设置。

此外，可以勾选"Options"选项中的"Sorted by Size"，之后的因素负荷矩阵结果将会按负荷系数大小顺序来呈现条目，方便研究者观察各条目与因素间的从属关系。

5. 结果解释

（1）前提假设检验。

这一部分在上述操作部分已报告，相关矩阵、KMO 和 Bartlett 球形检验结果显示当前数据适合进行探索性因素分析。

（2）公因素数量。

从特征根和累计贡献率（表 5-2）来看，存在 4 个特征根大于 1 的因素，总共解释了 49.956% 的变异。另外，结合碎石图（图 5-2）结果，综合考虑，提取 4 个因素比较合适。

表 5-2 SPSS-特征根和累计贡献率结果

Factor	Initial Eigenvalues			Extraction Sums of Squared Loadings			Rotation Sums of Squared Loadings
	Total	% of Variance	Cumulative %	Total	% of Variance	Cumulative %	Total
1	6.739	33.695	33.695	6.252	31.262	31.262	5.093
2	2.693	13.467	47.161	2.264	11.321	42.583	2.304
3	1.239	6.194	53.355	0.833	4.165	46.748	3.420
4	1.183	5.917	59.273	0.642	3.208	49.956	5.029
5	0.841	4.205	63.478				
6	0.825	4.127	67.605				
7	0.765	3.824	71.428				

续表 5-2

	Initial Eigenvalues			Extraction Sums of Squared Loadings			Rotation Sums of Squared Loadings
Factor	Total	% of Variance	Cumulative %	Total	% of Variance	Cumulative %	Total
8	0.687	3.433	74.861				
9	0.628	3.142	78.004				
10	0.557	2.784	80.788				
11	0.528	2.642	83.430				
12	0.497	2.486	85.916				
13	0.456	2.278	88.194				
14	0.440	2.199	90.393				
15	0.423	2.113	92.506				
16	0.356	1.781	94.287				
17	0.328	1.640	95.927				
18	0.317	1.586	97.513				
19	0.274	1.370	98.883				
20	0.223	1.117	100.000				

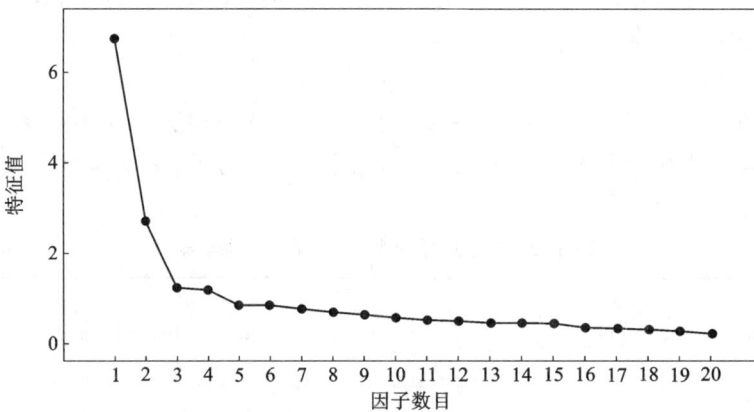

图 5-2　碎石图

（3）因素旋转。

经过斜交旋转后，大部分条目应仅在一个因素上有较高的负荷（一般建议>0.32），当有条目在两个或多个因素上均有较高负荷时，需考虑修改或删除该条目，且为避免误删，一次仅能删除一个条目。

表 5-3 为当前数据斜交旋转后的因素负荷矩阵，根据每个条目的最大因素负荷值，确定了本量表的四因素结构。如表 5-3 所示，因素 1 包括条目 1、2、5、7、11、13、20，因素 2 包括条目 4、8、12、16，因素 3 包括条目 15、19，因素 4 包括条目 3、6、9、10、14、17、18。SPSS 所获的四因素间相关矩阵见表 5-4。

表 5-3　SPSS-旋转后因素负荷矩阵结果

Factor	1	2	3	4
Item1	**0.598**	−0.017	0.026	0.157
Item2	0.616	−0.035	0.081	0.021
Item3	0.130	−0.007	−0.037	**0.623**
Item4	0.044	**0.683**	−0.062	0.058
Item5	**0.808**	0.062	−0.091	−0.074
Item6	0.288	0.063	0.038	**0.579**
Item7	**0.608**	0.095	0.056	0.109
Item8	−0.038	**0.711**	0.122	−0.018
Item9	−0.060	0.053	−0.067	0.650
Item10	0.031	−0.028	−0.029	0.456
Item11	**0.376**	0.081	0.206	0.178
Item12	0.065	**0.792**	−0.080	−0.004
Item13	**0.308**	−0.022	0.185	0.137
Item14	0.129	−0.019	0.214	**0.444**
Item15	−0.020	0.006	**0.680**	0.086
Item16	−0.061	**0.796**	0.037	−0.032
Item17	−0.079	−0.012	0.232	**0.589**
Item18	0.226	−0.068	0.125	0.572
Item19	0.119	0.019	**0.879**	−0.085
Item20	**0.588**	−0.092	0.042	0.016

表 5-4　SPSS-因素间相关矩阵结果

Factor	1	2	3	4
1	1.000			
2	0.050	1.000		
3	0.463*	−0.006	1.000	
4	0.649*	0.071	0.485*	1.000

注：* $p < 0.05$

（4）因素的命名与解释。

查看量表的条目内容，我们发现，条目 3、6、9、10、14、17、18 询问的内容都涉及被试的抑郁情绪（如"我感到情绪低沉""我感到忧愁"），因此可将其对应的因素命名为"抑郁情绪"；条目 1、2、5、7、11、13、20 的内容主要关注被试的躯体症状（如"我不大想吃东西，我的胃口不好""我的睡眠情况不好"），因此可将对应的因素命名为"躯体症状"；条目4、8、12、16均为反向计分项目，询问了被试正面的、良好的感受（如"我觉得我和别人一样好""我感到高兴"），因此可将对应的因素命名为"积极情绪"；条目15、19主要询问被试与他人交往的情况（"我觉得人们对我不太友好""我觉得人们不喜欢我"），因此可将这两个条目对应的因素命名为"人际问题"。

总而言之，根据探索性因素分析结果，提示本抑郁量表主要从抑郁情绪、躯体症状、积极情绪和人际问题四个方面反映被试的抑郁水平。

（三）探索性因素分析的 Mplus 操作

要基于 Mplus 平台进行探索性因素分析，必须先将"EFA_Data. sav"文件转换为 Mplus平台可处理的文件格式。这一过程可通过 SPSS 实现，点击"File→Save data as"，"Save as type"选择"Tab delimited（＊.dat）"，并取消勾选"Write variable names to file"，点击"Save"即可完成数据格式转换。

1.编写语句并运行

探索性因素分析所需语句如表5-5所示。研究者可在 Mplus 的语法窗口输入相应的语句，也可直接导入已经编写好的语法文件"EFA_Code. inp"，点击 RUN 即可。鉴于当前示范数据满足正态分布要求，可采用极大似然法提取公因素，此外，此处选择 oblique 法进行因素旋转。

表5-5　探索性因素分析 Mplus 语句

TITLE：EFA！仅用于描述目的，不影响数据处理；
DATA：FILE ＝EFA_Data. dat；！读取数据文件，应保证与语法文件在同一路径下；
VARIABLE：NAMES ＝y1-y20；！命名变量；
　　　　　USEVARIABLES＝y1-y20；！指明统计分析所需变量；
ANALYSIS：ESTIMATOR＝ML；！选择提取公因子的方法；
　　　　　ROTATION＝GEOMIN(oblique)；！确定因子旋转方法，Mpuls 软件默认使用 GEOMIN；
　　　　　TYPE＝EFA 1 4；！定义分析类型 TYPE＝EFA，且因子提取的个数为 1 到 4 个，若仅提取固定个数，可将其设置为两个相同数值的数字；
OUTPUT：STANDARDIZED！输出标准化结果；
PLOT：TYPE IS PLOT2；！呈现碎石图。

2.结果解释

如前所述，所需呈现的结果主要包括碎石图、特征根、模型拟合指数、旋转后因素负荷矩阵、因素间相关矩阵。

点击菜单栏的"Plot→View plots"可查看碎石图，结果同 SPSS 部分一致，碎石图提示提取 4 个因素比较合适。特征根结果如表5-6所示，特征根大于 1 的因素共有 4 个。

表 5-6　Mplus-特征根结果

Factor	1	2	3	4	5
Eigenvalues	6.739	2.693	1.239	1.183	0.841
Factor	6	7	8	9	10
Eigenvalues	0.825	0.765	0.687	0.628	0.557
Factor	11	12	13	14	15
Eigenvalues	0.528	0.497	0.456	0.440	0.423
Factor	16	17	18	19	20
Eigenvalues	0.356	0.328	0.317	0.274	0.223

Mplus 也呈现了不同因素模型的拟合结果，如表 5-7 所示，本分析结果显示四因素结构拟合最佳，评价指标详见本章第三节验证性因素分析的相关内容。

表 5-7　某抑郁量表四种因素模型的拟合指标结果

模型	χ^2	df	CFI	TLI	SRMR	RMSEA
单因素	817.226***	170	0.698	0.662	0.114	0.119
两因素	403.352***	151	0.882	0.852	0.055	0.079
三因素	285.513***	133	0.929	0.898	0.044	0.065
四因素	188.338***	116	0.966	0.945	0.031	0.048

注：***$p<0.001$；χ^2：卡方值；df：自由度；CFI：比较拟合指数；NNFI：非规范拟合指数；SRMR：标准化残差均方根；RMSEA：近似误差均方根。

表 5-8 呈现了该抑郁量表四因素结构的旋转后因素负荷矩阵，根据各条目在四因素上的负荷大小，可判断因素 1 包括条目 1、2、5、7、11、13、20，因素 2 包括条目 3、6、9、10、14、17、18，因素 3 包括条目 4、8、12、16，因素 4 包括条目 15、19。应注意，此处的因素顺序与前面 SPSS 所获得的四因素顺序有差异。Mplus 所得的四因素间相关矩阵见表 5-9。

表 5-8　Mplus-旋转后因素负荷矩阵结果

Factor	1	2	3	4
Y1	**0.523***	0.236*	−0.033	0.039
Y2	**0.553***	0.075	−0.052	0.122
Y3	0.061	**0.704***	−0.002	−0.085
Y4	0.043	0.065	**0.677***	−0.062
Y5	**0.779***	−0.058	0.041	−0.024
Y6	0.202*	**0.666***	0.068	0.014
Y7	**0.570***	0.145	0.085	0.080
Y8	−0.065	0.012	**0.713***	0.121*
Y9	−0.069	**0.632***	0.073	−0.088

续表5-8

Factor	1	2	3	4
Y10	0.008	**0.473***	−0.020	−0.065
Y11	**0.323***	0.241*	0.066	0.195*
Y12	0.067	−0.005	**0.792***	−0.061
Y13	**0.287***	0.158	−0.030	0.189*
Y14	0.084	**0.490***	−0.021	0.165*
Y15	−0.059	0.126	0.006	**0.673***
Y16	−0.042	−0.040	**0.797***	0.025
Y17	−0.156*	**0.669***	−0.009	0.177*
Y18	0.114	**0.709***	−0.069	0.065
Y19	0.068	−0.038	0.006	**0.899***
Y20	**0.536***	0.068	−0.105*	0.074

注：* $p<0.05$；此处的 Y 代表具体条目。

表5-9 Mplus-因素间相关矩阵结果

Factor	1	2	3	4
1	1.000			
2	0.663*	1.000		
3	0.071	0.051	1.000	
4	0.416*	0.532*	−0.002	1.000

注：* $p<0.05$

第三节 验证性因素分析

一、验证性因素分析的基本原理

20世纪60年代后期，统计学家波克、巴格曼及乔纳斯科格在研究因素分析模型中参数的假设检验时，发展出验证性因素分析(confirmatory factor analysis，CFA)方法。20世纪70年代后随着以 Amos、Mplus 等为代表的结构方程模型软件的应用，验证性因素分析被用来检验测量工具的结构效度、方法学效应和测量等值性，被广泛应用于心理学、社会学、教育学、医学、管理学等学科的研究中。

(一)验证性因素分析与探索性因素分析

与探索性因素分析类似，验证性因素分析的目的是找出决定了一组观测变量之间变异与协变的潜因素。这两种分析均基于公因素模型，因此在上一章节中讨论的概念和术语同样适用于验证性因素分析。探索性因素分析通常是一个描述性或探索性的过程，因此在探索性因素分析中，测量工具的因素结构、因素负荷、因素相关、特殊方差等都是待估的。然而，在验证性因素分析中，研究者需要根据实证结果或理论基础预先设定因素结构的所有方面，包括因素数量、因素负荷的模式等，再对预设的因素结构进行验证，即验证预设的因素结构是否适配于某个群体。验证性因素分析的目的在于检验测量工具因素结构的合理性以及在不同群体间的适用性。因此，探索性因素分析常用于量表的开发与因素结构验证的早期阶段，而验证性因素分析则用于基础结构在先验经验和理论基础建立后的后期阶段。值得注意的是，验证性因素分析和探索性因素分析不能使用同一个样本，研究者应该根据研究目的选择从当前的总体中抽取另一个样本，或者从不同的总体中抽出另一个样本来验证该因素结构。这种交叉验证（cross-validation）可以保证测量工具所测特质的确定性、稳定性和可靠性。

与探索性因素分析相比，验证性因素分析具有以下优势：①验证性因素分析允许指明误差方差之间的关系，这些关系可能具有实质性的意义。例如，由于方法学效应而产生的相关误差。②验证性因素分析能提供结构效度的复杂分析，比探索性因素分析更适合检验潜在因素结构的结构效度。③验证性因素分析提供了一个非常强大的分析框架，可以通过在两个或更多组中同时进行验证性因素分析来评估测量工具在不同群体（如性别、种族或文化等）中测量模型的等值性，其结果的好坏决定了测量工具是否适合在不同群体中使用。

（二）验证性因素分析与测量模型

验证性因素分析是一种结构方程模型（structural equation modeling，SEM），专门研究测量模型（measurement model），即处理观测变量（如测验项目分数、行为观察评分）与潜变量（因素）之间的关系。在验证性因素分析的测量模型中，潜变量可以是外生的，也可以是内生的。外生变量（exogenous variables）是指不受模型中其他变量影响的变量，可被视为自变量或原因变量；内生变量（endogenous variables）是由模型中的一个或多个变量引起的，可被视为因变量或结果变量。验证性因素分析中的测量模型通常被认为是外生变量模型，但当模型中包含协变量或高阶因素时，潜在变量是内生变量。

在图 5-3 中，ξ_1 和 ξ_2 为两个外生相关潜变量，处于自变量的位置，同时也分别是 3 个观测变量的公因素。观测变量 $\chi_1 \sim \chi_3$ 负荷于外生因素 1（ξ_1）上，它们在外生因素 2（ξ_2）上的负荷设定为零；观测变量 $\chi_4 \sim \chi_6$ 负荷于 ξ_2 上，它们在 ξ_1 上的负荷设定为零；$\delta_1 \sim \delta_6$ 为相应变量 $\chi_1 \sim \chi_6$ 的测量误差；ϕ_{21} 为因素 ξ_1 和 ξ_2 的协方差。

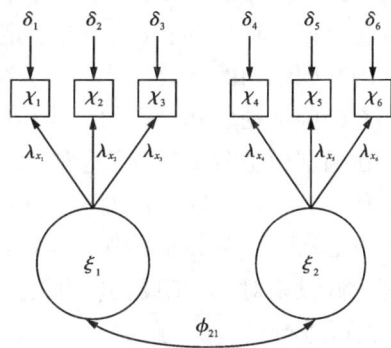

图 5-3　外生变量测量模型路径图

在图 5-4 中，η_1 和 η_2 为两个内生潜变量，处于因变量位置，同时也分别是 3 个观测变量的公因素。观测变量 $y_1 \sim y_3$ 负荷于内生因素 1（η_1）上，它们在内生因素 2（η_2）上的负荷设定为零；观测变量

$y_4 \sim y_6$ 负荷于 η_2 上，它们在 η_1 上的负荷设定为零；$\varepsilon_1 \sim \varepsilon_6$ 为变量 $y_1 \sim y_6$ 的测量误差。

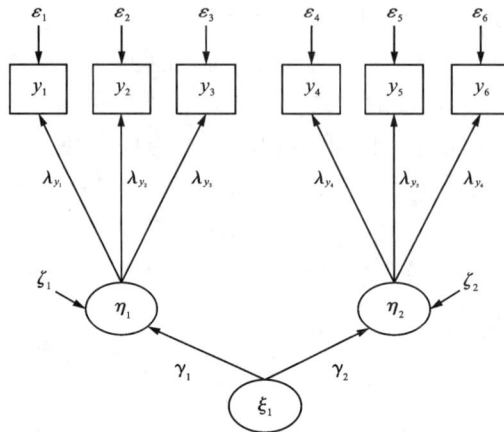

图 5-4　包含外生变量与内生变量的测量模型路径图

　　验证性因素分析通常被认为是对协方差矩阵的分析——根据理论与先验知识建立的因素结构可生成估计的协方差矩阵，而基于取样获得的实际样本资料可生成样本协方差矩阵，通过检验样本协方差矩阵与估计的协方差矩阵间的吻合程度以评估理论模型与样本模型的拟合程度。测量模型中有真正总体方差、协方差、估计总体协方差、样本协方差和估计协方差。拟合度是检验模型估计协方差矩阵和样本协方差的相似程度的指标，详见本章"模型拟合评价"中有关拟合指标标准的具体说明，此处不做赘述。

二、验证性因素分析的基本步骤

1.模型设定

　　验证性因素分析需要在至少已有一个理论假设或强有力的先验模型的基础上进行。因此，在进行验证性因素分析之前，需要根据理论假设或先验模型对各变量（如观测变量、潜变量及误差项）之间的关系进行定义。验证性因素分析通常用于对探索性因素分析初步建立的基础结构的检验，或者用于对量表因子结构明确、各条目与因子之间的从属关系已得到充分验证的成熟量表的结构检验。

　　在确定模型时，需要考虑如下几个问题：①该模型中存在几个因素？②因素之间的关系是什么？③每个因素所对应的观测变量有哪些？④测量误差之间的关系如何？一般情况下，在验证性因素分析中，模型中固定的路径不能随便自由估计，研究者需要根据自己的理论假设来对上述问题进行确定。基于理论假设、确定各变量之间的关系构成模型之后，便可进行模型识别。

2.模型识别

　　确定理论模型后，需要对所定义的模型进行识别，模型可识别是后续步骤的基础。如果在已知信息（即输入矩阵中的样本方差和协方差）的基础上，可以对模型中的每个参数

(如因素载荷、因素协方差等)获得唯一解，则该模型被识别。

验证性因素分析模型的识别分为三种情况：①不可识别(under-identified)：当自由估计参数的数量超过输入矩阵中的信息条数时(例如，当样本数据中的指标数量指定了太多因素时)，自由度(degree of freedom，DF)为负，模型无法识别。②过度识别(over-identified)：当已知数的数量(即输入矩阵的信息)超过未知数(即验证性因素分析解的自由估计参数)时，模型就会被过度识别。已知数和未知数的差异构成了模型的自由度。过度识别的模型自由度为正。对于过度识别的模型，可以通过拟合指标来确定模型结构能在多大程度上解释样本数据中观察到的指标之间的关系。③恰好识别(just-identified)：恰好识别的模型自由度为0，即纳入矩阵的信息条数与自由估计参数的数量相等，恰好识别与过度识别均为模型可被识别的情况。除此之外，模型是否可识别还可根据下列公式进行判断：

$$t \leqslant \frac{1}{2}q(q+1)$$

其中，t 为模型中需要估计的参数数量，q 为观测变量的个数，$\frac{1}{2}q(q+1)$ 为协方差矩阵的元素数。$t \leqslant \frac{1}{2}q(q+1)$ 时，模型可以识别。

3.模型参数估计

确定模型可被识别后，采用数据对模型进行检验。在进行假设检验前，需要选择合适的参数估计方法对模型数据进行参数估计。参数估计的目的是找到与样本协方差矩阵差距最小的由模型估计出的协方差矩阵。

在验证性因素分析中，最常用的参数估计方法为极大似然法、未加权最小二乘法(unweighted least square，ULS)以及广义最小二乘法(generalized least square，GLS)。当数据正态时，可使用极大似然法和广义最小二乘法；当数据非正态时，最常用的是均值调整的极大似然估计法(MLM)，数据非正态且结构较为复杂时选用稳健极大似然估计(robust maximum likelihood estimator，MLE)。

4.模型拟合评价

模型拟合评价是指评价数据能否与模型拟合，即评价样本方差–协方差矩阵与理论模型生成的方差–协方差矩阵之间的差距。在实际操作中，研究者们通过拟合指数来评价模型与数据的拟合程度。以下我们将介绍最基本的卡方检验以及其他常用的模型拟合指数。

(1)卡方检验。

卡方(Chi-square，χ^2)是模型拟合评价中最基础、最常报告的统计量，指拟合函数与样本量减1的乘积，表达式为 $\chi^2 = (n-1)F$，其中 χ^2 代表模型拟合度的检验值，即卡方值，F 是拟合函数，n 是样本量。当样本足够大且符合正态分布时，可以进行卡方检验来检验 χ^2 值的显著性，当 χ^2 值达到显著水平，代表零假设被拒绝，模型拟合未达到标准；当 χ^2 值未达到显著水平，代表接受零假设，模型拟合达到标准。

然而，在实际操作中，时常得到显著的卡方检验结果，即拒绝假设模型，这主要由以下几个原因造成：①卡方统计量很容易受到样本量的影响，当样本量较大时，很容易得到显著的卡方值；②数据非正态分布，当数据非正态分布时应该选择其他估计法；③观测变量之间存在较高的相关。

由此可见，卡方检验的结果容易受到影响，稳定性较差。因此，在实践中，研究者们往往根据模型拟合指数来评价模型的拟合程度。

（2）模型拟合指数。

常用的模型拟合指数有 GFI 及 AGFI 指数、NFI 及 NNFI（TLI）指数、CFI 指数、RMSEA 指数和 SRMR 指数，下面将对这几个模型拟合指数进行简单的介绍。

①GFI 及 AGFI 指数。GFI 指数，即拟合优度指数（goodness-of-fit index），表示假设模型的方差–协方差矩阵能够预测样本方差–协方差矩阵的程度。预测程度越高，GFI 越大，模型拟合越好。当两个方差–协方差矩阵相等时，GFI 等于 1，即模型完全拟合。AGFI 指数，即调整后的拟合优度指数（adjusted goodness-of-fit index），是在计算 GFI 时，将自由度纳入考虑之后所计算出来的模型拟合指数。AGFI 越大，表明模型拟合越好。这两个指数的取值范围均为 0~1，一般大于 0.9 表示模型拟合良好。

②NFI 及 NNFI 指数。NFI 指数即规范拟合指数（normed fit index），取值范围为 0 到 1，其反映了假设模型与独立模型之间的差异。在结构方程模型中，独立模型是将观察变量之间设定为没有任何共变情况之后所得到的模型，其表示了拟合最差的一种模型。NFI 测量的是独立模型与假设模型之间卡方值的缩小比例，NFI 越大，模型拟合越好，一般以 0.9 作为临界值。然而，该指数会随着样本量的增加而变大，且会受到模型复杂程度的影响，较为不稳定，因此研究者提出了非规范拟合指数 NNFI（non-normed fit index），也称为塔克–刘易斯指数（Tucker-Lewis index，TLI）。NNFI/TLI 大于 0.9 为可接受的标准。

③CFI 指数。CFI 指数即比较拟合指数（comparative fit index），受样本量的影响较小，其反映的是假设模型与独立模型差异的程度。CFI 指数越接近 1 越理想，一般要求大于 0.9。

④RMSEA 指数。RMSEA 指数即近似误差均方根（root mean square error of approximation），该指数受样本量影响较小，模型拟合越佳，RMESA 越小。关于 RMESA 的取值，当前学术界存在几种被广泛接受的标准：Steiger（1990）认为 RMESA 小于 0.01 为拟合非常好，小于 0.05 为拟合较好，小于 0.1 为拟合可以接受；Hu 和 Bentler（1999）认为 0.06 为可接受；也有学者建议以 0.05 为良好拟合的门槛，以 0.08 为可接受的拟合门槛（McDonald 和 Ho，2002）。

⑤SRMR 指数。SRMR 指数即标准化残差均方根（standardized root mean square），是从残差的角度对模型拟合进行评价的指数。SRMR 指数的取值范围为 0 到 1，SRMR 越小，模型拟合越好，当数值小于 0.08 时，表示模型拟合良好。

5. 模型修正

模型修正是指当模型拟合不佳时，研究者可通过一些方法对模型进行修正，以提高模型的拟合情形或参数估计值（Long，1983）。在实际分析中，囿于数据不理想、模型不完善或理论假设不足等因素，研究者可能无法得到拟合数值理想的模型。此时，研究者可通过补充或重新收集样本、定义新的假设模型，再次检验数据与模型的拟合程度以得到较为严谨客观的结果，这是理想状态下的首选方法。但囿于这类方法所耗费的成本较高，一些研究者也会选择通过修改模型参数对模型进行修正，以达到模型拟合的目的。

修改模型参数时可以考虑将模型评价结果中没有实际意义或统计学意义的参数设置为 0，也可以将结果中最大的修正指数（modification index，MI）改为自由估计。在根据 MI 指数对模型进行修正时，需挑选出 MI 指数最大的值，找到该 MI 指数所对应的两个残差，并将这两个残差设为相关。值得注意的是，在对 MI 指数最大的路径进行修改后，其他路径的 MI 会一起变化，故该方法每次只能对一个参数进行修改，修改完后需要对模型进行重新估计。倘若模型拟合因此达到测量学标准，则无须再修改。

当以上方法都无法使模型达到良好拟合时，则需要考虑是否缺少重要的观察变量，或者是样本量不够大，也可能是所设定的初始模型不正确，需要重新对理论模型进行假设。

6.结果报告和解释

验证性因素完成后需要结合软件输出结果对以上步骤的内容进行总结和汇报。具体内容大致包括：①报告模型构建的理论或实证依据，写明所检验模型的数量、类型以及具体的模型设置；②详细说明分析所用的样本特征，如数据是否为正态分析、缺失值所用的处理方法等；③汇报进行模型分析时所使用的参数估计方法以及潜变量的定义方法；④汇报所采用的拟合指标结果，并给出采用这些指标的依据；⑤报告标准化因子负荷以及因子间相关矩阵等，如果存在模型修正，还需要报告模型修正的具体情况。

三、验证性因素分析实践操作

(一) 验证性因素分析的 Amos 操作

1.数据介绍

本部分操作所用示例数据是在另一样本人群所采集的某抑郁量表数据，样本量为 629 例，其中男生 315 人、女生 314 人。对数据进行描述性统计分析，量表各条目的峰度的绝对值范围在 0.081 至 1.203 之间，偏度的绝对值范围在 0.063 至 0.606 之间，提示该数据属于正态分布，可采用 ML 估计（Finney 等，2006；West 等，1995）。

2.模型设定与识别

以往研究表明，该抑郁量表共有四个因素，因素 1、因素 2 各包含 7 个条目，因素 3 包含 4 个条目，因素 4 包含 2 个条目。由此可知，模型中包含 4 个潜变量和 20 个观测变量，提供 $\frac{1}{2}q(q+1)=210$ 个信息，需要估计的参数为 46 个，分别为 20 个因子负荷、6 个因子间协方差和 20 个条目的误差方差，由此可得模型自由度为 164，大于 0，因此模型可被识别。

3.软件实操

以 Amos 进行验证性因素分析的操作直观又简便，按照以下十个步骤进行即可：

步骤一：绘制模型。依据研究者的理论框架，点击界面左侧"👤"图标，绘制完成一个结构方程模型。本研究中，根据已获得的四因子结构，画出其结构方程模型（图 5-5）。

步骤二：选取数据库，点击界面左侧"▦"图标，选择数据存在的位置录入相应的数据。

步骤三：选取变量。点击界面左侧"▤"图标，待界面出现一个呈现所有观测变量的小框后，依照理论模型，将各观测变量移至模型中的长方形框中。

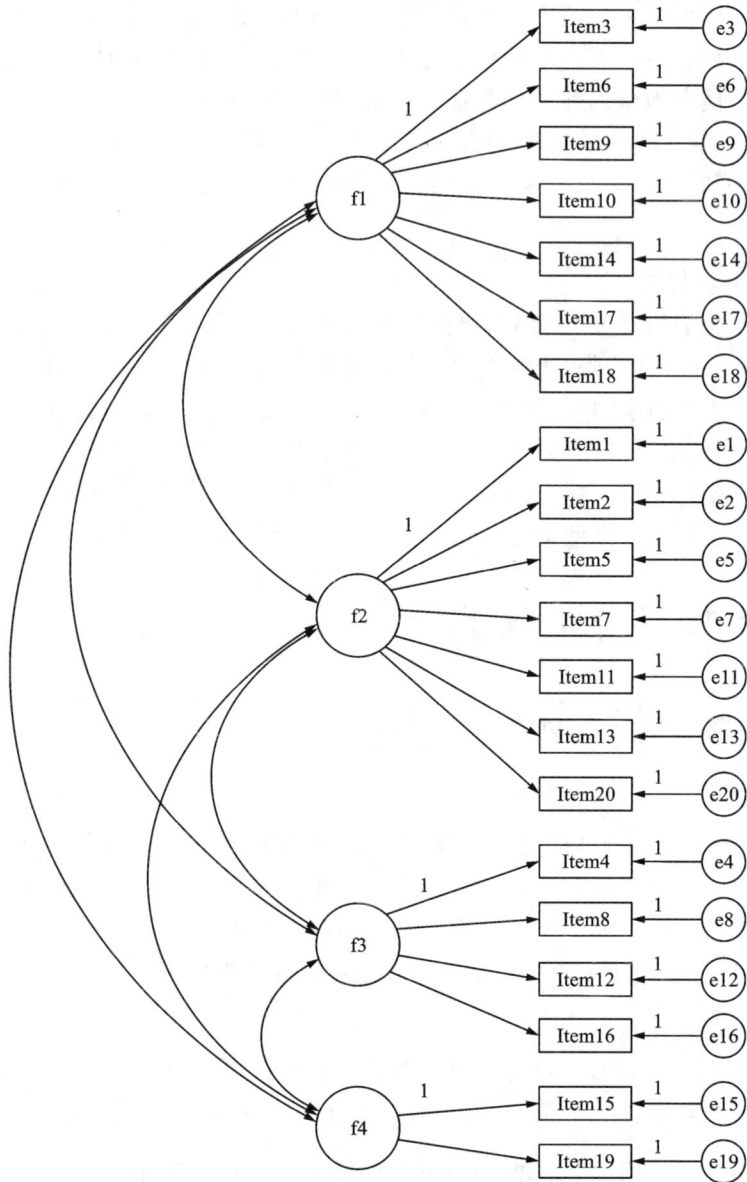

图 5-5　Amos-基于某抑郁量表已有因子结构而成的模型图

　　步骤四：命名潜在变量。可以手动逐一输入潜变量名称，也可以利用 Amos 所提供的小工具（"Plugins"中的"Name Unobserved Variables"）快速命名，用这个方法，潜变量将自动按 F1、F2……依次命名；残差将自动按 e1、e2……依次命名。

　　步骤五：选择分析的性质。点击界面左侧"▥"图标。选择所需报告的数据：例如，选取模型修正指数、标准化估计数和参数估计方法等。

　　步骤六：检查相关设定。例如，被箭头指到的潜变量是否需要增加残差变异，或是各潜变量有无适当地给定参照标准化参数（Amos 自动将第一条因素载荷设定为 1，如果要更改，可将鼠标移动到变量或路径上，单击右键选择"Object Properties"进行更改）。

步骤七：数据分析。点击界面左侧"▮▮▮▮"图标，检查模型是否收敛成功（分析前应先选择"Plugins"中的"Standardized RMR"，打开"SRMR"对话框，这样分析完成后会同时出现SRMR结果）。

步骤八：查看最终解。利用路径图来显示标准化值与非标准化值（某抑郁量表的Amos标准化最终解路径图如图5-6所示）。

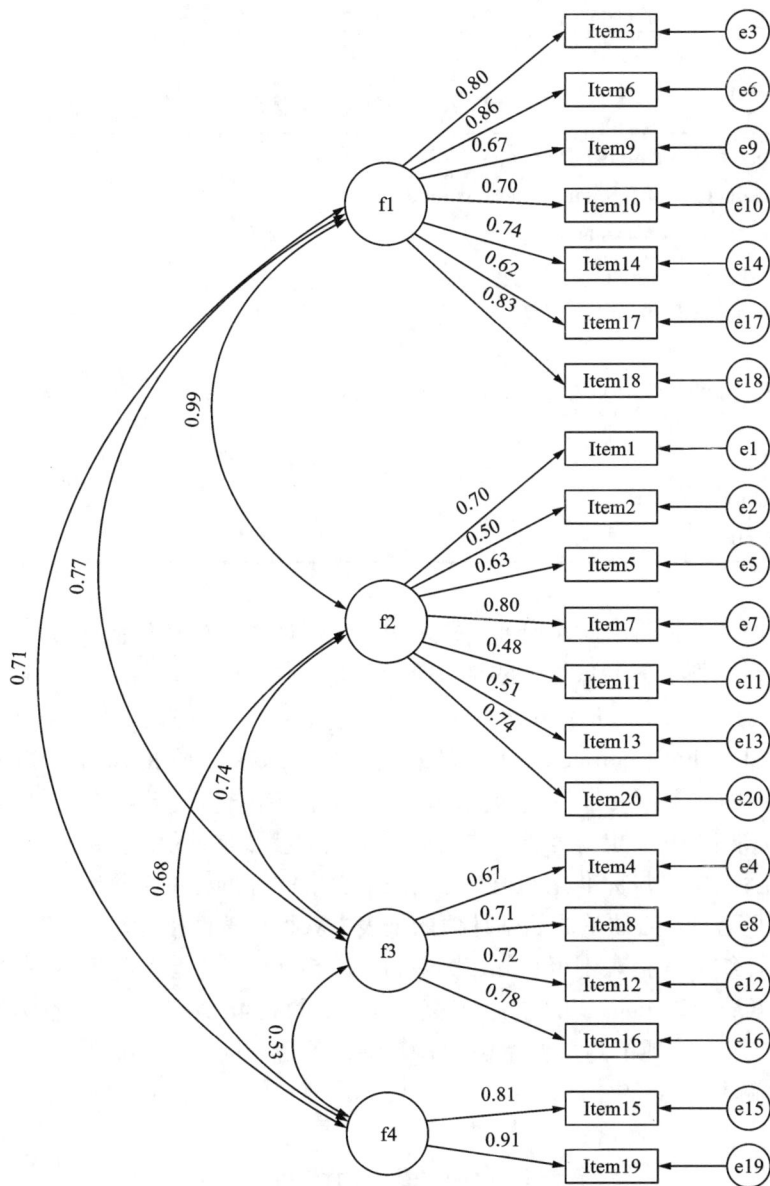

图5-6　Amos-某抑郁量表的标准化最终解路径图

步骤九：查看结果报告。点击界面左侧"▦▦"图标，找出研究者所需报告的各项信息。

步骤十：保存结果。

4. Amos 结果报表解读

Amos 报表有六项主要的输出，包含分析摘要（analysis summary）、变量摘要（variable summery）、模型记录（notes for model）、估计值（estimates）、模型拟合度（modle fit）与运行时间（execution time），此处将主要说明模型记录、估计值与模型拟合度。

模型记录（表 5-10）显示模型的测量数据为 210 个，有 46 个参数被估计，因此自由度为 164。在模型记录中也能看到卡方值及其显著性。

表 5-10　Amos-模型记录输出表

Notes for Model（Default model）	
Computation of degrees of freedom（Default model）	
Number of distinct sample moments：	210
Number of distinct parameters to be estimated：	46
Degrees of freedom（210-46）：	164
Result（Default model）	
Minimum was achieved	
Chi-square=651. 356	
Degrees of freedom=164	
Probability level=0. 000	

因本示例所用数据符合正态分布，故采用极大似然法进行参数估计。

估计值一栏罗列了各参数估计的结果与统计显著性，依次为 regression weights（未标准化的参数估计值）、standardized regression weights（标准化的参数估计值）、correlations（相关）以及 squared multiple correlations（平方多重相关）的数据。一般而言，在因素分析所产生的数据中，以因素载荷的报告最为重要。在 Amos 的报表中，各参数估计结果提供了原始估计值（非标准化值），也就是报表中的未标准化的参数估计值、标准误与统计显著性等三种数据。最后应要报告标准化的值，也就是报表中的标准化的参数估计值，但在标准化解中无法得知显著性，必须从原始估计值的报表中获得显著性指标。

从参数估计结果的报表中可得知（表 5-11~表 5-14），所有参数值均在统计上达到显著性水平，因素载荷以 Item19 的 0.91 最高、Item11 的 0.48 最低，显示此抑郁量表的理论模型良好。表 5-14 呈现了测量变量被因素解释的比例，例如，Item19 的变异被其对应的潜在因素（F4）解释达 82.9%。

表 5-11　Amos-参数估计输出表（一）

Estimates（Group number 1-Default model）
Scalar Estimates（Group number 1-Default model）
Maximum Likelihood Estimates
Regression Weights：（Group number 1-Default model）

续表 5-11

			Estimate	S. E.	C. R.	P	Label
Item4	<---	F2	1.000				
Item8	<---	F2	1.103	0.074	14.973	* * *	par_1
Item12	<---	F2	0.919	0.060	15.190	* * *	par_2
Item16	<---	F2	1.126	0.070	16.088	* * *	par_3
Item3	<---	F3	1.000				
Item6	<---	F3	1.034	0.041	25.068	* * *	par_4
Item9	<---	F3	0.886	0.049	18.184	* * *	par_5
Item10	<---	F3	0.951	0.050	19.049	* * *	par_6
Item1	<---	F4	1.000				
Item2	<---	F4	0.765	0.064	11.880	* * *	par_7
Item5	<---	F4	0.914	0.060	15.117	* * *	par_8
Item7	<---	F4	1.211	0.064	18.886	* * *	par_9
Item11	<---	F4	0.818	0.070	11.619	* * *	par_10
Item13	<---	F4	0.805	0.065	12.283	* * *	par_11
Item20	<---	F4	1.191	0.068	17.452	* * *	par_12
Item14	<---	F3	1.004	0.049	20.376	* * *	par_13
Item17	<---	F3	0.895	0.055	16.337	* * *	par_14
Item18	<---	F3	1.016	0.042	24.047	* * *	par_15
Item15	<---	F1	1.000				
Item19	<---	F1	1.166	0.058	20.215	* * *	par_16

表 5-12 Amos-参数估计输出表（二）

Standardized Regression Weights：（Group number 1-Default model）

			Estimate
Item4	<---	F2	0.672
Item8	<---	F2	0.706
Item12	<---	F2	0.719
Item16	<---	F2	0.776
Item3	<---	F3	0.797
Item6	<---	F3	0.860
Item9	<---	F3	0.673

续表 5-12

			Estimate
Item10	<---	F3	0.699
Item1	<---	F4	0.696
Item2	<---	F4	0.496
Item5	<---	F4	0.635
Item7	<---	F4	0.802
Item11	<---	F4	0.485
Item13	<---	F4	0.513
Item20	<---	F4	0.738
Item14	<---	F3	0.737
Item17	<---	F3	0.616
Item18	<---	F3	0.835
Item15	<---	F1	0.815
Item19	<---	F1	0.911

表 5-13　Amos-参数估计输出表(三)

Correlations：(Group number 1-Default model)

			Estimate
F2	<--->	F1	0.530
F2	<--->	F3	0.774
F3	<--->	F4	0.988
F3	<--->	F1	0.708
F4	<--->	F1	0.680
F2	<--->	F4	0.744

表 5-14　Amos-参数估计输出表(四)

Squared Multiple Correlations：(Group number 1-Default model)

	Estimate
Item19	0.829
Item15	0.664
Item18	0.697

续表 5-14

	Estimate
Item17	0.379
Item14	0.543
Item20	0.544
Item13	0.263
Item11	0.235
Item7	0.643
Item5	0.403
Item2	0.246
Item1	0.484
Item10	0.489
Item9	0.453
Item6	0.739
Item3	0.634
Item16	0.602
Item12	0.516
Item8	0.498
Item4	0.452

5.模型拟合度分析

模型的记录显示 $X^2 = 651.356$（$P < 0.001$），拟合度摘要表中显示 X^2/df 为 3.972，在 Amos 的输出报表中的 CMIN 即为卡方值。本示例的 SRMR = 0.041，近似误差均方根 RMSEA = 0.069，TLI/NFI/CFI/GFI 均大于 0.90，显示此抑郁量表的因子结构与数据有着理想的拟合度。具体如表 5-15、表 5-16 所示。

表 5-15　Amos-模型拟合度输出表（一）

Model Fit Summary
CMIN

Model	NPAR	CMIN	DF	P	CMIN/DF
Default model	46	651.356	164	0.000	3.972
Saturated model	210	0.000	0		
Independence model	20	7045.342	190	0.000	37.081

续表 5-15

RMR, GFI

Model	RMR	GFI	AGFI	PGFI
Default model	0.036	0.902	0.874	0.704
Saturated model	0.000	1.000		
Independence model	0.362	0.212	0.129	0.192

Baseline Comparisons

Model	NFI Delta1	RFI rho1	IFI Delta2	TLI rho2	CFI
Default model	0.908	0.893	0.929	0.918	0.929
Saturated model	1.000		1.000		1.000
Independence model	0.000	0.000	0.000	0.000	0.000

Parsimony-Adjusted Measures

Model	PRATIO	PNFI	PCFI
Default model	0.863	0.783	0.802
Saturated model	0.000	0.000	0.000
Independence model	1.000	0.000	0.000

表 5-16　Amos-模型拟合度输出表(二)

NCP

Model	NCP	LO 90	HI 90
Default model	487.356	412.603	569.669
Saturated model	0.000	0.000	0.000
Independence model	6855.342	6584.261	7132.758

FMIN

Model	FMIN	F0	LO 90	HI 90
Default model	1.037	0.776	0.657	0.907
Saturated model	0.000	0.000	0.000	0.000
Independence model	11.219	10.916	10.484	11.358

RMSEA

Model	RMSEA	LO 90	HI 90	PCLOSE
Default model	0.069	0.063	0.074	0.000
Independence model	0.240	0.235	0.244	0.000

续表 5-16

AIC

Model	AIC	BCC	BIC	CAIC
Default model	743.356	746.538	947.786	993.786
Saturated model	420.000	434.530	1353.268	1563.268
Independence model	7085.342	7086.725	7174.224	7194.224

ECVI

Model	ECVI	LO 90	HI 90	MECVI
Default model	1.184	1.065	1.315	1.189
Saturated model	0.669	0.669	0.669	0.692
Independence model	11.282	10.851	11.724	11.285

HOELTER

Model	HOELTER 0.05	HOELTER 0.01
Default model	188	202
Independence model	20	22

6. 模型修正

本示例的模型拟合良好，无须再进行模型修正。若研究者需要进行模型修正，可根据 MI 指数进行修正。若要报告 MI 指标，须在"Analysis Properties"的"Output"中勾选"Modification Index"，指数默认设为 4，如果选择默认值，则表示当 MI 指数大于 4 时，该残差具有修正的必要。研究者可以根据自己的实际需求调整这个数值。例如在本例中，将数值调整为 20，便只会显示 MI 值超过 20 的残差。修正模型时从 MI 值最大的残差开始，修正时将相应的两个残差项用"⌒"相连，比如本例(表 5-17)若需要修正则应在路径图中将 e4 和 e8 用"⌒"相连。修正后重新拟合模型，如果模型拟合良好，则不需要进一步修正，否则，根据重新拟合后 MI 值最大的残差继续修订。

表 5-17　Amos-模型修正输出表

Modification Indices（Group number 1-Default model）

Covariances：（Group number 1-Default model）

			M.I.	Par Change
e17	<--->	e18	23.969	0.083
e14	<--->	F1	26.085	0.088
e8	<--->	e9	26.688	0.103
e4	<--->	e8	28.808	0.101

（二）验证性因素分析的 Mplus 操作

1. 模型拟合

在进行分析前，需将 SPSS 中的数据导出为".dat"格式的文件，再利用 Mplus 代码对数据进行数据调取与分析，验证性因素分析 Mplus 运行语句见表 5-18。

表 5-18　Mplus-模型拟合分析设置

TITLE：CFA
DATA：FILE IS Depression. dat；
VARIABLE：NAMESARE y1-y20；
USEVARIABLES are y1-y20；
ANALYSIS：ESTIMATOR=ML；
MODEL：f1 by y1-y7；
f2 by y8-y14；
f3 by y15-y18；
f4 by y19-y20；
OUTPUT：STANDARDIZED；
MODINDICES；

TITLE 为本次分析的标题，研究者可根据自己的需求填写。DATA 语句为定义数据文件所在的位置，当代码文件与数据文件存储在相同文件夹下时，只需填写数据文件的名称。若代码文件与数据文件存储在不同位置时，则需填写数据文件的绝对路径（完整路径）。VARIABLE 为定义数据文件中所有的变量名，需要注意的是，应严格按照文件中的变量顺序对变量名进行定义，否则会出现数据提取错误。USEVARIABLES 为本次分析用到的变量。ANALYSIS 为参数估计，假如使用的是 ML 估计法，这一行也可省去，因为 ML 是 Mplus 默认的估计法。MODEL 语句为正式定义模型，BY 语句表示因子由哪几个观测变量测量，如 f1 由 y1 到 y7 七个变量测量。OUTPUT 语句定义要求 Mplus 输出何种结果，STANDARDIZED 为输出标准化解，MODINDICES 为输出修正指数。

2. 结果输出

从表 5-19 所呈现的拟合结果可以看出，卡方值为 647.440，自由度为 164，CFI、TLI 值分别为 0.929、0.918，均大于 0.9，RMSEA 值为 0.069，SRMR 值为 0.039，均小于 0.08，以上结果表明该模型拟合良好。

表 5-19 Mplus-结果输出表(一)

Number of Free Parameters	66
Loglikelihood	
H0 Value	-13667.723
H1 Value	-13344.002
Information Criteria	
Akaike (AIC)	27467.445
Bayesian (BIC)	27760.653
Sample-Size Adjusted BIC	27551.111
(n * = (n+2)/24)	
Chi-Square Test of Model Fit	
Value	647.440
Degrees of Freedom	164
P-Value	0.0000
RMSEA (Root Mean Square ErrorOf Approximation)	
Estimate	0.069
90 Percent C.I.	0.063 0.074
Probability RMSEA <=0.05	0.000
CFI/TLI	
CFI	0.929
TLI	0.918
Chi-Square Test of Model Fit for the Baseline Model	
Value	7036.535
Degrees of Freedom	190
P-Value	0.0000
SRMR (Standardized Root Mean Square Residual)	
Value	0.039

在 MODEL RESULTS 部分，Mplus 为使用者提供了非标准化和标准化的参数估计的结果，表 5-20 呈现了 STANDARDIZED MODEL RESULTS 的结果，结果呈现了测量模型中的因子载荷、因子间相关系数、标准化后的因子方差，以及潜变量未解释的指标方差等指标。

表 5-20　Mplus-结果输出表(二)

STANDARDIZED MODEL RESULTS
STDYX Standardization

		Estimate	S. E.	Est./S. E.	Two-Tailed P-Value
F1	BY				
	Y1	0.796	0.016	49.816	0.000
	Y2	0.860	0.012	71.976	0.000
	Y3	0.672	0.023	29.078	0.000
	Y4	0.700	0.022	32.351	0.000
	Y5	0.738	0.020	37.796	0.000
	Y6	0.618	0.026	23.805	0.000
	Y7	0.835	0.014	61.604	0.000
F2	BY				
	Y8	0.695	0.022	31.365	0.000
	Y9	0.495	0.032	15.672	0.000
	Y10	0.635	0.026	24.564	0.000
	Y11	0.801	0.016	48.652	0.000
	Y12	0.486	0.032	15.208	0.000
	Y13	0.512	0.031	16.568	0.000
	Y14	0.738	0.020	36.985	0.000
F3	BY				
	Y15	0.673	0.026	25.454	0.000
	Y16	0.705	0.025	28.165	0.000
	Y17	0.717	0.024	29.543	0.000
	Y18	0.773	0.021	36.268	0.000
F4	BY				
	Y19	0.812	0.021	39.081	0.000
	Y20	0.911	0.019	48.151	0.000
F2	WITH				
	F1	0.988	0.009	108.376	0.000
F3	WITH				
	F1	0.774	0.023	33.104	0.000
	F2	0.743	0.027	27.390	0.000
F4	WITH				
	F1	0.708	0.026	27.170	0.000
	F2	0.682	0.029	23.701	0.000
	F3	0.531	0.037	14.369	0.000
Intercepts					
	Y1	3.357	0.103	32.661	0.000
	Y2	3.529	0.107	32.897	0.000
	Y3	2.737	0.087	31.485	0.000
	Y4	2.724	0.087	31.453	0.000
	Y5	2.933	0.092	31.923	0.000
	Y6	2.494	0.081	30.828	0.000
	Y7	3.406	0.104	32.730	0.000
	Y8	3.213	0.099	32.438	0.000
	Y9	2.446	0.080	30.680	0.000
	Y10	3.306	0.101	32.583	0.000

续表 5-20

	Estimate	S. E.	Est. /S. E.	Two-Tailed P-Value
Y11	2.932	0.092	31.921	0.000
Y12	2.523	0.082	30.915	0.000
Y13	2.671	0.085	31.321	0.000
Y14	2.569	0.083	31.047	0.000
Y15	3.313	0.102	32.595	0.000
Y16	2.955	0.092	31.967	0.000
Y17	3.871	0.116	33.288	0.000
Y18	3.379	0.103	32.693	0.000
Y19	2.534	0.082	30.947	0.000
Y20	2.493	0.081	30.826	0.000
Variances				
F1	1.000	0.000	999.000	999.000
F2	1.000	0.000	999.000	999.000
F3	1.000	0.000	999.000	999.000
F4	1.000	0.000	999.000	999.000
Residual Variances				
Y1	0.366	0.025	14.384	0.000
Y2	0.261	0.021	12.681	0.000
Y3	0.548	0.031	17.615	0.000
Y4	0.510	0.030	16.858	0.000
Y5	0.455	0.029	15.809	0.000
Y6	0.619	0.032	19.305	0.000
Y7	0.302	0.023	13.337	0.000
Y8	0.517	0.031	16.772	0.000
Y9	0.755	0.031	24.124	0.000
Y10	0.596	0.033	18.145	0.000
Y11	0.358	0.026	13.574	0.000
Y12	0.764	0.031	24.587	0.000
Y13	0.738	0.032	23.313	0.000
Y14	0.456	0.029	15.480	0.000
Y15	0.546	0.036	15.334	0.000
Y16	0.503	0.035	14.254	0.000
Y17	0.485	0.035	13.931	0.000
Y18	0.402	0.033	12.180	0.000
Y19	0.340	0.034	10.069	0.000
Y20	0.170	0.034	4.939	0.000

　　本示例模型拟合均达到标准，因此不需要对模型进行修正。但当数据不理想需要对模型进行修正时，需要根据修正指数（MI）进行修改。修正指数呈现在 Mplus 输出结果的最后一部分，表 5-21 呈现了本模型的修正指数。

表 5-21　Mplus-模型修正指数输出表

MODEL MODIFICATION INDICES
WITH Statements

Y2	WITH Y1	13.905	0.043	0.043	0.180
Y6	WITH Y1	10.422	-0.062	-0.062	-0.139
Y7	WITH Y6	24.111	0.085	0.085	0.217
Y8	WITH Y4	10.044	0.061	0.061	0.136
Y10	WITH Y5	11.568	-0.066	-0.066	-0.145
Y11	WITH Y2	13.230	0.044	0.044	0.178
Y11	WITH Y5	13.497	-0.061	-0.061	-0.165
Y11	WITH Y10	11.168	0.059	0.059	0.152
Y12	WITH Y9	13.804	0.117	0.117	0.152
Y13	WITH Y5	13.425	0.085	0.085	0.154
Y13	WITH Y8	10.753	-0.075	-0.075	-0.138
Y15	WITH Y12	14.388	-0.096	-0.096	-0.164
Y16	WITH Y3	26.267	0.102	0.102	0.228
Y16	WITH Y5	18.983	0.083	0.083	0.196
Y16	WITH Y15	36.495	0.128	0.128	0.310
Y17	WITH Y12	12.118	0.073	0.073	0.153
Y17	WITH Y16	22.766	-0.086	-0.086	-0.258
Y18	WITH Y14	10.712	-0.057	-0.057	-0.156
Y19	WITH Y13	17.798	0.089	0.089	0.194
Y20	WITH Y14	16.954	0.073	0.073	0.266
Y20	WITH Y17	13.345	-0.051	-0.051	-0.244

　　虽然该模型拟合良好，但为了呈现完整的验证性因素在 Mplus 中的操作步骤，以下依旧对该模型进行修正。上述结果中，最大的 MI 值为 Y16 WITH Y15 的 36.495，这表明，若允许 Y16 和 Y15 自由估计，则卡方会减少 36.495。模型修正语句及结果如表 5-22 所示。

表 5-22　Mplus-模型修正语句与结果输出表

TITLE：CFA
DATA：FILE IS Depression. dat；
VARIABLE：NAMESARE y1-y20；
　　USEVARIABLES are y1-y20；
ANALYSIS：ESTIMATOR=ML；
MODEL：f1 by y1-y7；
　　　　f2 by y8-y14；
　　　　f3 by y15-y18；
　　　　f4 by y19-y20；
　　　　Y16 WITH Y15；
OUTPUT：STANDARDIZED；
　　　　MODINDICES；

续表 5-22

Number of Free Parameters	67
Loglikelihood	
H0 Value	−13650.410
H1 Value	−13344.002
Information Criteria	
Akaike（AIC）	27434.820
Bayesian（BIC）	27732.471
Sample-Size Adjusted BIC	27519.754
（$n^* =(n+2)/24$）	
Chi-Square Test of Model Fit	
Value	612.816
Degrees of Freedom	163
P-Value	0.0000
RMSEA（Root Mean Square ErrorOf Approximation）	
Estimate	0.066
90 Percent C.I.	0.061　0.072
Probability RMSEA <=0.05	0.000
CFI/TLI	
CFI	0.934
TLI	0.923
Chi-Square Test of Model Fit for the Baseline Model	
Value	7036.535
Degrees of Freedom	190
P-Value	0.0000
SRMR（Standardized Root Mean Square Residual）	
Value	0.038

结果表明，允许 Y16 和 Y15 自由估计后，模型拟合指数得到改善。

（蚁金瑶　储珺　丁紫夏　宋倩）

第六章 高级心理统计学二：测量等值性与路径分析

当采用心理测验发现两个或者多个不同群体在某一心理变量上存在差异时，如何确定这些差异是由群体之间本身的差异所导致的，还是由所采用的测量工具在不同群体中有不一致的测量所导致的？这就涉及心理测验的测量等值性概念。因此，本章第一节将介绍测量等值性的基本原理、基本步骤并结合实例讲解测量等值性检验的基本操作流程。

心理学研究中往往涉及多个变量，变量之间的关系错综复杂，如何构建出适用于解释多个变量之间复杂关系的模型并检验模型的合理性？这属于路径分析的范畴。因此，本章第二节将介绍路径分析的基本原理、基本步骤并结合实例介绍路径分析的基本操作流程。

第一节 测量等值性

一、测量等值性的基本原理

测量等值性（又称测量不变性，measurement equivalence/invariance，ME/MI）由 Drasgow（1984）提出，指如果量表的观测分数与潜在特质（即潜变量）之间的关系在亚群体中等同，则该量表具有测量等值性。测量等值性对量表的要求包括两个方面（Drasgow，1987）：一方面是观测分数和潜在特质之间的关系等价，即在不同的亚群体（如男性和女性）中，潜在特质（如语言能力）等价（即等值）的个体应有相同的预期观测分数。如果一个测试在所有相关的亚群体中具有测量等值性，那么观测分数与潜在特质关系必须是等价的。在心理测量中，若个体在某一属性上存在差异，那么用来测试这一属性的测量工具应体现这一差异。例如，抑郁量表应能真实反映抑郁程度不同的个体之间的差异。另一方面是潜在特质间的关系等价，当量表包含多个潜在特质时，该量表的各个潜在特质之间的关系在不同亚群体中应相同。但不同的群体可能包括不同能力层次的个体，其潜在特质也未必相同，因此测量等值并未要求反映群体特征的参数（如平均数、标准差、方差）和分布特征相同。在相比较的亚群体中，只要满足潜在特质等价的个体的观测分数也相等，该量表就具备了测量等值性。

　　测量等值性是基于心理量表得分进行组间比较的前提条件。若仅根据观测变量的统计结果存在显著差异就下结论，可能存在误差。一般来说，组间的显著差异可能由两种情况造成：第一种是组间在目标心理变量上的确存在显著差异；第二种是组间本不存在显著差异，但由于量表不具备跨组测量等值性，来自不同亚组的个体对量表的理解有偏差，由此导致了"存在显著差异"这一假象。也就是说，组间比较并非在同一个量纲上进行，其测量结果没有可比性。同理，当测量的结果不显著时，我们也不应轻易下结论，其同样存在两种可能性：一种可能是组间确实无显著差异；另一种可能则是组间的真实差异被不等价的量表所掩盖了。要排除上述第二种可能性的存在，就需要证明量表具备测量等值性，以确保组间的比较是在同一个量纲上进行的。只有满足测量等值性这一前提条件，基于心理量表得分的组间比较才有意义。

　　在经典测验理论(classic test theory，CTT)中，主要运用信度和效度对量表进行分析，其目的是说明该量表的测量结果是可靠、有效的。但在进行组间差异比较时，量表仅仅满足信度和效度的要求还是不够的。例如，下列问题无法通过传统的经典测验理论直接解决(Millsap，2011)：①来自不同文化的被试对测验的理解是否相同？②当对同一群体在相同的绩效维度上进行考核时，考核绩效的定义方式是否相似？③性别、种族或其他人口学因素是否会影响个体对同一量表的反应方式？④具有实质性意义的过程(即干预或实验操作)是否改变了一个群体对某项措施长期做出反应所依据的概念参考框架？满足了信度、效度要求的量表说明其在各组内部测量结果是可靠、有效的，但这并不能说明组间差异比较也是可靠、有效的。因为即使是满足了信效度要求的量表，不同群体对它的理解也可能不同，也就是说不具备测量等值性。两种测量的量纲不一致，即使单独来看，各自测量的信效度都很高，但测量结果却没有可比性。因此，量表仅仅满足信度、效度的要求还不足以说明观测变量和潜变量的关系在不同组间等值，也就不能保证量表在不同亚群体中组间差异比较结果的有效性。下面从理论上对此进行分析：

　　经典测验理论以真分数假设为基础，其公式为：

$$X_{ijk} = T_{ij} + E_{ijk} \tag{6.1}$$

　　式(6.1)中 X 代表观测值，T 代表真分数，E 代表随机误差，下标 i 代表第 i 个被试，下标 j 代表测量的第 j 个特质，k 代表第 i 个被试在第 j 个特质上的第 k 次测量。

　　由式(6.1)，得到经典测验理论的另一个假设：

$$\sigma_X^2 = \sigma_T^2 + \sigma_E^2 \tag{6.2}$$

　　式(6.2)中 σ_X^2 代表观测变量的变异，σ_T^2 代表真分数变异，σ_E^2 代表误差变异。由此，我们可以将心理测量中的测量信度定义为：

$$r_{xx'} = \sigma_T^2 / (\sigma_T^2 + \sigma_E^2) = \sigma_T^2 / \sigma_X^2 \tag{6.3}$$

　　由式(6.3)可知，测量信度是真分数变异与观测分数变异的比值。

　　假设有 g 和 g' 两个群组，组间比较如图6-1所示，ξ^g 代表群组 g 测量的潜变量，$\xi^{g'}$ 代表群组 g' 测量的潜变量。测量的一般假设是，人的行为总是受到变量的影响，潜变量是我们真正感兴趣的。但潜变量是一种构念，不可以直接测量，虚线框就表示它不可以直接测量。要对其进行测量，通常的办法是给潜变量下操作定义，通过测量外显的观测变量(X)对它进行间接的测量，X^g 和 $X^{g'}$ 为潜变量的观测变量(即显变量)。ξ^g 和 $\xi^{g'}$ 的变化引起 X^g 和 $X^{g'}$ 的相应改变，从 ξ 到 X 的箭头表明观测变量是由潜变量所决定的。但是对观测变量(X)

的变异并不是 100% 地为潜变量所解释，它还受独特因素的影响，即测量误差。δ 代表的是除潜变量外，其他因素对观测变量(X)的影响。高信度说明对观测变量 X 的测量是稳定、可靠的；高效度说明通过对观测变量(X)的测量来代表对潜变量(ξ)的测量是有效的。

以量表测量为例，在不考虑测量等值的情况下，X^g 和 $X^{g'}$ 通常表示量表的总分。当只用一个观测变量给潜变量下操作定义时，只要量表满足信度和效度要求，并且相比较的两个组

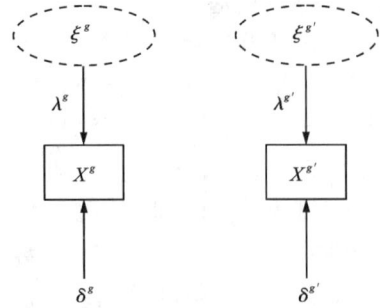

图 6-1　单个观测变量的潜变量指标示意图

g 和 g' 的信度和效度相等，则足以说明该量表具备测量等值性。量表信度、效度达到了心理测量学的标准，即认为量表测了相应的心理现象，并可以进行测量结果的组间比较。即当只用一个观测变量对潜变量进行操作，信度和效度充要地说明了唯一一个观测变量和潜变量之间的关系，因为测量等值性要求的是观测变量和潜变量之间的关系在相比较的组别之间等价。相比较的两个组 g 和 g' 的信度和效度相等，就说明该量表具备测量等值性。但当潜变量用不只一个观测变量来操作化时，情况则变复杂(图 6-2)。即使量表在不同的群组中具有相同的信度、效度，相同的条目在不同群组中也可能具有不同的意义。

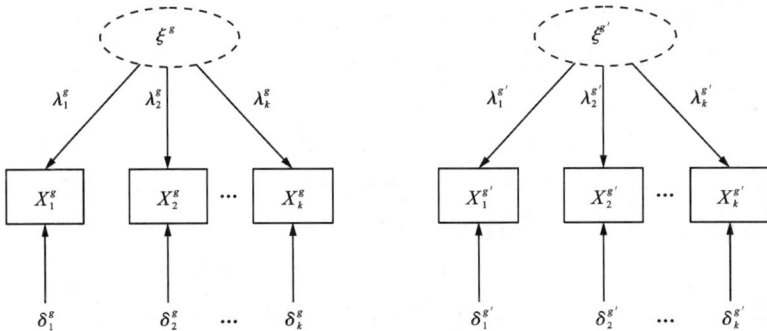

图 6-2　多个观测变量的潜变量指标示意图

图 6-2 中，ξ^g 和 $\xi^{g'}$ 表示测量的潜变量，X_1^g、X_2^g、$X_3^g \cdots X_k^g$ 是量表在 g 组中的 k 个观测变量，$X_1^{g'}$、$X_2^{g'}$、$X_3^{g'} \cdots X_k^{g'}$ 是量表在 g' 组中的 k 个观测变量，δ_1^g、δ_2^g、$\delta_3^g \cdots \delta_k^g$ 和 $\delta_1^{g'}$、$\delta_2^{g'}$、$\delta_3^{g'} \cdots \delta_k^{g'}$ 是两组中与观测变量对应的残差项。

根据图 6-2，我们可以得到测量等值的检验条件：

①在 g 和 g' 组中，量表具有同样的潜变量与观测指标的对应关系；
②两组测量中观测指标对潜变量的回归系数相等，即两组对应的因素负荷等值；
③观测指标到潜变量的回归截距等值；
④两组中对应的残差项相等。

此时，仅对量表做信度和效度的分析已不足以说明其具备测量等值性。即使是满足了信度、效度的要求，但两个组 g 和 g' 组间相应的观测变量与潜变量之间的关系可能存在不

等价的情况。在实际情况中，潜变量一般都是用多个观测变量来测量的。总而言之，仅进行量表的信度、效度分析不足以支撑能够直接使用量表的观测分数进行组间差异的比较，量表的测量等值性是进行组间比较的前提条件。凡是涉及组间比较，测量工具的测量等值性问题都是需要注意的，只有满足了测量等值性的要求，差异的比较才有意义。

二、测量等值性检验的基本步骤与评价指标

本节基于结构方程模型的理论框架内的多组验证性因素分析（multi-group confirmatory factor analysis，MGCFA）进行测量等值性检验。多组验证性因素分析依赖于似然比检验来支持测量等值性的成立。多组验证性因素分析涉及一系列嵌套模型的假设检验：形态等值检验、弱等值检验、强等值检验、严格等值检验，这四个参数模型代表了越来越严格的关于等值性的假设，每一个连续的假设都比前一个假设需要更多的限制。

（一）测量等值性检验的基本步骤

在进行测量等值性检验之前，需要对结构方程模型进行验证性因素分析，确保模型与数据拟合良好。测量等值的检验包括 4 个步骤：形态等值检验、弱等值检验、强等值检验、严格等值检验，检验需按照步骤依次进行。

1. 形态等值（configural invariance）检验

形态等值检验是指检验潜变量的数目和构成形态/模式是否跨组等同，也称为因素等值检验。该检验建立基于不同群组的同一基线模型（M1），对模型进行结构方程的验证性分析，确定量表是否满足组间形态等值。

在该模型中，虽然因素的数量和因素与指标的对应关系是相同的，但每一组的参数都是自由估计的。若形态等值模型成立，则同一测验在不同群组的数据将被分解为相同的数量的因素，每个因素与相同的项相关联，即不同群组间的因素结构相同，或者说同一测量在不同组内反映了相同的潜在构念。形态等值模型通常作为基线模型，其他水平的等值性检验都是在其基础上通过限制相应参数生成的嵌套模型。由于只要求潜变量、显变量之间的基本结构关系对等，并没有设定任何参数跨组相等，所以从严格意义上说形态等值不能算作等值检验。个体对构念的感知与其文化背景有关，当构念非常抽象时，不同群体的个体对构念的参考框架可能存在差异，因而对构念赋予的意义不同，从而可能导致形态等值不成立。另外，形态等值不成立的原因可能还包括数据收集过程中的误差、对量表条目的翻译不准确等。

2. 弱等值（weak invariance）检验

弱等值检验测量指标与因素之间的关系——因素负荷是否跨组等值，即 $\lambda_x^g = \lambda_x^{g'}$ 是否成立，又称单位等值（metric invariance）检验。在基线模型（M1）的基础上，限定不同群组之间对应的因素负荷相等，建立嵌套模型 M2。比较 M2 和 M1 的拟合指标，确定组间是否满足因素负荷等值。

如果每一个观测项目在对应潜变量上的因素负荷跨组等同，就可以说明观测变量和潜变量之间的关系在不同组之间有着相同的意义。或者说，每一个观测变量在不同组之间具

有相同的单位，即潜变量每变化一个单位，观测变量在不同组中都会产生同样程度的变化，这样潜变量和观测项目的含义便在不同组间等同。弱等值是使得跨组比较有意义的重要前提。Gregorich（2006）为弱等值的不成立提供了两种可选的解释。一种可能是，这些因素或与这些因素相对应的项目的子集在组间有不同的含义。例如，在西方样本中，抑郁症的心理症状更明显，而在亚洲样本中，躯体症状更为明显（Ryder 等，2008）。另一种可能是影响反应变异性的极端反应类型（extreme response style，ERS），低 ERS 指的是人们倾向于避免选择最极端的反应选项（如从不、总是），而认同中等的选项（如有时），这可能出现在强调稳重或谦虚的文化群体中。高 ERS 恰恰相反，最极端的反应选择受到青睐，这种模式可能在鼓励果断或坚定的文化群体中出现。

3. 强等值（strong invariance）检验

强等值检验观测变量的截距是否等值，即 $\tau_x^g = \tau_x^{g'}$ 是否成立，又称尺度等值（scalar invariance）检验。在 M2 的基础上，设定群组间相应的回归截距相等，建立嵌套模型 M3。比较 M2 和 M3 的模型拟合指标，确定回归截距是否组间等值。

截距相等表示测量同一指标的反应量表在不同群体中相同。也就是说，一个群体的人与另一个群体的人在该因素上具有相同的水平，那么在该指标上的分数应该也相同。如果具有相等约束的非标准化模式系数和截距的模型的拟合并不显著差于仅具有相等约束的模式系数的模型（即弱等值），则强等值模型成立。强等值模型的成立表明测量在不同组之间具有相同的参照点。只有单位和参照点都相同，用观测变量估计的潜变量分数才是无偏差的，组间比较才能更准确地反映真实差异。强等值检验也被用于检验系统的反映偏差，即截距上的差异被解释为某组群体在测量内容上存在系统的倾向性。在某些情况下，截距差异也被解释为群体间确实存在程度上的差异，如在临床研究中存在症状严重程度差异。强等值是平均值的组间比较结果有意义解释所需的最低水平。

4. 严格等值（strict invariance）检验

严格等值检验误差方差是否跨组等值，即 $\delta^g = \delta^{g'}$ 是否成立，又称误差方差等值（error variance invariance）检验。在 M3 的基础上，设定组间相应的残差项等值，建立嵌套模型 M4。比较 M4 和 M3 的拟合指标，确定组间测量残差是否等值。严格等值假定组间的误差方差具有很强的不变性和相等性，这意味着这些指标在每一组中以相同的精确度测量相同的因素。严格等值性的成立意味着观测分数变异的跨组差异完全反映了潜变量变异的跨组差异。

上述步骤中这 4 个参数模型的等值性检验彼此嵌套，前一步的模型嵌套于随后的模型。形态等值性是检验其他等值性的前提条件，通常作为检验的基线模型，进一步等值性的检验都是在形态等值性的基础上通过限制相应参数而生成的嵌套模型，只有在确立了前一水平的等值性的基础上，才能继续更高一级的等值性检验。

（二）测量等值性检验的评价指标

测量等值性检验的结果评价涉及两大方面。第一方面是考察所设置模型的拟合效果，第二方面是比较基线模型和嵌套模型的差异。

对于所设置模型拟合效果的评价主要是根据一系列的拟合指标来判断模型能否达到

既定标准(表6-1)。每个拟合指标的计算及意义不尽相同,但绝大多数是基于拟合函数计算出来的。按照所反映的模型信息的不同,可将拟合指标分为四种:绝对拟合指标、相对拟合指标、信息标准指数和节俭拟合指标。测量等值性的检验本质上也是对模型和数据拟合的检验,拟合指标并没有本质的不同,表6-1中是一些常用的拟合指数。各个拟合度指数反映的信息都有所侧重,但也均存在不足,因此需要同时报告多个指标才能对模型的优劣做出较客观的判断。χ^2 是反映模型与数据拟合程度最直接的指标,它反映的是根据所设置的理论模型衍生的拟合协方差矩阵和样本协方差矩阵的拟合程度。由于较大的 χ^2 值对应的是较大的差异,所以 χ^2 检验统计推断的标准和一般的假设检验正好相反。χ^2 值越大,模型与数据拟合效果越不好。χ^2 值容易受到样本含量(N)的影响,即在 N 较大时,χ^2 值也很大,N 较小时,χ^2 值则很小,也就是说,χ^2 值往往不能很好地反映模型与数据的实际拟合程度。目前使用较多的模型拟合指标主要有 CFI、TLI、RMSEA、SRMR 等(Vandenberg 等,2000)。

表 6-1 结构方程模型常用拟合指标

拟合指标	判断准则
绝对拟合指标	
拟合优度指数(goodness of fit index, GFI)	0~1, >0.90 拟合好
调整的拟合优度指数(adjusted goodness-of-fit index, AGFI)	0~1, >0.90 拟合好
近似误差均方根(root mean square error of approximation, RMSEA)	< 0.05 拟合好 0.08~0.10 拟合一般 >0.10 拟合不好
均方根残差(root mean square residual, RMR)	0~1, 值越小越好, <0.08 拟合好
卡方优度检验(χ^2 goodness-of-fit test, χ^2/df)	χ^2/df<3 拟合较好
相对拟合指标	
规范拟合指数(normed fit index, NFI)	0~1, >0.90 拟合好
不规范拟合指数(non-normed fit index, NNFI)	>0.90 拟合好
增值拟合指数(incremental fit index, IFI)	>0.90 拟合好
比较拟合指数(comparative fit index, CFI)	0~1, >0.90 拟合好
Tucker-Lewis 指数(Tucker-Lewis Index, TLI)	>0.90 拟合好
信息标准指数	
赤池信息量准则(Akaike information criterion, AIC)	值越小拟合越好, 无准确界限
一致性赤池信息量准则(consistent Akaike information criterion, CAIC)	值越小拟合越好, 无准确界限
期望交叉验证指数(expected cross-validation index, ECVI)	值越小拟合越好, 无准确界限

续表6-1

拟合指标	判断准则
节俭拟合指标	
节俭拟合指数（parsimony goodness of fit index，PGFI）	>0.90 模型节俭
节俭规范拟合指数（parsimony normed fit index，PNFI）	>0.90 模型节俭

比较基线模型和嵌套模型的差异是实现测量等值性检验必不可少的过程，完成这一过程需要额外的评价指标。具体而言，模型之间的差异比较可采用卡方差异检验（似然比检验），但由于 $\Delta\chi^2$ 受样本量影响较大，在模型比较时容易出现显著的 $\Delta\chi^2$ 值，因此一般采用 ΔCFI（两个模型的 CFI 差值）作为模型比较指标（Cheung 等，2002），评价标准为 ΔCFI< 0.010。

三、测量等值性分析实践操作

可用于测量等值性分析的软件包括 Mplus、Amos、LISREL、EQS 等，本节主要基于 AMOS 26.0 与 Mplus 8.3 软件进行测量等值性分析。使用的数据为本书第五章中用于验证性因素分析的抑郁量表数据，该量表共 20 个条目，4 个因素（因素 1 和因素 2 各包括 7 个条目，因素 3 包括 4 个条目，因素 4 包括 2 个条目），使用该数据（总样本数据共包含 629 例，男性 315 例，女性 314 例）进行跨性别的测量等值性分析。

（一）测量等值分析的 Amos 操作

1.总样本及不同群组的验证性因素分析

（1）建立模型图并导入总样本数据。

使用"Draw unobserved variables"与"Draw a latent variable or add an indicator to a latent variable"工具建立模型图。

导入数据：从菜单栏中选择【File】→【Data Files】→【File Name】→选择分析所用数据。

双击模型图的潜变量，在 Variable 中输入各因素的名称，本例中 4 个因素的因素名分别为 F1、F2、F3、F4。使用"List variables in data set"放置各因素的观测变量，即量表条目，从菜单中选择【Plugins】→【Name Unobserved Variables】填充残差项，建立的模型图如图 6-3 所示。

（2）设置模型参数。

点击"Analysis properties"设置模型参数，其中"Estimation"与"Output"的部分的参数设置分别如图 6-4、图 6-5 所示。

（3）运行数据，浏览结果。

点击"Calculate estimates"工具自动运算，通过"View text"查看输出结果。Model Fit 结果部分显示，IFI、TLI、CFI 等拟合指标均大于 0.90，RMSEA = 0.069（小于 0.08），RMR = 0.036（小于 0.08），提示该模型在总样本中拟合良好，具体的模型拟合结果见表 6-2。

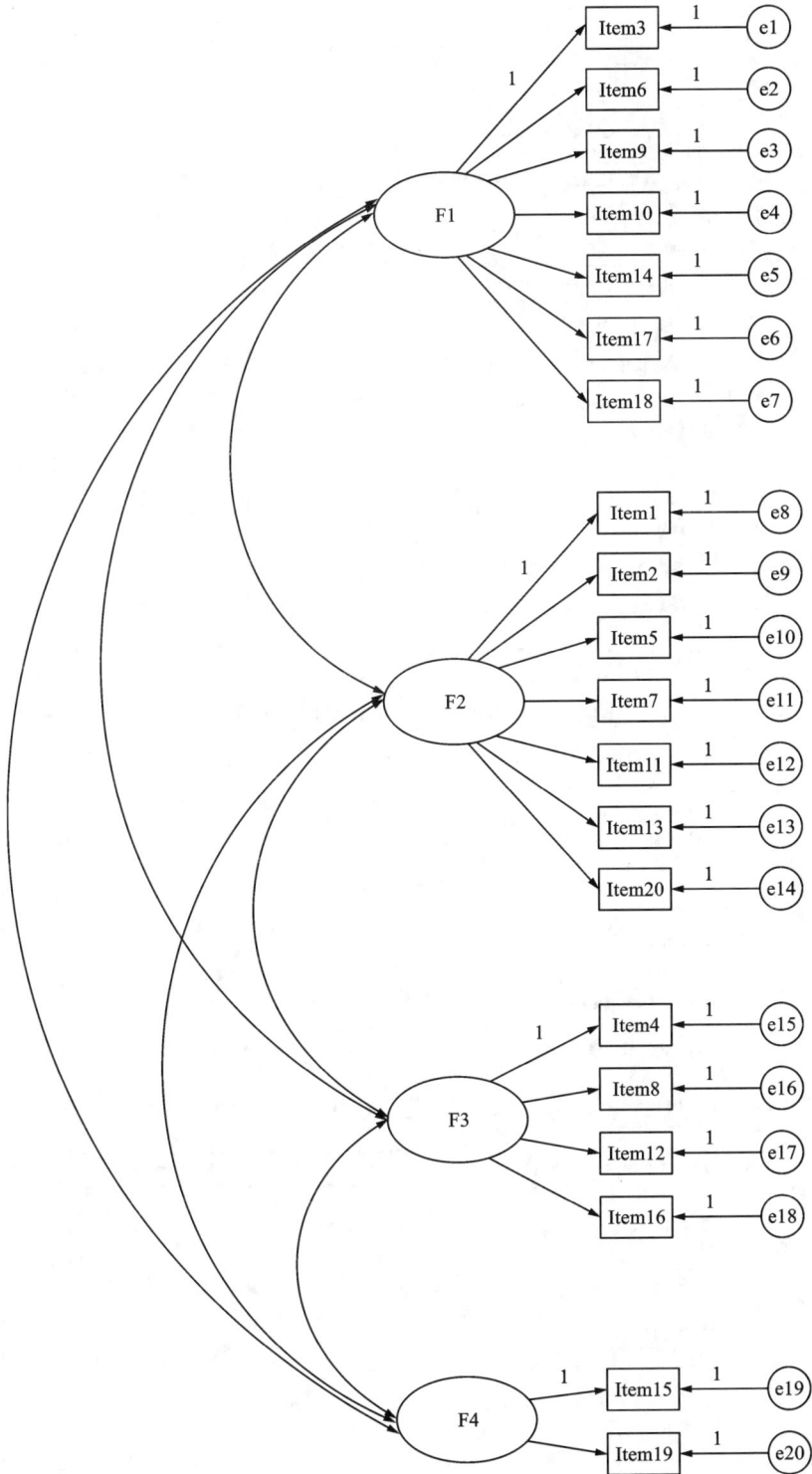

图 6-3　Amos-抑郁量表四因素模型图

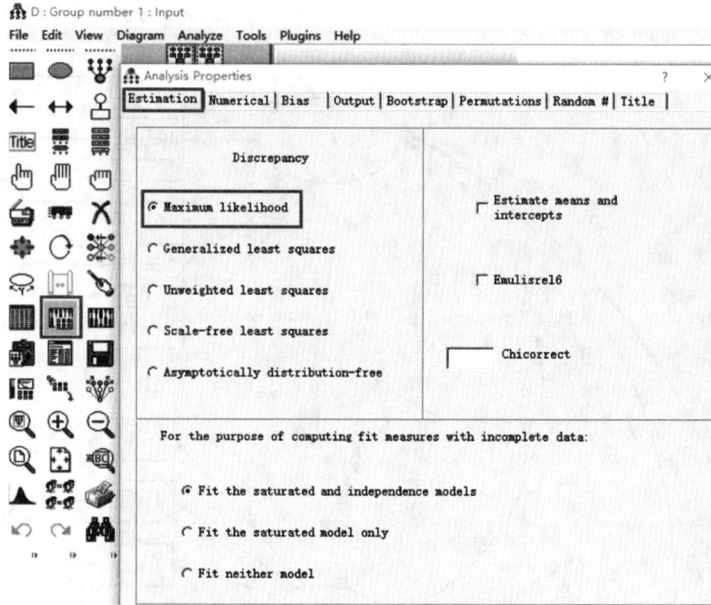

图 6-4　Amos-Estimation 参数设置窗口

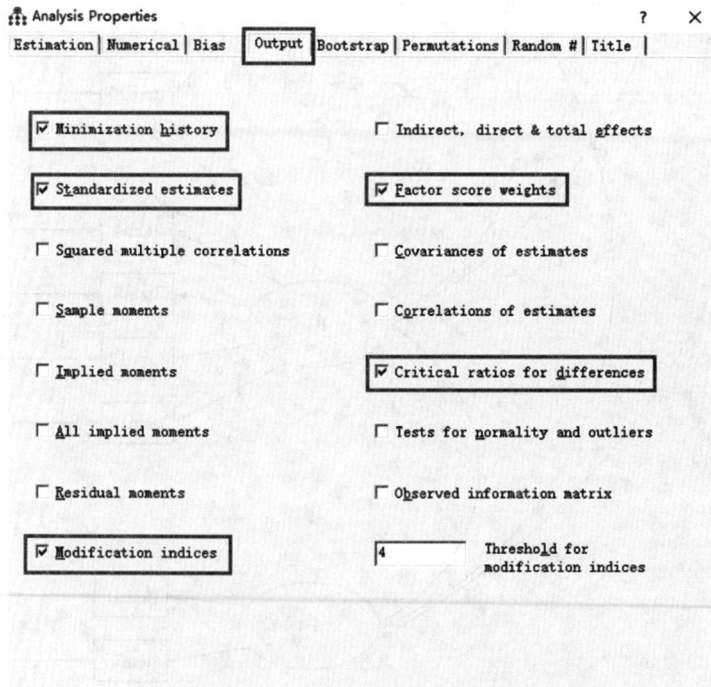

图 6-5　Amos-Output 参数设置窗口

表 6-2 Amos-模型拟合输出表

Model Fit Summary

CMIN

Model	NPAR	CMIN	DF	P	CMIN/DF
Default model	46	651.356	164	0.000	3.972
Saturated model	210	0.000	0		
Independence model	20	7045.342	190	0.000	37.081

RMR, GFI

Model	RMR	GFI	AGFI	PGFI
Default model	0.036	0.902	0.874	0.704
Saturated model	0.000	1.000		
Independence model	0.362	0.212	0.129	0.192

Baseline Comparisons

Model	NFI Delta1	RFI rho1	IFI Delta2	TLI rho2	CFI
Default model	0.908	0.893	0.929	0.918	0.929
Saturated model	1.000		1.000		1.000
Independence model	0.000	0.000	0.000	0.000	0.000

RMSEA

Model	RMSEA	LO 90	HI 90	PCLOSE
Default model	0.069	0.063	0.074	0.000
Independence model	0.240	0.235	0.244	0.000

接下来基于该模型分别进行不同性别的验证性因素分析。选择菜单【File】→【Data Files】→【Grouping Variable】→【Gender】→【OK】→【Group Value】，其中1代表男性、2代表女性，分别选择其中一组，依次进行验证性因素分析。Model Fit 结果显示，男性与女性样本中 IFI、TLI、CFI 等均大于0.90，RMSEA、RMR 均<0.08，提示可进行进一步的测量等值性分析，具体的模型拟合结果见表6-3。

表 6-3 Amos-不同性别的模型拟合输出表

①子样本——男性的模型拟合结果。

Model Fit Summary

CMIN

Model	NPAR	CMIN	DF	P	CMIN/DF
Default model	46	418.760	164	0.000	2.553
Saturated model	210	0.000	0		
Independence model	20	3635.331	190	0.000	19.133

RMR, GFI

Model	RMR	GFI	AGFI	PGFI
Default model	0.038	0.882	0.849	0.689
Saturated model	0.000	1.000		
Independence model	0.361	0.208	0.125	0.189

Baseline Comparisons

Model	NFI Delta1	RFI rho1	IFI Delta2	TLI rho2	CFI
Default model	0.885	0.867	0.927	0.914	0.926
Saturated model	1.000		1.000		1.000
Independence model	0.000	0.000	0.000	0.000	0.000

RMSEA

Model	RMSEA	LO 90	HI 90	PCLOSE
Default model	0.070	0.062	0.079	0.000
Independence model	0.240	0.234	0.247	0.000

②子样本——女性的模型拟合结果。

Model Fit Summary

CMIN

Model	NPAR	CMIN	DF	P	CMIN/DF
Default model	46	442.684	164	0.000	2.699
Saturated model	210	0.000	0		
Independence model	20	3626.123	190	0.000	19.085

续表 6-3

RMR，GFI

Model	RMR	GFI	AGFI	PGFI
Default model	0.042	0.873	0.837	0.682
Saturated model	0.000	1.000		
Independence model	0.357	0.214	0.132	0.194

Baseline Comparisons

Model	NFI Delta1	RFI rho1	IFI Delta2	TLI rho2	CFI
Default model	0.878	0.859	0.920	0.906	0.919
Saturated model	1.000		1.000		1.000
Independence model	0.000	0.000	0.000	0.000	0.000

RMSEA

Model	RMSEA	LO 90	HI 90	PCLOSE
Default model	0.074	0.065	0.082	0.000
Independence model	0.240	0.234	0.247	0.000

　　由于该模型中两个子样本的 GFI 均未达到拟合标准，所以对模型进行修正（此处对具体修正不做赘述），修正后的结果见表 6-4。

　　（4）汇总结果。

　　验证性因素分析的结果报告可参考表 6-4。由表 6-4 可知，总样本以及两个子样本均满足模型拟合标准（GFI、IFI、TLI、CFI 均 >0.90，RMSEA、RMR 均 <0.08），说明可基于该模型进行进一步的测量等值性检验。

表 6-4　Amos-抑郁量表四因素模型验证性因素分析拟合输出表

	χ^2	df	GFI	IFI	TLI	CFI	RMR	RMSEA（90% CI）
总样本（$n=629$）	482.846	156	0.927	0.953	0.942	0.952	0.032	0.058 [0.052 0.064]
男性（$n=315$）	341.169	156	0.902	0.947	0.935	0.946	0.035	0.061 [0.053 0.070]
女性（$n=314$）	334.804	156	0.904	0.948	0.937	0.948	0.038	0.061 [0.052 0.069]

2.不同群组的测量等值性分析

基于上述验证性因素分析模型，进行不同群组的测量等值性检验。

（1）创建群组。

【Analyze】→【Manage Groups】创建男性与女性两个组，分别命名为 male 与 female，具体如图 6-6 所示。

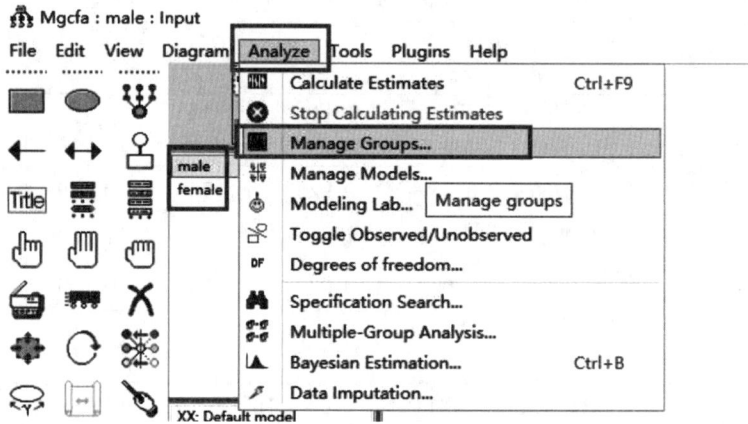

图 6-6　Amos-设定性别分组

（2）分别载入不同群组的数据，构建基线模型。

通过菜单中选择【File】→【Data Files】→【File Name】，再次导入所要分析的数据。按照选择菜单【File】→【Data Files】→【Grouping Variable】→【Gender】→【OK】→【Group Value】，设置两组数据（图 6-7）。

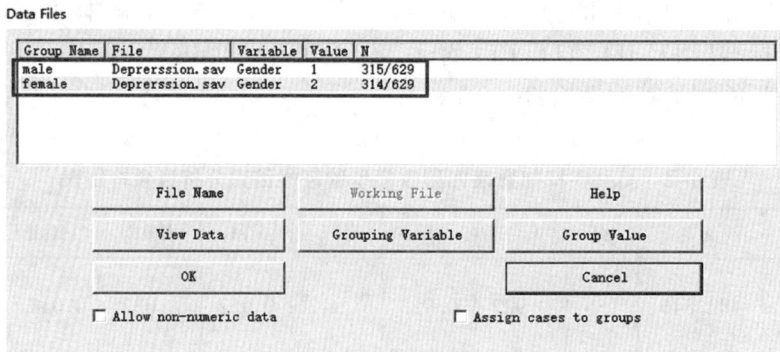

图 6-7　Amos-导入数据

（3）设置测量等值性检验模型。

通过"Multiple-Group Analysis"设置测量等值性检验模型，具体设置以及测量等值性检验模型如图 6-8、图 6-9 所示，共生成 5 个模型。其中"Unconstrained"为形态等值模型，"Measurement weights"为弱等值模型，"Measurement intercepts"为强等值模型，

"Measurement residuals"为严格等值模型。最终保留的模型及各模型具体的限制条件如图 6-10~图 6-13 所示。

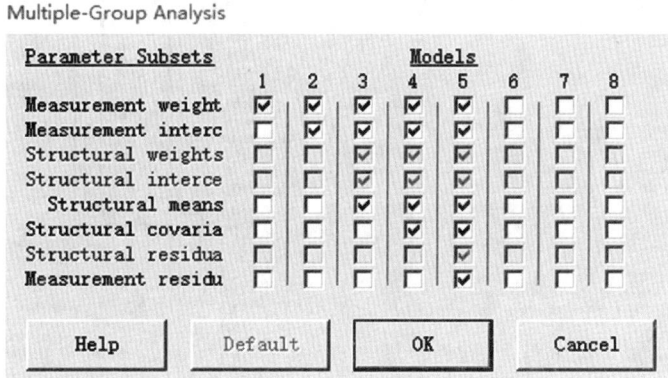

图 6-8 Amos-多组验证性因素分析

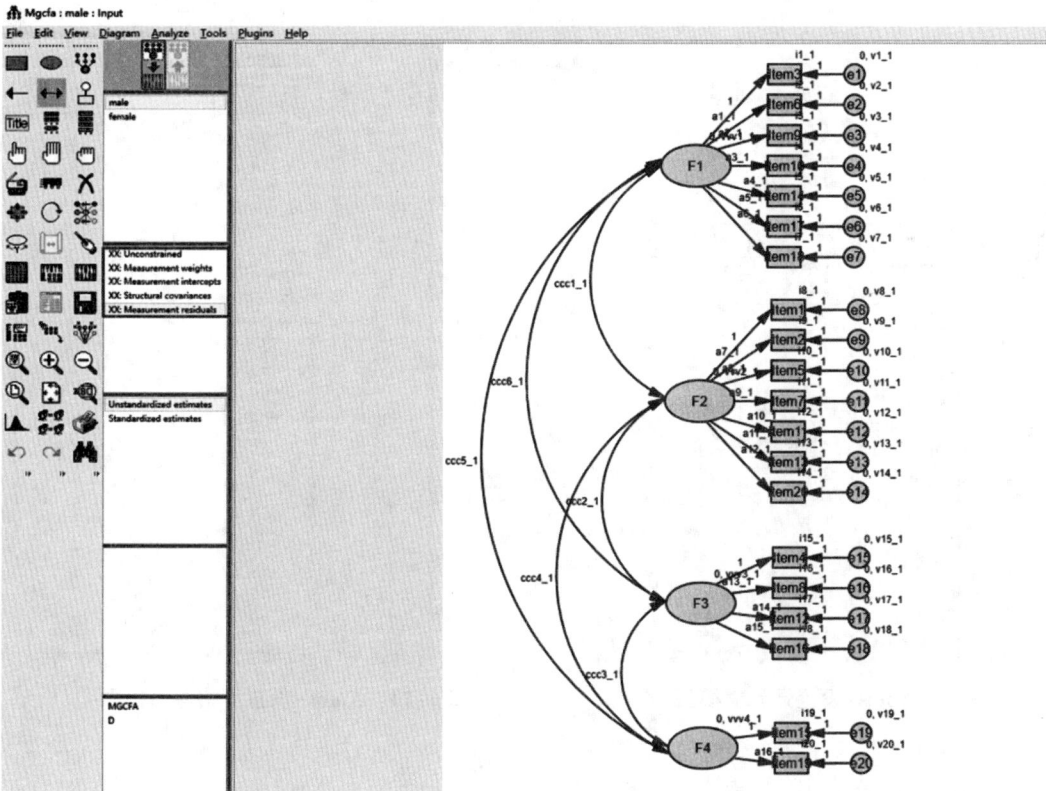

图 6-9 Amos-生成嵌套模型

图 6-10　Amos-设置形态等值模型

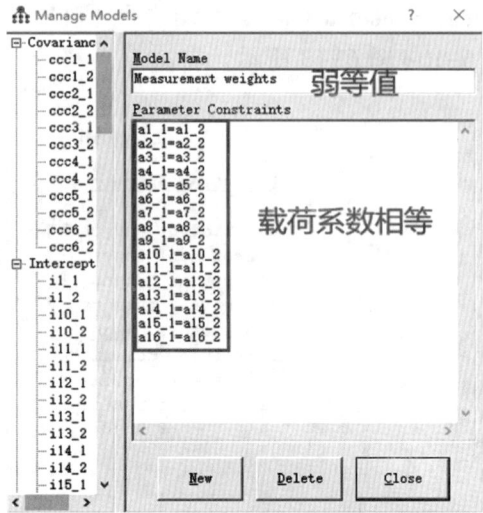

图 6-11　Amos-设置弱等值模型

图 6-12　Amos-设置强等值模型

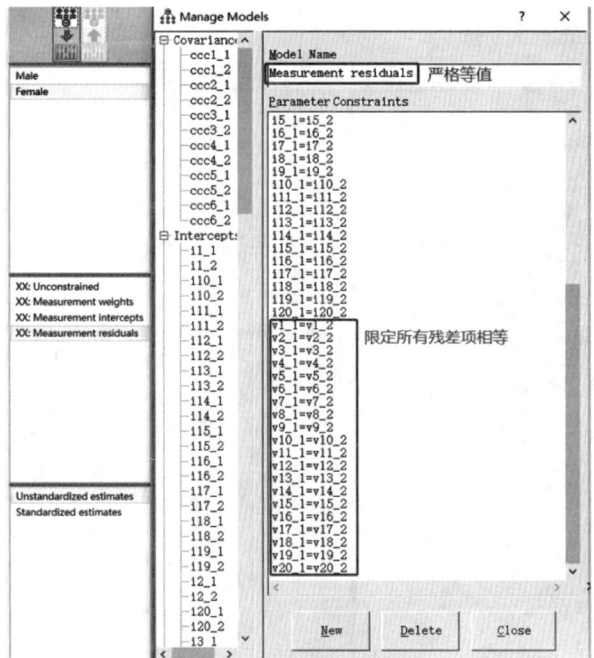

图 6-13　Amos-设置严格等值模型

(4)运行数据,浏览结果。

点击"Calculate estimates"工具自动运算,通过"View text"工具查看输出结果。Model Fit 结果显示,各模型的 IFI、TLI、CFI 等拟合指标均大于 0.90,RMSEA<0.08,拟合指数均达到模型拟合标准,提示该模型在总样本中拟合良好。在嵌套模型比较中,ΔCFI 均小于 0.01,提示测量等值分析中的形态等值、弱等值、强等值、严格等值均成立,具体的模型拟合结果如表 6-5 所示,汇总的测量等值性拟合指数如表 6-6 所示。

表 6-5 Amos-测量等值性拟合输出表

Amos 测量等值性分析输出结果：

Model Fit Summary

CMIN

Model	NPAR	CMIN	DF	P	CMIN/DF
Unconstrained	148	675.973	312	0.000	2.167
Measurement weights	132	685.792	328	0.000	2.091
Measurement intercepts	112	769.415	348	0.000	2.211
Measurement residuals	84	807.629	376	0.000	2.148
Saturated model	460	0.000	0		
Independence model	80	7261.454	380	0.000	19.109

Baseline Comparisons

Model	NFI Delta1	RFI rho1	IFI Delta2	TLI rho2	CFI
Unconstrained	0.907	0.887	0.948	0.936	0.947
Measurement weights	0.906	0.891	0.948	0.940	0.948
Measurement intercepts	0.894	0.884	0.939	0.933	0.939
Measurement residuals	0.889	0.888	0.937	0.937	0.937
Saturated model	1.000		1.000		1.000
Independence model	0.000	0.000	0.000	0.000	0.000

RMSEA

Model	RMSEA	LO 90	HI 90	PCLOSE
Unconstrained	0.043	0.039	0.048	0.995
Measurement weights	0.042	0.037	0.046	0.999
Measurement intercepts	0.044	0.040	0.048	0.992
Measurement residuals	0.043	0.039	0.047	0.998
Independence model	0.170	0.167	0.173	0.000

表 6-6 Amos-抑郁量表四因素测量等值性拟合输出表

	χ^2	df	IFI	TLI	CFI	RMSEA (90% CI)	模型比较	ΔCFI
形态等值(M1)	675.973	312	0.948	0.936	0.947	0.043 [0.039 0.048]		
弱等值(M2)	685.792	328	0.948	0.940	0.948	0.042 [0.037 0.046]	M2 vs. M1	−0.001
强等值（M3）	769.415	348	0.939	0.933	0.939	0.044 [0.040 0.048]	M3 vs. M2	0.009
严格等值(M4)	807.629	376	0.937	0.937	0.937	0.043 [0.039 0.047]	M4 vs. M3	0

（二）测量等值检验的 Mplus 操作

1. 总样本及不同群组的验证性因素分析

（1）总样本的验证性因素分析。

结果表明，CFI、TLI 均>0.90，SRMR、RMSEA 均 <0.08，说明总样本中模型拟合良好，Mplus 中具体的输入语句与输出结果如表6-7 所示。

表 6-7　总样本中的验证性因素分析的 Mplus 输入语句与输出表

Mplus 输入语句：

    TITLE：This is an example of a measurement invariance test for continuous factor indicator；
    DATA：FILE IS D. dat；
    VARIABLE：NAMES ARE x1 y1-y20；
      USEVARIABLES are y1-y20；
    ANALYSIS：ESTIMATOR＝ML；
    MODEL：F1 BY y1-y7；
        F2 by y8-y14；
        F3 by y15-y18；
        F4 by y19-y20；
    OUTPUT：STANDARDIZED；
        MODINDICES；

Mplus 输出结果：

Chi-Square Test of Model Fit

Value	652.393
Degrees of Freedom	164
P-Value	0.0000

RMSEA（Root Mean Square Error of Approximation）

Estimate	0.069
90 Percent C. I.	0.063 0.074
Probability RMSEA ＜＝0.05	0.000

CFI/TLI

CFI	0.929
TLI	0.918

SRMR（Standardized Root Mean Square Residual）

Value	0.039

（2）男性样本的验证性因素分析。

结果表明，CFI、TLI 均>0.90，SRMR、RMSEA 均 <0.08，说明男性样本中模型拟合良好，Mplus 中具体的输入语句与输出结果如表 6-8 所示。

表 6-8　男性样本中的验证性因素分析的 Mplus 输入语句与输出表

Mplus 输入语句：

    TITLE：This is an example of a measurement invariance test for continuous factor indicator；

    DATA：FILE IS male. dat；

    VARIABLE：NAMES ARE x1 y1-y20；

      USEVARIABLES are y1-y20；

    ANALYSIS：ESTIMATOR=ML；

    MODEL：F1 BY y1-y7；

          F2 by y8-y14；

          F3 by y15-y18；

          F4 by y19-y20；

    OUTPUT：STANDARDIZED；

          MODINDICES；

Mplus 输出结果：

  Chi-Square Test of Model Fit

Value	420. 094
Degrees of Freedom	164
P-Value	0. 0000

  RMSEA（Root Mean Square ErrorOf Approximation）

Estimate	0. 070	
90 Percent C. I.	0. 062	0. 079
Probability RMSEA <=0. 05	0. 000	

  CFI/TLI

CFI	0. 926
TLI	0. 914

  SRMR（Standardized Root Mean Square Residual）

Value	0. 042

（3）女性样本的验证性因素分析。

结果表明，CFI、TLI 均>0.90，SRMR、RMSEA 均 <0.08，说明女性样本中模型拟合良好，Mplus 中具体的输入语句与输出结果如表 6-9 所示。

表 6-9　女性样本中的验证性因素分析的 Mplus 输入语句和输出表

Mplus 输入语句：
　　TITLE：This is an example of a measurement invariance test for continuous factor indicator；
　　DATA：FILE IS female. dat；
　　VARIABLE：NAMES ARE x1 y1−y20；
　　　USEVARIABLES are y1−y20；
　　ANALYSIS：ESTIMATOR＝ML；
　　MODEL：F1 BY y1−y7；
　　　　　F2 by y8−y14；
　　　　　F3 by y15−y18；
　　　　　F4 by y19−y20；
　　OUTPUT：STANDARDIZED；
　　　　　MODINDICES；

Mplus 输出结果：
　　Chi-Square Test of Model Fit
　　　　　Value　　　　　　　　　　　　　　　　444. 099
　　　　　Degrees of Freedom　　　　　　　　　164
　　　　　P-Value　　　　　　　　　　　　　　0. 0000
　　RMSEA（Root Mean Square ErrorOf Approximation）
　　　　　Estimate　　　　　　　　　　　　　0. 074
　　　　　90 Percent C. I.　　　　　　　0. 066　　0. 082
　　　　　Probability RMSEA ＜＝0. 05　　　　0. 000
　　CFI/TLI
　　　　　CFI　　　　　　　　　　　　　　　0. 919
　　　　　TLI　　　　　　　　　　　　　　　0. 906
　　SRMR（Standardized Root Mean Square Residual）
　　　　　Value　　　　　　　　　　　　　　0. 046

（4）结果汇总。

使用 Mplus 软件进行验证性因素分析的结果报告可参考表 6-10，由表 6-10 可知，总样本以及两个子样本均满足模型拟合标准（TLI、CFI 均＞0. 90，RMSEA、SRMR 均＜0. 08），说明可基于该模型进行进一步的测量等值性检验。

表 6-10　Mplus-抑郁量表四因素模型验证性因素分析拟合结果

	χ^2	df	TLI	CFI	SRMR	RMSEA（90% CI）
总样本	652. 393	164	0. 918	0. 929	0. 039	0. 069［0. 063 0. 074］
男性	420. 094	164	0. 914	0. 926	0. 042	0. 070［0. 062 0. 079］
女性	444. 099	164	0. 906	0. 919	0. 046	0. 074［0. 066 0. 082］

2. 不同群组的测量等值性分析

（1）形态等值检验。

使用 Mplus 软件进行多组模型比较时，系统默认设定因素负荷和截距等值，因此在形态等值检验时需要把因素负荷和截距等值的默认设定释放，否则将会得到强等值的结果。具体做法为：在 MODEL 语句后单独设定特定组（group-specific），如"MODEL G2"，表示适用于 G2 的 MODEL。也就是说，凡是在"MODEL G2"中出现的语句均表示为组"G2"不同于其他各组而特有的模型设定。Mplus 中默认第一组为参照组，因此无须设立"MODEL G1"。若存在多组，加设"MODEL G3"，以此类推（王孟成，2014）。

形态等值检验结果显示，CFI、TLI 均>0.90，SRMR、RMSEA 均<0.08，说明形态等值模型成立，可进行下一模型的等值性检验，形态等值检验具体的 Mplus 输入语句与输出结果如表 6-11 所示。

表 6-11 形态等值检验的 Mplus 输入语句与输出表

Mplus 输入语句：
    TITLE：This is an example of a measurement invariance test for continuous factor indicator；
    DATA：FILE IS D. dat；
    VARIABLE：Names are group y1-y20；
             Grouping is group（1=G1 2=G2）；
      USEVARIABLES are y1-y20；
    ANALYSIS：ESTIMATOR=ML；
    MODEL：F1 by y1-y7；
          F2 by y8-y14；
          F3 by y15-y18；
          F4 by y19-y20；
    MODEL G2：
          F1 by y2-y7；
          F2 by y9-y14；
          F3 by y16-y18；
          F4 by y20；
          ［y2-y7 y9-y14 y16-y18 y20］；
    OUTPUT：SAMPSTAT stand；

Mplus 输出结果：
Chi-Square Test of Model Fit
    Value   864.192
    Degrees of Freedom   328
    P-Value   0.0000

RMSEA（Root Mean Square Error of Approximation）
    Estimate   0.072
    90 Percent C. I. 0.066   0.078
    Probability RMSEA <=0.05 0.000

CFI/TLI
    CFI   0.922
    TLI   0.910

SRMR（Standardized Root Mean Square Residual）
    Value   0.044

（2）弱等值检验。

弱等值检验结果显示，CFI、TLI 均>0.90，SRMR、RMSEA 均 <0.08，说明弱等值模型成立，可进行下一模型的等值性检验，弱等值检验具体的 Mplus 输入语句与输出结果如表 6-12 所示。

表 6-12　弱等值检验的 Mplus 输入语句与输出表

Mplus 输入语句：

  TITLE：This is an example of a measurement invariance test for continuous factor indicator；

  DATA：FILE IS D. dat；

  VARIABLE：Names are group y1-y20；

     Grouping is group（1=G1 2=G2）；

   USEVARIABLES are y1-y20；

  ANALYSIS：ESTIMATOR=ML；

  MODEL：F1 by y1-y7；

    F2 by y8-y14；

    F3 by y15-y18；

    F4 by y19-y20；

    MODEL G2：

    [y2-y7 y9-y14 y16-y18 y20]；

  OUTPUT：SAMPSTAT stand；

Mplus 输出结果：

Chi-Square Test of Model Fit

   Value   873. 787

   Degrees of Freedom   344

   P-Value   0. 0000

RMSEA（Root Mean Square Error of Approximation）

   Estimate   0. 070

   90 Percent C. I.   0. 064 0. 076

   Probability RMSEA <=0. 05 0. 000

CFI/TLI

   CFI   0. 923

   TLI   0. 915

SRMR（Standardized Root Mean Square Residual）

   Value   0. 047

（3）强等值检验。

强等值检验结果显示，CFI、TLI 均>0.90，SRMR、RMSEA 均 <0.08，说明强等值模型

成立,可进行下一模型的等值性检验,强等值检验具体的 Mplus 输入语句与输出结果如表 6-13 所示。

表 6-13 强等值检验的 Mplus 输入语句与输出表

Mplus 输入语句:

    TITLE：This is an example of a measurement invariance test for continuous factor indicators
    DATA：FILE IS D. dat；
    VARIABLE：Names are group y1-y20；
                Grouping is group（1=G1 2=G2）；
     USEVARIABLES are y1-y20；
    ANALYSIS：ESTIMATOR=ML；
    MODEL：F1 by y1-y7；
          F2 by y8-y14；
          F3 by y15-y18；
          F4 by y19-y20；
    MODEL G2：
    OUTPUT：SAMPSTAT stand；

Mplus 输出结果:

Chi-Square Test of Model Fit

    Value   951. 270
    Degrees of Freedom   360
    P-Value   0. 0000

RMSEA（Root Mean Square Error of Approximation）

    Estimate   0. 072
    90 Percent C. I.   0. 067   0. 078
    Probability RMSEA <=0. 05   0. 000

CFI/TLI

    CFI   0. 914
    TLI   0. 910

SRMR（Standardized Root Mean Square Residual）

    Value   0. 051

（4）严格等值检验。

严格等值检验结果显示,CFI、TLI 均>0. 90,SRMR、RMSEA 均<0. 08,说明严格等值模型成立,严格等值检验具体的 Mplus 输入语句与输出结果如表 6-14 所示。

表 6-14　严格等值检验的 Mplus 输入语句与输出表

Mplus 输入语句：

  TITLE：This is an example of a measurement invariance test for continuous factor indicators

  DATA：FILE IS D. dat；

  VARIABLE：Names are group y1-y20；

       Grouping is group（1＝G1 2＝G2）；

   USEVARIABLES are y1-y20；

  ANALYSIS：ESTIMATOR＝ML；

  MODEL：F1 by y1-y7；

     F2 by y8-y14；

     F3 by y15-y18；

     F4 by y19-y20；

     y1-y20（1-20）；

  OUTPUT：SAMPSTAT stand；

Mplus 输出结果：

  Chi-Square Test of Model Fit

Value	971. 048
Degrees of Freedom	380
P-Value	0. 0000

  RMSEA（Root Mean Square Error of Approximation）

Estimate	0. 070
90 Percent C. I.	0. 065　0. 076
Probability RMSEA ＜＝0. 05	0. 000

  CFI/TLI

CFI	0. 914
TLI	0. 914

  SRMR（Standardized Root Mean Square Residual）

Value	0. 056

（5）结果汇总。

  本例中，4 个参数水平模型的拟合指标均满足标准（CFI、TLI>0. 90，SRMR、RMSEA<0. 08），嵌套模型之间比较所得 ΔCFI 均小于 0. 01，测量等值分析中的形态等值、弱等值、强等值、严格等值均成立，汇总的测量等值性拟合指数如表 6-15 所示。

表 6-15　Mplus-抑郁量表跨性别等值性拟合结果

	χ^2	df	TLI	CFI	SRMR	RMSEA（90% CI）	模型比较	ΔCFI
形态等值(M1)	864. 192	328	0. 910	0. 922	0. 044	0. 072 [0. 066 0. 078]		
弱等值(M2)	873. 787	344	0. 915	0. 923	0. 047	0. 070 [0. 064 0. 076]	M2 vs. M1	−0. 001
强等值(M3)	951. 270	360	0. 910	0. 914	0. 051	0. 072 [0. 067 0. 078]	M3 vs. M2	0. 009
严格等值(M4)	971. 048	380	0. 914	0. 914	0. 056	0. 070 [0. 065 0. 076]	M4 vs. M3	0

第二节 路径分析

一、路径分析的基本原理

路径分析又名通径分析(path analysis)，是由遗传学家休厄尔·赖特于1921年提出的一种分析变量间因果关系的统计方法(Shipley，2000)。路径分析可被用于验证因果假设的合理性，而非被用于发现因果关系。虽然路径分析所建立的路径模型也被称作因果模型(causal modeling)，但模型中的关系只是假设的因果关系，而非真实的因果关系。路径分析的一个优势是可以同时对多个自变量和因变量间的关系进行估计，因此非常适用于检验理论假设。目前，路径分析已成为多元分析的重要方法之一，被广泛应用于心理学、社会学、遗传学、管理学等领域。

现实世界中，变量之间彼此联系、相互影响，存在复杂的关系网络，过往的研究多以简单回归或多元回归与相关分析考察变量间的关系，但存在一定的局限性，简单回归与相关分析不能全面考察变量间的相互关系，使得结果的解释非常局限。多元回归虽然在一定程度上能够消除变量间的混淆，能够真实地反映各自变量与因变量之间的关系，但多元回归分析中的偏回归系数带有单位，使得结果的效应不能直接进行比较。另外，在研究X_1与Y的关系时，需将X_2、$X_3\cdots X_m$等固定在一个水平上，在研究X_2与Y的关系时，需将X_1、$X_3\cdots X_m$等固定在一个水平上，没有考虑因素之间的交互作用(白厚义，2003)。

路径分析基于回归分析，沿用了多元回归分析的假设及参数估计的方法，并对多元回归分析方法进行拓展，能同时对多个因变量进行分析。该方法超越了多元回归分析方法只注重自变量与因变量之间独立作用的局限性，能够更加直观清楚地去解释变量间的相互关系，从而使研究成果更加符合客观实际。现代的路径分析随着不同领域的研究者的研究推进引入了潜变量(latent variable)，并允许变量间具有测量误差。从狭义上来说，传统的路径分析模型中都是观测变量，参数估计的方法基于最小二乘法(ordinary least squares)，而广义的路径分析还包含了结构方程模型(structural equation modeling，SEM)中潜变量关系的分析。目前，广义路径分析的使用范围更加深入广泛(Bill等，2009)，因此本节从广义路径分析的角度进行阐述。

下面将介绍路径分析有关的基本概念如路径图、内生变量与外生变量、递归模型与非递归模型等，有助于了解路径分析的基本原理。

(一) 路径图

路径模型可以借助图形的形式表示变量之间关系的大小和方向，所构建的图形称为路径图(path diagram)。路径图能够直观帮助研究人员厘清变量间关系的路径、结构和变量的层次等，常由图形(矩形和椭圆形)和带箭头的线段(单箭头和双箭头)以及模型参数组成。

潜变量(latent variable)或称隐变量，是指无法被直接测量的、潜在的变量，与之对应的是显变量(manifest variable),指可以被直接观测的变量,也称作观测变量(observed variable)。在路径图中,潜变量一般写在椭圆框(⬭)中,显变量一般写在矩形框(▭)中。

变量之间常用带箭头的线段相连接。箭头的指向可以表示为一种因果关系发生的方向,表示变量间预先设定的关联。若两个变量之间以单箭头直线条(——►)相连,表示预设的一个变量(箭头起始端)对另一个变量(箭头末端)的直接影响,二者间可能有因果关系;若两个变量之间以曲线双箭头(⌒)相连,表示预设的两个变量之间存在可能未知因果关系,也可能表示两个变量之间存在相关关系。

此外,单箭头指向椭圆形则表示潜变量的残差(或称剩余误差),单箭头指向矩形则表示测量误差。

(二)内生变量和外生变量

在路径图中的变量无论是潜变量还是显变量都可分为内生变量(endogenous variable)和外生变量(exogenous variable)。

内生变量是指受模型内变量所影响的变量,在模型中会受到至少一个其他变量的影响,在路径图中体现为至少有一个其他变量通过单箭头指向它,它也可以指向模型中的其他变量,在模型中既可作为因又可作为果。内生变量除受到模型中的其他变量影响外也可能有一部分是由模型外的影响因素决定的,这部分为残差项,通常用 e 表示。

外生变量是指不受模型内变量所影响,但在模型中影响其他变量的变量,在路径图中体现为至少有一个单箭头指向其他变量,而其他变量不能指向它,在一个预设的因果模型当中,外生变量常被看作自变量。

(三)中介变量和调节变量

中介变量(mediate variable)既是原因变量,又是结果变量。指向中介变量的变量称为它的前置变量,中介变量指向的变量称为它的后置变量。若自变量 X 不仅仅对因变量 Y 起直接作用,而可以通过影响变量 M_1 来影响 Y,则称 M_1 为中介变量(温忠麟等,2004)。

调节变量(moderate variable):如果变量 Y 与变量 X 的关系是变量 M_2 的函数,则称 M_2 为调节变量,该种变量能够影响 Y 与 X 的关系。调节变量可以作为一种条件去探究变量 X 如何影响 Y 或何时影响较大(James 等,1984)。

(四)饱和模型与非饱和模型

饱和模型(saturated model)是指模型中所有变量间都由单向路径或者表示相关的双箭头弧线所连接,也就是假设所有变量间都是有关系的,这种模型能够完全"拟合"数据。

非饱和模型(unsaturated model)是指饱和模型中删除若干未达统计学显著性水平的路径后得到的新模型,即模型内不是所有变量之间都有关系。实际研究中,因为不是所有变量间都存在相互关系,因此大部分路径模型是非饱和模型,其中以非饱和递归模型居多。

(五)递归模型与非递归模型

根据模型中变量之间的关系,可将路径模型分为两种,递归模型和非递归模型。递归模型(recursive model)中所有路径方向都是单向的,没有循环;非递归模型(non-recursive model）中的路径存在直接或间接的反馈或误差相关。根据反馈回路可将非递归模型分为间接反馈回路和直接反馈回路，具体如图6-14所示。

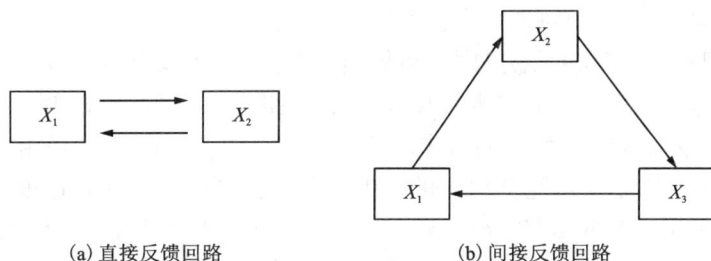

(a) 直接反馈回路　　　　　　　　(b) 间接反馈回路

图6-14　非递归模型的两种类型

二、路径分析的基本步骤

路径分析主要包括以下4个步骤：构建理论模型、识别假设模型、参数估计与效应分解、评价路径模型。

(一) 构建理论模型

研究者应根据前人研究和专业背景来选择变量和建立因果关系，以此构建一个理论的路径模型。这个初始的路径模型中应包含各种可能的路径，并借助路径图的形式表达假设的因果关系。

路径模型的构建必须建立在一定的理论基础之上，因为一些先验信息和定义准确的理论概念对于路径分析非常重要。如果忽略理论背景，即使采用路径分析得到一个统计学上拟合良好的模型，它也可能只是"空中楼阁"，并无实际用处。因为该模型有可能在逻辑上不存在有意义的因果关系，无法解释现实问题。从严格意义上来说，路径分析是一项证实性技术，而非探索性技术，作为研究重点的因果联系必须有足够的理论根据。

(二) 识别假设模型

该步骤对假设的因果模型进行检验，首先对模型的设定进行检验与识别，若忽略这一步，则可能会使理论模型无法进行估计。这一步中要计算用以产生共变结构的观测值数目，称为测量数据点（the numbers of data points，DP）。测量数据点与样本测量变量共变量矩阵当中的协方差与方差数有关，公式如下：

$$DP = (p+q)(p+q+1)/2$$

$p+q$为测量变量的个数，p为外源测量变量的个数，q为内生测量变量的个数。举个例子，假设有10个测量变量，总计可以产生10个方差和$C_{10}^2 = 45$个协方差，合计为55个测量数据点，DP=55。

识别路径模型即判断路径模型中的参数能否被估计，包括了不可识别和可识别（恰好识别、过度识别）等情况，具体如下：

不可识别模型是指当前的信息不足以得到模型的确定解，因而无法识别。

可识别的模型必须满足两个基本条件：①测量数据点的数目不少于自由参数的数目（即自由度大于等于0）；②每个潜变量都要建立特定的测量尺度。一般有两种方法建立潜变量的测量尺度：一种是将潜变量的方差设定为1，即潜变量标准化；另一种是将潜变量的观测标识中任何一个因素负载 λ 设定为1。

恰好识别模型是指当前的信息刚好能够提供确定解，在该模型中每个参数都能求得唯一解。任何一个饱和递归模型都是恰好识别的，其路径系数的个数和相关系数的个数相等，知道样本的相关系数后，我们便可求解路径系数，二者之间可以互相转化。饱和的递归模型不需要检验，该模型是完全拟合的，在研究中，常常检验的是过度识别的模型，即从饱和递归模型中删去某些路径，饱和模型通常作为评价过度识别模型的起点或基准，通过过度识别模型中对相关系数的估计与饱和模型估计的相关系数进行比较分析，从而对过度识别模型进行检验。

过度识别模型是指仅需要较少的信息便可以得出模型参数的唯一解，是对参数（路径系数）强加某些限制而产生的模型，通常在研究中我们要进行检验的是过度识别模型。任何一个非饱和模型通常都是过度识别的模型，非饱和模型是在饱和的递归模型中删去了某些路径形成的。在实际研究中，从模型中删除哪条路径往往要参考路径系数的统计显著性，对于那些统计不显著的路径，可以考虑将其删除。饱和模型通常作为评价过度识别模型的起点或基准，通过过度识别模型中对相关系数的估计与饱和模型估计的相关系数进行比较分析，从而对过度识别模型进行检验。需要再次强调的是，饱和的因果模型必须建立在一定的理论基础上，如根据变量间的逻辑关系、时间关系来设置起因变量和结果变量。如果饱和模型不符合逻辑关系，也可采用非饱和模型作为模型检验的起点，但前提是非饱和模型和我们所关注的模型都应具有包含或称嵌套关系。

对于不可识别模型（如部分非递归模型），则无法估计参数，需要对模型进行修正以使所定义的模型变得可识别，也可以通过对不可识别模型加一些限定条件使得模型变得可识别。一般可以通过以下操作来实现：①增加外生变量。在理论假设合理的前提下，通过增加解释变量的数量能使模型变得可识别。②设置工具变量。设置路径系数为0的外生变量，使感兴趣的内生变量所在的模型能够识别。

（三）参数估计与效应分解

该步骤对模型中的参数加以估计以及对变量间的关系进行分解。

可识别的模型可以通过参数估计来求解，极大似然法是路径模型用来进行参数估计最常用的方法，对于递归模型和非递归模型都适用。除了极大似然法，递归模型还可以通过线性代数求解方程的方法和最小二乘法进行回归分析求解参数值。但对于非递归模型，则不能用普通最小二乘法求解，因为最小二乘法所要求的误差与误差间、误差与变量间相互独立的条件不能满足。非递归模型经常使用未加权最小二乘法、两阶段最小二乘法、广义最小二乘法和极大似然法来进行参数估计。

参数估计即计算出路径模型中的路径系数（path coefficient）。路径系数可以理解为多元回归中的回归系数，既可以采用非标准化的回归系数，也可以采用标准化的回归系数。后者能使路径分析的解释更加简明。如果模型中只存在唯一因变量，那么可以通过最小二乘法分别估计单独的回归方程来计算路径系数。但当因变量多于一个时，普通最小二乘法将不再适用（MacKinnon，2008；王孟成，2014）。目前的结构方程分析软件常用极大似然法进行参数估计（邱皓政，2009）。

参数估计完成后，对变量间的关系进行分解，即效应分解。具体来说，计算得到的变量间的相关系数包含了不同效应，即因果效应与非因果效应。其中，因果效应包括了直接效应（direct effect）和间接效应（indirect effect），非因果效应包含了虚假相关（spurious correlation）和未分解效应（undecomposed effect）。通过效应分解得到的变量之间的作用关系能够更加细致全面地去探讨变量间的关系。

直接效应是指从自变量到因变量的因果效应，中间不经过第三个变量；间接效应是指自变量通过第三个变量对因变量产生的效应。举个例子，若模型中只存在单个中介变量，间接效应等于自变量到中介变量与中介变量到因变量两个路径系数之积。虚假相关是指两个变量之间实际上不存在相关，但由于第三个变量与两个变量之间都存在联系，第三个变量的变化能引起两个变量共同变化。两个变量之间存在着相关关系，但是在模型内又找不到共同的前置变量，则称这两个变量间存在着未分解效应。

（四）评价路径模型

在获得了参数估计后需要对模型的整体拟合效果以及参数估计的合理性、显著性进行评价，在经过理论假设、统计检验之后不断对模型进行修正，以得到与实际数据拟合效果最优的模型。

对模型整体拟合效果评价的指标主要是拟合指数。卡方值（χ^2）是反映模型与数据拟合程度最直接的指数，χ^2 值越大，模型与数据拟合效果越不好。但 χ^2 值容易受样本含量 N 的影响，即在 N 较大时，χ^2 值也很大，N 较小时，χ^2 值则很小。为了弥补 χ^2 值的局限性，许多学者先后提出了几十个拟合指数，常用的有：比较拟合指数（comparative fit index，CFI）、Tucker-Lewis 指数（TLI）、近似误差均方根（root mean square of approximate error，RMSEA）、赤池信息量准则（Akaike information criterion，AIC）、期望交叉验证指数（expected cross-validation index，ECVI）等。这些模型拟合指数是进行模型检验与修正的重要参考依据，但是不能采用单一指数来完全确定理论模型是否拟合成功。

即便是理论模型整体拟合效果很好，也不能保证各路径的路径系数都具有统计学意义，因此应该对每个参数的统计学意义进行检验，当某个参数的检验结果不具有统计学意义时，意味着该路径在统计学上不能很好地拟合数据，将该参数设为自由参数是不恰当的，应将该条路径的参数固定为0，并重新对模型进行拟合和评价。如果多个路径系数同时不显著，则首先删除最不显著的路径然后继续进行计算，根据下一步的结果再决定是否需要删除其他路径。如果拟合结果不符合专业知识，则需要考虑假设模型的理论框架是否存在较大问题，从而进一步修正。但是，统计检验不显著并不是删除路径的唯一依据，还应仔细考虑其他原因，如是否存在多重共线性的影响，或是其他路径假设不合理导致该路径不显著，对于路径的删除以及整个模型的修正还需要从理论与实践的角度综合加以考虑。

修正模型时，适当改变模型中某些变量之间的关系，比如删除路径或者改变路径的方向等，然后对修正后的模型再次进行评价。修正前的模型称为基准模型，修正后的模型称为检验模型（也称备选模型），比较两个模型的拟合效果何者更优常用的方法是计算两个模型拟合优度的卡方值的差值以及自由度的差值得到新的卡方统计量和自由度，如果差值显著，则可比较出两者中的最优模型。另外，还可比较两个模型的 AIC 和 ECVI 值，取值越小说明拟合越好。

研究者通过不断地简化和改进，结合理论假设和实践证据等各方面因素，最终得到一个既符合专业知识，又与实际数据吻合且简洁的路径模型，并根据最终得到的路径模型与参数对实际问题进行分析和解释。

三、路径分析实践操作

接下来，将介绍一个使用路径分析方法考察变量间关系的案例，本示范数据来自徐婉等（2021）发表的《大学生不安全依恋和完美主义在家庭环境与强迫型人格关系中的效应》。以往研究提示，不良的家庭环境可导致个体出现不安全依恋与消极完美主义，进而共同导致强迫型人格障碍的形成。因此徐婉等以大学生为目标人群，筛选出具有强迫型人格障碍倾向的个体，全面分析家庭环境、依恋方式、完美主义与强迫型人格之间的关系，构建家庭环境（FES）、消极完美主义（NP）、不安全依恋（IA）与强迫型人格（OCPD）这四者之间的结构模型，其中家庭环境、消极完美主义和不安全依恋是潜变量，强迫型人格是显变量，四个变量均为连续变量。

（一）路径分析的 Amos 操作

本次案例使用 Amos 26.0 进行路径分析，Amos 能够在操作界面上直接建立路径图。本例初始模型见图 6-15。

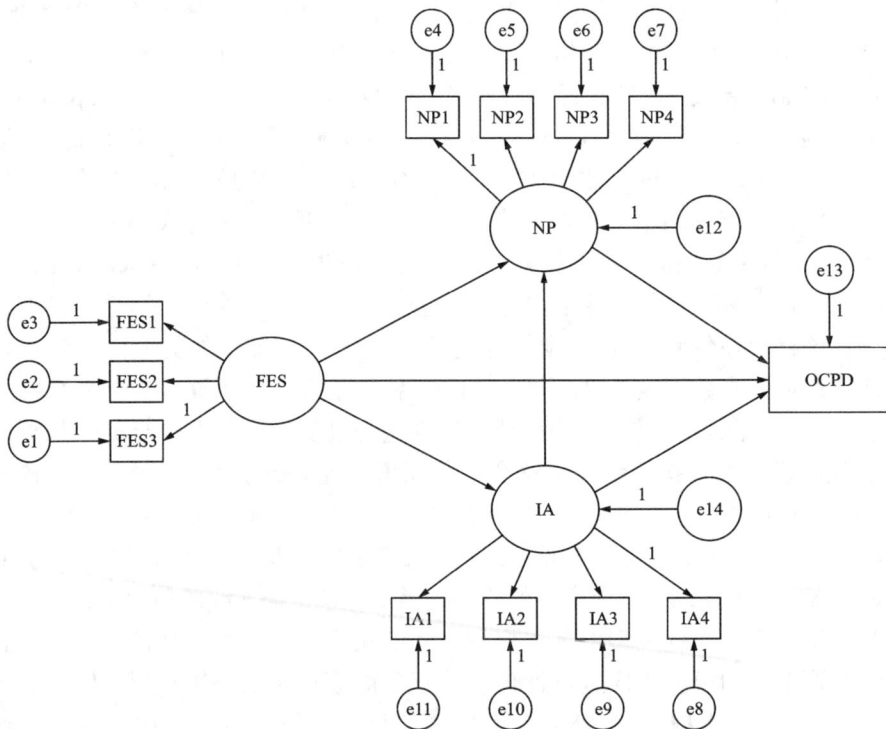

图 6-15　Amos-初始模型图

设置好路径后在"Analysis properties"部分设置好参数估计的方法(图 6-16)。

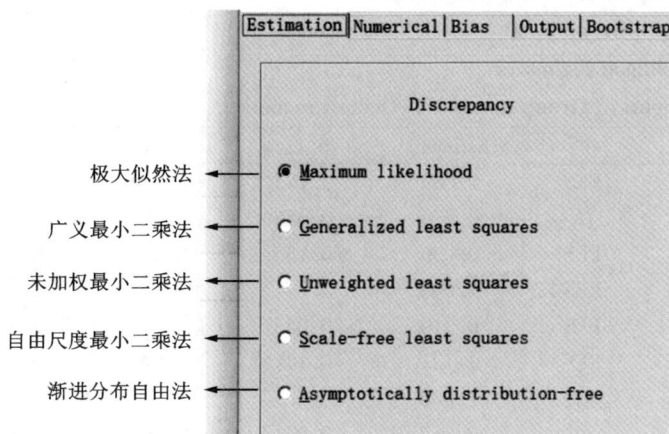

<table>
<tr><td>极大似然法</td><td>→</td><td>Maximum likelihood</td></tr>
<tr><td>广义最小二乘法</td><td>→</td><td>Generalized least squares</td></tr>
<tr><td>未加权最小二乘法</td><td>→</td><td>Unweighted least squares</td></tr>
<tr><td>自由尺度最小二乘法</td><td>→</td><td>Scale-free least squares</td></tr>
<tr><td>渐进分布自由法</td><td>→</td><td>Asymptotically distribution-free</td></tr>
</table>

图 6-16　Amos-设置参数估计方法

点击"Calculate estimates"软件自动运算。运算后点击"View text"查看运算结果。

根据模型的记录显示(表 6-16),模型的测量数据数为 78 个,有 29 个待估参数,自由度为 49,χ^2 值为 203.322。

表 6-16　Amos-模型概要

Notes for Model(**Default model**)

Computation of degrees of freedom(**Default model**)

Number of distinct sample moments:	78
Number of distinct parameters to be estimated:	29
Degrees of freedom (78−29):	49

Result(**Default model**)

Minimum was achieved

Chi-square = 203.322

Degrees of freedom = 49

Probability level = 0.000

在 Estimates 部分(表 6-17),可以直观查看每条路径的标准化回归系数,发现 FES→NP 和 FES→OCPD 两条路径的结构参数没有达到显著性,其标准化回归系数分别为 0.011 和 0.032,表示 FES 对 NP 和 OCPD 无直接影响,在后续的修正模型中可以考虑删除两条路径以简化模型。Squared Multiple Correlations(SMC)的估计结果显示,三个内生变量(NP、IA、OCPD)被外生变量(FES)解释的比例分别为 0.127、0.463 和 0.297。

表 6-17 Amos-模型估计输出表

Estimates（Group number 1-Default model）

Scalar Estimates（Group number 1-Default model）

Maximum Likelihood Estimates

Regression Weights：（Group number 1-Default model）

			Estimate	S. E.	C. R.	P	Label
IA	<---	FES	1.089	0.175	6.214	* * *	x4
NP	<---	IA	0.729	0.056	13.021	* * *	x6
NP	<---	FES	0.036	0.156	0.232	0.816	par_13
FES3	<---	FES	1.000				
FES2	<---	FES	0.310	0.048	6.406	* * *	par_5
FES1	<---	FES	1.121	0.141	7.940	* * *	par_6
NP1	<---	NP	1.000				
NP2	<---	NP	0.367	0.021	17.281	* * *	par_7
NP3	<---	NP	0.342	0.024	14.299	* * *	par_8
NP4	<---	NP	0.230	0.027	8.570	* * *	par_9
IA4	<---	IA	1.000				
IA3	<---	IA	0.917	0.041	22.190	* * *	par_10
IA2	<---	IA	0.667	0.049	13.652	* * *	par_11
IA1	<---	IA	0.872	0.047	18.742	* * *	par_12
OCPD	<---	NP	0.155	0.024	6.443	* * *	x2
OCPD	<---	IA	0.065	0.026	2.495	0.013	x5
OCPD	<---	FES	0.039	0.057	0.684	0.494	par_14

Standardized Regression Weights：（Group number 1-Default model）

			Estimate
IA	<---	FES	0.357
NP	<---	IA	0.677
NP	<---	FES	0.011
FES3	<---	FES	0.688
FES2	<---	FES	0.314
FES1	<---	FES	0.843
NP1	<---	NP	0.890
NP2	<---	NP	0.726
NP3	<---	NP	0.612
NP4	<---	NP	0.378
IA4	<---	IA	0.813
IA3	<---	IA	0.858
IA2	<---	IA	0.593
IA1	<---	IA	0.762
OCPD	<---	NP	0.412
OCPD	<---	IA	0.160
OCPD	<---	FES	0.032

	Estimate
IA	0.127
NP	0.463
OCPD	0.297
IA1	0.580
IA2	0.352
IA3	0.737
IA4	0.661
NP4	0.143
NP3	0.375
NP2	0.527
NP1	0.792
FES1	0.711
FES2	0.099
FES3	0.473

Model Fit 结果显示(表 6-18)CMIN/df=4.149, $p<0.001$, TLI、CFI、GFI、NFI 均大于 0.90, RMSEA=0.076, 整体而言, 本例模型拟合在可接受范围。

表 6-18　Amos-模型拟合输出表

Model Fit Summary

CMIN

Model	NPAR	CMIN	DF	P	CMIN/DF
Default model	29	203.322	49	0.000	4.149
Saturated model	78	0.000	0		
Independence model	12	2401.982	66	0.000	36.394

RMR, GFI

Model	RMR	GFI	AGFI	PGFI
Default model	0.795	0.944	0.911	0.593
Saturated model	0.000	1.000		
Independence model	6.154	0.447	0.346	0.378

Baseline Comparisons

Model	NFI Delta1	RFI rho1	IFI Delta2	TLI rho2	CFI
Default model	0.915	0.886	0.934	0.911	0.934
Saturated model	1.000		1.000		1.000
Independence model	0.000	0.000	0.000	0.000	0.000

Parsimony-Adjusted Measures

Model	PRATIO	PNFI	PCFI
Default model	0.742	0.680	0.693
Saturated model	0.000	0.000	0.000
Independence model	1.000	0.000	0.000

NCP

Model	NCP	LO 90	HI 90
Default model	154.322	114.052	202.151
Saturated model	0.000	0.000	0.000
Independence model	2335.982	2179.477	2499.824

续表 6-18

FMIN

Model	FMIN	F0	LO 90	HI 90
Default model	0.373	0.283	0.209	0.371
Saturated model	0.000	0.000	0.000	0.000
Independence model	4.407	4.286	3.999	4.587

RMSEA

Model	RMSEA	LO 90	HI 90	PCLOSE
Default model	0.076	0.065	0.087	0.000
Independence model	0.255	0.246	0.264	0.000

在 Amos 中计算每条路径的路径系数后还需要计算路径模型中标准化的总体效应、直接效应以及间接效应值，运行后的路径模型可在操作界面直接呈现（图 6-17），而标准化的总效应以及间接效应需要使用者自己设定语句使得 Amos 能够运算。

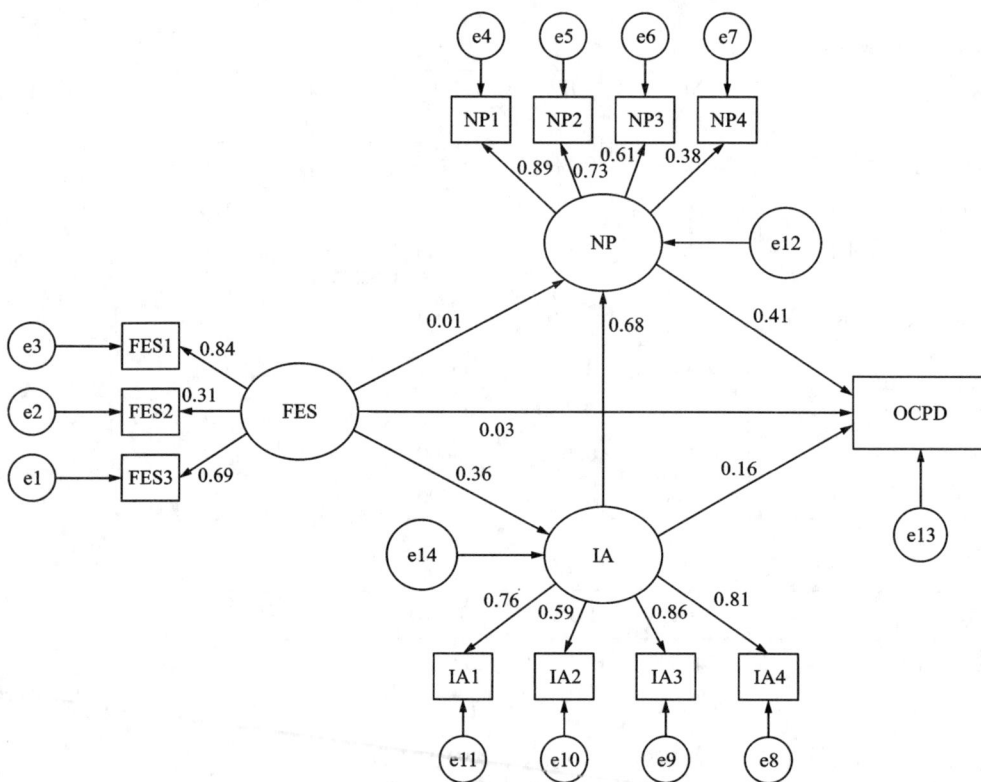

图 6-17　Amos-运行后的路径模型

如何使 Amos 运算出标准化的总效应以及间接效应呢？具体而言，可在 Amos 中先将每条路径进行命名(图 6-18)，然后在 Amos 操作主界面底部用右键点击"Not estimating any user-defined estimand"这一栏，选择"Define new estimands"进行标准化间接效应和总效应的设定，具体设定语句及对应意义见图 6-18。

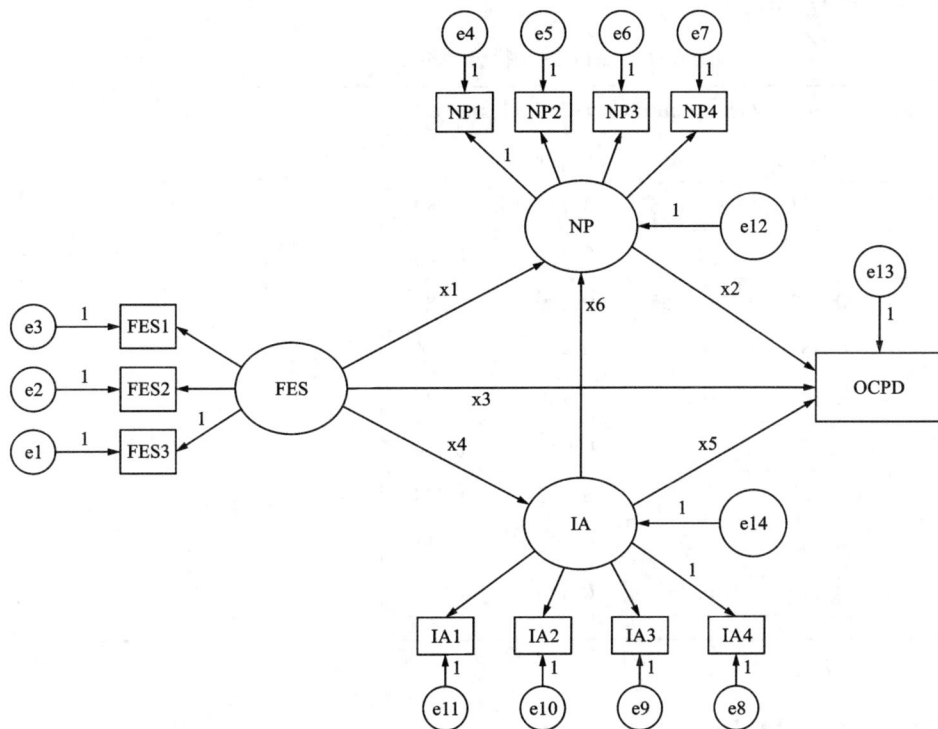

Stdx1 = e. StandardizedDirectEffect(NP, FES)

Stdx2 = e. StandardizedDirectEffect(OCPD, NP)

Stdx3 = e. StandardizedDirectEffect(OCPD, FES)

Stdx4 = e. StandardizedDirectEffect(IA, FES)

Stdx5 = e. StandardizedDirectEffect(OCPD, IA)

Stdx6 = e. StandardizedDirectEffect(NP, IA)

StdIndA1 = Stdx1 * Stdx2

StdIndA2 = Stdx4 * Stdx5

StdIndA3 = Stdx4 * Stdx6 * Stdx2

图 6-18　Amos-标准化间接效应和总效应的设定

设定后点击"Calculate estimates"，在结果部分即可查看效应分解的结果，在"Estimates"中点击"Scalars"再点击"User-defined estimands"，下面的"Estimates/Bootstrap"则会显示结果，再点击"Bias-corrected percentile method"查看偏差校正后的效应值和 95% 置信区间和 p 值。

图 6-17 与表 6-19 表明，FES→OCPD 直接效应在统计上未达到显著性水平，FES→NP→OCPD 的间接效应也不显著。FES→IA→OCPD 的标准化间接效应值为 0.057，置信区间为[0.012，0.113]，上下限不包括 0，中介效应显著。FES→IA→NP→OCPD 的标准化间接效应值为 0.100，置信区间为[0.063，0.153]，不包括 0，链式中介效应显著，即模型中通过两种间接效应对 OCPD 产生影响，即 FES 既通过 IA 来影响 OCPD，又通过 IA 与 NP 的链式中介效果来影响 OCPD。

表 6-19　Amos-路径分析输出表

User-definedestimands：（Group number 1-Default model）

Parameter	Estimate	Lower	Upper	P
Stdx1	0.011	−0.095	0.114	0.852
Stdx2	0.412	0.284	0.540	0.000
Stdx3	0.032	−0.055	0.129	0.481
Stdx4	0.357	0.265	0.443	0.000
Stdx5	0.160	0.026	0.290	0.021
Stdx6	0.677	0.589	0.751	0.000
StdIndA1	0.005	−0.038	0.052	0.844
StdIndA2	0.057	0.012	0.113	0.015
StdIndA3	0.100	0.063	0.153	0.000

（二）路径分析的 Mplus 操作

本次操作采用 Mplus 8.3 对图 6-17 的路径模型进行路径分析。

在 Mplus 中进行路径分析前，需要将数据格式转化为 .dat 格式的文件，只有该格式的文件才能被 Mplus 识别。若使用的数据管理软件无法转格式，可下载 N2Mplus 进行转档。根据 Mplus 语法进行指令的设定后保存文档，保存好后点击命令栏上的 RUN 键，软件即自动运算，本例中进行参数估计的语句如表 6-20 所示。

表 6-20　Mplus-路径分析的参数估计语句

```
TITLE：path analysis
DATA：FILE is FILE01. dat；
VARIABLE：
    NAMES=FES1 FES2 FES3 NP1 NP2 NP3 NP4 IA1 IA2 IA3 IA4 OCPD；
    USEVARIABLES=FES1 FES2 FES3 NP1 NP2 NP3 NP4 IA1 IA2 IA3 IA4 OCPD；
ANALYSIS：
    TYPE=GENERAL；
    ESTIMATOR=ML；
    BOOTSTRAP=5000；
```

续表 6-20

```
MODEL：
        FES BY FES1 FES2 FES3；
        NP BY NP1 NP2 NP3 NP4；
        IA BY IA1 IA2 IA3 IA4；
        OCPD ON FES；
        OCPD ON NP；
        OCPD ON IA；
        NP ON FES；
        IA ON FES；
        NP ON IA；
        model indirect：OCPD IND FES；
OUTPUT：
        STAND CINT(bcbootstrap)；
```

在 MODEL 定义部分，使用 BY 指令定义模型中的测量模型部分，即显变量 FES1、FES2 和 FES3 用于测量潜变量家庭环境(FES)，显变量 NP1、NP2、NP3 和 NP4 用于测量潜变量消极完美主义(NP)，显变量 IA1、IA2、IA3 和 IA4 用于测量潜变量不安全依恋(IA)，OCPD 是显变量不需要定义，表示大学生在强迫型人格障碍上的得分；使用 ON 指令定义模型中结构模型部分，定义假设的因果关系，ON 前的变量是原因变量，ON 后的变量是结果变量。

当输入的语句指令是正确的时，则会出现 INPUT READING TERMINATED NORMALLY，下面介绍模型拟合结果和模型标准化估计结果(表 6-21 和表 6-22)。

表 6-21　Mplus-模型拟合输出表

MODEL FIT INFORMATION	
Number of Free Parameters	41
Loglikelihood	
H0 Value	−15820.199
H1 Value	−15718.352
Information Criteria	
Akaike（AIC）	31722.398
Bayesian（BIC）	31898.806
Sample-Size Adjusted BIC	31768.655
（n* =（n+2）/24）	
Chi-Square Test of Model Fit	
Value	203.695
Degrees of Freedom	49
P-Value	0.0000
RMSEA（Root Mean Square Error of Approximation）	
Estimate	0.076
90 Percent C.I.	0.065　0.087
Probability RMSEA <=0.05	0.000
CFI/TLI	
CFI	0.934
TLI	0.911

续表 6-21

Chi-Square Test of Model Fit for the Baseline Model	
Value	2406. 389
Degrees of Freedom	66
P-Value	0. 0000
SRMR (Standardized Root Mean Square Residual)	
Value	0. 054

从拟合结果部分可以看出，χ^2 为 203. 695，df 为 49，CFI、TLI 值分别为 0. 934、0. 911，RMSEA 值为 0. 076，模型拟合良好。

在 MODEL RESULTS 部分，Mplus 为使用者提供了非标准化和标准化的参数估计的结果。本书呈现了 STANDARDIZED MODEL RESULTS 的结果，该部分的结果涵盖了测量模型中的因素载荷、结构模型中的标准化回归系数的估计值、标准误、估计值与标准误的比值以及统计显著性检验结果。

表 6-22　Mplus-模型标准化输出表

STANDARDIZED MODEL RESULTS
STDYX Standardization

		Estimate	S. E.	Est. /S. E.	Two-Tailed P-Value
FES	BY				
	FES1	0. 843	0. 057	14. 729	0. 000
	FES2	0. 314	0. 054	5. 861	0. 000
	FES3	0. 688	0. 056	12. 278	0. 000
NP	BY				
	NP1	0. 890	0. 024	37. 363	0. 000
	NP2	0. 726	0. 034	21. 614	0. 000
	NP3	0. 612	0. 035	17. 300	0. 000
	NP4	0. 378	0. 053	7. 143	0. 000
IA	BY				
	IA1	0. 762	0. 026	29. 256	0. 000
	IA2	0. 593	0. 038	15. 701	0. 000
	IA3	0. 858	0. 020	43. 645	0. 000
	IA4	0. 813	0. 022	37. 420	0. 000
NP	ON				
	FES	0. 011	0. 053	0. 207	0. 836
	IA	0. 677	0. 041	16. 352	0. 000
IA	ON				
	FES	0. 357	0. 045	7. 964	0. 000
OCPD	ON				
	FES	0. 032	0. 046	0. 679	0. 497
	NP	0. 412	0. 066	6. 235	0. 000
	IA	0. 160	0. 068	2. 345	0. 019

从上述结果中可以看到 FES→NP 和 FES→OCPD 两条路径的路径系数分别为 0.011（$p=0.836$）和 0.032（$p=0.497$），两条路径均不显著，因此在进行模型修正的时候可以考虑将这两条路径删去。注意，删除路径不可一次性全部删除，每次只能删除一条路径。修正后的模型拟合和模型参数估计结果如表 6-23 所示。

表 6-23　Mplus-修正后的模型拟合和模型参数估计输出表

MODEL FIT INFORMATION				
Number of Free Parameters		39		
Loglikelihood				
H0 Value		−15820.473		
H1 Value		−15718.352		
Information Criteria				
Akaike（AIC）		31718.946		
Bayesian（BIC）		31886.748		
Sample-Size Adjusted BIC		31762.946		
（$n^* = (n+2)/24$）				
Chi-Square Test of Model Fit				
Value		204.242		
Degrees of Freedom		51		
P-Value		0.0000		
RMSEA（Root Mean Square ErrorOf Approximation）				
Estimate		0.074		
90 Percent C.I.		0.064　0.085		
Probability RMSEA <=0.05		0.000		
CFI/TLI				
CFI		0.935		
TLI		0.915		
Chi-Square Test of Model Fit for the Baseline Model				
Value		2406.389		
Degrees of Freedom		66		
P-Value		0.0000		
SRMR（Standardized Root Mean Square Residual）				
Value		0.054		
STDYX Standardization				
	Estimate	S.E.	Est./S.E.	Two-Tailed P-Value
FES　　BY				
FES1	0.847	0.056	15.006	0.000
FES2	0.312	0.053	5.875	0.000
FES3	0.685	0.055	12.400	0.000
NP　　BY				
NP1	0.890	0.024	37.840	0.000
NP2	0.726	0.033	21.704	0.000
NP3	0.612	0.035	17.360	0.000
NP4	0.378	0.052	7.212	0.000

续表 6-23

IA	BY				
	IA1	0.762	0.026	29.323	0.000
	IA2	0.594	0.038	15.792	0.000
	IA3	0.858	0.020	43.486	0.000
	IA4	0.812	0.022	37.069	0.000
IA	ON				
	FES	0.359	0.044	8.125	0.000
NP	ON				
	IA	0.681	0.036	19.039	0.000
OCPD	ON				
	NP	0.411	0.066	6.218	0.000
	IA	0.173	0.067	2.585	0.010

从拟合结果部分来看，修正后的模型 $X^2 = 204.242$，$df = 51$，$\Delta X^2/df = 0.152$，$\Delta CFI = 0.001$，$\Delta TLI = 0.004$，$\Delta RMSEA = 0.002$，$\Delta AIC = 3.452$。修正的模型与基准模型相比，拟合更优，可替换原先的假设模型。

Mplus 除了为使用者提供模型拟合和参数估计的结果，还呈现了效应分解的标准化结果以及每条路径间接效应的 95% 置信区间，详见表 6-24。

表 6-24　Mplus-效应分解的标准化结果和路径间接效应的 95% 置信区间输出表

STDYX Standardization	Estimate	S.E.	Est./S.E.	Two-Tailed P-Value
Effects from FES to OCPD				
Total	0.168	0.029	5.727	0.000
Total indirect	0.168	0.029	5.727	0.000
Specific indirect 1				
3　OCPD3.　NP				
FES	0.006	0.023	0.243	0.808
Specific indirect 2				
OCPD				
IA				
FES	0.062	0.026	2.389	0.017
Specific indirect 3				
OCPD				
NP				
IA				
FES	0.100	0.022	4.529	0.000

CONFIDENCE INTERVALS OF STANDARDIZED TOTAL, TOTAL INDIRECT, SPECIFIC INDIRECT, AND DIRECT EFFECTS

STDYX Standardization

	Lower 0.5%	Lower 2.5%	Lower 5%	Estimate	Upper 5%	Upper 2.5%	Upper 0.5%

续表 6-24

Effects from FES to OCPD							
Total	0.088	0.108	0.119	0.167	0.215	0.224	0.241
Total indirect	0.088	0.108	0.119	0.167	0.215	0.224	0.241
Specific indirect 1							
OCPD							
NP							
FES	−0.048	−0.035	−0.029	0.006	0.046	0.055	0.072
Specific indirect 2							
OCPD							
IA							
FES	0.002	0.017	0.023	0.062	0.110	0.120	0.140
Specific indirect 3							
OCPD							
NP							
IA							
FES	0.054	0.064	0.069	0.100	0.143	0.151	0.170

通过以上结果，可以清楚地看到每条路径的标准化间接效应。家庭环境→消极完美主义→强迫型人格该条路径的标准化间接效应值为 0.006，消极完美主义在家庭环境与强迫型人格中的中介效应值的 95% 置信区间包括 0，中介效应不显著。家庭环境→不安全依恋→强迫型人格的标准化间接效应值为 0.062，不安全依恋在家庭环境与强迫型人格中的中介效应值的 95% 置信区间不包括 0，中介效应显著。家庭环境→不安全依恋→消极完美主义→强迫型人格的标准化间接效应值为 0.100，不安全依恋与消极完美主义在家庭环境与强迫型人格中的中介效应值的 95% 置信区间不包括 0，链式中介效应显著。

总之，通过借助 Mplus 工具对家庭环境、消极完美主义、不安全依恋、强迫型人格四个变量的关系进行考察，获得了一个最优的路径模型，最后再根据最优的路径模型分析和解释实际问题。

（蚁金瑶　彭婉蓉　刘朝霞　郑凯莉）

第七章　脑影像学研究方法

　　脑影像学技术的发展为探究心理现象的神经加工机制提供了新的研究手段，本章将介绍几种常用的非侵入性脑影像学工具，包括正电子发射断层扫描、功能磁共振成像、事件相关电位、脑磁图以及光学脑成像。

第一节　脑影像学研究方法概述

　　理解大脑的工作原理是人类面临的最有吸引力也最具挑战的科学难题之一，但对脑的认知离不开可应用于脑科学研究的各种脑活动检测技术的发展。神经影像学（neural imaging），也被称为脑影像学，就是旨在将个体行为变化与大脑生理改变联系起来的研究大脑工作机制的方法总和。由于脑神经活动表现为明显的三维动态特性，因此脑活动检测技术通常应用影像学方法在二维与三维空间生成图像，并结合时间变化的信息来表征大脑活动的动力学特点与其功能意义。

　　自 21 世纪下半叶以来，脑成像领域的发展越来越快，新的技术层出不穷。这些脑成像技术的出现允许在个体生理状态下，无创地研究人脑的形态结构和功能活动，准确、直观地观察脑功能活动的部位和范围，并全面定位大脑皮质的各功能区，不仅可从整体水平上研究脑的功能和形态变化，也使在活体进行分子神经生物学和神经受体研究成为可能。采用这些技术后，同一个体可进行多次重复实验，纵向观察脑功能变化，也可在疾病早期准确地定位脑功能性病灶的部位并探讨其对功能的影响，因此对于脑科学的发展具有巨大的推动作用。

　　总的来说，功能性脑成像技术可分为侵入性和非侵入性两类。侵入性成像技术通常用于采集单个神经元的电位信号，往往需要借助外科手术完成，如对实验性动物植入微电极或在神经外科手术中将电极置于病人的大脑表面，具体包括利用微电极进行细胞外记录的局部场电位阵列（local field potential，LFP）、皮层脑电图（electrocorticography，ECoG），利用电压敏感染料和成像技术进行的光标测技术（optical mapping）等。

　　非侵入性成像技术一般是利用了大脑活动时产生的内源性信号（intrinsic signal）变化来采集数据，如组织内的质子密度改变、神经元活动带来的电/磁场改变、局部血流量变化、血氧水平及血红蛋白氧饱和水平的变化、散射光变化等。具体来说，包括基于脑电生理信号检测的脑电图（electroencephalography，EEG）和基于电磁信号的脑磁图（magnetoencephalography，MEG），基于血氧水平依赖性测量的功能磁共振成像（functional magnetic resonance imaging, fMRI)，基于代谢水平测量的近红外光学成像(functional near-infrared spectroscopy, fNIRS)等技术。基于代谢水平测量的还有正电子发射断层扫描技术(positron emission tomography, PET)，需要注射同位素标记的化合物，待其进入脑部后在体外测量其衰变过程带来的信号变化并生成图像，但由于标记的是原本参与人体代谢的一些化合物，因此一般仍将其放入非侵入性脑成像技术当中。

上述技术分别通过观测不同的参数指标来检测大脑的生理活动及其变化。理想的脑成像技术不仅要无创、安全、可重复多次检测，而且要具有高空间分辨率(毫米级)及高时间分辨率(毫秒级)，以便对相关脑组织进行精确的功能定位，以及准确反映大脑的动态活动过程，还要注意成本低、易操作、无检测禁忌证等。但实际上没有哪一种神经影像学方法可以完全达到上述要求，每种技术都存在自身的优劣与特点。如图7-1所示，不同的脑成像技术在空间分辨率和时间分辨率上各有差异。研究者需要在了解常用技术的原理及优劣的基础上，根据自身研究的科学问题合理选择和组合要使用的技术。

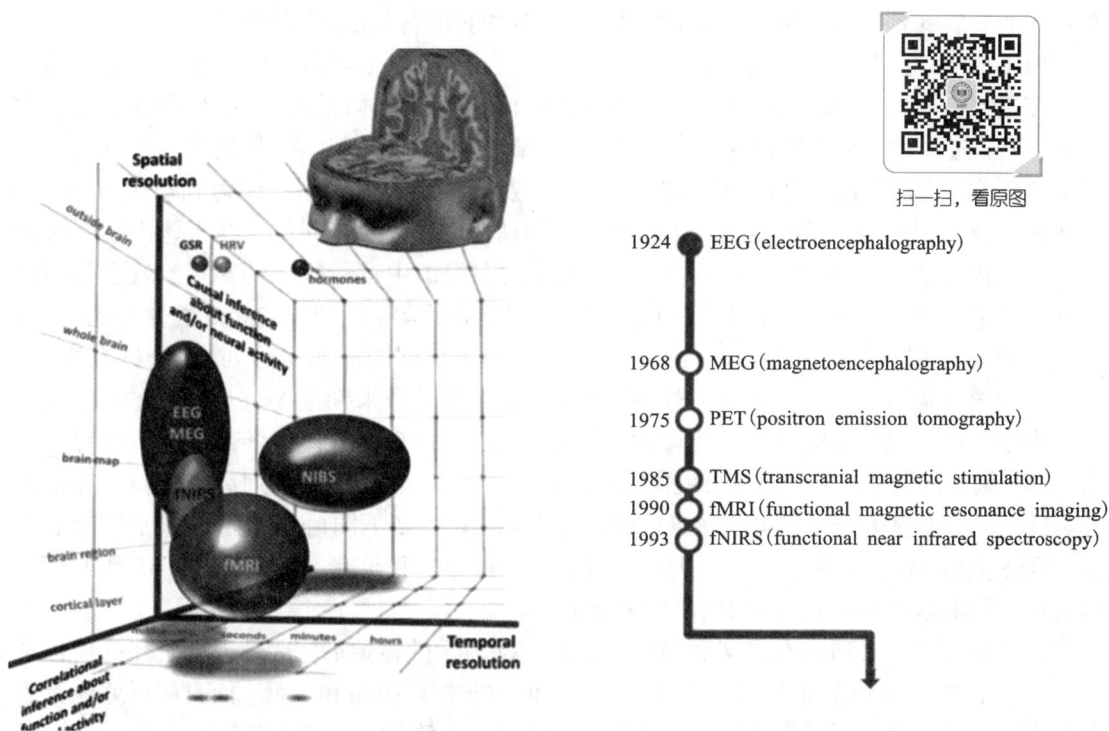

扫一扫，看原图

图7-1　不同脑功能成像技术的发展简史及时空分辨率特点的不同

下一节，我们将着重介绍非侵入性脑成像技术中常用的PET、fMRI、ERP、MEG及fNIRS等五种成像方法。为便于读者理解与掌握，每一种技术均按概述与发展简史、原理、优势与劣势、展望等四个部分的顺序介绍。

第二节 不同类型的脑影像学研究方法

一、正电子发射断层扫描技术

正电子发射断层扫描技术(PET)是一种"核素示踪影像技术",利用正电子发射体标记的显像剂来进行示踪,以解剖图像的方式从分子水平显示机体及病灶组织细胞的代谢、功能、血流、细胞增殖和受体分布状况,因此也被称为分子显像或生物化学显像技术。PET的出现标志着核医学迈入了分子核医学的新纪元。不过,尽管PET自20世纪70年代就开始作为新的功能成像方法被应用,但由于有创、价格昂贵等原因,其在认知神经科学的研究领域的发展受到很大限制,后续很大程度上被功能磁共振技术所取代了。

PET的原理是利用回旋加速器加速带电粒子轰击靶核,通过核反应产生带正电子的放射性核素如C-11、N-13、O-15、F-18等,从而标记参与人体代谢的一些化合物中的上述元素,再通过药物合成系统对生物大分子(如葡萄糖、氨基酸、胆碱)及受体等进行放射性标记,合成显像剂。携带这种不稳定的正电子发射同位素的显像剂被注射到被试体内,在人体脏器及组织中分布后,参与人体的生理及病理代谢过程。当同位素在人体内衰变时会发出一个正电子,即一个电子的反物质对应物,其在组织中运行很短距离后,就会与周围物质中的电子相互作用,发生湮灭效应,产生一对能量均等、运动方向相反的伽马光子(图7-2)。然后采用环绕人体的一系列成对的、互成180°排列的探测器阵列(连接符合线路)体外探测湮没辐射的光子,通过获得随位置变化的符合计数来判定γ光子辐射的轨迹线。

由于人体不同部位吸收标记化合物的能力不同,同位素在人体内各部位的浓聚程度也有不同,因此湮灭效应产生光子的强度也不同。采集的信息经过一系列后处理及计算机重建,最终就可以获得个体正电子核素的断层分布图[图7-2下图(c)],从而显示病变的位置、形态、大小和代谢功能。如果进一步对图像进行分析和研究,那么对PET图像的预处理过程所用的软件与步骤与fMRI研究是类似的。

PET分子显像必须具有高亲和力和合适药代动力学的显像剂,这是进行研究的前提条件。理想的PET显像剂应与靶有高度亲和力,但与非靶组织亲和力低,而且靶最好能克服各种生物传输屏障,并可快速从血液或非特异性组织中清除以获得清晰图像。PET检查最常用的显像剂是F-18标记的氟代脱氧葡萄糖(2-Fluorine-18-Fluoro-2-deeoxy-D-glucose, 18F-FDG),它是一种具有放射性的葡萄糖类似物。当神经元的代谢变得活跃时,对血液中葡萄糖的摄取就增加了,因此可以将测得的FDG作为神经活动的间接标记物。如果是将放射性标记的水作为显像剂注入大脑的循环系统中,那么PET扫描将显示在大脑活动过程中血流增加的区域。不过,目前PET在认知神经科学领域测量脑功能的应用还不太多,它应用得最广泛的领域是利用肿瘤组织的一些特有的生物学或生理学及生物化学代谢特点进行肿瘤的定性与定位诊断。在这一领域采用的显像剂也非常多样,包括可显示蛋白质合成这一体内主要代谢途径异常的标记氨基酸,11C-胸腺嘧啶(11C-TdR)和

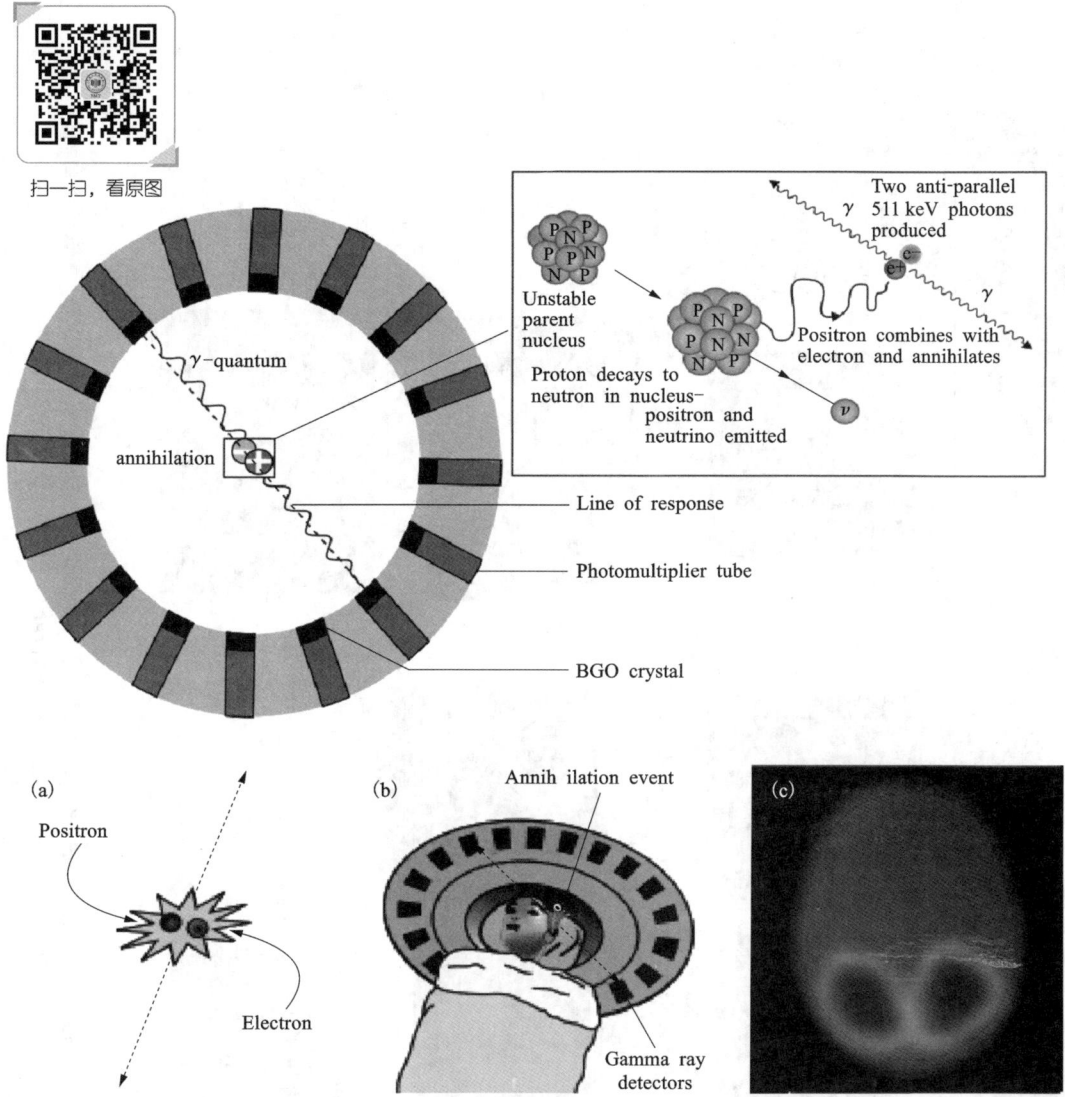

扫一扫，看原图

图7-2 正电子发射断层扫描(PET)成像原理图

不稳定母核的放射性衰变通过质子到中子的转换，发射中微子和一个正电子。当正电子与电子接触时，会发生湮灭事件，释放一对伽马光子。这两个光子可以被探测器环中的晶体捕捉到(BGO：铋锗氧化物，一种用于PET系统的闪烁晶体)。如果将这种不稳定的同位素合成显像剂注入被试体内，就可以通过有伽马射线探测器阵列的PET扫描仪检测到湮灭效应带来的葡萄糖等代谢物质浓度的变化，从而在PET实验中成像并显示具体代谢活动的位置，以及由特定的神经刺激或任务引起的代谢变化的动态过程。(引自Matt Carter和Jennifer Shieh，2015)

5-18F-氟尿嘧啶(5-18F-FU)等核苷酸类代谢显像剂，甲基-11C-胆碱等胆碱代谢显像剂，11C-乙酸盐，亲骨性代谢显像剂Na18F，硝基咪唑化合物类的乏氧显像剂，以及多巴胺受体、5-羟色胺受体、苯二氮卓受体、阿片类受体、甾体激素受体等受体显像剂等。图7-3列举了用于评估神经退行性帕金森综合征的多种SPECT/PET放射性示踪剂的病理生理机制。

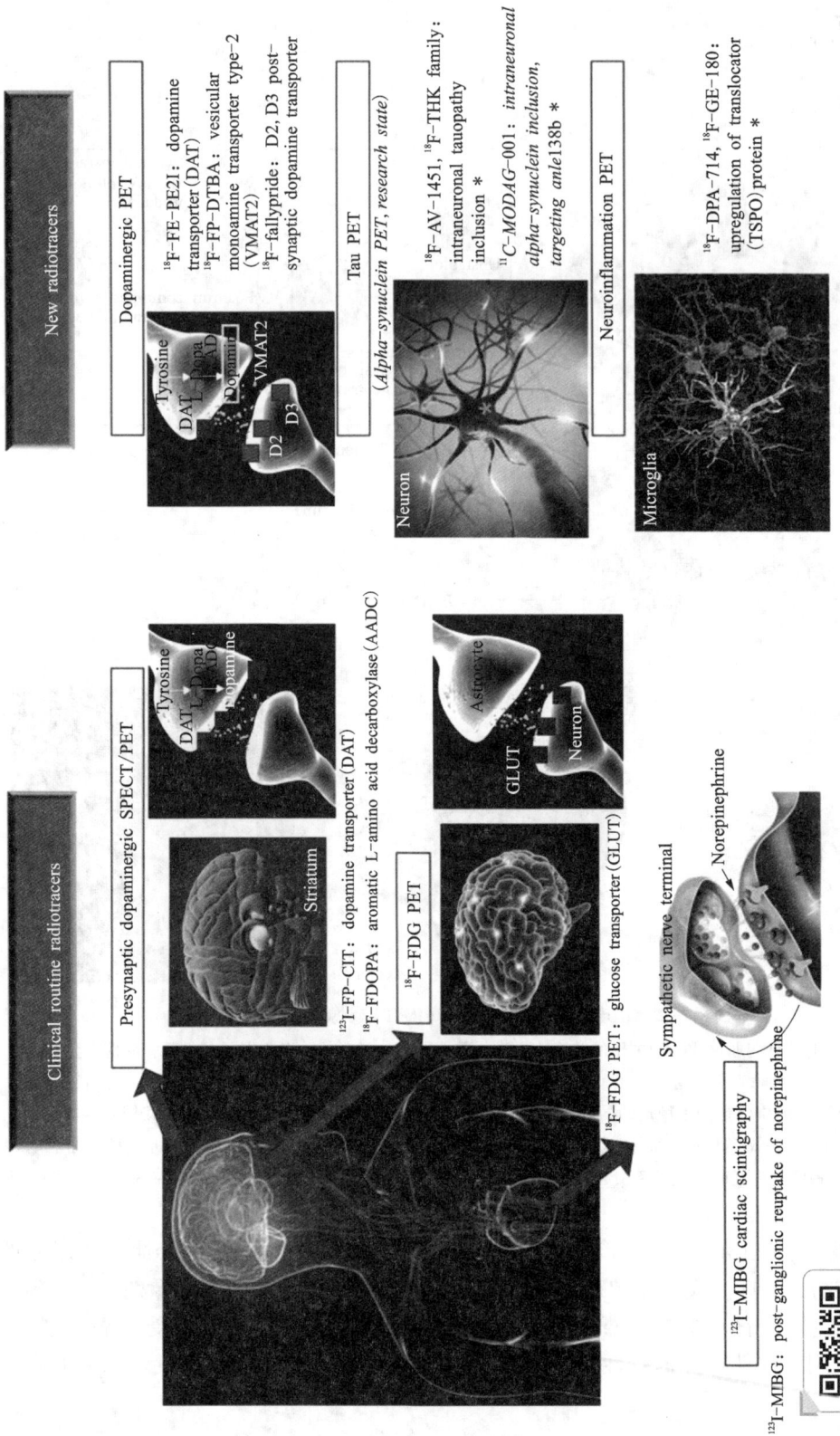

图7-3 用于评估神经行性帕金森综合征的多种SPECT/PET放射性示踪剂的病理生理机制（FDG：氟脱氧葡萄糖；MIBG：间碘苯甲胍）（引自Verger, 2021）

　　说到 PET，就不能不提到单光子发射计算机断层成像（single-photon emission computed tomography，SPECT），它的成像原理与 PET 成像非常相似，也是对从病人体内发射的 γ 射线成像，从而产生神经活动的功能图像（图7-4）。与 PET 一样，SPECT 会将放射性示踪剂注射至人体内，而标记物经历放射性衰变时发出的高能光子可以被伽马照相机探测到，因此可通过探测到的放射性信号的变化来评估认知活动相关的脑区激活导致的神经代谢与血流量的增加。但是，SPECT 不能全面清晰地显示人体或器官的解剖结构数据，显像仅为局部且分辨率较低，给病灶的定位带来一定限制，因而近年来往往采用 SPECT/CT 结合的方法融合 SPECT 的功能图像与 CT 的解剖图像，以获得更高的应用价值。值得注意的是，SPECT 所用的放射性示踪剂并不需要现场回旋加速器，半衰期较长，易于制备和运输，因此成本较低，可以被认为是一种比 PET 更便宜的替代品。

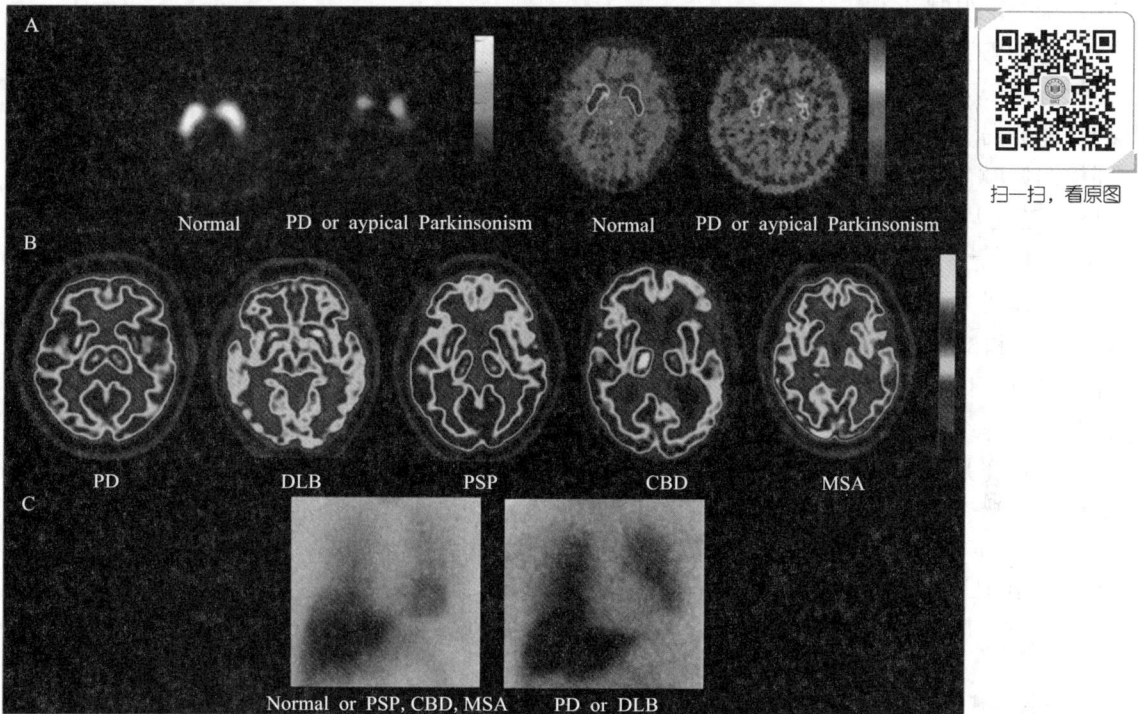

扫一扫，看原图

图7-4　健康人和帕金森病患者 SPECT/PET 代表性图像

A 左：123I-间碘苄基胍（123I-MIBG）SPECT 显像；A 右：18F-FDG PET 显像；B 不同疾病特异性代谢模式在 18F-FDG PET 中的显像；C：不同疾病特异性代谢模式在 123I-MIBG PET 中的显像（引自 Verger，2021）

　　PET 研究可针对特定的生物活性分子的代谢在活体细胞分子水平上进行显示，并进行定量、动态的测量，这是它作为脑功能成像技术的独特优势，是功能磁共振成像研究无法比拟的。具体来说，PET 可以获得秒级的动力学资料，因而能够对生理和药理过程进行快速显像，并且可以做到绝对定量，对于测定感兴趣组织中的配体浓度而言灵敏度很高。尽管需要注射示踪剂，但采用示踪量的 PET 显像剂并不会产生药理毒副作用。

　　通过合成针对不同特定生物活性分子的显像剂，研究者可以从事非常多样的生物代谢过程的研究：如血清素受体结合的放射性配体可以表明这些受体在大脑中的位置和结合潜力，提供关于人类被试血清素相对代谢的信息；欧洲核医学协会发布的帕金森综合征多巴胺能成像指南则描述了两种常用的检查突触前多巴胺能功能的方法等。这些 PET 检查与体内生物标志物成像方法的进展，既可提高疾病的早期识别，也大大促进了个性化药物治疗的发展，还可用于康复阶段的评估。

进行 PET 研究有一些特殊的限制，由于研究所用的正电子发射同位素半衰期很短，如 F-18 的半衰期为 110 分钟，C-11、N-13 和 O-15 的半衰期分别为 20 分钟、10 分钟和 2 分钟，这样同位素就必须使用回旋加速器进行现场合成，不可能订购和贮存。因此要进行 PET 研究，不仅需要具备相应的研究设备，而且需要研究团队有很强的合成各种特异性的分子探针并应用的能力。此外，PET 研究必须将放射性物质注射到被试体内，而且不建议对单个被试进行多次实验，这使得研究募集正常对照往往比较困难，也给开展纵向追踪研究带来一定限制。

与 SPECT 技术一样，PET 技术本身仅提供关于生物分子代谢或神经活动的功能表征，并没有关于大脑结构的信息。PET 图像通常与 CT 或 MRI 图像相结合，在解剖学背景下呈现功能数据。目前在 PET 应用当中的功能与结构医学图像融合方法分为异机图像融合和同机图像融合。异机图像融合就是采用软件的方式在后期对图像配准融合，这种方式比较灵活，也可以部分满足降低成本的需要。同机图像融合是指应用一体化的 PET/CT 或 PET/MRI 设备。

一体机并不是简单地将 PET 和 CT 组合在一起，而是完全采用一体化整合设计的理念，机架和检查床是共用的，孔径相同，但两部分的采集和重建都是分开的，由不同的工作站进行。比如一体化 PET/MR 机架内包含 PET 和 MR 两部分，其基本结构由内向外依次为 MR 体线圈、PET 探测器模块、MR 梯度线圈、主磁场线圈和磁场屏蔽线圈。一体机的发展首先是从 SPECT 与 CT 的组合开始的，通用公司将 SPECT/CT 推向市场并获得了巨大的成功后，2000 年 FDA 批准西门子公司推出商业化的 PET/CT，而到了 2011 年，飞利浦公司与西门子公司又先后推出了一体化的 PET/MR 商业设备。一体化 PET/MR 成像扫描流程如图 7-5 所示。

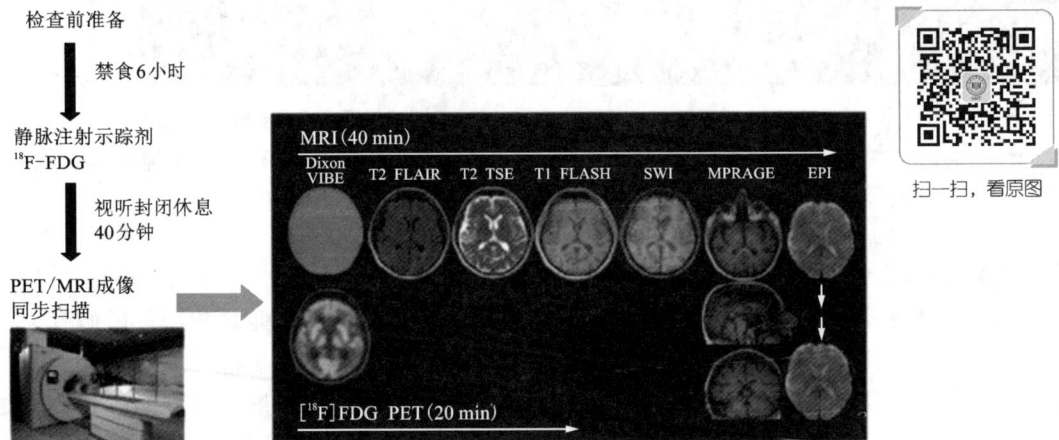

图 7-5　一体化 PET/MR 成像扫描流程示意图

示踪剂给药 40 分钟后，同时采集 MR 序列和 PET 数据，研究总时长通常由 MR 检查时间决定。（改编自 Werner，2015）

PET/CT 或 PET/MR 一体机在使用和推广过程中最主要的问题就是经济成本问题，一体机在全国范围内的配备是较为稀少的，分布也不平衡，而且 PET/CT 设备价格昂贵，维护费用高，固定成本所占比例大，做一次 PET/CT 检查的费用约为普通 CT 费用的 20 倍。对于脑影像研究而言，如果前期的科研假设与实验设计没有做到位，就会造成巨大的浪费。此外，作为脑成像技术，PET 还有一些其他的不足：与 fMRI 相比，PET 的时间分辨率大致相同(6~10 s)，但空间分辨率更低(约 8 mm)；在图像采集过程中要求被试保持平静呼吸、头部制动等。

近年来，PET 成像研究的技术水平随着影像设备、放射化学及分子生物学的发展在不断进步：新型的结构功能成像混合系统和新图像分析方法正在逐步应用与推广，可显著提高图像的信号/噪声比、对比度和空间分辨率；动物 PET 的应用为基础科学与临床的连接与转化提供了更有力的工具；放射化学的发展将大大丰富特异性分子探针的制备，如 Tau PET 成像和靶向神经炎症的 PET 显像剂的应用开发等，将使 PET 脑功能成像研究更加准确和完善，进一步推进 PET 分子影像学的发展。

二、功能磁共振成像

磁共振成像(magnetic resonance imaging，MRI)是利用射频(radio frequency，RF)电磁波对置于磁场中含有自旋不为零的原子核的物质进行激发，发生核磁共振(nuclear magnetic resonance，NMR)从而产生电磁波信号，再根据电磁感应定律，用线圈采集这些信号并将其转化为电信号，然后采用数学方法进行处理，重建反映这些物质结构或功能信息的图像的成像方法。1952 年，斯坦福大学的 Bloch 和哈佛大学的 Purcell 用不同的方法各自独立地发现了宏观核磁共振现象，从而揭示了核磁共振的物理原理。1973 年，美国科学家 Lauterbur 和英国物理学家 Mansfield 发明了在静磁场中使用梯度场来成像的磁共振成像技术。上述科学家的成果分别于 1952 年及 2003 年获得了诺贝尔奖。

1990 年，贝尔实验室的日本科学家 Seiji Ogawa(小川诚二)首次报导了血氧水平依赖的成像机制(BOLD-fMRI)，标志着磁共振技术进入了大脑功能成像的阶段。1992 年，K Kwong 和 S Ogawa 各自在 *Proc Natl Acad Sci* 期刊上发表了一篇运用功能磁共振技术研究感知功能的文章，这一般被认为是 BOLD-fMRI 在脑功能研究方面应用的开端。狭义的功能磁共振成像就是指运用 BOLD 成像机制研究生物体功能的成像技术；而广义的功能磁共振成像是指利用 MRI 的原理来测量和反映生物体功能活动状态的成像技术的总称。

磁共振设备通常由主磁体、梯度线圈、脉冲线圈、计算机系统，以及其他辅助设备，如检查床、进行认知功能实验所需的视听觉刺激系统等构成，具体如图 7-6 所示。

在了解 fMRI 的原理之前，我们首先要简要地复习一下磁共振成像的原理。MRI 成像需要下列条件：人体内的磁性原子核，包含稳定的静磁场(主磁体)、梯度场和射频场在内的磁场系统，对弛豫原理以及加权技术的利用。具体来说，人体内有 1H、13C、19F、23Na、31P 等多种磁性原子核，高速自旋时就形成电流并产生具有一定大小和方向的磁化矢量，这种磁场称为核磁。1H 是人体中最多的原子核(占 2/3 以上)，它只含一个质子、不含中子，最不稳定，最易受外加磁场的影响而发生磁共振现象，磁化率最高，因此一般所指的 MRI 图像即为 1H 的共振图像。

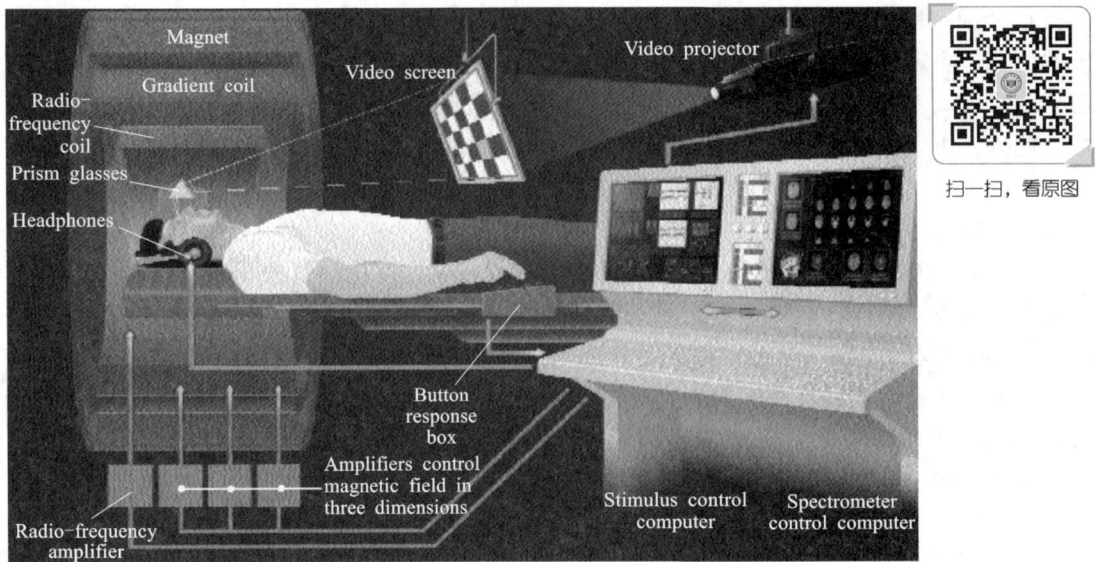

扫一扫，看原图

图 7-6　fMRI 研究仪器设备示意图

　　人体未进入静磁场时，体内氢质子群处于杂乱无章的自然排列状态；进入主磁体后，1H 会沿与主磁场（场强一般用特斯拉/Tesla 来表示）平行的方向排列，形成稳定的、动态平衡的状态。其中，由于处于平行同向的质子（低能级）略多于处于平行反向的质子（高能级），就形成了宏观纵向磁化矢量 Mz。处于主磁场的质子，除了自旋运动外，还绕着主磁场轴进行旋转摆动，称为进动。当我们给处于主磁场中的组织一个与质子的进动频率相同的射频脉冲时，处于低能级的质子将获得能量跃迁到高能级，这就是磁共振现象，结果会使宏观纵向磁化矢量发生偏转，产生宏观横向磁化向量 Mxy。偏转的角度（flip angle）与射频脉冲的能量有关，射频脉冲的能量越大，偏转角度也就越大（能量使宏观纵向磁化矢量偏转 90° 的脉冲就称为 90° 脉冲）。射频场是用于施加特定频率的射频脉冲的，射频脉冲能量的大小则由脉冲强度及持续时间决定。经梯度磁场线圈在不同位置采集信号，进行空间编码和选层后，就可完成三维空间的定位。梯度磁场与射频场共同作用产生的 MRI 信号，通过计算机系统进行图像重建和后处理，就得到我们平时所看到的 MRI 图像了。

　　如图 7-7 所示，在射频脉冲的激发下，人体组织内氢质子吸收能量处于激发状态，而射频脉冲终止后，又由不稳定的激发状态逐渐恢复至平衡状态，这一过程就称为弛豫（relaxation），弛豫分为纵向磁化矢量 Mz 恢复有关的纵向弛豫（衰变常数 T1）以及与横向磁化矢量 Mxy 有关的横向弛豫（衰变常数 T2）。注意在 MRI 成像过程中，T1、T2 弛豫二者始终是同时存在的，只是在不同组织、不同时间内所占的比重不同。由于人体中不同的组织均有特定的质子密度、T1 值及 T2 值，这些值之间的差异就形成信号对比。在 MRI 成像过程中通过加权（重点突出组织的某方面特性），就可以使图像主要反映该特性在 MRI 上的表现，而尽量抑制其他特性对 MRI 信号的影响。

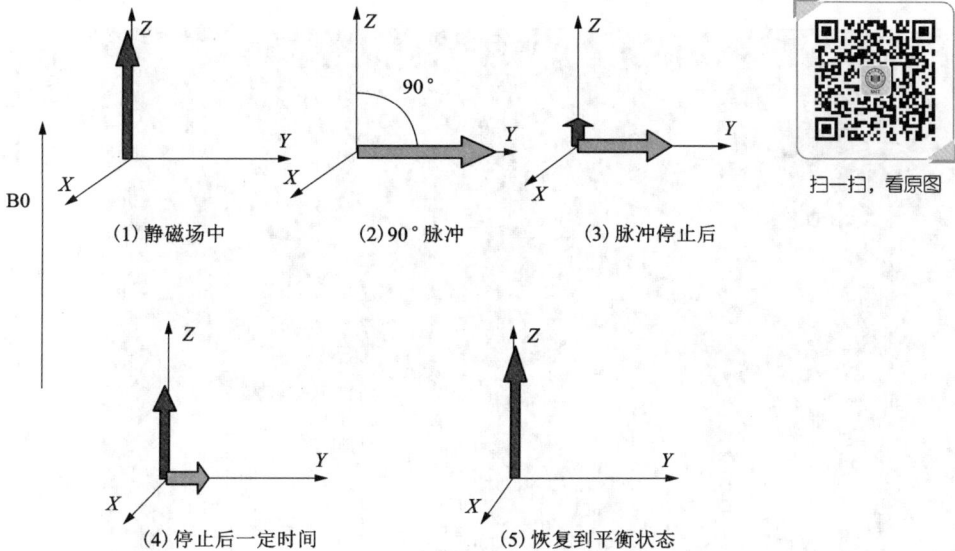

图 7-7　弛豫过程及 MRI 信号的产生

（1）施加 90°射频脉冲前的磁化矢量；（2）施加 90°射频脉冲后的磁化矢量；（3）~（5）施加脉冲后从激发态恢复到平衡态的弛豫过程（relaxation）：磁化矢量在横轴上缩短（横向或 T2 弛豫）、在纵轴上延长（纵向或 T1 弛豫），并将能量释放出来，产生 MRI 信号。

由于 MRI 的信号很弱，为提高其信噪比要重复使用同一种脉冲进行激发，这个重复激发的间隔时间即重复时间（repetition time，TR），而从射频脉冲发放后到采集回波信号之间的时间，是回波时间（echo time，TE）。这两个参数是 MRI 成像当中的重要参数，共同决定图像的对比度。加权像（weight image，WI）主要是通过调节 TR 和 TE 来得到突出某种组织特征参数的图像，最大化组织间差异造成的信号强度对比的。如果选择突出纵向弛豫（T1）特征的扫描参数（短 TR、短 TE）来采集图像，即可得到以 T1 弛豫为主的图像，称 T1 加权像；选择突出纵向弛豫（T1）特征的扫描参数（长 TR、长 TE）来采集图像，则得到 T2 加权像。T1 加权像的特点是：组织的 T1 越短，恢复越快，信号就越强，更有利于观察解剖结构；T2 加权像的特点是：组织的 T2 越长，恢复越慢，信号就越强，通常显示病变组织较好。在 MRI 检查中根据不同的目的使用的脉冲程序组合称为序列（sequence），常用的序列有自旋回波（spin echo，SE）序列、梯度回波（gradient recalled echo，GRE）等。在功能磁共振成像中经常采用的是 T2 加权对比的梯度回波序列类型的单激发平面回波成像（echo planar imaging，EPI），即 GRE-EPI 序列，可以超快速成像，并具有较高分辨率及高信噪比。

除 TR、TE 等参数外，在进行 MRI 研究时，还需要掌握一些基本的概念与参数，包括扫描野（field of view，FOV）、矩阵（MATRIX）、平面分辨率（in-plane resolution）、层厚（slice thickness）、层间距（slice gap）和体素（VOXEL）等，具体如图 7-8 所示。MRI 的空间分辨率就是指图像像素所代表体素的实际大小，体素越小，空间分辨率越高。空间分辨率受层厚、层间距、扫描矩阵、视野等因素的综合影响。

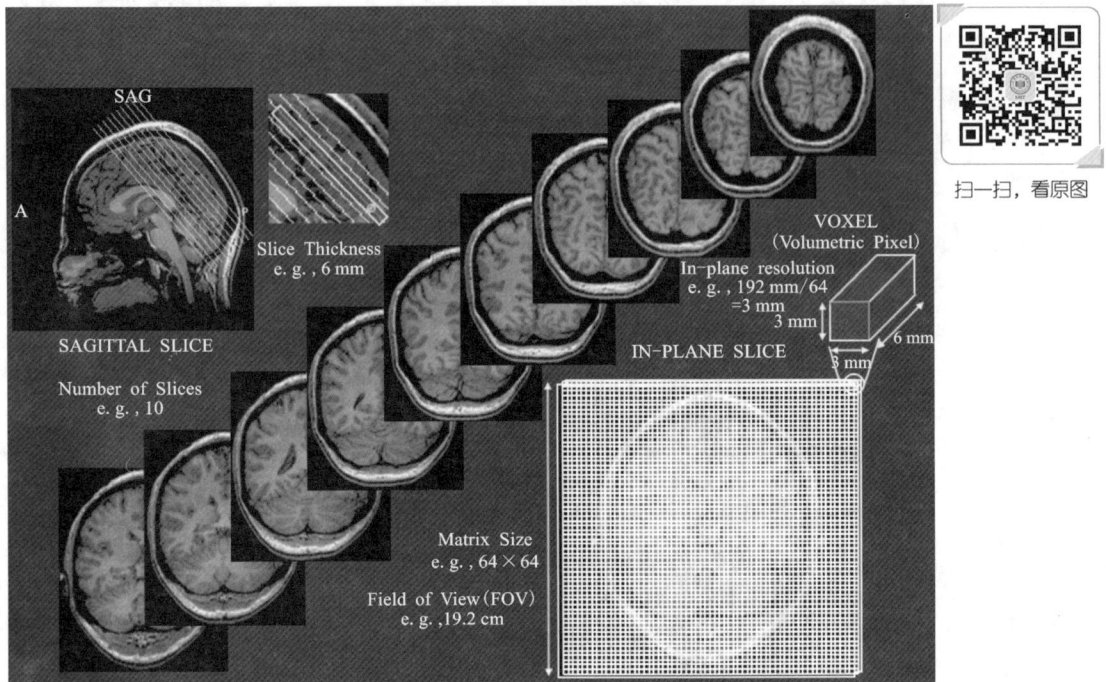

图 7-8 fMRI 研究中常用的扫描参数示意图

fMRI 成像过程遵循了与 MRI 相同的物理原理来产生神经活动的高空间分辨率图像，此外还利用了人体内的一种内源性物质在大脑不同功能状态下的信号强度变化，即血氧水平依赖性(blood oxygenation level dependent，BOLD)效应，来对大脑中的神经活动进行间接的测量。其基本原理是：当大脑中某个区域的神经元活动时，该区域的代谢需求就会提高，激活的神经元在活跃状态下相对于休息状态耗氧量增加，这使得局部区域内的脱氧血红蛋白水平开始增高；但大脑微血管系统会在几秒钟内迅速反应，通过增加富含氧气的新鲜血液流向活动区域来调节局部缺氧的状况，此时局部脑血流量(regional cerebral blood flow，rCBF)会增加，但局部脑血流量增加带来的氧合血红蛋白增加较神经元活动所需要消耗的氧含量更多，这又使得局部脑区内的脱氧血红蛋白的浓度出现下降。由于氧合血红蛋白是弱逆磁性物质，会延长局部组织的 T2 值，产生相对更强的磁共振信号，而脱氧血红蛋白是顺磁性物质，会缩短局部组织的 T2 值。因此，该区域的氧合血红蛋白/脱氧血红蛋白的比例越高，BOLD-fMRI 的信号强度就会相对增加越多，这种现象被称为血氧水平依赖性(BOLD)效应(Hoge 等，1999)，具体如图 7-9 所示。

BOLD-fMRI 成像技术使研究者可以通过检查大脑中氧代谢随时间变化的情况来反映神经活动的改变，已被大量研究证实有效性。但需要注意的是：神经活动时间是非常快的，为毫秒级，而局部脑血流量增加的过程则相对缓慢，大约在神经元活动后的 5 s 达到峰值，因此 BOLD 信号首先会出现短暂下降，然后在刺激后的 5~8 s 达到峰值，再经过一段时间的信号下冲过程，才会回到基线水平，具体如图 7-10 所示。从神经元激活开始，到检

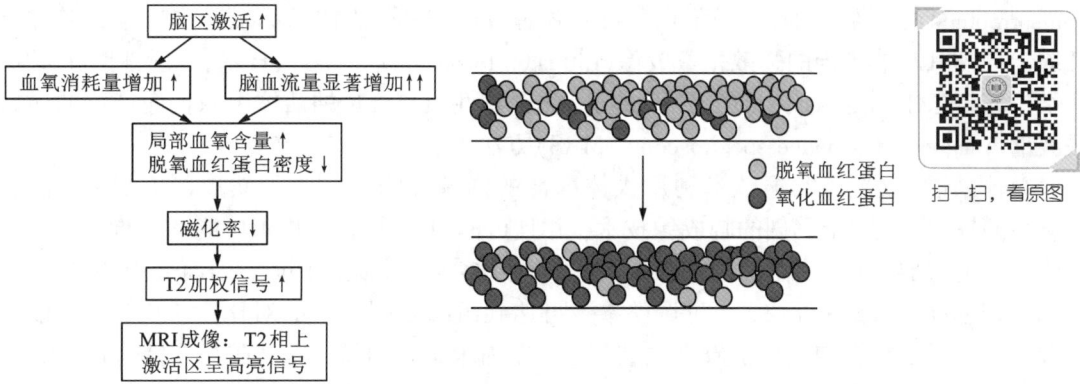

图 7-9 血氧水平依赖性（BOLD）效应

一组静止的神经元由毛细血管的血液供应，当这些神经元变得活跃时，它们就增加了对氧气的代谢需求，微血管系统的反应是向局部提供更多的含氧血液，而血红蛋白含氧形式的相对增加会导致 T2 信号的增加。

测出 BOLD 信号改变的过程可以用血流动力学函数（hemodynamic response funciton，HRF）来表示。血流动力学变化带来的 MRI 信号强度变化相较于神经活动的滞后性，以及血氧含量改变的测量相较于神经元电活动本质的间接性，是限制 BOLD-fMRI 技术发展的主要因素，BOLD-fMRI 信号精确的生理性质直至目前还在不断研究当中。

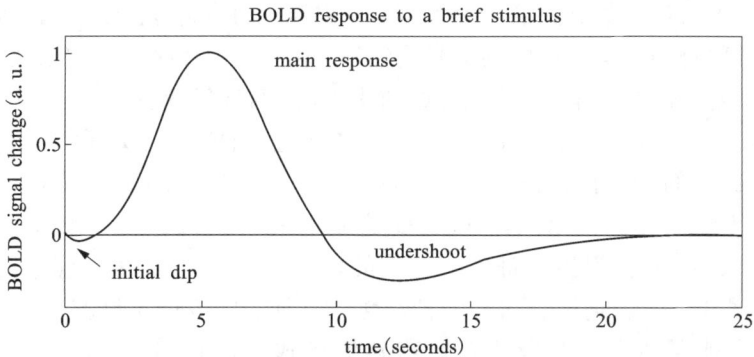

图 7-10 在零点给予短暂刺激引起的 BOLD 血流动力学反应示意图

局部初始氧含量的下降可能引起"初始下降"（initial dip），然后血流效应占主导地位，在大约 5 s 后导致对 BOLD 反应达到正性的峰值；在最终恢复到基线之前，BOLD 信号通常会有刺激后的下冲过程（undershoot），这种下冲在刺激后 12~15 s 最大，可能会持续相当长的时间，取决于先前神经元激活的持续时间和强度，以及所涉及的大脑区域。整个短暂刺激引起的 BOLD 血流动力学反应至少需要约 15~20 s 来完成，相对于神经活动而言明显具有滞后性。（改编自：Miezin，2000）

目前采用 BOLD-fMRI 技术进行的研究主要可分为静息态 fMRI（没有任何特定的任务）与任务态 fMRI 两类，其研究流程是基本一致的，具体如图 7-11 所示。两类研究常用的分析方法则如图 7-12 所示，具体内容见第十、第十一章的介绍。除 BOLD-fMRI 技术外，广义的功能磁共振研究还包含其他一些技术的应用，如利用动脉血液中的水分子作为内源性对比剂实现脑血流成像的动脉自旋标记（arterial spin labelling，ASL）技术；利用水分子在完全均质的溶质中的弥散呈各向同性（isotrophic），而在非均一状态中呈各向异性（anisotrophic）的特点，通过比较沿白质纤维通道方向与其他方向的弥散速度来描绘其神经纤维走向及其功能传导的弥散张量成像（diffusion tensor image，DTI）技术；以及利用磁共振化学位移现象来测定组成物质的分子成分、化合物性质与含量的活体组织代谢产物的磁共振波谱（magnetic resonance spectroscopy，MRS）方法等。

总体来说，功能磁共振技术利用人体内部的内源性物质作为天然造影剂成像，没有X射线的辐射，是完全无创的脑成像技术，并且可同时提供结构的和功能的图像，不需要穿戴沉重的仪器，可以在短时间内反复测量，有众多参数供灵活调配，因而适用范围较广，空间分辨率高，成像速度快，通过调整参数可达到组织之间良好的对比度。因此，当前这一技术无论是在认知神经科学研究领域，还是在临床研究领域，均已成为广泛应用且具有广阔发展前景的研究工具。

不过作为脑成像技术来说，fMRI 的成本相比以下要介绍的脑电图、近红外光学成像技术等还是比较昂贵的，而且设备占地面积大、维护费用高，需要专业人员才能操作；对于被试而言需要一直保持头部不动地躺在一个相对狭小的空间内接受检查，且机器噪声大，检查时间相对较长；此外，核磁检查还有金属物品忌入的禁忌证，因此对于疾病或特殊人群来说存在一些应用上的限制。

还需要注意的是，BOLD-fMRI 技术本身尚存在一些局限性：首先，BOLD-fMRI 的时间分辨率观测的是滞后于神经活动的血氧水平改变信号，所以时间分辨率远低于 EEG 和 MEG，但这一时间延迟取决于生理动力学而不是获取图像的速率。BOLD 信号还有可能受到大血管的流空流入效应影响造成信号增高（又称流入性伪影），或者因鼻窦等含有空气的空腔导致的局部磁场不均匀造成的信号缺失等。因此，总体来说，fMRI 的空间和时间分辨率的不足并不是成像技术本身的局限，主要是受伴随神经活动所产生的生理变化的固有限制。其次，在 BOLD 信号变化前后，一个给定的脑空间体素的实际 T2 信号变化可能低至 0.2%，这种微弱的变化在扫描设备和生理运动产生的较强的系统噪声干扰下，很难被检测到。因此，fMRI 实验需要对单个被试重复刺激多次，还要进行一系列的统计测试来重复验证所得结果并不是假阳性，而是可重复的信号，这一方面也一直存在诟病。最后，BOLD-fMRI 技术并不能识别神经活动的神经化学性质，即不能推断是哪些神经递质或神经调节剂介导了神经活动的变化，需要与其他形式的脑成像技术进行结合，如 PET、SPECT 和 MRS 等。

自功能磁共振技术诞生后的几十年间，成像技术与数据分析技术已有长足发展，除基础研究外，在精神心理领域，神经内、外科，以及药理学等领域均有大量的应用研究。但相对来说，可以应用于临床的转化成果仍然较少。由于 fMRI 研究结果参数复杂，可解释性弱且相互差异大，研究中需要重复验证，目前的研究推断还停留在依靠成组比较的水平，不能对个体进行精准测量，因此当前这一技术的应用主要还是在发表研究论文的阶段，达成可直接用于临床的共识非常困难。

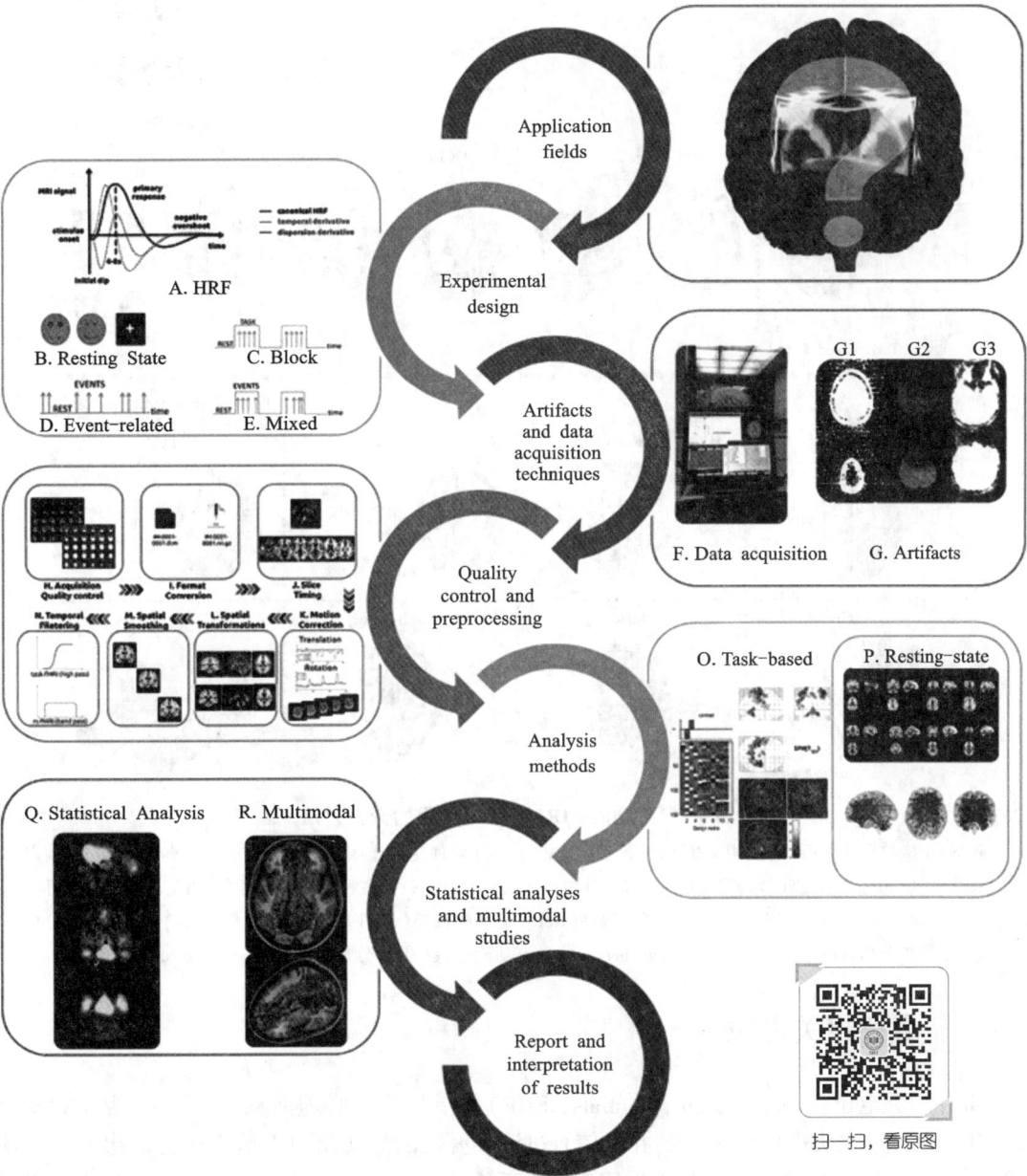

图 7-11 经典 fMRI 研究流程

选择 fMRI 研究最合适的类型(任务态或静息态),了解其主要应用领域与血流动力学特征;进行实验设计;确定最适当的数据获取技术并识别伪迹;对采集的数据进行质量控制和预处理;采用合适的数据分析方法;进行合理的统计推断(Q)并进行多模态结合的研究(R)进行补充分析;最后,谨慎地呈现结果并进行解释。(引自 Soares,2016)

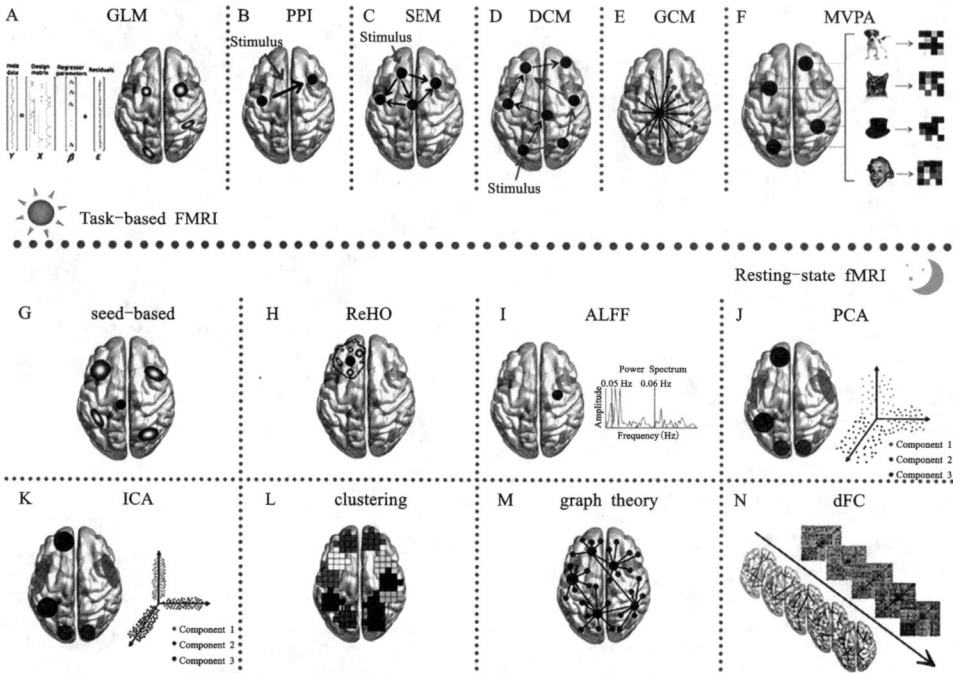

图 7-12 功能 MRI 研究中常用的分析方法

任务态 fMRI 数据的分析可以采用一般线性模型（GLM）、心理生理交互作用（PPI）、结构方程模型（SEM）、动态因果模型（DCM）、格兰杰因果模型（GCM）和多体素模式分析（MVPA）等多种方法；静息态 fMRI 数据分析则可以采用基于种子点（seed-based）的分析、局部一致性（ReHo）、低频振幅（ALFF）、主成分分析（PCA）、独立成分分析（ICA）、聚类分析（clustering）、图论（graph theory）或动态功能连接（dFC）分析等方法。（引自 Soares，2016）

三、事件相关电位

事件相关电位（event-related potentials，ERP）是指与一定心理活动（即事件）相关的脑电位变化，它可以在头皮表面记录到并以信号过滤和叠加的方式从自发脑电中分离出来。具体来说，ERP 是外加一种特定的刺激作用于感觉系统或者脑的某一部位，在给予刺激或者撤销刺激时于脑区引起的电位变化。因 ERP 与认知过程有密切关系，也被称为认知电位。

事件相关电位产生的基础是人在自然状态下大脑会不断产生连续而不规则的电位波动，即自发电位（electroencephalogram，EEG）。1875 年，研究者首先在兔子裸露的脑表面发现了 EEG。在颅骨损伤患者大脑皮质和正常人头皮上首次记录到 EEG 则是 Hans Berger 在 1924 年完成的，1929 年他又首次观察到心理活动导致的 EEG 变化。由于心理活动所产生的脑电信号远低于 EEG 的波幅，会被淹没在大量的自发电位中而难以被观察到，此后尝试从 EEG 中提取心理活动信息的努力一直进展不大，但采用外界刺激诱发脑电的方法在不断发展。到了 20 世纪 50 年代末，随着计算机技术的进步，对脑电数字信号进行叠加平均的方法迅速取得了突破。人们逐渐认同 EP 不仅可以由外界刺激感觉所致，也可以由主动的自上而下的心理因素引起。在 1964 年和 1965 年，Walter 和 Sutton 等相继发现了对认知 ERP 成分关联性负变（CNV）和 P3，这标志着 ERP 研究时代的正式开始，Sutton 也正式提出了事件相关电位的概念。

作为一种常用的脑成像技术，ERP 是对大脑神经电活动的直接测量，这一点与 fMRI、fNIRS 等间接测量手段有根本的不同，但它反映的是大脑表面的电事件的总和，包括皮质大量神经元产生的突触后电位，皮质下组织活动及轴突动作电位成分，以及来自头皮肌肉和皮肤的电信号等。用 ERP 技术不可能得到单个神经元的电活动，但可以确定大脑何时检测和加工有显著心理意义的刺激。从这一点上说，ERP 是一种特殊的脑诱发电位，因此它也会符合诱发电位的特征：必须在特定的部位才能被检测到；给予刺激后一定时间内瞬时出现，潜伏期与刺激之间有较严格的锁时关系（相对固定的时间间隔）；有特定的波形和电位分布。

要了解 ERPs 的基本原理，首先要清楚 EEG 节律的形成。与神经元有关的电活动主要包括动作电位和突触后电位两种形式，EEG 主要来自突触后电位——胞体和树突的电位变化，是由皮质大量神经组织的突触后电位同步总和所形成的。我们的大脑是一个可传导电信号的容积导体，但单个神经元的电活动信号过于微弱，只有大量神经元电活动的总和才可能传导到头皮被记录到。突触前即轴突的动作电位由于频率过快、持续时间过短，难以形成大量神经元的同步总和。而突触后电位能持续的时间相对较长，且主要局限于树突和细胞体之间，并不是以固定速率沿着轴突传递的，因此有可能出现累加而非相互抵消。顶树突的负电与细胞体的正电会形成微小的偶极子（dipole），当多个神经元在空间上有相似的朝向，并同步发放时，就会形成开放电场，其相应的电信号在较远的距离（头皮处）可能被记录到。如果方向不一致则产生封闭电场，偶极子电场不能总合（图 7-13）。因此说，形成神经元电活动的总合需要两个条件，一是神经元的电活

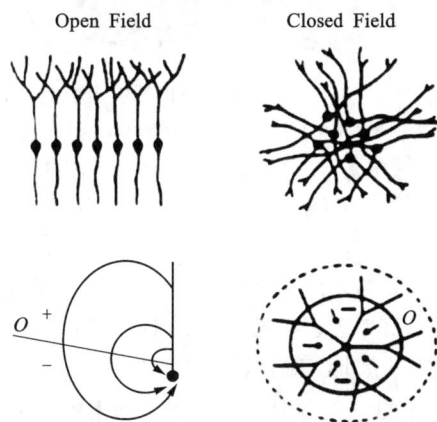

图 7-13　开放电场与封闭电场（引自 Coles，1990）

动要同步，二是各个神经元的电活动形成的电场方向要一致。目前认为 ERP 主要是由刺激事件引起的大量神经元的突触后电位同步总合形成的。值得注意的是，形成 ERP 信号的突触后电位主要是来自皮质结构的第 3 层和第 5 层，不能完全代表皮质神经元的活动状况。

此外，在 ERP 的形成原理中还要注意的是容积传导效应。当我们在头皮表面记录神经元群的电活动时，偶极子的位置和朝向确定了头皮表面上所记录到的正、负电位分布，但头皮表面任一点的电位不仅依赖于源偶极子的位置和朝向，也依赖于头各个部位的阻抗和形状。偶极子两极之间的电传导是通过大脑这个容积导体进行扩散的，因此要符合容积传导（volume conduction）的规律，而大脑并不是一个形状规则、内部结构与成分一致的容积导体，电场的传播受不同脑组织和颅骨的约束，就会产生扭曲、变形和信号衰减。比如

电活动倾向于走最小阻抗的路线，因此 ERP 在遇到高阻抗的颅骨时，倾向于向侧面扩散，使得大脑某一区域所产生的电位导致相距很远的另一部分头皮区域的电位变化。这样，头皮表面的电位分布就受到上述两个因素的共同影响，形成复杂的复合波形，ERP 发生源的位置也就变得非常难以确定。关于 ERP 源定位相关的算法目前还一直在发展与优化当中。脑电/磁信号的产生机理与探测示意图如图 7-14 所示。

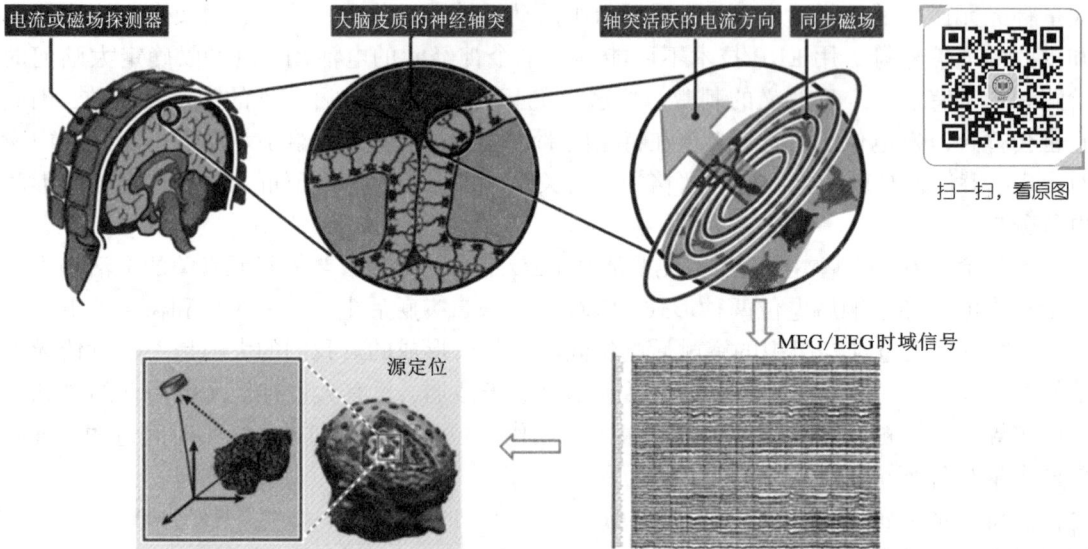

图 7-14　脑电/磁信号的产生机理与探测示意图

脑电/磁信号的产生机理：大脑皮层中存在大量平行排布的锥体细胞；大量平行排布的突触在数十毫秒内激活产生的突触后电位叠加，才形成可观测的磁场信号；切向电流在头皮外形成可探测磁场；对采集到的 MEG、EEG 信号进行溯源分析可以对脑内神经电活动的发生源进行定位。

　　前面已经说过，ERP 波形是通过叠加平均的方法进行提取的，因此在进行 ERP 实验时需要对被试进行多次重复的刺激，每次刺激均产生同时含有 ERP 与自发 EEG 的成分，由于 EEG 的波形与刺激无固定的关系，而 ERP 的波形固定且与刺激间的时间间隔（潜伏期）是相同的，经过叠加和平均后 ERP 波形就会随叠加次数成比例地增大，而 EEG 信号则由于其相对随机而经叠加后显著减小，具体如图 7-15 所示。最终 ERP 波形的叠加平均效果还要受到不同的实验设计以及实验刺激呈现方式的显著影响。按不同研究目的编制的不同刺激序列是 ERP 研究的关键，这一方面的注意事项可以参考下一章。

　　参考电极问题也是 ERP 基本原理中不可忽视的一点。对单极导联而言，各导联的电位都是与参考电极的电位相减的结果。参考电极是各导联在放大器的一端共同联结的部位，理想的参考电极点应该是放在无限远处，电位为零或电位恒定的部位，不受生物电影响，因而可以提供与各导联的绝对电位差值。实际上，这样的部位并不存在，而参考电极的设置会显著影响所得的实验结果，因此关于参考电极的争议从未中断。目前，常用的脑电参考电极设置主要有：将双耳乳突或耳垂连接作为参考电极的双耳参考、将参考电极放在鼻尖的鼻尖参考、将普通参考电极记录 EEG 的全部记录点求平均值的平均参考以及以一侧乳突/耳垂（一般为左乳突）为参考的单耳参考等。这些方法各有其优劣，如双耳参考

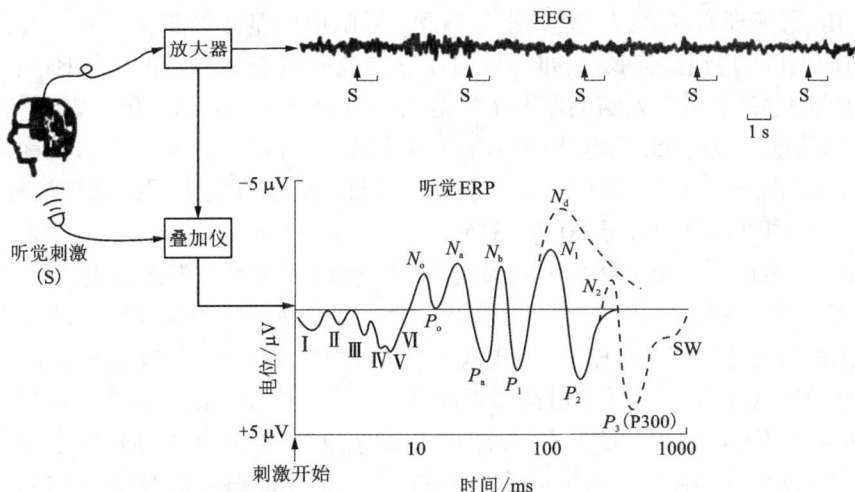

图7-15　ERP提取原理及听觉ERP各成分示意图(引自赵仑，2010)

所取部位脑电一般较小，与两半球距离也相同，还可减少心电活动干扰，但双耳参考实质上是强制两个电极点电位相同，造成局部短路，因此会使头皮表面电位分布发生扭曲，而且也丢失了对乳突附近脑电变化的测量。目前常用的单耳参考方法既避免了物理连接造成的电位分布失真，又保留了上述优点，但后期要做转换为双乳突导联的相应计算。

　　当前在ERP研究当中，头皮电极的安放位置一般是按照国际10-20系统的规则排列的(图7-16)，但所用的电极导联数已从最初的32导发展到了常用的128导，甚至是256导，不仅提高了ERP的空间分辨率，也大大促进了进一步溯源分析的准确性。

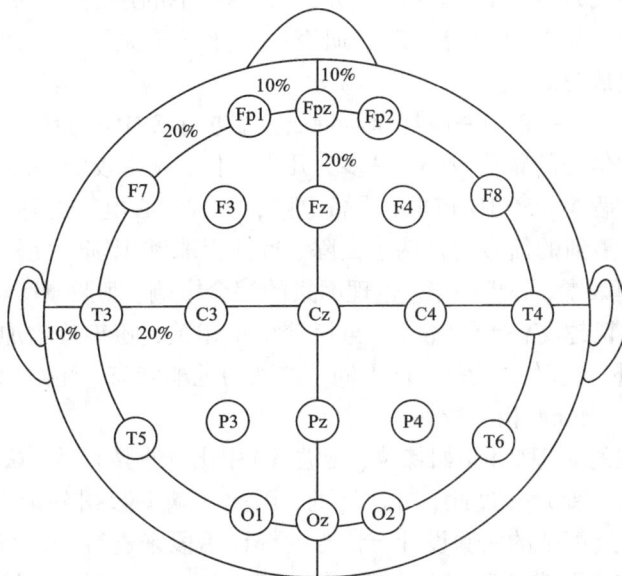

图7-16　ERP实验中头皮电极安放位置通常采用的国际10-20系统

双侧外耳道间连线依10%与20%定出5个点；鼻根与枕骨粗隆间也依10%与20%定出5个点，经过Cz；以Cz为圆心，经T3、T4、FPz与Oz等4点连线成一周，在圆周上按10%与20%定出8个新点；在Fz与F7/F8、Pz与P7/P8间等距地再定出4个点。

进行 ERP 研究还必须掌握一些基本的概念，即脑电的基本特征如频率、波幅和相位。频率指单位时间内的脑电周期数，即一秒内通过的波峰或波谷数（单位为 Hz）；波幅的大小代表脑电位的强度，正常人脑电图波幅的范围一般为 10~100 μV；脑电波形的位相代表波的极性，以脑电基线（连续脑电波的中心点连接线）为标准，一般朝上的波称为负向波，朝下的波称为正向波。此外，脑电中式样相同，周期一致且重复出现的活动被称为脑电节律，按其频率范围可以分为 δ 波（0.5~3.5 Hz）、θ 波（4~8 Hz）、α 波（8~12 Hz）、β 波（13~30 Hz）、γ 波（30~100 Hz）。不同的人在不同意识活动状态下的脑电节律不同，但在记录过程中都会有一种最突出的节律，称为背景节律，被认为是中枢神经系统兴奋性的总体指标，如成人清醒时的背景节律为 α 波，困倦或相当放松时为 θ 波，而在深度睡眠时为 δ 波。

对于脑诱发电位而言，则可以根据感觉通路、潜伏期或发生源等分类。按感觉通路分，EP 可分为听觉诱发电位、视觉诱发电位及体感诱发电位等；按潜伏期的长短分，则可分为早成分、中成分、晚成分和慢波。如听觉诱发电位在刺激后 10 毫秒以内产生的 7~8 个波为脑干听觉诱发电位（BAEP），可用于诊断听觉障碍；10~50 ms 为中成分，起源于内侧膝状体和初级听觉皮层；50~500 ms 为晚成分，500 ms 以后为慢波，二者主要与心理因素关系密切。与大脑认知相关的 ERP 成分命名更为复杂一些，一般是按照潜伏期、出现顺序、正负极性，以及其功能意义综合进行命名，如 N1、P1、N2、P2、P3 家族，关联性负变化（contigent negativevaration，CNV）、失匹配负波（mismatched negativity，MMN）、N170、N400、P600、P50、错误/反馈相关负波（error-related negativity/feedback-related negativity，ERN/FRN）等。

上述成分按其刺激的发生源又可笼统地分为外源性成分、中源性成分、内源性成分和纯心理波。其中外源性成分只与刺激的物理属性有关，如 BAEP；中源性成分既与刺激的物理属性有关，又与心理因素相关，如 N1；内源性成分主要与心理因素相关，如 P3；纯心理波则是不含刺激的物理属性的内源性成分，如 CNV 中的解脱波（extrication from mental load，EML）、失匹配负波（MMN）等。ERP 研究中一般着重关注后三种，也就是更能反映认知相关过程的脑电成分。

根据前述的 EEG 与 ERP 的一般规律与特征，在进行 ERP 实验的过程中需要注意：与自发脑电相比，ERP 信号的幅值较小，最多为几十微伏；频率较低（0.5~100 Hz）且干扰源多。脑电信号采集过程中，50 Hz 市电，设备电路，被试的心电、眼电、肌电、皮电等均会引起伪迹，需要对采集到的信号进行伪迹去除、特征提取和识别。此外，ERP 成分的潜伏期及波幅要受到物理因素、心理因素、生理因素的综合影响：刺激概率越小，波幅越高；刺激时间间隔越长，波幅越高；此外潜伏期与年龄呈正相关，随年龄增加而延长，而波幅与年龄呈负相关。另外，刺激的感觉通道不同、被试的觉醒状态、注意力是否集中、任务难度等，皆可影响 ERP 成分的相应特征。

与脑部疾病造成的病理变化（如棘波、慢波等）相比，外界刺激、认知活动或者意识变化导致的脑电生理性改变是一过性、可逆性的，因此在脑电数据分析当中影响因素众多，不确定性较强，要通过缜密的实验设计与恰当的统计手段来进行辨识与区分，对其心理意义及规律的解释则需要非常慎重。在临床 ERP 研究当中，需要注意：慎重选择被试的入组标准，尽量匹配病例组与对照组；实验设计在满足有效性后尽量使设计简单、便于被试完成；实验过程中详细记录被试的表现情况；数据分析时注意临床样本的异质性及个案研究的重要性；溯源分析不是必要的，首先应做好基本波形分析（潜伏期、幅值、脑区分布）。

作为对神经活动的无创性直接测量手段，加之毫秒级的高时间分辨率特点，ERP 作为脑成像技术的优势是毋庸置疑的，因此目前 ERP 已经成为研究脑认知活动的重要手段。尤其是 ERP 技术相对其他技术而言成本低，设备相对简单、便携性高，技术难度相对低，数据采集速度快，简单平均 EEG 试次就足以使 ERP 可视化，对参与被试而言禁忌证较少。这些都是近年来 ERP 技术被广泛应用于精神心理以及神经疾病领域的临床问题研究中的重要原因。

但是 ERP 技术当前也仍然存在一些不足之处：空间分辨率较低；由于同时有各种噪声源及容积传导效应的影响，较难准确判断产生 ERP 的特定神经源；各 ERP 成分的确切心理意义尚存在争论；在数据采集、处理和分析过程中，各步骤采取的参数选择并不存在黄金标准；在对 ERP 数据进行处理时，对数据点进行加权的过程也可能存在潜在的 I 型错误等。

近年来，ERP 在心理病理学和个体差异研究中的应用越来越广泛，如 ERP 可以与遗传风险相联系，作为发育轨迹和应激反应的调节因子；运用与多种表型和疾病有关的特异 ERP 成分，有可能阐明疾病和特质之间的共性和区分性，研究跨疾病的神经过程；结合高发家庭的研究、前瞻性队列设计等和新型的预测模型构建技术，可能揭示 ERP 特征与疾病风险之间的关系、预测治疗反应、发展新型治疗方法和神经干预靶点等。由于 ERP 既可以作为临床变化的有关检验手段，也可以作为临床变化的预测因子，因而具有广泛的应用前景。相信未来将 ERP 有机地整合到传统临床治疗研究当中后，其将在识别、预测、治疗和预防精神心理障碍方面做出更大的贡献。

四、脑磁图

脑磁图（magnetoencephalography，MEG）是利用低温超导原理，通过头皮传感器探测在脑外记录脑内神经电活动产生的生物磁场信号的无创伤性脑功能检测技术。MEG 的主要探测设备为超导量子干涉仪（super-conducting quantum interfere device，SQUID）。1968 年，麻省理工学院的 David Cohen 借助 SQUID 技术首次记录到了脑磁信号，证明了脑磁是可以被观测到的。此后，研究者尝试研制可作为医学科研仪器使用的脑磁图：1983 年，4 通道的探测标志着脑磁图的诞生；1986 年，发展为 7 通道，仅可覆盖 7 cm^2 的大脑表面积；1992 年，122 个通道的 MEG 首次可覆盖全脑；1998 年，已发展到具有 306 个通道的 MEG 设备。近年来，基于原子磁力计的脑磁图信号记录系统的研制成功，又开启了 MEG 作为可穿戴式设备应用的新领域。总体来说，作为脑成像技术的 MEG 在对活动的神经元的定位精度和测量信号的灵敏度上具有很大优势。图 7-17 为基于超导量子干涉仪（SQUID）的 MEG 发展演变过程。

前面我们已经介绍过 EEG 的成像原理：新皮层中存在的大量平行排布的锥体细胞，当大量平行排布的突触在数十毫秒内激活产生的突触后电位叠加，形成的电场方向一致，就可以形成在较远的距离（头皮处）可记录到的电信号。而这种突触后电位的叠加在脑沟回中产生的集合电流也将同步产生与电流方向正切的微小生物磁场，用非常敏感的弱磁探测仪才可在头皮外探测到，这就是 MEG 的成像原理，与 EEG 是类似的。

如前所述，1924 年，研究者就已经观察到了脑电信号，但脑磁信号的观测则到了 40

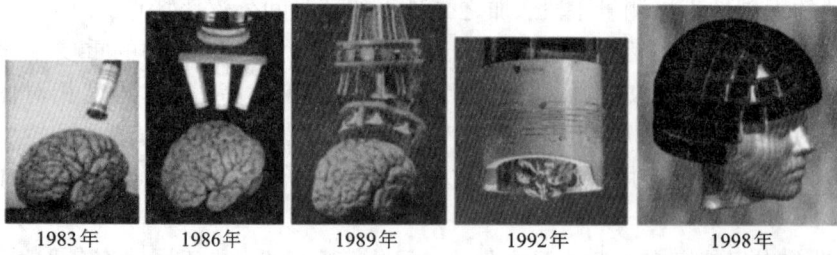

图 7-17　基于超导量子干涉仪（SQUID）的 MEG 发展演变过程

多年以后。原因是脑磁场仅为地球磁场的十亿分之一，地球磁场约为 0.5 mT，而 105 个神经元同步活动时产生的磁场强度约为 100fT（飞特斯拉，$10^{-15}T$），因此神经磁场的强度通常为 50～500 fT（图 7-18）。要探测到这样的超微弱磁场而不受到其他电磁场的干扰，需要一种极其灵敏的磁探测器，因而在测量技术上面临巨大的难题。直到 SQUID 技术诞生，David Cohen 才第一次实现了脑磁检测。SQUID 消除环境磁场干扰的原理是：由于脑磁场随距离的增加而迅速减弱，通过远近两个线圈的磁场强度及感

图 7-18　环境噪声与神经元电活动的生物磁场强度比较

应出的电流大小就有不同，因此在环路内会形成电流，而环境磁场却不存在这一效应。不过，SQUID 系统需要被放置在杜瓦桶中才能维持超导状态，经液氦冷却提供所需的低温，因此该系统体积较大，价格昂贵，且测量系统通常要置于特别的磁屏蔽环境内。图 7-19 为脑磁屏蔽房和商用 MEG 探测设备。

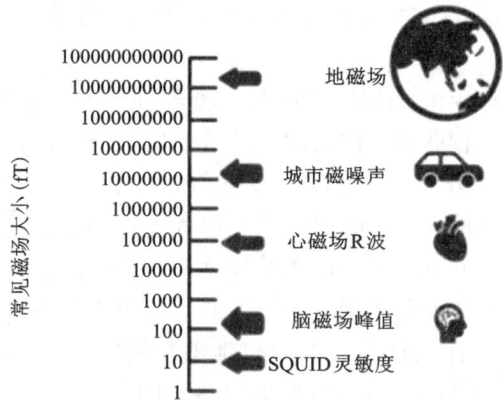

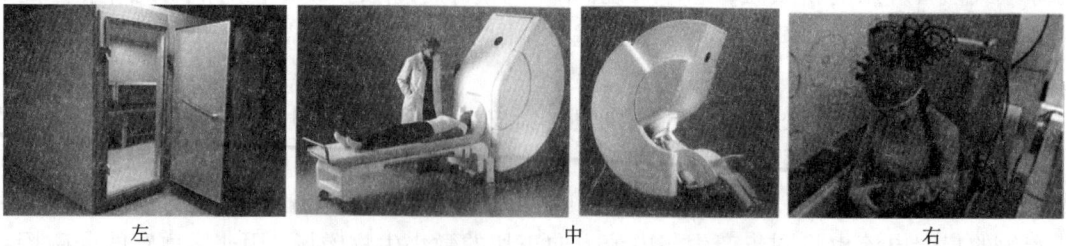

图 7-19　脑磁屏蔽房和商用 MEG 探测设备

左：脑磁屏蔽房；中：卧式及坐式 SQUID-MEG 系统；右：基于原子磁力计的可穿戴 MEG 系统

作为一种脑成像技术，MEG 检测过程中没有对人体有害的射线、能量或机器噪声，安全性好，且具有毫秒级的时间分辨率和毫米级的空间分辨率，可以实时探测脑内的神经活动过程。由于 MEG 是对脑内神经电活动发出的生物磁场信号的直接测量，磁场的传播不受脑组织的导电率和颅骨厚度的影响，因此 MEG 的时间分辨率与 EEG 一样良好，而在测量信号的灵敏度、空间分辨率及溯源结果方面要远优于脑电。还有，MEG 并不需要参考电极，可以直接进行功能区定位；探测仪也不需要固定在患者头部，测量前无须像 ERP 一样对患者做特殊准备，一次测量就可采集到全头的脑磁场信号。尽管与 PET 和 fMRI 等技术相比，MEG 仍必须与 CT 或 MRI 等影像学资料结合才能形成与个体头部解剖学标志的联系，相对空间分辨率较差，但时间分辨率上是极具优势的。

虽然 MEG 作为脑成像方法在技术上具有一定优势，但其设备昂贵，SQUID 系统的运行需要消耗大量的液氦，使用成本极高；SQUID 对外界震动、电磁脉冲等都非常敏感，而且容易损坏，因此，MEG 设备需要安装在专门进行了严格屏蔽的磁屏蔽室内；测试时被试不能携带任何可能引起各种运动伪迹与磁场污染的物品，被试的头部也必须与 MEG 系统保持相对固定。此外，MEG 的溯源定位有赖于解决逆问题的算法，而任何一种算法都会有其不足或误差。上述各种问题在很大程度上限制了 MEG 的普及和发展。

目前，脑磁图的临床应用主要有：用于术前功能区或癫痫病灶等的定位，指导神经外科的手术规划；利用其高时空分辨率追踪快速神经活动的特点，目前在认知神经科学研究尤其是语言理解与感知等领域应用较为广泛；由于 MEG 检测完全无创无损，在早期诊断、多次测量和动态指导以及调整治疗方案等方面也应用较多；在脑机接口和人工智能研究领域，MEG 也是一种很有潜力的技术手段。

近年来，基于原子磁力计（optically-pumped magnetometers，OPMs）的新型 MEG 的出现，又给脑磁图的发展带来了新的空间。原子磁力计是基于无自旋交换弛豫（spin-exchange relaxation free，SERF）技术开发的，简单来说就是利用原子自旋的磁效应实现对微弱生物磁场的测量。2018 年，英国诺丁汉大学首次实现了完全基于常温原子磁力计的脑磁图信号记录和空间溯源定位，并验证了可穿戴式脑磁图的可行性。由于原子磁力计可以在室温环境下工作，无须液氦冷却，而且体积小、质量轻，探测器更靠近头皮表面，信噪比更高，可以制作为柔性、可穿戴仪器，不仅适用于全年龄人群，还可在运动状态下进行记录。此外，原子磁力计可通过半导体工艺实现低成本的大批量生产，从而大幅降低了 MEG 的临床综合使用成本。因此，这一技术引起了广泛关注，被普遍认为具有巨大的应用前景。

五、光学脑成像

光学脑成像是指在活体状态下，利用光学手段对动物或人脑内某种特定结构或功能进行成像，并对图像进行收集和分析的过程。具体来说，光线被照射在大脑表面后，会经历吸收和散射两个过程（图 7-20），然后被位于头皮表面的多个光电极探测到。当神经元的活动所带来的血容量、血氧合程度的变化，以及神经组织的光散射特性（由离子和化学运动引起的）导致大脑表面光反射率发生微小变化，在基线与呈现刺激时就可以探测到差别，因而光学脑成像可用于间接检测神经活动的变化。光学成像技术允许空间分辨率为<1mm,

时间分辨率为 2~8 s。活体光学脑成像技术根据其成像范围可分为细胞或亚细胞水平成像和广域成像两大类;它可以是侵入性的(打开颅骨显示大脑表面),也可以是非侵入性的。但是,在头皮表面进行非侵入性的探测所得的信号,要比侵入性光学成像所得的信号弱得多。

目前,动物活体光学脑成像往往是侵入性的,主要通过化学方式(利用带有荧光集团的有机物与细胞或细胞内离子结合)或生物方式(利用病毒感染或转基因方法在神经细胞内表达特异性荧光蛋白)人工标记荧光,然后对荧光信号进行记录,来反映某一特定的细胞结构或功能。

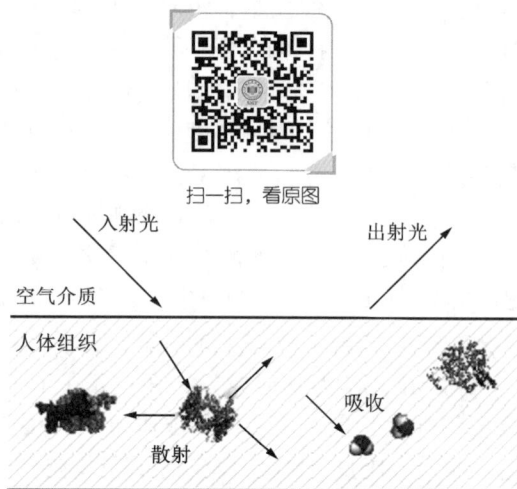

图 7-20 光学成像的原理:吸收和散射

活体光学成像技术可以与传统的行为学研究、电生理技术以及现代光遗传学技术结合,在神经科学研究中显示了巨大的潜力。随着荧光显微镜和共聚焦显微镜等现代显微镜技术的快速发展,甚至可以在动物自由活动时进行深部脑结构的细胞水平成像。

在人类活体脑功能研究中应用的光学成像技术通常是非侵入性的,功能性近红外光谱技术就是其中最有代表性的一种。但这种成像方式会因为头皮、颅骨的散射而带有较大误差,即使经过一些补偿或去噪,往往分辨率也还是在厘米级别的。也有一些人类活体研究选择在患者接受神经外科手术的过程中进行开颅与开窗,然后用近红外光照射并采集成像数据,这样就可以获得亚毫米级别的空间分辨率,但在这一过程中患者的身体移动、心跳脉搏和血管舒缩等仍然会导致一些数据噪声。

近红外光(near-infrared spectroscopy, NIRS)是一种波长为 650~950 nm 的电磁波,它位于可见光和红外光两波段中间。功能近红外光谱技术(functional near-infrared spectroscopy, fNIRS)是一种可对脑活动时的功能性血液动力学反应进行检测的无创性脑功能成像技术,它利用了生物活体组织如脑组织对波长为 650~950 nm 的近红外光具有良好的穿透和散射的特点,通过近红外光测量脑组织中伴随功能活动的局部脑区血液动力学响应,间接地反映大脑的神经生理功能活动。

fNIRS 的成像原理主要利用的是近红外光在人体的光学窗口。如图所示:在波长 650~950 nm 的近红外光区,人体组织中含量最多的水和蛋白质等对光的吸收水平到达局部的最低值,该区域也被称为"光学窗口"。通常状况下,生物组织是一个很强的光散射体,光在组织中经过多次散射才能从光源到达检测器。光子在人体中的散射系数远远高于其吸收系数,但是散射对光强的影响却远远小于吸收,随着在组织里传播路径的增长,光子的能量迅速减弱。近红外光光子在生物组织中也是高度散射的,在 650~950 nm 的这一光学窗口内,皮肤、组织和骨等生物组织对近红外光呈现出低吸收、高散射的光学特性,几乎是透过的,但与神经活动相关的氧合血红蛋白(oxyhemoglobin, HbO_2)以及脱氧血红蛋白(de-oxyhemoglobin, Hb)等却对这段波长很敏感,因此近红外光主要会被 HbO_2 和 Hb 吸收。根据这两种蛋白质的吸收光谱的差异(图 7-21),选择两种波长以上的近红外光,就可以实时监测血红蛋白浓度的相对变化。这与功能磁共振的原理是相同的，基于对血红蛋白浓度变化的血液动力学响应，大脑功能活动引起的相应脑区血液动力学参数的变化就可以由从皮层返回的散射光的强度、相位等特征来进行推论，从而间接获取相应脑区的活动信息。因此，fNIRS 研究利用近红外光在人体的光学窗口，结合光传播模型，对光通量的变化与脑血流量变化情况进行前向和逆向过程计算，就可以反映大脑的功能状态，从而使利用光学手段无创地探测神经活动成为可能。

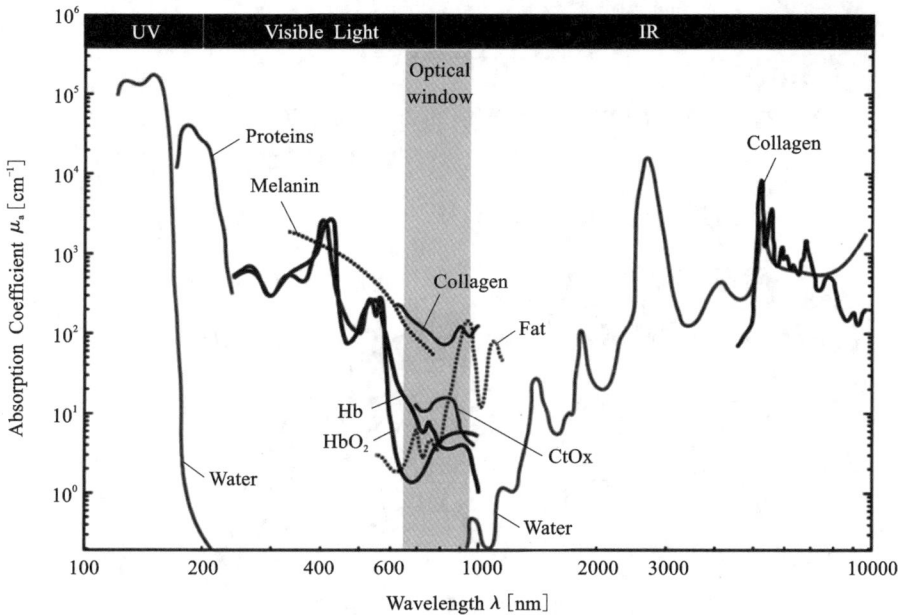

图 7-21　生物组织中的主要物质在近红外光波段的吸收系数（引自 scholkmann，2014）

HbO_2 和 Hb 在 800 nm 波长处具有相同的吸收系数，但是 Hb 在大于 800 nm 的波段吸收系数更低，在小于 800 nm 的波段内吸收系数更高。

1977 年，Jobsis 第一次用近红外光对动物大脑皮层中的血氧水平进行检测，观察到成年猫大脑皮层内氧合血红蛋白、脱氧血红蛋白和细胞色素的浓度变化曲线，而且发现血液中的脱氧血红蛋白和氧合血红蛋白的吸收峰不同，因而其变化可以反映血红蛋白的载氧情况。在 1991 年之前，fNIRS 技术使用的都是透射光检测，因而应用有限。随着光学理论和电子计算机技术的飞速发展，尤其是光散射理论模型和反射式扩散光学成像技术的应用，检测成年人活体大脑皮层的功能活动及血氧水平变化成为可能，fNIRS 技术也因此得到了快速发展。由于 fNIRS 具有较高的安全性、操作简单、成本较低，目前已在脑科学研究领域得到了广泛应用，应用范围除进行脑功能检测外，还有 fNIRS 的成像分辨率研究、基于 fNIRS 的脑机接口研究等。

fNIRS 研究的光发射器和探测器通常会放置在被试颅骨的同侧（图 7-22），照射在头皮表面的近红外光可以穿透头皮、头骨进入脑皮质组织，经过皮质中血红蛋白的吸收和散射，其中一部分散射的近红外光会返回头皮表面，并被探测光电极检测到，这一过程中光的传播路径呈椭圆形，类似香蕉的形状，因此也被称为光子香蕉，具体如图 7-23 所示。

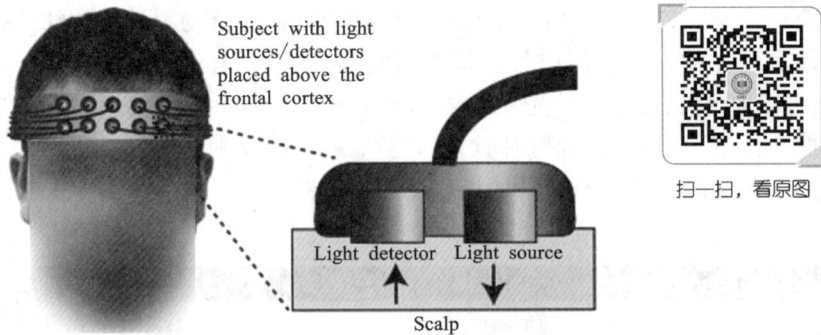

图 7-22　便携式 fNIRS 仪器示意图(引自 Carter, 2015)

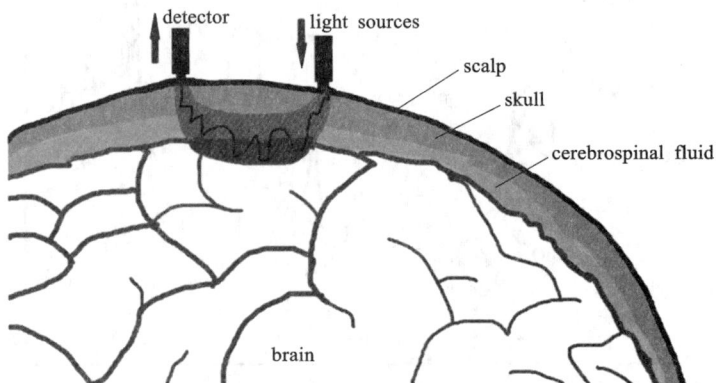

图 7-23　近红外光在大脑模型中的路径

近红外光经发射器射出，穿过头皮、颅骨、脑脊液，并沿"香蕉型"路径穿出脑组织

　　根据 fNIRS 设备的体积，可以将其分为大型设备和可穿戴设备。目前，大型 fNIRS 设备在学术研究与临床应用中均取得了较大的进展，如用于辅助性鉴别诊断不同的精神障碍并进行疗效评估等。但大型 fNIRS 设备的体积较大，还受光纤长度所限，只能在实验室内进行测试。而可穿戴设备体积小、轻便，还可电池供电和进行无线数据传输，适用于自然情境的研究，是当前受到广泛关注并快速发展的领域。

　　根据采用的技术和使用的光源形式，fNIRS 研究可分为连续波(continuous wave，CW)、频域(frequency domain，FD)和时域(time domain，TD)三类。其中 CW 采用恒定频率和振幅发光的连续光，只能对光的强度这一种信息进行测量，利用具有不同波长的光源反映血氧的相对浓度变化，但由于测量血红蛋白浓度的绝对变化需要了解光子路径长度，因而 CW 不能测量脑结构和血氧的绝对值。CW 技术原理简单，对光源和检测器要求低，是当前采用的主要方式，临床应用也最为广泛。FD 通常采用的是光强高频调制的光源，光强是在一个稳态值的基础上叠加一个高频调制的正弦波，在接近 100 MHz 的频率处提供调幅正弦曲线，可同时测量光的相位和强度，以提供对组织的吸收和散射系数的直接测量，不需要关于光子路径长度的信息就可获得脑结构和血氧绝对值。但 FD 需要高频光源和检测器，以及进行相位测量，系统复杂度高，价格也较高。TD 则采用高速光脉冲激励光学系统，通过单光子计数技术测量出射光的光子飞行时间分布，由于这种方法需要发射超短脉冲，并在数百皮秒(1皮秒=10~12秒)内进行脉冲响应的检测，因此携带的脑部信息丰富，可探测脑部深度最大，也可以测量脑结构和血氧绝对值，是当前学术领域研究的热点。但TD技术需要高速检测和高速发射器，技术复杂，价格也最昂贵，目前主要处于实验室研究阶段。

与其他脑成像技术相比，近红外脑成像技术具有非侵入、无须注射辐射性造影剂、体积小、佩戴方便的优点，此外还可以较为准确地定位发生神经活动的脑区，运动敏感度较低，设备的可移动性及兼容性均好，非常适合在自然情境下对脑活动进行检测。较fMRI而言，fNIRS的时间分辨率高、对有磁性的物体不敏感、装置小型、便携灵活、对被试身体活动限制较小，可以提供更为丰富的皮层血氧代谢信息，且价格低廉；而与EEG相比，fNIRS则具有更高的空间分辨率(厘米量级)，具有更好的抗噪声性能，尤其对相对运动的抗稳定性好，可以在需要的时间、地点进行长时间、不间断的测量。

不过，fNIRS也有明显的技术缺点：穿透深度较为有限。与fMRI相比，fNIRS不仅空间分辨率较低，而且不能探测到皮层深部组织与结构，只能检测大脑浅皮层的血氧代谢。而与EEG相比，由于fNIRS与fMRI一样测量的是血液动力响应信号，这一信号的本质决定了它的时间分辨率会较EEG更差。此外，需注意的是，fNIRS获取的诱发脑活动的信号中实际包含有噪声，如何全面认识噪声源和噪声类型、去除无关信息干扰、提取高质量的信号，是近红外光谱脑成像分析建模过程中越来越重要的环节。对于便携式fNIRS产品而言，在体积控制和通道数量上的平衡也是影响在自然情境下应用其进行脑科学研究的重要因素。现有的多通道成像产品的头戴NIRS帽都比较沉重，往往大于500g，长时间佩戴会导致头部不适，且影响自然情境下被试的自由活动，而质量轻便的产品又只能提供很少的通道，不能满足精确的脑区定位需求。

不过，近年来致力于提高光学成像的穿透深度，以获取深层脑神经网络的结构和功能数据的研究，在侵入性光学成像领域的动物实验中得到了快速的发展：如双光子成像、三光子成像、自适应光学技术等新型光学成像技术，不仅提高了光学成像在活体，甚至清醒动物大脑中的穿透深度，甚至可以获取神经元的亚细胞器(胞体、树突、轴突)的电活动信息。当前的热点之一是结合先进的荧光标记、组织透明等技术与自适应光学技术、超分辨率光学成像技术等新型光学显微成像技术，在透明化的动物全脑对神经网络结构进行高分辨率的光学成像与重构，这一工作对于脑神经环路的基础研究无疑具有相当重要的价值。

六、小结

以上我们分别介绍了PET、fMRI、ERP、MEG，以及fNIRS等多种非侵入性的脑成像技术。可以看到，每种技术均有优劣，任何单一的成像手段都未能达到"理想"状态，在成像方法、实验模式上仍有很多可以进一步改善，甚至有待发现之处。此外，一些与技术相关的重要生理机制(如神经活动是如何引起血氧变化的)目前尚不清楚。总体来说，数据分析方法虽然日新月异，但如脑电逆溯源算法、fMRI伪迹的识别和去除等问题的相关处理方法还不成熟。而且，脑成像研究结果的稳定性与可重复性尚有待提高，向临床医学的转化与个体化水平的应用还期待有更大的突破。

2015 年，Grouiller 等针对药物耐药的局灶性癫痫患者如何尽量切除癫痫灶、改善症状但又尽可能有效地保留大脑的功能，进行了多模态脑成像技术的联合研究。他们采用了高密度（256 个电极）磁共振兼容脑电图系统和混合 PET/MR 扫描器对 12 名患者进行了四模态的综合成像：结构 MRI 和 PET 检测致痫性病变，同步进行的脑电图和功能 MRI（EEG-fMRI）与基于脑电图的电源成像（ESI）用于癫痫活动过程状态的测量，而且在摄取 PET 示踪剂期间进行 EEG 检查与 ESI 分析，该信息又可用于指导 fMRI 分析与发作间样活动相关的血流动力学变化，具体流程如图 7-24 所示。整个多模态记录可在不到 2 h 的扫描时间内完成，患者舒适度良好。这种单次四模态成像提供了可靠的发作间期临床数据，确保在患者处于相同的疾病状态和相同的药物治疗状况下采集可协同分析的数据，避免了多次扫描，减少了总扫描时间，辐射暴露也更少，因此显著改善了癫痫病灶外科手术切除前的工作流程，降低了术前评估的时间与经济成本。

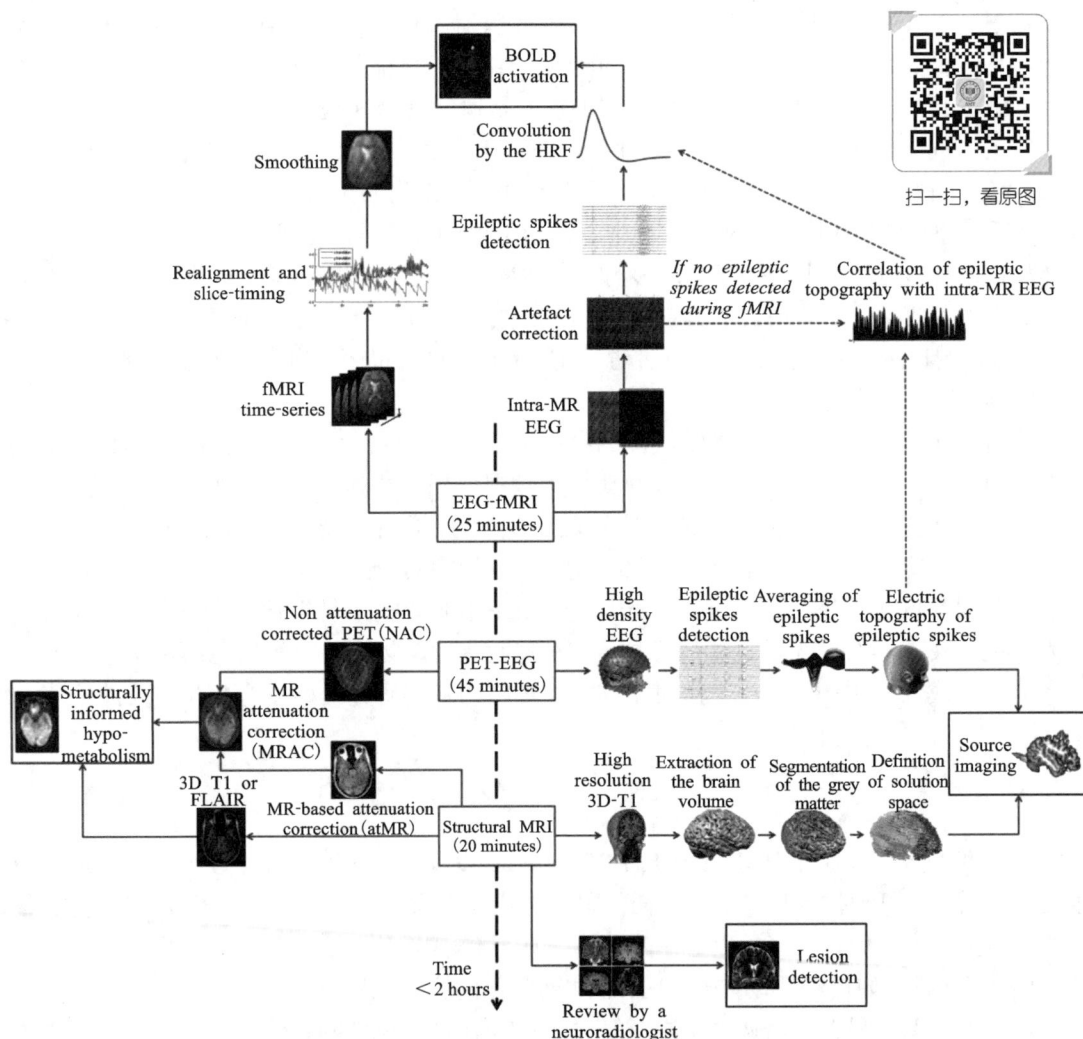

图 7-24　多模态脑成像技术联合研究范例流程图（引自 Grouiller，2015）

21世纪是脑科学的世纪，当前人类对大脑的探索研究已跨入大数据时代，各国争相开始脑计划和脑科学研究。人们期待对大脑的深入研究将神经科学、计算科学、信息科学、医学、科学哲学等学科联合起来，形成从微观的神经元到宏观脑皮质甚至个体行为的"大科学"。在面临如此重大挑战的今天，脑成像技术必将在这一方舞台上发挥举足轻重的作用。任何学科背景的人均无法独立从事此类研究，任何单一的手段也无法解决脑科学的问题，不同成像手段的结合、脑成像技术与其他实验技术的结合都将是必要的途径。因此，作为研究者不仅要有严谨的科学态度，而且要有开阔的科研思路、对科学不断探索的"好奇心"，只有这样才能推陈出新，引领脑科学领域的进步。

（王湘）

第八章　脑影像学研究范式与设计

第七章我们介绍了当前应用非常广泛的几种常见的非侵入性脑成像研究技术。从这些技术所采集的数据类型来说，基于研究范式的任务态研究数据是对大脑功能的探索和分析中极为重要的一部分。而无论是应用 ERP 技术，还是 fMRI 或 fNIRS 技术进行的任务态研究，研究范式与实验设计都可以说具有决定性的地位。那么，任务态的实验设计主要有哪些？在不同的实验设计中应当注意哪些问题？这是本章主要介绍的内容。不过，根据所采用的脑影像学技术的不同，实验范式与技术参数的选择、实验刺激的呈现与编排的可能性、信号采集及分析策略中需要注意的侧重点均有不同，在这一章当中难以一一介绍。我们将以当前应用广泛的任务态 fMRI 研究为例，首先介绍任务态 fMRI 实验研究的设计分类，如减法设计、因子设计、参数设计等，以及刺激呈现和编排的分类，如组块设计、事件相关设计、混合设计等，并给出实验范式的示例，进一步说明在技术层面需要注意的事项，如在实验中进行图像采集，以及图像分析策略等方面的问题。

第一节　任务态 fMRI 研究设计概述

一、fMRI 研究设计的基本概念

(一) 研究设计应为解决科学问题、验证研究假设服务

在进行磁共振研究的实验设计之前，我们应当谨记，所有的实验研究都是从一个科学问题开始的。研究者必须尽可能详细地确定他想要从这一实验中得到什么。但要注意，并不是所有科学问题的论证都适合采用神经成像的方法与技术。

然后，研究者应当依据这一科学问题制定相应的假说，即我们如何通过给定的操作来改变多个观测值。假说的关键是可证伪性，也就是说实验者可以通过设计一个实验来验证或者反驳这一假设。而研究者在实验中如何操作自变量，并且测量可观测的因变量，进而验证假说的过程，就称为实验设计。这一阶段，设计者需要注意，在功能磁共振实验当中我们通常认为给定的操作与大脑活动有关，而且观测值的改变是由神经解剖及神经生理方面的变化产生的。

(二) fMRI 实验设计可解答的问题及其局限性

在 fMRI 研究中有三种不同级别的假说，分别描述三种不同类型的研究问题。首先是

最基础的大脑血流动力学假说，主要反映了 BOLD 信号自身产生与受影响的一些问题，一般并不包括引起影响的原因。其次是关于神经活动的假说(神经元相关假说)，在第七章我们介绍过，功能磁共振并不能直接测量神经活动，研究者是通过测量 BOLD 信号并将其转化为对具体类别的刺激和神经活动的计算和推论的，但这一点又会受到 BOLD 信号自身特点的局限。再次是心理学假说，我们可以利用 fMRI 实验回答许多心理学加工的问题，如感知、注意、记忆甚至是复杂的动机、决策加工。在这三种假说中，心理学假说可能是最难构建及验证的，因为它的概念往往最为复杂和难以界定，最容易受到干扰因素的影响。不过，一旦得出明确的结论，心理学假说的影响力通常也最大，比如早期运用 fMRI 技术进行的一系列视觉研究，就逐步阐明了人类视觉系统是如何在解剖学和功能上组织起来的：视觉信息可能通过"what"和"where"两条不同的通路来完成对物体的特征及其空间位置的加工，还有关于视皮层区域间自下而上(bottom-up)的等级处理以及自上而下(top-down)的调节等。

在进行 fMRI 实验研究之前，研究者需要清楚地认识到，所获得的磁共振数据与我们想要探测的心理加工过程仅仅是相关的关系，并不能利用它来做因果推断，而这是由 BOLD 信号自身的性质决定的：当被试在实验中接受刺激产生心理加工过程，相关的神经元会发生电位变化并产生突触传递等，这一过程中的代谢活动需要消耗氧气，因此产生了与血氧水平有关的血流动力学改变，继而，MRI 仪器可以观察到图像的灰度改变。从上述过程的描述中我们可以清楚地看到，实验当中 fMRI 所捕获的 BOLD 信号可能只是作为一种神经活动的附带产物存在，信号的变化反映了信息加工过程中相关联的血流动力学的多种形式改变，但并不直接反映信息加工的过程，因此它并不是因果链条当中的一部分。直至目前，科学界仍未能明晰从神经活动到导致 BOLD 信号改变的过程，而这一"黑箱"会阻碍我们对实验涉及的操作与结果进行直接的因果推断。当然，虽然 BOLD 活动的机制还没有得到完全理解，但是任务态 fMRI 所得的这类相关结果并不是毫无意义的。通过结合仔细精巧的实验设计与数据分析方法，BOLD 活动还是可以对神经活动进行有效预测的。

(三)合理设置实验条件对比，有效去除干扰因素

如果我们设计一个实验来验证"对于自变量的操作可以引起因变量的改变"的假说，那么最简单的实验至少也会包括两个自变量水平，以及可测量的因变量值的变化。通常，我们根据自变量的不同水平将实验分为实验条件(任务条件)和对照条件(基线或非任务条件)。在功能磁共振设计当中，自变量可以是分类变量，也可以是连续变量，前者应用得更普遍。如果我们针对科学问题与假说，选取了良好的实验和对照条件，就可以尽量减少与自变量相关的其他干扰因素的影响。

理想状况下，实验条件和对照条件在性质上只有一个差异，那么所有因变量的改变均会来自这一性质的改变。但如果条件在多方面均有差异，那么就会存在多种关于实验结果的解释。针对这一问题，有时我们会在同一个实验中设置多种条件，以排除常见的干扰因素：如在视觉感知研究中研究面孔加工是否有特异性的加工脑区，我们可以在一个实验当中呈现多种不同类型的视觉刺激图片，如十字架注视点、字符串、无意义的马赛克图片、数字、字词、被扭曲变形的面孔图像以及人类面孔图片等，然后观测被试大脑内部信号的变化，对其诱发的大脑加工激活进行定位分析与比较。而通过寻找面孔图片分别与其他各种视觉刺

激信号对比后的激活共性，我们就有可能发现面孔加工的特异性脑区。

在一些比较复杂的任务态 fMRI 研究当中，由于实验操作相关联的因素较多，往往很难发现相关性与因果关系之间的混淆，有时会导致错误的结论。例如，在研究酒精对运动皮层功能的作用时，如果研究者在电脑屏幕上不断随机播放 L 和 R，要求实验者握紧相对应的左手或右手，然后发现饮酒的人比饮水的人大脑运动皮层的激活程度更低，此时如果得到"酒精能降低运动皮层的神经活动"的结论，那么看起来会很合理。但如果仔细考量同时观测到的全部行为学指标，就可能发现大脑运动皮层激活降低的原因还不能确定。比如在饮酒者的行为表现当中，握手的动作次数是显著少于饮水者的，错误率也显著高于饮水者。那么究竟是酒精的影响，还是饮酒者本身动作的减少导致了运动皮层的神经活动下降？恐怕还需要进行额外的实验才能确定。

此外还有一些常见的问题，如实验条件按固定顺序出现，或者在双手按键反应过程中未进行利手非利手的平衡等，往往也会导致我们不能确定所得到的大脑激活结果是否只是受到了对自变量的操作的影响。不过，通过在实验设计中尽可能地遵循一些基本原则，上述情况所造成的干扰因素就有可能被去除。比如在实验设计允许的情况下，随机化是最常用或最基本的方法之一，可以减少与任务转换相关的很多干扰因素；如在有多个 session 的磁共振任务当中，平衡各个实验条件在每个 session 中出现的顺序，就可以使实验顺序的影响在所有条件水平上相似。但需要注意的是，不是所有的实验都可以将各个因素之间进行完全的随机化，有时随机化本身又会带来新的干扰因素。在实验设计完成以后，研究者进行预实验并详细听取被试对实验过程的看法与反馈，包括对任务执行策略的看法与反馈，可以发现许多意想不到的干扰因素。有可能的话，研究者本人应当作为被试亲自参与一次实验，这可能是最简便易行的识别与预期不一致的干扰因素的方式，尤其是一些主观感受层面的因素。

（四）实验环境和刺激参数

实验环境的设置和刺激参数的选择在实验任务的设计中是至关重要的环节，但其涉及的内容繁多，在这里不一一陈述。一般来说，在视觉加工实验中，我们要注意光照和空间频率、图片的对比度、亮度、实验时的视角等；在听觉加工实验中是注意频率、声压和持续时间，采用体感刺激的实验则主要注意刺激持续时间、频率和强度等。除了这些常规的实验要素外，任务态 fMRI 研究特别要注意的是，被试是躺在磁共振扫描仪当中完成任务的，因此听觉刺激会受到仪器扫描声响的影响；视觉刺激也有可能因视觉呈现系统的配置不同，使得被试的主观感受有很大差别，如目镜式与投影—镜子反射式视觉呈现设备在视觉效果上的差别，液晶屏显示带来的色差等；一些特别的任务反应需要涉及的设备需要事先做电磁屏蔽处理；等等。

在刺激的编排上，刺激呈现时间、刺激呈现概率、刺激间隔是 fMRI 任务设计的三大要素，其中刺激间隔又包含 SOA（stimulus onset asynchrony）、ISI（interstimulus interval）、ITI（intertrial interval）等，SOA 指的是从前一个刺激的起点到后一个刺激的起点（onset-onset, stimulus onset asynchrony），ISI 指的是从前一个刺激的止点到后一个刺激的起点（offset-onset, interstimulus interval），ITI 则是指两个 trial 之间的间隔，即从前一个 trial 的止点到后一个 trial 的起点（intertrial interval）。这三种刺激间隔的关系如图 8-1 所示。根据所提出的假设将上述参数和条件进行各种精巧的组合，实验研究的范式可以千变万化，用于回答各种复杂的心理问题。

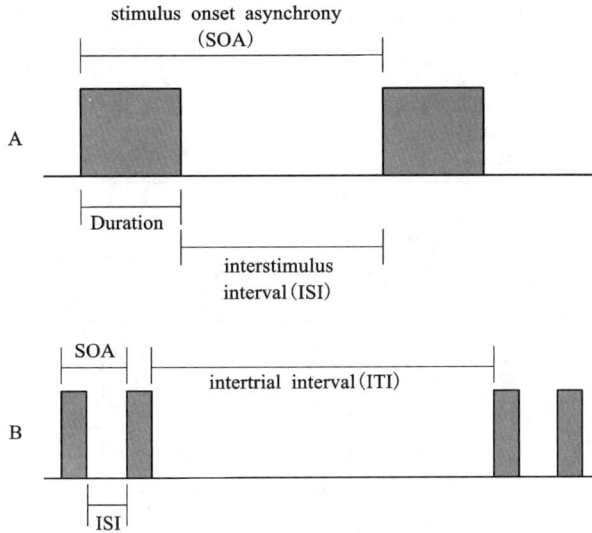

图 8-1　三种刺激间隔的关系（改编自 Steven J. Luck.）

　　总体来说，最好的任务态 fMRI 实验设计应当是：既能使被试高效地回答他感兴趣的问题，同时又只需要进行尽量少的任务操作；实验设计的操作可以有效地唤起感兴趣的认知加工过程，并且通过不同实验条件的刺激编排，引起与不同认知过程相关的 BOLD fMRI 信号变化的最大化；通过这一实验过程可以检验某一具体的假说从而说明一个明确的科学问题，同时还可以排除其他解释的可能；另外，还应尽可能地将对金钱、时间、精力的消耗降到最低。最后这一点在 fMRI 实验设计方面尤其需要引起注意，因为同一个假说可以用多种功能影像的手段来进行检验。在上一章已经比较过，各种功能脑影像的检测手段均有自身的优劣，fMRI 研究相对比较昂贵，而且需要依赖大型设备，尽管空间分辨率较高，但时间分辨率并不高，且只能间接地反映神经组织的活动状况。因此，只有当 fMRI 研究设计能够得到其他脑成像研究手段所不能反映的信息时，才有应用这一手段的必要性。下面我们将介绍任务态 fMRI 研究实验设计的不同设计思路与类型。

二、任务态 fMRI 研究的实验设计类型

　　如前所述，由于 fMRI 技术只能间接反映神经活动，因此其研究只能采用可量化活动的相对变化来说明问题。任务态 fMRI 实验实质上是基于对大脑的有目的的干预（设置范式、实验条件的比较），同时对所呈现的刺激导致的神经系统反应（BOLD 信号变化）进行观察，从而得出相应的结论。因此，在研究设计中，实验范式、实验条件的比较策略，以及呈现刺激的策略都会极大地影响实验结果。当任务态 fMRI 研究通过比较多种不同的实验条件来回答感兴趣的问题时，不同的实验条件的比较方式构成了不同的实验设计类型。在fMRI 研究当中应用比较广泛的有：分类设计、因子设计、参量设计以及各种设计的联合（Friston，1997），具体如图 8-2 所示，以下逐一介绍。

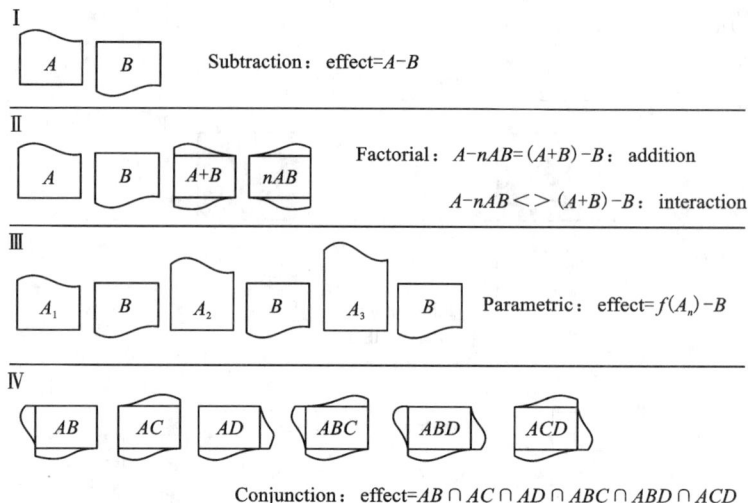

图 8-2 认知比较策略

（Ⅰ）基于"纯插入"原则的减法设计；（Ⅱ）因子设计：允许认知成分之间的相互作用；（Ⅲ）参量设计：这类设计当中某一认知加工过程的性质是稳定的，但其强度可以被调节；（Ⅳ）联合分析：采用取"交集"的方法探索共享相同的认知成分。A，B，C，D 代表实验中给定实验条件下的认知成分；nAB 表示既不包含 A 也不包含 B 的认知状况；A_1，A_2，A_3 代表三种不同认知负荷的"A"类认知成分。（引自 Edson Amaro Jr, 2006）

（一）分类设计（categorical design）

分类设计是通过比较一个实验条件对因变量的影响与另一个实验条件（或基线条件）对因变量的影响来验证假设，其特点是假设认知过程可以分解为不同的认知加工成分，而每个认知成分的加工过程是彼此独立、不存在相互作用的。也就是说，我们可以通过假设"纯插入"（pure insertion）来增加和删除不同的认知成分。分类设计还可以进一步分为减法设计（subtraction design）和认知联合分析（conjunction analysis）设计。

认知减法设计最初来源于 PET 研究，即研究者在分析数据时用被试执行任务条件时获得的图像"减去"控制条件时获得的图像。当采用这一比较策略的设计假设，任何超出统计阈值的 BOLD 信号差异均反映了对实验中两个具有可比性的任务进行加工时，存在差异的脑区活动，其设计思路就如图 8-2 中的第Ⅰ部分所示。

基于认知减法设计的实验非常简单、便于理解，而且允许对 BOLD 响应进行简单建模，有较高的统计效力。但对这一实验设计进行批评的声音也从未中断，因为除了实验设计所要调查的特定认知过程之外，各种实验条件之间还有可能有其他方式的不同。事实上，在绝大多数情况下，"纯插入"或"认知成分完全独立"的假设并不成立，不同的实验条件可能存在一些初级加工过程的不同，无法在分析中完全被"减去"。比如要求被试根据语义关联说出一些词语（"生成"条件），或者默读所呈现的词（"读取"条件），根据减法设计的逻辑就可以认为，"生成"条件减去"读取"条件所得到的激活显著的脑区是参与语义关联过程的加工区域，而同时参与这两种条件的大脑活动（如对所呈现的词语的视觉加工、基础的语音及语义加工）在减法中已经被减去。但是"生成"条件与"读取"条件的基础语音及语义加工过程可能是有不同的，因而这一减法中还存在着"混淆"。

在 fMRI 研究的早期，用来与实验条件进行对比的基线条件，往往是被试在休息状态/不执行任何任务时的扫描信号（10~30 s）。这是因为并不存在与 fMRI 研究中的 BOLD 信号相关的固有基线，研究者们因而认为休息状态约等于零活动条件，可以与认知任务加工期间的活动进行比较。而当某一脑区的活动在认知任务中激活并未大于休息状态时，人们通常就认为这一脑区没有参与任务加工。但是，随着负激活现象与静息态 fMRI 技术的发展，人们逐渐意识到在类似休息、放空、不执行任何特定任务的状态下，大脑仍然在连续不断地进行某些加工，并呈现相应的"默认"激活模式，用其作为零活动条件并不合理。因此，近年来在设计和解释任务态 fMRI 研究中，越来越重视如何设计有效的基线任务，而这一点对于减法设计的实验尤其关键。

分类设计的另一类型是认知联合分析设计，它可以被认为是一系列减法设计的组合，通过同时对几个假设进行检验，来确定在多个不同的实验任务中均存在的基础的、共同的加工处理成分，及其相应的脑激活。与单个减法设计旨在通过比较条件之间的差异来寻找感兴趣的加工脑区不同，认知联合分析的目的是寻找存在于所有认知过程当中的基础加工过程与相应脑激活，也就是寻找"共性"。采用这种实验设计的研究者，往往对减法设计中两类认知加工过程间的纯插入假设存有怀疑，因此会通过重复执行不同实验条件和基线的组合来验证假设，如分别比较被试观察面孔图片时的脑激活以及观察其他多种不同类型的视觉刺激图片（十字架注视点、字符串、无意义的马赛克图片、数字、字词、被扭曲变形的面孔图像等）时的脑激活。由于感兴趣的视觉面孔认知加工是每组实验条件组合当中唯一共同的加工过程，因而可以通过重复反应提取出有意义的结果——面孔加工的特异性脑激活。

这一过程如图 8-2 中第Ⅳ部分所示，A，B，C 和 D 分别表示在 fMRI 实验中不同实验条件下的认知成分，将多种条件的组合取交集，其共享的相同认知成分就是研究者所关注的效应。不过，认知联合设计的方法仍然要受到与减法设计类似的假设的限制，即认知加工成分之间没有相互作用。但这种方法可以有效地降低单个减法设计中被混淆因素干扰的程度，因为当只考虑所有减法设计都存在的激活时，对各个减法设计产生干扰的潜在混淆因素就可能会被去除了。

（二）因子设计（factorial design）

分类设计需要遵循纯插入原则。如果纯插入的假设不成立，那么任务条件与控制条件之间的信号差异可能并不是因为研究者所感兴趣的认知过程所引起的，而是由于加入的认知过程与预先存在的认知过程之间的交互作用引起的（Agurrre，1999）。当实验采用因子设计时，就允许各认知成分间存在相互作用：实验条件中增加的认知成分对其他认知成分的作用可以用交互作用来表示，如图 8-2 的第Ⅱ部分所示。

由于因子设计这一类实验设计是通过对多个因素多个水平进行处理的，考察因素的主效应和感兴趣的交互效应，这类 fMRI 实验中每种实验条件与每个因素的某一水平相关联。而通过检查哪些脑区在一种认知条件下，随另一认知过程变化发生了最显著的变化，我们就可以发现两种加工过程相互影响的关键脑区。那些与某成分的主效应相关联的脑区反映了该认知成分独立于其他认知成分的影响。不过，因子设计还是遵循线性（linearity）叠加原则的，即神经活动转化成 fMRI 信号时是线性叠加的，因此各条件产生的 BOLD 响应之间是线性的关联。

（三）参量设计（parametric design）

参量设计的基本逻辑并不是基于认知过程由不同的认知成分组成的，而是认为某一认知任务可以在不同的层次（加工难度、感知信号输入的强度、给药的剂量等）上进行。也就是说，在参量设计当中，该认知加工过程的本质始终稳定不变，实验操作处理的只是与特定认知任务相关的某一因素的强度，BOLD 信号响应的增加也是与这一强度的改变有关（图 8-2 第Ⅲ部分），因而随参量变化出现显著激活的特定脑区与被操纵的刺激性质或认知历程之间存在着强烈的关联。其他在任务当中出现显著激活但与参量变化无关的脑区，则只是主要参与认知过程的维持或基础状态，因为这些脑区的 BOLD 信号改变并不依赖于对参数的操作。参量设计是可以避免"纯插入"的假设的，因为在这种设计中唯一改变的只是某一个参数的强度。

比如，测量工作记忆的 n-back 任务就是采用了参量设计，"n-back"中的 n 可以是 0、1、2、3，分别代表在执行工作记忆任务过程中不同的认知加工负荷水平：被试需要把当前呈现的刺激（数字或字母等）与一个固定的刺激（n=0），或者与往前倒推 1/2/3 位的刺激（n=1/2/3）进行匹配，并回答是否一致。在这里，被操纵的参量 n 就是执行加工的认知负荷强度。已有的研究表明，在以字母为刺激形式的 n-back 工作记忆任务当中，背外侧前额叶更多地与参量变化的认知负荷强度相关，执行加工难度越大，其激活程度越高；而腹外侧前额叶更多地参与信息的维持和复述等，在不同难度的条件下均呈现类似的激活。

三、任务态 fMRI 研究的刺激呈现设计类型

在任务态 fMRI 研究中，所用的任务从本质上来说与其他的心理物理实验并没有什么差别，但由于被试要在接受扫描时同步执行任务，因此在预先设置任务和扫描序列时需要保证二者的同步性和匹配性，以便在分析时能够知道某一认知加工过程是图像时间序列中的哪些时间点。不同的刺激呈现设计类型就反映了实验所用的一系列的刺激任务素材在呈现时的时间顺序和编排的参数、逻辑的不同种类。大体来说，可以分为组块设计（block design）、事件相关设计（event-related design）和混合设计（mixed design），具体如图 8-3 所示。

（一）组块设计（block design）

组块设计是任务态 fMRI 研究中最常采用的刺激编排类型。这一设计类型会在一定的时间窗内连续呈现具有同质性的刺激，这一段与实验任务相关的加工时间就被称为组块。一个实验任务可以包含一系列由长间隔隔开的组块，组块的间隔通常为 15~30 s，可设置为基线或对照条件。由于认知加工的过程在同一组块内至少是连续的，因此测得的 BOLD 信号的不同就反映了不同实验条件中的认知加工所引起的神经激活差异。根据合理的实验条件和基线条件的选择，组块设计可以比较和检验许多认知相关的假设。

组块设计的优点是方便可靠，容易获得兴奋区的信号，稳定性较强，因而具有更高的

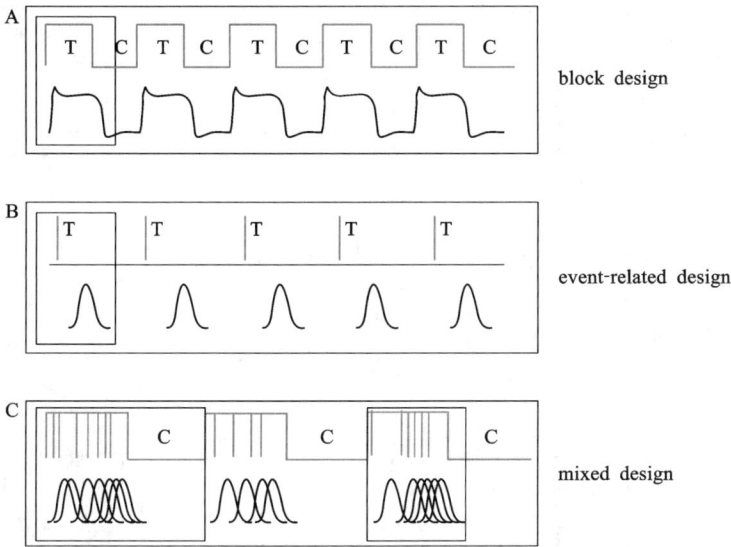

图 8-3 刺激呈现策略

（A）组块设计：同一条件的刺激组合在一起按顺序呈现，对于某一实验条件而言，BOLD反应实际上是由每个刺激的单个血流动力学响应函数组成的，通常幅度较高；（B）事件相关设计：检测每个刺激的HRF，并可以详细分析；（C）混合设计：以事件相关设计的方式紧密呈现一个刺激组合，然后以控制条件相间隔，此时既可进行事件相关分析，也可进行"认知状态"的分析。（引自 Edson Amaro Jr, 2006）

检测效能。但其检测能力有赖于实验设计产生的 BOLD 信号的总变化，检测的效率也要受到 BOLD fMRI 技术空间和时间分辨率本身的限制。而且组块设计的信号检测能力较强与它对血流动力学反应的不敏感性是有关联的。如图8-4所示，无论单个刺激所导致的血流动力学响应模式有多大不同，综合的血流动力学响应均会在任务开始时快速提高，随着组块中刺激增加到16个以上，血流动力学反应均达到峰值然后持续稳定状态，一直到组块的结束。因此，只要组块设计保持不变，即使刺激A、B、C、D在单个刺激响应期间的血流动力学类型完全不同，在长组块设计中所产生的综合血流动力学响应最终也会是类似的。所以说，组块设计中对血流动力学响应时间的变化相对不敏感的特点是其实验分析简单、检验效能强的原因，但同时也会导致其对单个刺激评估能力的损失。

此外，组块设计对头动和信号漂移较为敏感，这是由这一设计模式引起的 BOLD 信号特点决定的。MRI 扫描仪的硬件问题可能导致非常明显的扫描漂移，也就是说体素的强度随着时间的推移缓慢变化，导致信号失真的现象。如果组块设计中组块的时长非常长，就很难确定组块与组块之间的变化究竟是来自实验操作还是上述低频噪声。而当组块的长度减少的时候，任务频率增加，就能更多地排除低频噪声的干扰。

特别要注意的是：组块设计是一种基于状态的设计，其关注的是一种实验条件下的稳态激活和另一种实验条件下的稳态激活的比较，而且其信号是在对一系列任务进行平均的基础上获得的。如果设计的是不能重复执行的任务（如 oddball 范式），或者认知加工只引起神经元的短暂活动且很快适应，那么就无法采用组块设计。此外，由于组块设计的任务分析往往采用减法设计的逻辑，因而也须遵循纯插入原则和线性叠加原则的假设，但同样

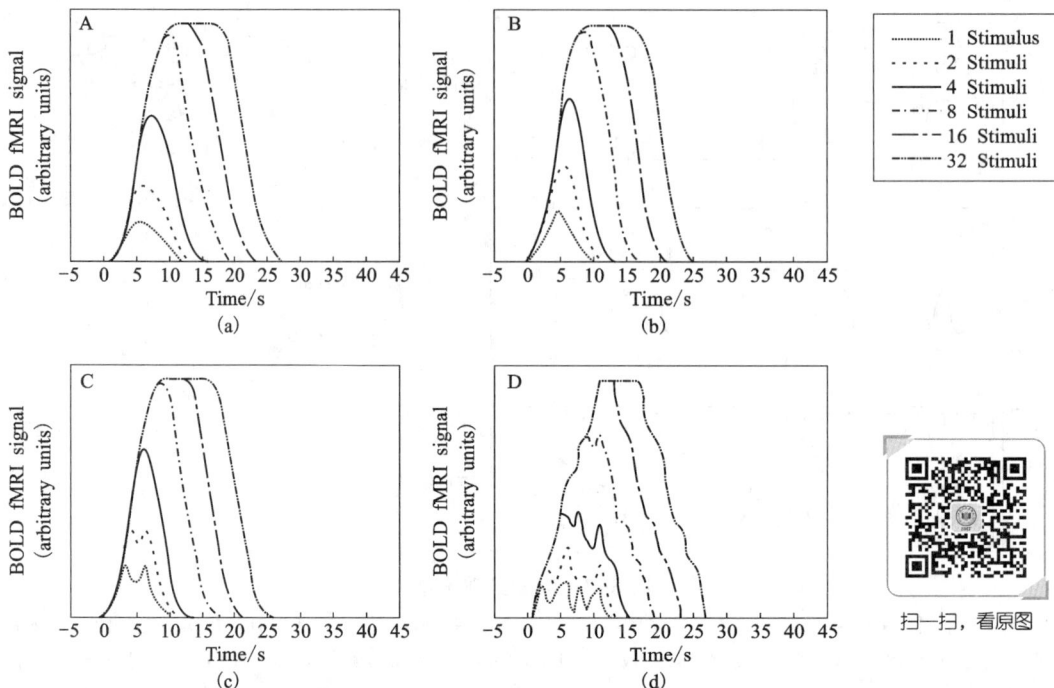

图 8-4　**Block** 设计对血流动力学响应的不敏感性(引自 **Edson Amaro Jr**，**2006**)

潜在地混淆了持续的状态相关加工过程(state-related)与短暂的刺激相关加工过程(item-related)。组块设计还不能根据被试的行为学反应结果进行事后分类分析，如在同一组块内出现错误反应是无法排除其影响的，因而无法考量个性化的选择或决定。

由于组块设计最基本的假设是不同的实验条件导致了与组块相关的 BOLD 信号的变化，在组块设计当中对控制条件的选择就尤为重要，错误的选择可能会妨碍得出有意义的结论。这里要特别注意的是，组块设计提供的只是两个条件之间相对差异的信息，而不是活动的绝对水平差异。如果没有一个合适的用于两个条件比较的基线，不同脑区的神经元活动产生的 BOLD 信号绝对值的不同就会导致在进行相对比较时的误差。早期任务态研究中常用以休息或者非任务条件作为唯一的控制条件，目前已不推荐使用，因为现在已明确这一过程包括了与自我参照、情绪处理、反思、长时记忆固化、身体内感受以及周围环境监测等特定类型的加工进程。

一般来说，选择控制条件时应该让被试一直处于参与任务的注意状态当中，或者专注于与实验条件类似但更简单、不包含实验要素的加工过程。如果实验条件是记忆单词并判断是否是前面呈现过的单词，那么控制条件可以设为仅呈现单词，要求说明是大写还是小写，因为这两个条件都需要有注意和分类判断的过程，只是做出判断所涉及的认知过程不同。在这种情况下进行实验条件与控制条件的比较，才能较好地确定实验条件下的激活只与回忆过程相关。如果同一实验条件搭配不同的控制条件，则可以用于说明不同的认知加工相关脑活动。如将外国公众人物的面孔与同样图片信息制作的马赛克图片比较，可能较多地激活了面孔认知的特异性脑区；而与陌生女性面孔图片的比较，则可用于反映对知名公众人物信息的加工差异；与中国知名女性面孔图片进行对比，就更多地是反映面孔加工的种族效应了。

在组块设计当中，如何确定组块的时间长度也很重要。组块时长一般从 10 s 到 1 min 不等，30~45 s 较为常见。这是由于在组块设计中，我们要使不同实验条件之间的信号差异尽可能大，而在任务组块引发一个比较大的响应后，对照/非任务组块时响应又要返回基线水平。如果组块的持续时间降低到低于 fMRI 血流动力学的反应长度（最少约 10 s），任务引发的信号响应就没有办法回到基线水平。这样，任务与对照组块之间就可能几乎没有 BOLD 信号的差异，也就是说无法有效地检测出 BOLD 信号的变化。此外，如果组块太短或者太长，有可能导致任务的加工过于简单或者太难，而且持续和重复给予相同的刺激时，有可能引起被试的注意力改变和对刺激的适应，可能存在期望效应和学习效应。长时间加工同一任务，被试也容易出现疲劳效应。因此，在选择组块长度时应该保证整个过程中均能引发同样的心理加工过程，而且组块的长度在所有条件下都最好保持不变，这样才会有最小的总体标准差。但如果有比较复杂的设计，同时联合多个条件与另一个条件进行对比，那么设置不同的组块长度可能更合适。比如要将条件 1 和 2 组合，与条件 3 来进行比较，那么条件 3 就可以设置为其他条件的 2 倍长度。

（二）事件相关设计（event-related design）

事件相关设计是指在实验设计中可以操作的最小单元是单个的刺激或事件，而不是组块。在这类 fMRI 任务中，往往让单个刺激按随机的顺序短暂地出现，MRI 扫描仪则是对单个刺激诱发的短时 BOLD 信号峰值响应进行检测与记录。因此，事件相关设计比组块设计更强调高时间分辨率的重要性，通常所设置的 TR（repetition time，重复时间）小于 2 s，以保证可以有效地检测到血流动力学响应的变化。事件相关设计获取信号的方式类似于脑电图（EEG）记录的事件相关电位（event-related potentials，ERPs），也能够在任务态 MRI 实验中实现不同试验类型的平衡或随机化。

由于事件相关设计关注的是单个刺激引发的神经反应，检测的也是某一类感兴趣的刺激（事件）引起的短暂皮层激活模式，因此在数据分析过程中可以将某一特定类型的刺激与一种特异性的神经活动模式对应。由于事件相关设计可以评估和精确分析血流动力学反应的形状及其波形特征，从而推断神经活动的相对时间，以及实验可分离的独特加工过程，因此这一方法所得到的结果有可能与电生理等基于单个刺激诱发的神经电活动得出结论的神经科学研究结果直接进行比较。但如果实验任务采用的是组块设计，一般就不能直接进行结果的比较。此外，从理论上说，由于事件相关设计记录的是单个刺激诱发的 BOLD 信号，还有可能对头动或神经元活动导致的信号改变进行区分，从而减少头动造成的信号干扰。但需要注意，事件相关设计与组块设计实际上是各有利弊的，也正是因为对单次刺激血流动力学反应的敏感性，事件相关设计与组块设计相比更依赖于精确的血流动力学反应建模，因而检测效能较差，数据的信噪比也较低，假阴性的概率相对较大。

总体而言，事件相关设计的最大好处就是灵活。应用事件相关设计，一些用组块设计不能实现的要求，如 oddball 范式等需要随机化或插入小概率刺激，才能得以实现。随机化的设计意味着被试对每个刺激的反应可能存在不同，因而受到前面刺激类型的影响，或所形成的认知定势、偏见的影响都相对较少，可以较好地避免组块设计中的期望、练习和疲劳效应，以及被试在固有的认知策略上的差异。从数据分析与提取的角度来说，事件相关设计还有一个突出的优势，即可以基于实验任务条件的设置和被试的反应在事后进行选择性的分类处理。比如对于记忆任务，可以根据被试的正确率以及反应时等行为指标，事后对某类刺激+某种反应的组合进行多种分类标记及分析，也可以运用被试的某一行为学参数对神经元活动进行事后的参数调制分析。这种对于不同的行为类型或者不同的认知风格/加工策略所引起的大脑神经活动变化进行的灵活且深入的检测分析，对于涉及高级认知活动的心理学研究来说十分重要。但仍需要注意，事件相关设计的特点会导致其数据分析会对那些伴随任务开始/结束而开始/结束的持续神经活动信号的检测不敏感。

事件相关设计的中心假设是：感兴趣的事件所诱发的短暂神经活动是可以分离的，因此最初大多数的事件相关设计是为了保证每一个刺激所代表的不同条件在时间上与上一个刺激可以分开。刺激间隔通常为 15~20 s，至少也不能短于 10 s，这样的设计是为了使刺激诱发短暂神经信号波动后又可以再次回到基线，也就是每一个刺激诱发一次完整的血流动力学响应。这样以规律间隔呈现刺激的周期性设计（periodic single trial），被称为慢速事件相关设计（slow event-related designs），其 ISI 通常在 15 s 以上，可以防止刺激间 HRF 的重叠，具体如图 8-3 所示。慢速事件相关设计通常直接采用时间锁定（time-lock）的方法分离出单个刺激所导致的信号变化。这样的方式简单、清晰、直观，比较容易理解，一般并不考虑前后刺激所引发的信号的重叠，也不考虑 BOID 信号的饱和与叠加的线性等问题。但是慢速事件相关设计由于间隔很长，整个实验时间也较长，设计的效率不高。而且由于被试反应后等待的时间过长，很容易感觉乏味、疲劳甚至会分散注意力。但是，如果缩短刺激间隔，BOLD 信号又会很快上升，出现叠加和饱和，其血流动力学反应会越来越接近组块设计的信号响应模式，无法分离每个事件特异性相关的作用，整个实验设计也就失去了意义。

近年来，采用可变间隔的快速事件相关设计（rapid event-related designs）逐渐成为事件相关设计的主流，这种实验设计的刺激间隔时间会短于先前刺激的 HRF，导致刺激间 HRF 的重叠，因而通常在一定时间范围内采取有高度变化的刺激间隔，也被称为"抖动"（jittered）刺激间隔。在这种设计方式中，刺激间隔虽然不固定，但通常会是 TR 的倍数（也可以短于 1 个 TR），分析时通过"时间锁定"的策略对图像进行分类。由于较短的时间间隔使得不能从单个事件中获取完整的血流动力学响应特征，只有当被试在某类事件中的表现相似，以及不同被试的反应也类似时，才能获取足以得出显著结果的数据信息。

通过运用可变时间间隔的快速事件相关设计，每个时间单位呈现的刺激数量显著增加，实验设计的效率与统计效能也会相应增加。在这一设计中，事件的发生是随机变化的，因此所诱发的血流动力学的响应波形也会有较大的变化，由于被激活体素的信号强度随时间的变化较大且各时间点间不相关，这一设计就具备了较好的探测效能。另外，可变间隔会使被试预测下一刺激的时间和类型的能力下降，因此还可以减少预测与期待效应，也可以防止被试应用简单策略完成实验任务。不过，快速事件相关设计的数据分析往往较为复杂，不太直观，评估单个刺激血流动力学响应特征的能力也相对降低，且仍然存在 BOLD 信号的叠加过程中的线性及饱和问题。

(三) 混合设计(mixed design)

事件相关设计主要考察的是感兴趣的事件引发的短暂的皮层激活模式,但对于随任务开始/结束出现的持久的、状态相关的神经活动信号不敏感。而这两种过程对应的神经机制可能本身是互不相同的。混合设计就是将组块设计和事件相关设计结合起来,将不同类型的刺激放在一个组块里,让它们能够在可变的时间间隔下随机出现,而对整个实验而言,遵从组块设计的原则,呈现离散而规律的多个组块(Donaldson, 2001)。

由于不同的组块可以引起被试不同的认知状态,因此混合设计中的组块分析可以衡量状态相关的信号,代表与正在加工的任务要求有关的持续不断的神经激活过程;而事件相关的分析则针对组块内的单个事件引起的可分离的短期神经激活信号变化,代表与事件类型相关的瞬时信息处理模式,这样就可以有效地分离和提取持久的、状态相关的神经激活模式与短暂的、项目相关的神经激活模式,同时也结合了组块设计因重复刺激带来的高探测效能与事件相关设计对单次神经活动进行瞬态响应的敏感性。

图8-5为Burgund等于2003年所做的一项混合设计的fMRI实验。研究者首先是采用组块设计的方式,让物体命名组块(98.6 s)与十字架固定视线的控制组块(50.9 s)交替出现,被试在物体命名组块被要求尽可能快而准确地大声说出每个对象的名字。每个物体命名组块均包含15个刺激,以随机间隔事件相关的方式呈现。整个实验有7个序列(run),每个序列持续大约6 min,前2个序列只包含未启动的刺激,序列3~4只包含启动的刺激,而序列5~7则以伪随机的方式混合呈现已启动与未启动的刺激。最终,研究者发现使用混合设计的范式的确可以把物体命名过程中持续的神经激活反应过程与事件相关的短暂神经信号响应分离开来,而且前额叶一些脑区在上述两类神经激活反应上存在不对称性,提示前额叶不同脑区分别对持久的认知加工和短暂的认知加工存在任务特异性的偏向。

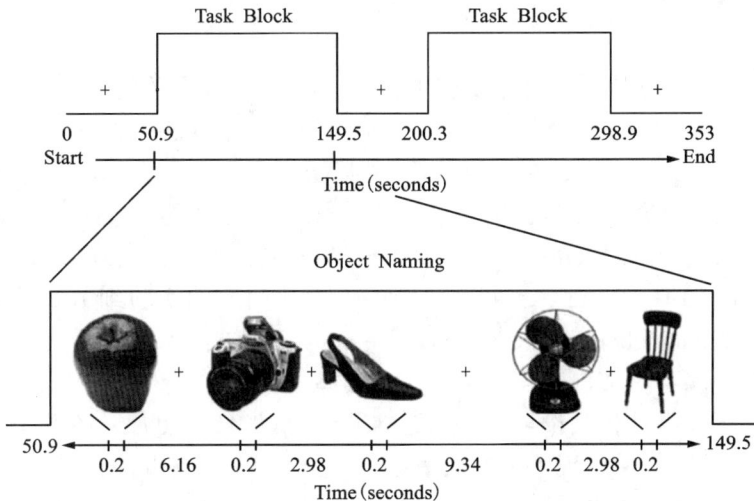

图8-5　混合设计示意图(引自Burgund等, 2003)

混合设计为心理学家进行脑影像研究增加了新的技术方法,对于既包括长期的状态性认知活动,又包含短期的反应特异性认知过程的实验问题相当合适,目前在记忆等认知研究领域有很多优秀的应用范例。但这样较复杂的设计需要对任务的假设有更清晰的把握，在设计当中应考虑更多的因素，对数据分析策略的要求也更高。其中，特别要注意的是混合设计要求状态相关和刺激相关的过程间的相关性要尽可能低，但实际上基于组块的反应和基于事件相关的反应可能存在一定的交互作用，而且这种影响可能是双向的。另外，还需要注意混合设计诱发持久的、状态相关的神经反应的能力往往依赖于其对被试稳定而连续的某种心理状态的诱发，否则很难做出基于状态的神经反应的解释；而在考察事件相关的神经反应时，则容易将非血液动力学的反应误认为短暂的事件相关的神经信号反应。总体来说，混合设计将组块设计和事件相关设计嵌套在一起，尽管相对于事件相关设计而言有比较高的信号探测能力，但比起组块设计来说还是相对较低的（Laurienti 等，2003），而且这一设计对 HRF 的估计也相对较差，因此需要更多的被试量。

尽管不同的实验设计类型有不同的优缺点，组块设计、事件相关设计、混合设计目前都是任务态功能磁共振领域的主要实验设计方法。对于研究者来说，并没有完美的设计实验的标准或原则，设计实验一定是假设驱动的，选择最适合所提出的科学问题的方法，才能做出对于检验假说而言最有效的设计。假设形成以后就要设计不同的实验条件，设计的效能则依赖于可以在激活水平上分辨出这些条件的能力。而在进行具体条件的对比之前，最重要也最基本的则是考虑实验设计能否诱发出想要的生理和心理加工过程。

第二节　功能磁共振研究设计示例与注意事项

一、功能磁共振研究的设计示例

本节，我们主要根据 Henson 等于 2002 年所做的一项事件相关的因子设计的研究，也是 SPM12 手册中提供的一个实验范例，来了解不同假设的任务态功能磁共振研究的设计与分析。

数据来自 Henson 等（2002）的一项内隐/外显记忆研究，通过 fMRI 测量重复效应对面孔判断的影响，这一研究被收录于 SPM12 手册的第三十一章至三十三章。数据通过连续 EPI 序列采集（TE = 40 ms，TR = 2 s），降序扫描，层数为 24，矩阵 = 64×64，扫描野 = 192 mm×192 mm，层厚 = 3 mm，层间距 = 1.5 mm。该研究的实验细节和采集参数见链接（https：//www.fil.ion.ucl.ac.uk/spm/data/face_rep/），范式如图 8-6 所示。但是，SPM 手册中的数据分析策略与原文（Henson 等，2002）有些不同。

面孔重复范式为事件相关设计，总共随机呈现 26 张名人照片、26 张非名人照片，以及 52 个空事件。总时长内出现人脸的概率为 2/3（即 1/3 为空事件）。每张面孔刺激呈现 0.5 s，采用刺激起始非同步（stimulus onset asynchrony，SOA）的方式呈现，最小 SOA = 4.5 s。每个被试接受两个序列的扫描，各为一个不同的任务，被试用右手的食指或中指按键作为任务的反应。一项任务是内隐任务（名声判断），被试被告知有些面孔是名人的面孔，面孔呈现会有重复，他们只需要判断看到的面孔是否是名人，而不管之前在实验中是否见过；另一项任务是外显任务（再认），要求被试指出他们在实验中看到每一张面孔时判

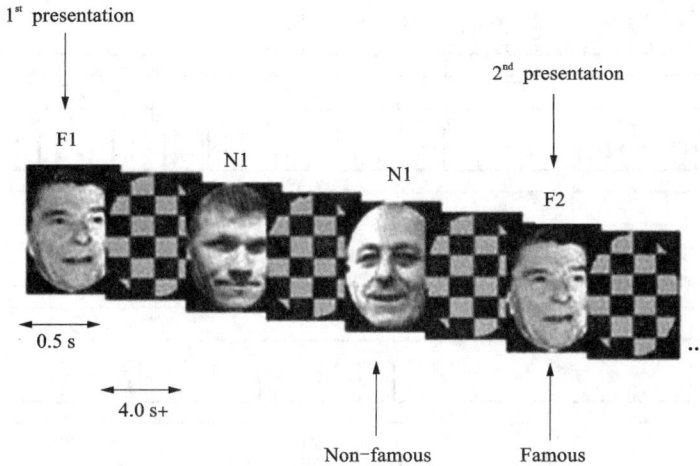

图 8-6　面孔重复范式示意图(引自 Henson 等, 2002, 也可见 SPM12 手册的图 32.1)

断是第一次还是第二次, 而不管这个面孔是谁, 是否出名。任务在两个序列中的出现顺序、两种任务中刺激的安排, 判断"是""否"的按键分配等, 在被试间都进行了平衡。在统计行为反应的结果时, 计算不同试验类型中每名被试在刺激后 200~4000 ms 的正确反应时间(RTs), 在这个时间窗之外的反应被标记为错误反应。

如图 8-7 所示, 这是一个 2(任务)×2 (知名度)×2(重复次数)的三因素两水平、比较复杂的因子设计。对其行为学的分析可以选用重复测量的方差分析方法(repeated measures analysis of variance, RMANOVA)。而在影像的统计分析中, 这一设计的可能思路及结果很多, 在同一个实验中, 研究者可以根据不同的假设来选择不同的统计方法, 回答不同的科学问题。当然, 如果并没有更复杂的问题需要考虑, 我们在实验设计中要尽量地保持设计的简单性。

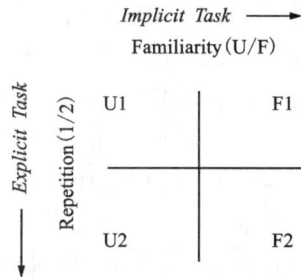

图 8-7　面孔重复范式因子设计示意图
(引自 Henson 等, 2002)

根据所见面孔是否为名人(F/N)以及呈现是否重复(2/1), 该任务包含了四种事件类型: F1、F2、N1 和 N2, 分别表示第一次和第二次呈现的著名和非著名面孔, 不同事件类型的刺激出现时间如图 8-8 所示。我们可以通过一阶建模对单个被试的每种事件类型(N1、N2、F1、F2)相对于基线水平的激活进行统计, 然后对每个被试的每一种面孔的实验条件生成相应的统计图像。

我们在前面说过: 研究设计一定是要与研究的问题及假设有关的。而对于某一具体研究范式, 我们也可以提出不同的假设, 根据需要进行多种不同的分析:

如根据 SPM12 手册的第三十三章, 我们可以首先仅分析一个最简单的认知加工因素: 面孔认知的主效应, 即在组水平上面孔呈现对比基线水平的效应, 这可以通过对所有被试的单个面孔呈现条件相对于基线水平的激活进行单样本 t 检验来实现, 所需数据为该组所有被试的个人面孔主效应图像。SPM 手册提供了这部分使用数据的下载链接(https://

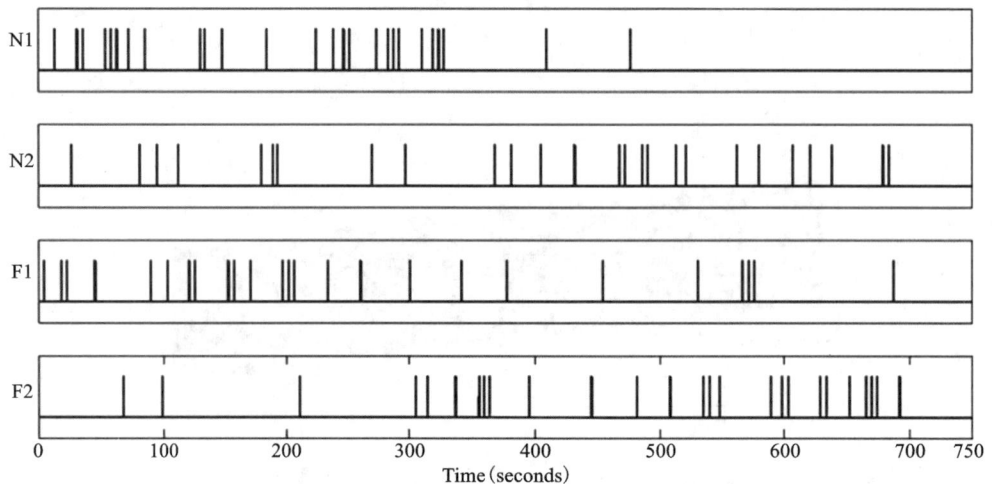

图8-8　面孔重复效应研究的数据分析：不同事件类型的刺激出现时间示意图（引自 Henson 等，2002）

www. fil. ion. ucl. ac. uk／spm／data／face_rfx／ face_rfx. zip），下载数据已经进行过预处理和一阶建模分析（具体操作过程和参数见 SPM12 手册第三十一章）。下载的"cons_can"文件夹中包含了 12 个被试的数据，每个被试 1 张图像，这一张图像代表的就是单个被试面孔呈现条件相对于基线水平的激活。

对于多被试 fMRI 数据的组水平分析方法，即二阶模型的建立，SPM 手册给出了另一种更详细也更复杂的方法，这种方法中每个被试的一阶一般线性模型并不是由简单的标准 HRF 构建的，而是使用时阈函数（temporal basis functions）构建的。构建模型的思路是把整体的血液动力学反应看作一系列可加线性函数的组合，因此总的反应可以看作估计得到的若干个不同反应时间类型的参数分别乘以对应的函数之和。研究者给出了三个不同的时域函数：标准的 HRF、标准的 HRF 对时间的一阶导数、离散导数，三个不同时域函数分别反映标准的 HRF 反应、峰反应潜在的区别以及峰反应的持续时间。因此，实际上是看面孔条件的呈现是否对上述三个时域函数定义的 HRF 形状范围有不同的影响（例如面孔的呈现可能会影响其延迟，但不影响峰值振幅）。这时，要对所有被试的单个被试面孔呈现条件相对于基线水平的激活进行单因素方差分析：每个被试对应 3 个图像/样本，组水平分析采用 3 水平单因素方差分析。SPM 手册提供的下载数据（https：//www. fil. ion. ucl. ac. uk／spm／data／face_rfx／ face_rfx. zip）中对应的是"cons_informed"文件夹，包含 12 个被试，每个被试 3 张图像，3 张图像分别代表标准 HRF 函数、HRF 对时间的一阶导数函数以及离散导数三种函数建模下个体面孔减去基线的结果。

上述两种类型的多被试 fMRI 数据组水平分析方法在 SPM12 手册中均有详细的步骤说明。当然，无论是采用单样本 t 检验，还是使用时阈函数的单因素方差分析方法来进行二阶模型的构建，SPM 均会得到通过多重比较校正后，在组水平上显著的体素，统计表上列出的结果即为满足所设置阈值标准下体素的坐标位置、显著性水平、所在团簇大小的详细信息，具体如图 8-9 所示。图 8-9 为上述单因素方差分析法构建二阶模型的结果，该结果可以理解为某体素（例如，30-60-27，z=7.43）被三个基本函数所捕获的与某事件相关的反应。

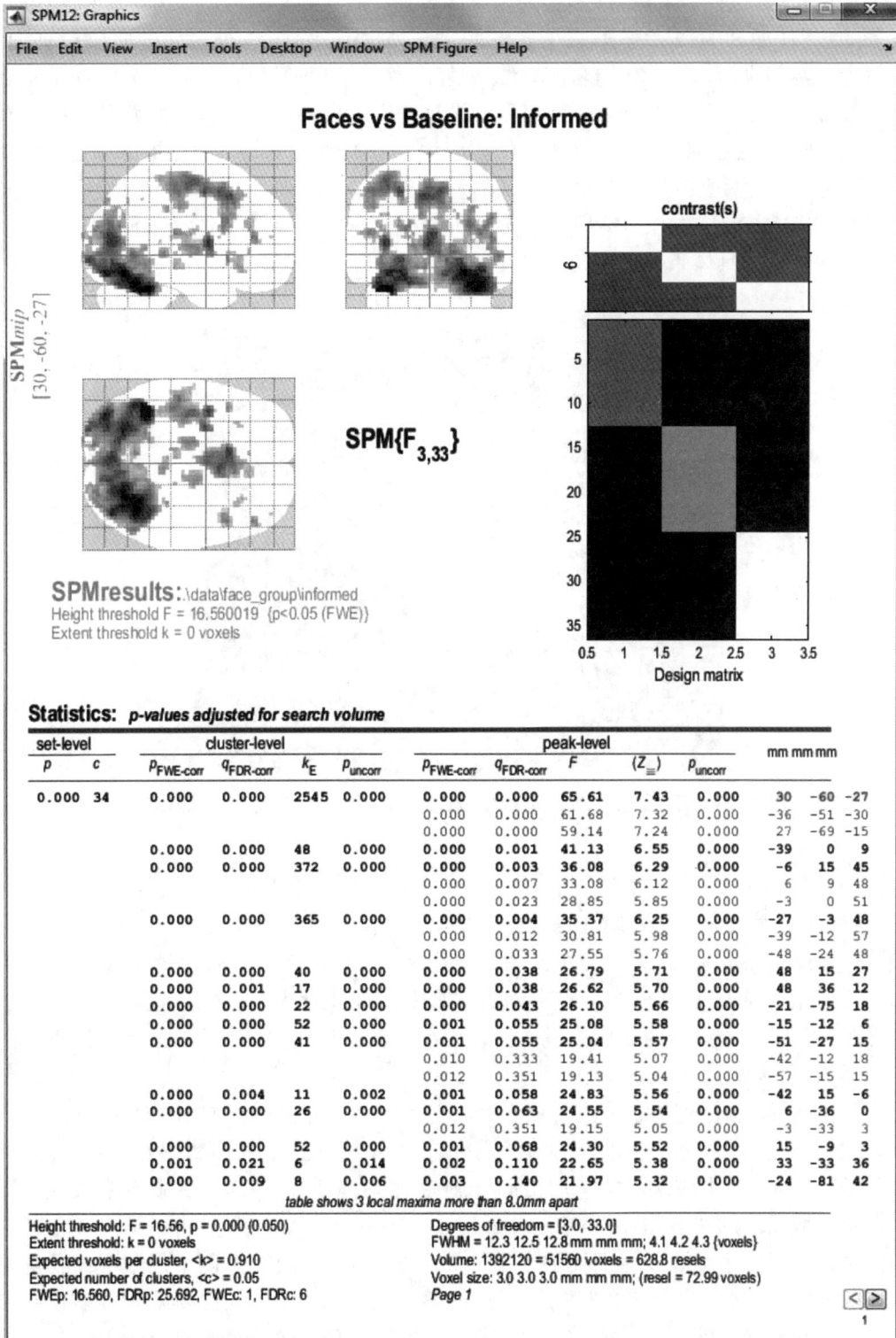

图 8-9 利用时阈函数及单因素方差分析法进行二阶模型构建所得的面孔主效应结果

上述实验可以进一步进行许多更为复杂的分析,但让我们先仅看一个序列,也就是一个任务的数据(如 SPM12 手册第三十二章的例子所示)。对于单个序列的实验设计而言,只是包含了两因素两水平:2(知名度)×2(重复次数)。当我们想要关注知名度和重复之间的交互效应,就可以在一阶建模时采用因子设计来命名两种因子及各自的两种水平。在命名不同因子时,要按照建模时指定条件的顺序(F1, F2, N1, N2),变化慢的因子,如知名度,要先输入。然后会分别生成每个被试的重复主效应、知名度主效应,以及重复与知名度的交互效应的统计参数图,然后在二阶分析建模过程中根据需要选择不同图像数据,进行组水平的分析。具体条件对比与设计矩阵可参见图 8-10。

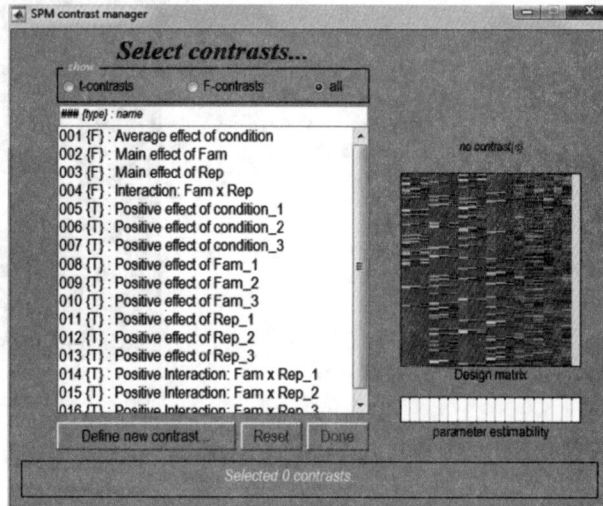

图 8-10　面孔重复效应研究的 fMRI 数据分析具体条件对比与设计矩阵

在 SPM12 手册第三十二章的例子中,还有一个更深入地考察面孔重复主效应的示例:通过选择"重复主效应"(F1 和 N1 vs. F2 和 N2),并用"Positive effect of condition_1"(面孔>基线的 t 检验, uncorrected, $P=0.001$)的结果作为 mask,也就是将重复主效应的范围限定在面孔条件激活显著高于基线的所有体素(根据标准 HRF)当中。采用这种对比,可以在对面孔刺激出现显著激活的区域中进一步识别出任何具有重复效应的脑区(无论正激活还是负激活),具体如图 8-11 所示。

回到 Henson 的研究当中,他的研究目的是应用这一实验考察重复的面孔刺激(知名和不知名)加工过程是否会导致相应的脑区激活减少,即出现"重复抑制"效应,来确定神经元抑制是否是大脑皮层感知学习(加工面孔刺激)的自动特性。而他的研究假设是:知名度对知觉区域反应的调节作用可能导致面孔加工的重复抑制效应不同。研究者分别分析了内隐和外显任务中知名度对面孔加工重复效应的影响,也比较了两个任务中面孔重复抑制效应的异同。此外,他还考虑了行为反应的正确性。因此,他关注内隐和外显任务中重复效应带来的不同大脑加工模式的差异,所进行的统计分析也着重于检验两个任务中重复抑制效应的差异。此外,他还考虑了行为反应的正确性。

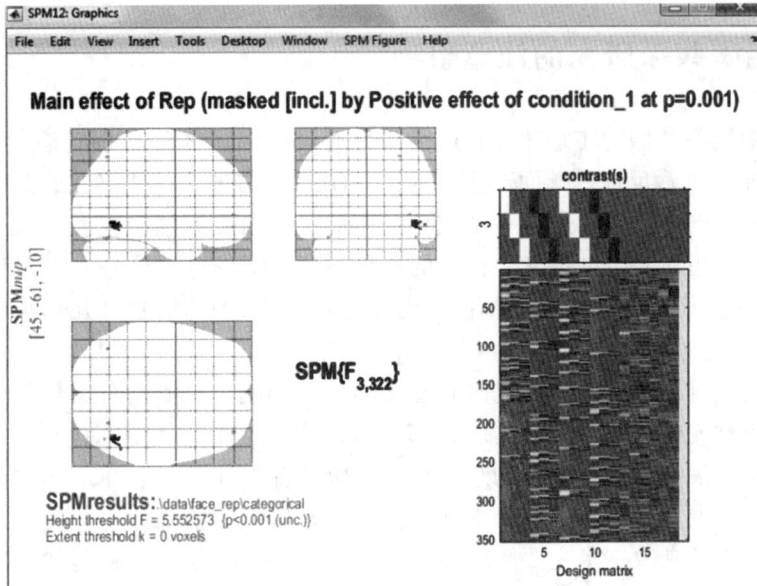

图 8-11　SPM12 手册第三十二章中考察面孔重复主效应的分析结果示意图

磁共振图像处理具体分为两个阶段进行：在一阶模型中，研究者定义了 12 种事件类型，其中四种是对四种基本条件进行了正确反应的 trial（后续分析的主要数据），四种是对每种条件的时间上不匹配的正确响应，以及四种条件的错误反应 trial。对每种类型事件的 BOLD 脉冲响应采用标准 HRF 建模。

在探索性的全脑分析中，采用单样本 t 检验分别统计不同任务状态下每个被试的重复效应对比结果（无论知名与否，只是将第一次和第二次呈现的刺激进行比较）。为了检验两个任务中重复效应的差异（任务和重复之间的交互作用），对上述重复效应的对比统计结果图进行了进一步的配对 t 检验。

在二阶分析当中进行相应的组水平分析，得到不同任务下重复效应的统计参数图，并进一步进行任务差异或共性的探索。比如为了测试任务的共性，作者以来自外显任务的统计参数图为 mask，对内隐任务的重复效应单样本测试的统计参数图进行分析，只保留两个统计参数图中 $P<0.01$ 存活的体素。在该研究中，作者对于显示了任务差异或共性的脑区还进行了 2（任务）×2（知名度）×2（重复次数）的方差分析。

分析结果表明：只有在内隐任务中才能观察到重复抑制效应，外显的再认任务中没有出现重复抑制效应。知名和不知名的面孔都在左侧枕下区域出现了重复抑制效应，而知名人士面孔的重复抑制效应还出现在右侧梭状回区域。除上述区域外，包括顶叶皮层在内的几个脑区在内隐或两个任务中都显示出了与重复效应相关的 BOLD 信号增加，可能与对先前刺激的自动回忆有关。由于重复的视觉知觉处理刺激并不总是与颞后部/枕区激活减少有关，研究者认为，结果并不支持之前神经生理学提出的"神经元反应抑制在大脑皮层中自动发生，并且是皮层神经元能快速识别之前遇到的物体的固有感知学习模式"的观点。因此，对刺激的重复知觉加工并不一定导致重复抑制效应，加工重复刺激的模式取决于特定的任务，即使在相对早期的视觉区域也是如此。

二、功能磁共振研究的注意事项

从任务态功能磁共振的本质来说，这类研究通过操纵主体的心理状态/行为/体验，以某种方式产生神经血管反应，继而产生相应的 BOLD 信号改变，最终在磁共振扫描仪上表现为图像灰度的不同。因此，进行一个成功的实验，首先要有清晰的科学问题，形成明确的研究假设，在此基础上通过定义要检查的心理过程、明确可对这一心理过程进行操作的任务、用 fMRI 测量任务期间的激活情况、比较任务间的 fMRI 信号等几个步骤来对假设进行检验，最终解决科学问题。

在开展研究设计之前，一定要提出有意义的科学问题，并依据对文献的全面复习做出合理的假设。当然，这一点对所有的研究都非常重要，但在实际研究过程中，由于脑功能成像领域的技术进展很快，要学习的东西很多，初学者往往会被技术与方法所吸引，而轻视甚至忽略科学问题的提出，把应用更新的技术当作研究的价值。

一般来说，神经成像技术主要解决两类问题，第一类问题是大脑是如何完成信息加工与处理的。这样的问题可以从大尺度研究开始，由粗到细地逐渐聚焦于单个脑结构或非常细致的认知加工过程。第二类问题是确定什么时候会出现特定脑结构的涉入，或者诱发特定的认知加工过程，通常使用脑激活模式来确定这些特定的脑区或认知加工过程的出现，以及确定在不同的状况下加工过程如何变化。目前，在功能磁共振研究领域也存在一些现象，似乎研究并不是为了回答关于大脑功能的问题而设计的：研究人员要求人们参与一些任务，同时监测他们的大脑活动，然后再对这些活动进行事后解释。这样的研究与上述关于脑功能及特定脑区作用的特异性科学问题无关，而是纯探索性的研究，虽然不能说完全没有意义，但对于任务态功能磁共振研究而言相对更不合适。马克吐温曾说："To someone with a hammer, everything looks like a nail."在这样的研究当中，我们可以说磁共振仪就被研究者当作了锤子，而开展的各种"探索性"研究则是钉子。

在确定了科学问题与假设后、开始实验设计之前还需要反复考虑与论证选择何种刺激及对比条件、采用怎样的编排，才能使感兴趣的认知过程发生最大的变化。毕竟在任务态研究当中，任务的有效性(诱发了目标认知过程)是最主要的。然后再如前所述，根据研究的问题类型选择合适的设计类型及刺激呈现方式。应注意在同一个实验中实验条件的数量不要太多，即使是组块设计，对在时间上相距很远的条件进行配对比较，也会增加低频噪声的重叠，使统计效率下降。而在事件相关的设计中，随机化或伪随机化事件的顺序，以及将需要区分的事件之间的间隔随机化或采用可变间隔很重要。在确定了实验设计类型及刺激呈现模式后，可以应用一些现成的工具计算 fMRI 研究的效应量，如在 Power Map software, fMRI Power tool, Neuro Power 等软件中输入平均激活、方差、I 类错误的概率等，就可以得出效应量。如果自己没有数据则需要依据已发表论文的相应数据进行效应量的计算。如果由于现实条件限制，确实没有办法通过增加样本来增大效应量，也可以考虑以下办法：采用可更充分发挥磁共振快速成像序列的检测能力、能生成更高空间分辨率图像的多通道线圈；尽量考虑应用组块设计而不是事件相关设计；增加实验试次等。

确定重要设计类型与参数后，就可以开始编制实验程序了，常用的 fMRI 或 ERP 任务编制应用的软件包括 E-Prime(Psychology Software Tools Inc.)、Presentation(Neurobehavioral

Systems, Inc.)，以及基于 Matlab 的 Psychtoolbox 等。注意在编制实验程序时，不仅要编制正式实验的程序，而且要编制一个实验程序的缩减版，里面可以同时包含文字指导语、行为反馈，以及注意事项说明，用于在正式扫描前训练被试了解实验要求，以及熟悉实验流程。在进行正式实验前，一定要确保每一位被试都已经完全掌握相应的实验要求。

实验程序编制完成后，需要再次对实验方案进行检测，在确定有效性的前提下保持任务设计的简洁性，满足研究的需求即可，不要追求复杂。还要尽量在保证统计效力与缩短实验时间之间取得平衡，争取在较短的时间内取得可分析数量的数据，可以减少被试的疲劳、习惯效应等，也可以避免长时间扫描导致的一些外在条件的变动。这一过程不仅仅是在实验室里进行计算和设计，还需要进行预实验，得到一些计算效应量用的初步数据，同时也可以根据对被试的访谈发现可能的设计不合理之处或干扰因素。预实验的过程访谈及结果，对于确定实验设计是否真的可诱发感兴趣的认知加工过程，获得有效的神经成像信号而言非常重要。要根据所发现的问题调整刺激材料、参数及任务指导语等，直至最终确定方法。

在预实验过程当中也可能发现数据采集的许多问题，比如任务态研究中最重要的是数据扫描和刺激呈现的同步，一般通过发送 trigger 实现，但在预实验过程中经常会发现由于电脑端口选择或软件兼容性的问题等不能顺利发送 trigger。此外，任务态 fMRI 的 TR 通常较短，会导致信噪比显著降低，也就是说在优化时间分辨率的同时会导致空间分辨率的损失，因此如何权衡两者的关系也是研究者需要考虑的问题。虽然一般在设计实验时会有较经典的前人研究作为参考，但由于每台扫描仪的性能有所不同，因此参数设置都会有一些区别。当既有静息态研究又有任务态研究时，一般先进行静息态数据的采集，而且尽量保持两种功能磁共振方法的数据采集参数一致，这样更便于对结果进行联合分析。在预实验过程中，一边扫描一边浏览数据非常重要，可以及时地发现一些需要微调的地方。在实验结束后，要确保所有采集的被试数据都可以被正确导出，还要检查原始图像是否存在问题。

如果实验为临床研究，在确定好实验方案后，建议先从正常人或对照组开始采样，以免在初期采样过程中才发现问题，导致临床样本的浪费。在实验过程中要做好详尽的实验记录，并备份数据。要对实验结果及时进行阶段性的分析，检查与实验预期是否一致，并及时调整。无论是预实验还是正式实验，在扫描过程中都要注意是否有效保留了与任务相关的被试行为测量数据，这些数据通常一方面可以作为任务有效性/效果/策略的验证，另一方面也可以获得一些需要进行回归的协变量。在实验的各个阶段都有可能由于疏忽而未能保留好行为数据：如在实验程序编制过程中参数设置有误，以至于一部分行为学指标未能保存；在实验过程中没有及时有效地存储行为学数据文件；完成实验后没有及时导出数据文件，以致数据丢失或多个行为学数据文件相互覆盖等。

总体来说，任务态功能磁共振研究是一项多学科交叉的工作，而研究任务的设计部分又是其中极其关键而又极易出错的环节，研究者要在学习文献，模仿、借鉴前人的基础上大胆创新，多方论证，反复检验，方能取得满意的研究成果。

（王湘　季欣蕾　肖凡）

第九章 结构脑影像数据分析方法

第七章和第八章介绍了常用的脑影像研究工具以及广泛运用于心理学研究中的脑影像研究范式的设计，涉及了脑影像数据的采集。然而，脑影像学的数据需要怎样进行处理呢？从这些数据中可以获得哪些大脑特征信息呢？为回答上述问题，本章将简要介绍结构脑影像，首先概括性地介绍结构脑影像学的基本概念以及常用的分析方法类型，然后依次介绍常用的结构脑影像数据分析方法及其分析步骤，包括基于体素的形态测量学分析、基于表面的形态测量学分析以及弥散张量成像分析。

第一节 结构脑影像概述

一、结构脑影像的基本概念

结构脑影像是测量大脑结构和形态的一种技术，常见的结构脑影像技术包括电子计算机断层扫描成像（computerized tomography，CT），磁共振成像（magnetic resonance imaging，MRI）等。脑 CT 是在单一的平面，利用 X 射线旋转照射大脑，由于不同的大脑组织对 X 射线的吸收能力不同，因而可以构建出大脑断层面的影像；堆叠每一层的大脑扫描图像，就可以构建大脑的立体影像。CT 图像的分辨率不高，但足够将大脑的主要结构进行可视化，可以用于观察大脑肿瘤、脑出血等情况。结构磁共振成像的原理是利用人体内大量存在的水分子原子核，在磁场内与外加射频磁场发生共振。该技术用于大脑组织结构的研究，不仅能显示大脑的形态学结构，还能显示原子核水平上的生化信息，可以得到人脑内部结构的精确描述。结构磁共振成像技术最大的优点是无辐射，作为一种无创且敏感的方法，被大量医学研究者所青睐，成为目前较为常用的一种检测脑微细结构的方法。该技术可以检测大脑的灰质和白质结构的特点。

大脑主要包括左、右大脑半球，是中枢神经中最大和最复杂的结构，大脑半球表面呈现不同的沟或裂。沟和裂之间隆起的部分叫脑回。大脑半球借沟和裂分为 5 叶，即额叶、颞叶、顶叶、枕叶和脑岛（图 9-1）。

覆盖在大脑半球表面的一层灰质为大脑皮层，是神经元胞体集中的地方。大脑皮层是脑半球表面一层由大量神经元构成的物质，表面蜷曲、扩展，如图 9-2 所示，构成了许许多多的下凹和凸起，下凹称为"沟"，凸起称为"回"，由于"沟"和"回"的存在，大大增加了大脑皮层的表面积,若全部展开,大脑皮层的表面积可达 2250 cm²(李振平,2009)。大脑皮层是控制人类意识活动的物质基础,是产生抽象思维的生物基础,其上含有神经纤维、梭形细胞和颗粒细胞等 140 亿个神经细胞,为调节人体运动和神经功能奠定了基础。

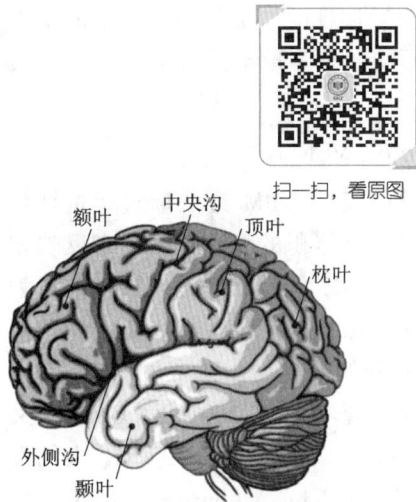

扫一扫,看原图

扫一扫,看原图

图 9-1 大脑结构示意图

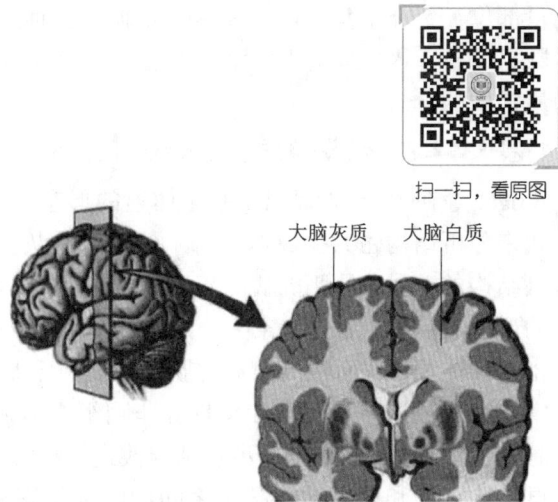

图 9-2 大脑皮层结构示意图

大脑白质由大量被髓鞘包裹的轴突和胶质细胞组成。轴突负责神经元间的沟通,星形胶质细胞和少突寡质胶质细胞则是胶质细胞的主要构成部分。少突寡质胶质细胞负责生成髓鞘并支持神经元轴索,而星形胶质细胞则承担着诸如调节细胞外代谢和为其他细胞提供能量的角色。

人的大脑是人体最为重要、功能最为复杂的器官,它控制着人类感觉、思维、情绪、语言等各种高级功能。大脑由灰质、白质和脑脊液组成,人类大脑的所有功能都是建立在这些结构上的,与此同时,很多疾病的发生也是大脑结构发生异常导致的。

二、结构脑影像分析方法类型

大脑结构磁共振研究,根据研究对象不同可以分为大脑灰质结构研究和大脑白质结构研究,与之对应的结构脑影像分别是 T1 加权(T1W)的 3D 成像和弥散张量成像(diffusion tensorimaging,DTI)。

(一)基于磁共振的 T1W 形态学分析

目前常用高分辨率 T1W 图像进行脑形态学研究,探究脑部结构组织的变化,例如灰质、白质和脑脊液的变化,客观量化地对脑组织各成分的密度和体积,或脑区结构的形状、体积、位置,或脑皮层的厚度、表面积和曲率等进行分析,以更精确地认识脑部结构。并且可以对不同疾病被试组间的大脑部结构变化差异进行探究,也可以为临床对疾病的诊断或治疗提供依据。目前的结构 MRI 数据处理中,常用的研究皮层灰质的处理方法有:基于体素的形态学测量(voxel-based morphometry,VBM)、基于表面的形态学测量(surface-based morphometry,SBM)以及基于感兴趣区(region of interest,ROI)的体积测定法等。其中,基于 ROI 的体积测定法是在 T1 图像上使用半自动或手动的方法勾画 ROI,然后对该区域的面积或者体积进行处理计算和统计分析。该方法对研究者的先验知识要求比较高,人为确定测量部位,受研究者主观因素影响比较大,而且该方法操作耗时、重复性差,不适于大样本数据分析。因此,基于体素的形态测量学和基于表面的形态测量学是目前研究脑灰质结构最常用的分析方法。

1. 基于体素的形态测量学分析(voxel-based morphometry,VBM)

Wright 等在 1995 年提出了基于体素的形态测量学分析方法。VBM 方法通过定量计算的方式来分析结构磁共振成像中每个体素的脑灰、白质密度或体积的变化,以此来反映相应解剖结构的差异,是评价脑部灰、白质病变的一种方法。VBM 分析方法是一种以体素为单位的形态测量学方法,体素大小通常为 $1×1×1 \ mm^3$。该方法可以定量检测出脑组织各部分的密度和体积,从而检测出局部脑区的特征和脑组织成分的差异。由于 VBM 方法受限于固定模板与被试差异较大和头骨等非脑组织对灰质识别的影响,在 2001 年,Good 等又在此基础上对 VBM 方法进一步总结与改进,提出了一种优化的 VBM 方法。后来,人们发现被试结构图像和模板结构图像之间的配准不够精确。为此,John Ashburner 提出了李代数微分同胚配准算法来解决两种图像配准误差较大的缺陷。基于李代数微分同胚配准算法(DARTEL)的 VBM 方法(DARTEL-VBM)是一种用于微分图像配准的算法,DARTEL 工具包可实现高维的变形过程。利用这个算法,VBM 可以在对结构图像分割之后通过对脑组织进行敏感的定位的方法实现模板配准。

与基于 ROI 的体积测定法相比,VBM 方法可完全消除人为主观因素的影响,具有客观性强、可重复性好、计算精度高、操作方便等优点。VBM 方法就是一种全自动的、全面的、客观的分析方法,通过一系列的图像处理,建模分析,可以得到全脑各个组织成分的局部体积、密度,比如大脑灰质、大脑白质、脑脊液等,从而刻画出大脑局部脑区的相应特征和这些脑区的脑组织成分差异。但是 VBM 方法也存在不足,其局限性在于它所得到的结果是某个脑区脑组织局部密度和局部体积总体的结果,并不能确定是由哪些主要因素造成,如厚度、面积、褶皱度等各种内在属性。

2. 基于表面的形态测量学分析(surface-based morphometry,SBM)

大脑皮层是大脑的外层结构,其主要功能是负责机体的认知和感知。大脑皮层表面具有众多褶皱,褶皱的突起称为回,褶皱之间的较大且深的凹陷称为沟。由于这种复杂的凹凸不平的表面结构,人脑能够在有限的空间下容纳更大面积的大脑皮层。这种沟回结构是人类产生不同于动物的高级智能的重要原因,同时沟回结构的异常往往导致人类精神疾病和智力缺陷的产生。基于表面的形态测量学的分析方法通过空间标准化、不均匀场校准、组织分割和曲面重建等预处理流程对曲面进行重构,提取皮层厚度、大脑沟回信息和皮层复杂度等信息,来实现对大脑皮层更加精确的量化。常用的形态学指标具体包括:皮层厚度(cortical thickness,CT)、表面积(surface area,SA)、皮层体积(cortical volume,CV)、皮层复杂度、沟回属性等,其中最常用的指标是皮层厚度。

皮层厚度,指大脑皮层内曲面和大脑皮层外曲面之间的距离。相比较于灰质密度和体积，皮层厚度是皮层形态学更为直接的一个定量指标。脑皮层厚度最早是由 Economo 等（1925）通过尸检测量得到的，测量结果为 1.5~4.5 mm，该研究至今仍是该领域比较经典的参考标准。但是，这种方法不适用于活体测量，所以被后来的基于磁共振成像的测量方法代替。当前，基于磁共振成像的皮层厚度测量算法主要包括 T-link，T-near，T-normal 和 T-average-near 算法等。其计算过程是在大脑核磁图像中先把白质分割出来，重新构建白质的外曲面，然后从这个重建的曲面出发沿灰质的梯度方向向外膨胀构建灰质的外曲面，再根据构建的两个曲面定义灰质皮层厚度。T-link 将灰质内表面和灰质外表面上相对应点的欧式距离作为该点的皮层厚度，T-near 算法将灰质外表面一点到距离它最近的内表面上的垂直距离最近的一点的欧氏距离作为该点的皮层厚度，T-normal 将从外表面一点沿曲面的法向量方向出发到内层一点的欧氏距离作为该点的皮层厚度，而 T-average-near 算法则在外表面一点使用一次 T-near 算法，在 T-near 算法中得到的内表面一点再次使用 T-near 算法，将两次 T-near 算法所得的欧氏距离的均值作为最初的外表面一点的皮层厚度（Fischl 等，2000）。T-near 算法具有较好的灵敏度和鲁棒性，因此在 FreeSurfer 软件中得到了采用。

皮层厚度测量方法采用的是网格化表面的分析方法，该方法采用的空间是一种基于表面的球面二维空间，这与传统的三维 Talairach 坐标空间相比，更符合大脑皮层本质上是一张二维薄层的客观事实。这种基于表面的二维球面坐标系统的优点有：

（1）更加真实地反映了大脑皮层结构的内在拓扑本质。

（2）由于在对齐过程中用的是全脑的弯曲模式，从而不需要人工标定解剖上的标界。

（3）该测量方法建立的坐标系统与大脑皮层上的每一个点之间的对应是一对一的、可逆的。

（4）配准过程中的度量扭曲最小，配准的精确率高，结构和功能的自动定位模糊现象大大降低。

（5）皮层厚度测量方法中所采用的分割方法是由预分割和精细分割两部分组成的，利用数学中的几何学信息，得到的分割结果更加准确、可靠。

（6）该方法所构造的网格表面，既可以用于皮层厚度的测量，又可以通过皮层表面配准、保角膨胀以及平面化等处理，来实现大脑皮层组织解剖结构显示中的可视化等更为广泛的用途。

采用这种方法计算所得的皮层厚度值的精确性和图像分割算法及网格化表面重构方法等理论和处理步骤密切相关。因此，为了提高皮层厚度测量值的准确性，需要不断改进 MRI 分割算法和网格重建算法。

（二）磁共振弥散张量成像

与宏观的 MRI 观察或测量形态学变化不同，磁共振弥散张量成像（diffusion tensor imaging，DTI）能以微观的视角观察脑白质的病变情况，也是目前唯一能有效观察脑白质及神经结构完整性的非侵入检查。它是一种利用水分子弥散属性来研究大脑微观结构的影像技术。白质纤维的非均一致性使水分子在纤维束垂直方向上的扩散速度受到明显限制，而沿纤维束走形方向却能够快速扩散。因此，相比于大脑中的灰质组织和自由水（如脑脊液和血液等），大脑白质的水分子扩散运动具有较强的各向异质性（图 9-3）。DTI 可以根据水分子的主要扩散方向描绘出白质纤维束的走行、方向、排列、紧密度、髓鞘化、完整性等信息。因此它不仅可以反映大脑组织的微观弥散属性，还可以追踪出白质纤维束并获取脑区间的结构连接模式。

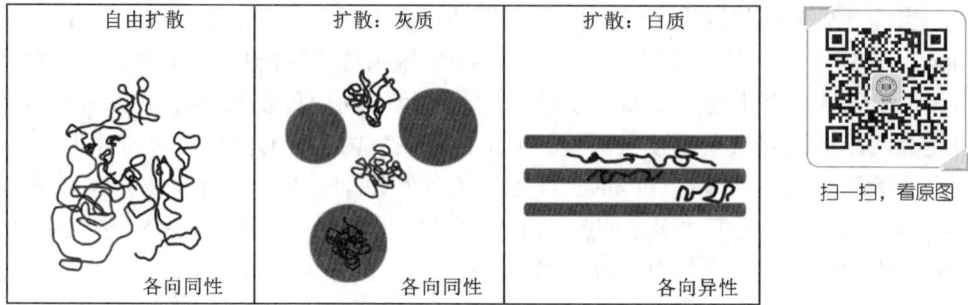

图 9-3　人脑水分子扩散特征示意图

DTI 成像技术已经被广泛应用于脑肿瘤手术导航，以及对神经疾病、精神疾病的大脑白质病变的基础研究中，成为脑科学领域重要的探究工具。

部分各向异性（fractional anisotropy，FA）是 DTI 中能够表征水分子运动特性最具有代表性的指标，对白质纤维束的存在非常敏感。这种白质由大量的神经纤维成分构成，是各种神经胶质细胞与少突胶质细胞的密集阵列白质所特有的，少突胶质细胞参与构成的髓鞘能确保电信号有效地通过它们传递。一般情况下，FA 值在病变引起的白质纤维结构受损的区域表现为数值减小，体内多种生理及病理因素的变化都可能导致磁共振信号的改变。FA 值为脑白质纤维束的完整性提供了一种量化的方法，它的数值大小可以提示水分子运动在轴索中的受限程度。FA 值的计算结果是水分子沿轴突方向弥散的数值与总弥散数值的比值，它的值可以是 [0-1] 区间内的任何一个数值，数值不一样，所代表的临床意义也存在差异。FA 值减小说明水分子在组织内的自由弥散运动受限程度减弱，提示白质神经纤维髓鞘的完整性、轴索的致密性可能已经发生改变。因此，通过对 DTI 参数进行计算比较，可以了解白质神经纤维束微观空间的状态；通过将 FA 值空间转换为标准脑图，可以用于被试之间临床严重程度的比较。DTI 数据分析中常用的指标除了 FA 值外，还包括径向扩散率（radial diffusivity，RD）、轴向扩散率（axial diffusivity，AD）和平均扩散率（mean diffusivity，MD）。一般认为，FA 值的异常意味着神经纤维和（或）髓鞘存在异常，如纤维受压、破损、髓鞘发育不成熟或脱失等，其反映病变的敏感度较高，但特异性较差。AD、RD 值分别代表了水分子在平行和垂直于神经纤维走行方向上的扩散情况，能为 FA 值所反映的病理改变提供一定的补充信息，最大限度地提高特异性。MD 是表观扩散系数（apparent diffusion coefficient，ADC）的 3D 等效值，代表了水分子在各个方向上的平均扩散能力，但其易受其他因素如被试肢体及器官的位移、射频脉冲和梯度磁场的不均匀以及环境温度的变化等影响，特异性一般。早期对白质的分析主要基于体素的白质分析（voxel-based analysis，VBA），其与采用基于体素的形态学方法分析 T1 结构图像中的灰质体积变化类似，是一种以单个体素为研究对象的分析方法。该方法将每个研究对象的 FA 影像经过线性配准和非线性配准而变换到统一标准空间，再经过高斯平滑，然后逐体素进行统计比较，可以在全脑水平检查弥散张量特性的异常。但该方法存在某些局限，比如局部特征不明显、图像配准和平滑效果不理想等。

基于弥散张量成像的图像分析方法为脑白质活体分析提供了新颖的工具：

（1）基于纤维束示踪的空间统计分析方法（tract-based spatial statistics，TBSS）。

为了解决 VBA 存在的配准和平滑问题，Smith 等提出了针对纤维束骨架的基于纤维束示踪的空间统计分析方法（tract-based spatial statistics，TBSS），这种分析方法是通过估计所要研究被试的平均 FA 骨架，即所有被试纤维都经过的纤维束中心，来进行白质弥散属性的研究。由于中心 FA 骨架是通过纤维束中最高的 FA 值选取的，因此被认为不容易受到部分容积效应的影响，最能反映出这条白质纤维束本身的属性。相对于其他方法，TBSS 具有更高的鲁棒性和灵敏度。

（2）白质纤维束追踪算法（fiber tracking）。

白质纤维追踪算法是目前仅有的非侵入式活体纤维束示踪技术，它能帮助科研人员理解大脑内部运作的联通机制。该方法主要包括两种：一种是确定性纤维束追踪算法（deterministic tractography），另一种是概率性纤维束追踪算法（probabilistic tractography）。确定性纤维束追踪算法首先通过某种算法（如 fiber assignment by continuous tracking，FACT）得到每个单独体素中纤维束的走向，然后再将这些体素中的纤维束走向用一条曲线进行拟合，也就是将每个体素中的纤维束方向串成一条完整的路线，进而获得大脑中白质纤维束的走向。概率性追踪算法一般指的是贝叶斯概型的追踪算法。这两种算法都有优缺点。

第二节　结构脑影像数据分析方法及进展

一、基于体素的形态测量学分析

基于体素的形态测量学分析主要有以下两种方法：

（一）优化的 VBM 分析方法

VBM 的大概流程如下：空间标准化—组织分割—平滑处理—统计学分析。

1. 空间标准化

空间标准化的实质是通过仿射配准的方式将被试的脑结构磁共振成像配准到一个统一的模板上，这里一般应用蒙特利尔神经研究所（MNI）的模板，如果有自己定制的模板的话，也可以进行仿射配准。空间标准化的目的是把不同被试的脑结构磁共振成像在标准空间上进行匹配，这样就可以使不同的被试的脑结构图像在相同的解剖位置在空间上对应起来。

2. 组织分割

组织分割之后，图像被分为灰质、白质、脑脊液和非脑像素。在分割期间，应该分割的图像会被调制归一化。调制归一化的目的是使图像可以反映出真实的组织和体积，和调制归一化之前不同的是，调制之前的图像只可以反映组织密度的变化。然后对处理后的图像进行校正，校正前后的区别主要在于前者的 VBM 会比较同一区域的灰质相对密度，而后者的 VBM 比较区域中的灰质绝对量。一般而言，可以分析组织密度的白质病变，而灰质病变的体积分析主要是针对调制图像进行的。

3. 平滑处理

平滑处理也可以叫作模糊处理，其目的是提高参数检验的有效性，是一个简单的图像处理方法，而且使用频率很高。平滑时的每个体素的平均体素数量取决于高斯核的大小。它的用途有很多，包括降低图像的分辨率或者减少图像噪声和失真等问题。平滑核的大小一般是根据感兴趣区域的大小而定的，如果区域较小，就采用较小的平滑核，但是也不能太小，因为如果平滑核过小的话会提高假阳性率；而对于较大的感兴趣区域，一般采用较大的平滑核。现在的研究过程中大家选择的平滑核一般都为 4 至 12 mm 之间。

4. 统计学分析

根据研究目的建立广义线性模型（GLM），并对模型进行参数估计。常用的统计分析模型有单样本 t 检验、双样本 t 检验、多元回归分析、方差分析、协方差分析等。

（二）VBM-DARTEL 方法

VBM-DARTEL 的大概流程如下：创建模板—分割—标准化—分割—调制—平滑—统计。

（1）根据所有样本数据分别生成灰质、白质和脑脊液模板，这样得到的模板可以减少空间标准化过程中潜在的偏差。

（2）分割。在原始空间将原始 MRI 分割成灰质、白质和脑脊液三个部分。

（3）标准化灰质图像。分割出来的灰质被标准化到灰质模板上，从而避免了非脑组织成分对空间标准化的影响。应用该标准化参数配准原始空间的整脑结构像到标准空间。

（4）分割。对经过标准化的整脑图像进行分割。获得标准空间的灰质、白质和脑脊液。经过标准化后的灰质再一次被抽取。

（5）体积变化的修正（调制）。将灰质体素乘以雅克比行列式（空间标准化中得到的形变场参数的矩阵），补偿图像从原始空间变换到立体空间时产生的伸缩形变，使得来自每个脑区的灰质体积的总体被保留。

（6）图像平滑。用具有一定量的半高宽的各向同性高斯核对所要研究的组织成分的脑图进行平滑。根据中心极限定理的理论，平滑处理可以使数据满足正态性假设，增加了统计检验的有效性，而且平滑也有助于补偿空间标准化的不准确性。

（7）统计建模、参数估计和假设检验。根据研究目的建立广义线性模型（GLM），进行模型的参数估计。常用的统计分析模型有单样本 t 检验、双样本 t 检验、多元回归分析、方差分析、协方差分析等。与任何统计检验一样，样本容量越大，识别差异的敏感度就越高。

二、基于表面的形态测量学分析

基于表面的形态测量学（surface-based morphometry，SBM）的分析方法通过空间标准化、不均匀场校准、组织分割和曲面重建等预处理流程能够对曲面进行重构，提取皮层厚度、大脑沟回信息和皮层复杂度等信息，来实现对大脑皮层更加精确的量化。基于 SBM 的图像预处理流程可采用哈佛大学开发的 FreeSurfer 工具包软件实现(详情见 https：//surfer. nmr. mgh. harvard. edu/)。

SBM 分析的具体预处理流程如图 9-4 所示。

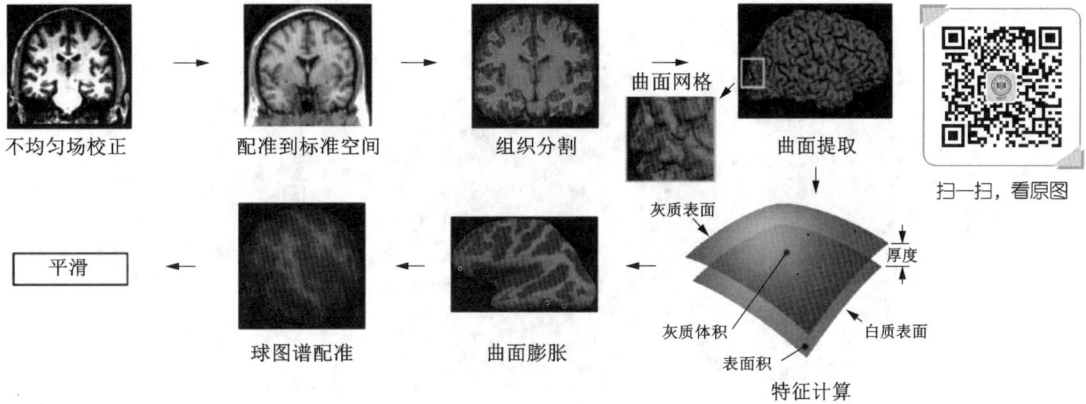

曲面网格

灰质表面

厚度

灰质体积

白质表面

表面积

特征计算

扫一扫，看原图

不均匀场校正　　配准到标准空间　　组织分割　　曲面提取

平滑　　球图谱配准　　曲面膨胀

图 9-4　基于表面的形态测量学分析的预处理流程

在 Linux 操作系统的平台上应用 FreeSurfer(http：//surfer. nmr. mgh. harvard. edu)软件，结合应用该软件上的 QDEC 工具对脑部皮层厚度值进行获取(阈值设定 $P=0.01$)完成计算提取脑部皮层厚度的处理过程。

在采集到磁共振的原始影像数据，并对其进行分析之前要经过一系列的预处理，如去噪、配准、分割、平滑等。本书使用 FreeSurfer 软件完成数据的预处理。具体步骤如下：

(1)不均匀场校正。

由于磁场影响，相同的组织(如灰质、白质、脑脊液等)可能由于空间位置的不同而灰度值不同，这对于分割非常不利。通常使用非参数不均匀归一化(nonparametric nonuniform intensity normalization, N3)的算法来采集白质的灰度变化情况，从而得到不均匀场估计，再使用逐点灰度值与该估计值的比值消除不均匀场效应，从而大大提高基于图像灰度值或对比度的脑组织分割算法的准确率。

(2)坐标配准。

由于不同个体的图像存在差异，无法直接用来做比较，而通过对图像进行配准，就可以将不同个体间相同的解剖结构一一对应起来，以便于后面的预处理和分析。通过基于仿射变换的刚性配准和基于基函数的非刚性配准，实现目标图像的平移、旋转、尺度变换、插值和非线性变形，是在标准空间与模板对齐的过程，因此也称为空间标准化。FreeSurfer 选择将个体影像配准到 Talairach 空间。

(3)去除噪声信号。

实验所得原始数据图像一般包括头部的其他组织的信号，而这些信号对大脑皮层的形状分析没有作用，为了不让它们影响到后面的分析，需要去除这些噪声信号。其方法之一是找到脑组织的包络，然后去除所有包络外的体素，即设置灰度值为零。FreeSurfer 采取的生成包络的方法是，用一个较大的椭球表面对包络进行初始化，然后通过一系列的变形来得到一个最优的包络。形变模型是最主要的方法之一。

199

（4）脑组织分割。

首先，将头皮和头骨等脑组织以外的部分去除。其次，在标准空间下去除小脑和脑干，并将其分为左右脑两个部分。对分离出的左右半脑进行填充并提取白质皮层。最后，将白质沿灰质梯度向外扩展至脑脊液与灰质交界处进行分割得到灰质皮层。脑组织分割如图 9-5 所示。

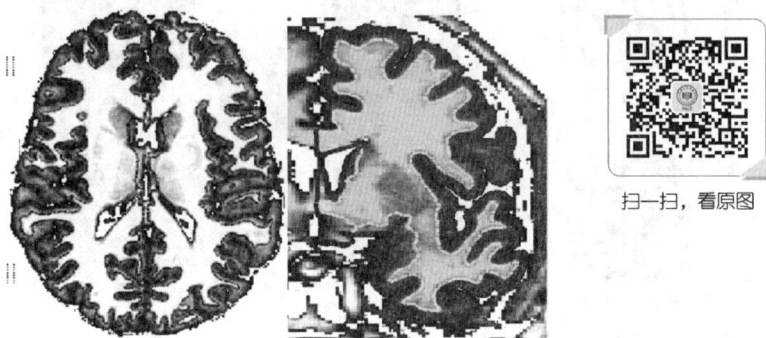

扫一扫，看原图

图 9-5　脑组织分割

（5）表面重建。

将上一步所得到的分割边界通过最小化弹性形变的弹性势能进行三维曲面重建，并使用三角网格来表示包含 327684 个网格顶点（vertex）的曲面。通过三维重建，最终得到两个表面，即灰质/白质分界面和灰质/脑脊液分界面。

（6）球图谱配准。

为了使目标图像的沟、回更好地对准到球图谱，本研究将灰质表面进行一定程度的膨胀，使其近似为球，将沟、回信息在球面上对皮层模拟进行展示。

（7）平滑。

为了提高图像的信噪比以及使数据更好地满足正态分布，需要使用各向同性高斯核对目标图像进行卷积运算。平滑核使用的 FWHM = 10 mm×10 mm×10 mm。

（8）皮层厚度测量及统计分析。

基于网格的皮层厚度测量方法所采用的定义为：皮层表面上一点到皮层另一表面间的投影距离即最短距离。一般要通过两次计算，第一次计算从内表面网格顶点到外表面做投影，得到一个最短距离，第二次计算从外表面向内表面进行同样的操作，又得到一个最短距离。取这两个距离的平均值作为皮层厚度。皮层厚度测量如图 9-6 所示。

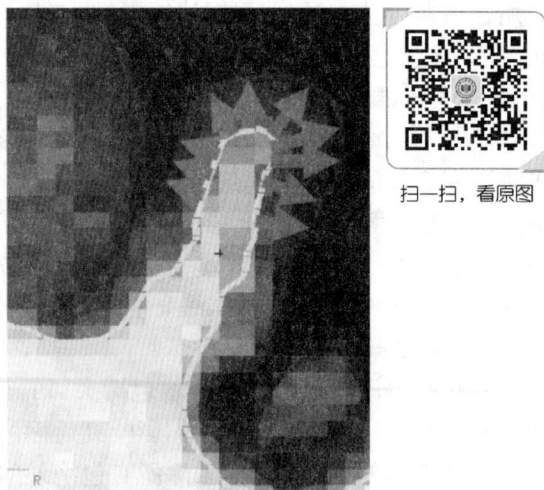

扫一扫，看原图

测量之后，得到每个被试在每个网格顶点处的厚度值，然后通过配准到统一的球面上，建立相应的统计模型，进行统计分析。

图 9-6　皮层厚度测量

三、弥散张量成像分析方法

磁共振扫描获得磁共振弥散张量图像后，就可以对其进行预处理，具体步骤包括去除非大脑组织（brain extraction）、涡流校正（eddy correction）、弥散张量参数图计算等。经过预处理之后可以得到 FA、MD 等参数图，然后对这些参数图进行进一步分析。目前最常见的弥散张量成像分析方法为 TBSS 方法。

FSL 是牛津大学的 FMRIB 实验室开发的一套专门用于分析扩散磁共振成像、功能磁共振成像和结构磁共振成像的综合性软件。扩散磁共振成像的处理主要用到其中的 FDT 模块。该软件的大多数功能有两种操作模式，分别是界面形式和命令行形式，命令行形式可以实现对数据的批处理。FSL 可以直接安装于 Mac OS X 和 Linux（Centos/Debian/Ubuntu），系统如要在 Windows 下使用，应先安装虚拟机。

DTI 数据预处理包括：数据质量检查、数据格式转换、头动涡流矫正、梯度方向校正、获取大脑 mask、张量计算。

（1）数据质量检查：检查影像的基本参数，包括分辨率、维度信息等；检查梯度方向数目和 b 值；检查数据的信噪比和伪影等；检查数据的头动情况。

（2）数据格式转换：将所有被试的原始图像由 Dicom 格式转换成 NIfTI 格式。

（3）头动涡流校正：在一定程度上消除扫描过程中的头动以及由头动和涡流所引起的形变等。详见图 9-7。

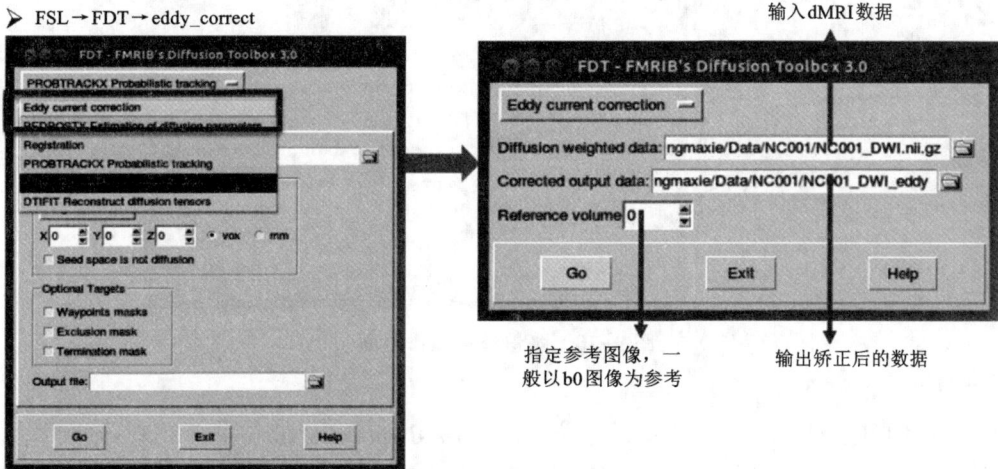

图 9-7　头动涡流校正

（4）梯度方向校正：将原来的梯度方向根据涡流矫正的变化进行调整。梯度方向校正的具体操作如图 9-8 所示。

图 9-8　梯度方向校正

（5）获取大脑 mask：计算张量前，需要先得到一个 mask 图像来确定张量计算范围，一般通过 b0 图像得到对应的 mask。首先利用 fslroi 命令（fslroi DWI_eddy. nii. gz b0. nii. gz 0 1），从 4D 的数据中获得 b0 图像，然后利用 bet2 命令（bet2 b0. nii. gz b0_brain -f 0. 2 -m）或者界面形式，将 b0 图像的脑外图像去除，获得 mask。具体操作详见图 9-9。

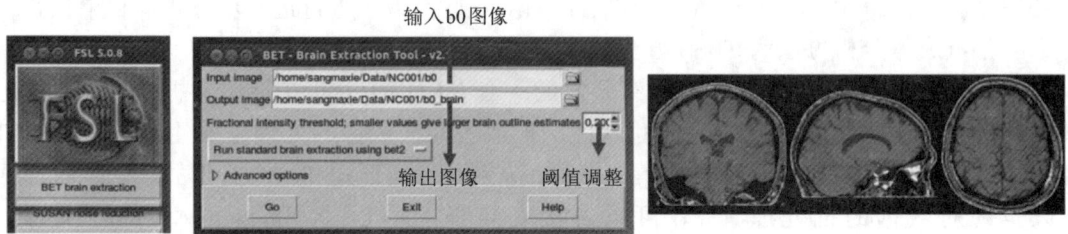

图 9-9　大脑 mask 获取

（6）张量计算。利用 FSL 中的 dtifit 功能（命令或界面）计算张量，同时获得 FA、MD 值等相关标量指标。操作界面详见图 9-10。运行命令：dtifit -k DWI_eddy. nii. gz -m b0_mask. nii. gz -o dti -r DWI_rotate. bvec -b DWI. bval

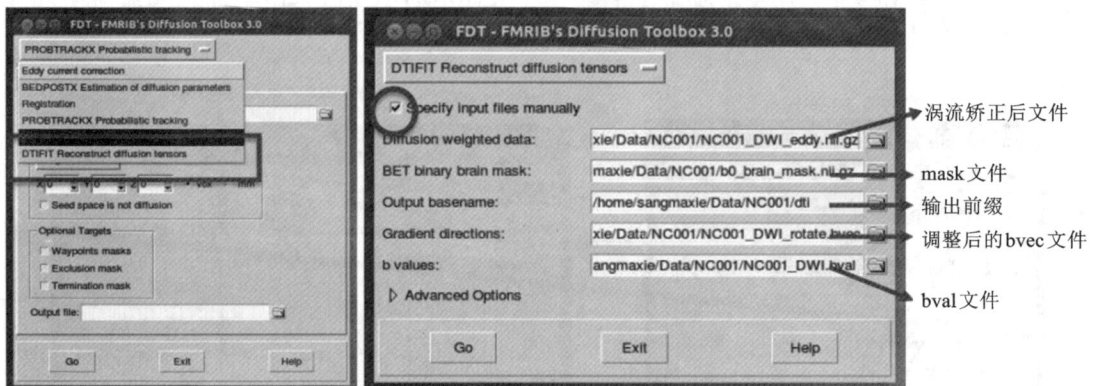

图 9-10　张量计算操作界面

以下介绍基于纤维束示踪空间统计学（tract-based spatial statistics，TBSS）分析方法。

TBSS 方法是一种实现对全脑结构研究的、全面的、可靠的描述脑白质纤维束完整性的研究技术，因为在实验结果呈现方式中采用了基于体素的全脑分析方式，较常规的体素分析方法明显减少了实验数据带来的偏倚误差。

TBSS 的主要步骤如下：

（1）在处理路径下新建文件夹 TBSS，并将被试的 FA 图像复制到该文件夹下，同时对 FA 图像根据组别进行命名，比如分别命名为 N＊＊＊. nii. gz 和 P＊＊＊. nii. gz，详见图 9-11。

（2）进入 TBSS 文件夹，运行命令：tbss_1_preproc ＊. nii. gz。运行完后会生成两个文件夹，origdata 和 FA，origdata 文件夹中包含原始 FA 数据。FA 文件夹中包含名为 slicedir

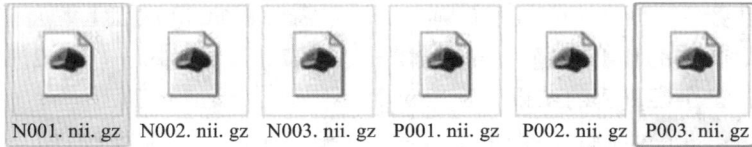

图 9-11　TBSS 处理的文件命名

的文件夹。slicedir 文件夹中存放每个被试 FA 不同层的图像，可以通过这些图片查看 FA 图像是否有明显的缺失和变形。FA 图像检查如图 9-12 所示。

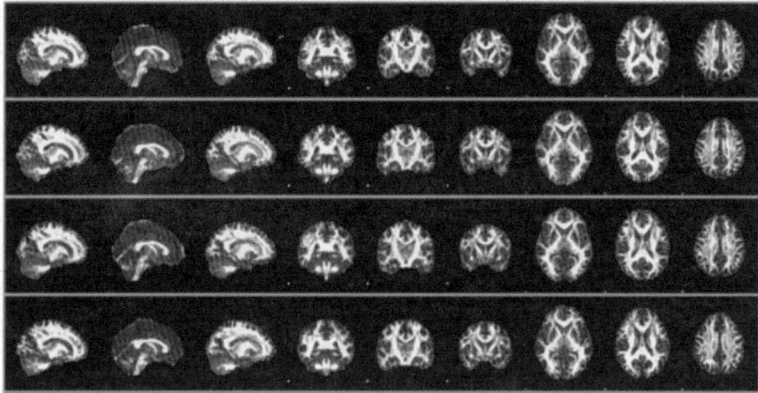

图 9-12　FA 图像检查

（3）运行命令：tbss_2_reg -T/-t/-n（/表示"或"）。该步骤主要是利用线性和非线性配准将个体 FA 配准到标准空间。

-T：配准到 FMRIB58_FA 的 FA 模板上（成人研究建议选这种）。

-t：配准到自己指定提供的模板上。

-n：所有的数据相互配准，找到最具有代表性的图像作为模板，将所有的图像配到这个具有代表性的图像上，然后再配准到标准空间（耗时）。

（4）运行命令：tbss_3_postreg -S/-T（/表示"或"）。该步骤用于构建平均 FA 图和白质骨架。

-S：基于自己的数据构建骨架（推荐）。

-T：基于标准的 FA 模板构建骨架。

（5）运行命令：tbss_4_prestats 0.2。该步骤用于给平均 FA 骨架取一个阈值，一般 0.2 效果较好。

（6）对照设计，进入中间生成的 stats 文件夹，运行命令：design_ttest2 design N1 N2，N1 和 N2 分别表示两组被试的数目。命令运行后将得到 design.mat 和 design.con 等文件，用于后续的统计分析。

（7）统计分析，利用 FSL 中的 randomise 进行置换检验。

（运行命令：randomise -i all_FA_skeletonised -o tbss -m mean_FA_skeleton_mask -d design.mat -t design.con -n 5000 --T2 --uncorrp）

-n：置换次数，根据被试数目进行调整，一般需要在 5000 次以上。

置换检验后得到的 tbss_tfce_corrp_tstat1. nii. gz 和 tbss_tfce_corrp_tstat2. nii. gz 为矫正后的 1-p 值图像，是主要查看的结果。

（8）利用 tbss_fill 对统计结果进行膨胀，便于显示。运行命令为：tbss_fill tbss_tfce_corrp_tstat1 0.95 mean_FA tbss_fill。

（9）利用 fslview 查看结果（图 9-13）。

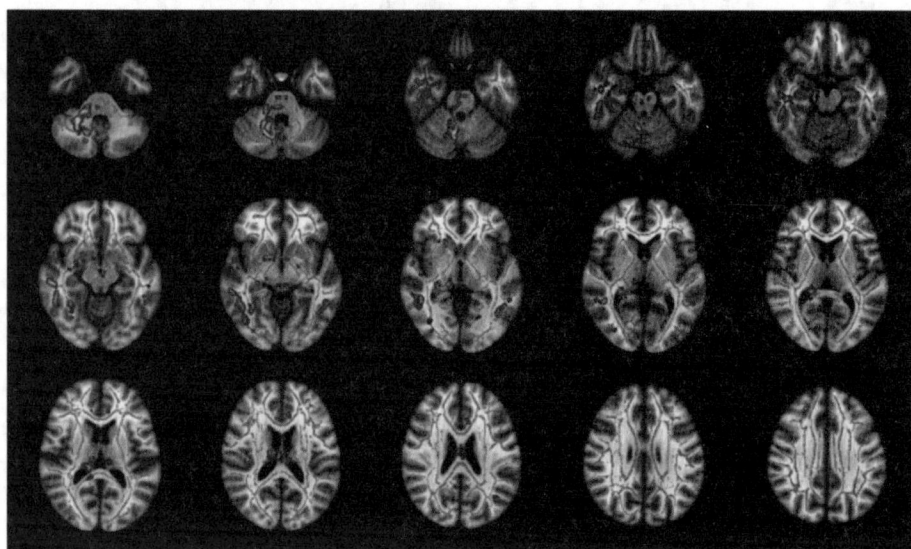

扫一扫，看原图

图 9-13　查看结果

四、结构脑影像数据分析进展

随着科学技术的不断发展，关于脑结构数据的分析方法不断出现。近年来，基于图论的复杂网络的分析方法应用到脑网络研究中，试图从网络的拓扑结构理论上揭示大脑的隐藏机制和特征。基于结构磁共振影像的组网络中，边表示的是基于形态学数据的脑区均值构成的列向量之间的协调性或相关性。相关性通常有两种衡量方法：分别是皮尔逊相关系数和偏相关系数。基于结构磁共振的个体脑网络中，一般用脑区之间的相关性来表示边，由相关系数组成的矩阵称为连接矩阵（或网络图谱）。得到了连接矩阵，即完成了脑网络的构建。我们还可以借助图论对脑网络进行拓扑结构属性分析。网络的拓扑属性包括：网络全局属性（聚类系数、最短路径长度、gamma、lambda、sigma、全局效能、局部效能）和网络节点属性（节点度、节点效能、节点介数）。

（1）聚类系数（clustering coefficient，CC）是一个节点与其他任意两个节点的连接组成的三角形的个数与可能形成的三角形个数二者的比值，用来衡量网络的功能分离能力。

较大的聚类系数表明该网络在局部范围内具有更快的信息处理能力，反之亦然。

（2）全局效率是所有节点间最短路径（L_p）的倒数的平均值，用来衡量网络的整合能力。

（3）节点度是衡量网络中节点中心性的指标之一。节点的度是指与该节点和其他节点相连的路径连接强度（或边）之和。

（4）对于有向图来说，顶点的出度是指节点的出边路径的连接强度之和，顶点的入度是指节点的入边路径的连接强度之和。

（5）节点的中介值是通过该节点的任意节点间的最短路径数量。节点的中介值越大，表明有更多的最短路径特征经过该节点并与更多的节点存在交互；节点的中介值越小，表明该节点在网络中相对独立，不存在中心性。

基于复杂网络理论的脑网络分析方法可以大致分成两种：第一种是基于特定假设驱动的组间差异性检测；第二种是基于机器学习算法的脑网络分类和预测。第一种主要利用统计检验的方法找出患者脑网络中存在的异常连接，然而该方法不能实现对未知脑网络的分类；第二种主要是在图论或复杂网络理论的基础上计算出脑网络的拓扑属性，然后通过机器学习方法挖掘差异性显著的局部或全局拓扑结构特征，并自动完成对未知样本的分类。

机器学习是近年来发展起来的一门交叉学科，涉及统计学、信息论、生物科学和算法等多门学科。机器学习致力于通过计算机以计算的手段，从数据中学习规律和经验，用来对未知数据进行分析和改善。机器学习可以从反映拓扑结构特性的数据中获取规律，然后利用该规律对未知样本的脑网络进行分类和预测。基于机器学习的脑网络分类研究方法主要包含三个关键步骤：①脑网络的构建，即根据获取到的脑影像构建结构性连接脑网络；②特征的提取与选择，即计算其中的局部或全局拓扑结构特征，分析并选择差异性显著的特征用于后续的判别；③脑网络的分类和预测，即根据选择出的特征构建分类模型，并利用该模型对未知脑网络进行判别。

（张小崔）

第十章　功能脑影像数据分析方法

第九章节介绍了反映大脑形态特征的结构脑影像数据分析方法，本章将介绍反映大脑功能活动特点的功能脑影像学数据（包括静息态和任务态功能脑影像学数据）分析方法。本章将首先介绍功能脑影像的基本概念以及分析方法类型，然后依次介绍静息态和任务态功能脑影像学数据分析方法的具体步骤以及相关进展。

第一节　功能脑影像概述

一、功能脑影像的基本概念

功能脑影像是相对于结构或形态脑影像而言的，它重点关注的是大脑的神经功能活动。功能脑影像成像技术很多，如正电子发射断层扫描术（PET）、近红外脑功能成像技术（fNIRS）、磁共振成像（MRI）等。考虑成像技术的成熟性和稳定性以及目前的应用范围，本章介绍的功能脑影像数据分析方法主要针对 BOLD 磁共振成像，即 BOLD-fMRI（后文也简称为 fMRI）。

BOLD-fMRI 可以分为静息态和任务态两种类型。任务态成像是被试配合完成某种认知任务时记录的大脑神经活动。相对应地，静息态成像即大脑不进行特定的认知任务且清醒时记录的脑自发神经活动。早期的功能脑影像研究主要集中在任务态领域。静息态脑自发神经活动的生理意义受到普遍认可则经过了比较长的时间。与任务态相比，静息态 fMRI 无须复杂的实验设计，数据采集便捷易行，容易取得被试的配合。这些优点使得静息态 fMRI 也具有独特的应用前景。近年来，静息态和任务态 fMRI 都受到研究者的广泛关注，成为临床和神经科学领域研究的两大重要技术手段。

二、功能脑影像分析方法类型

无论是静息态还是任务态成像，研究者们都希望通过一些分析方法，阐明大脑的神经活动，从而理解大脑的工作原理。随着科学的不断进步，人们逐渐对大脑的工作模式达成共识，即脑区与脑区既独立又合作，既有自身侧重的功能分工，又不可分割地整合在一起。与此相对应的，功能脑影像数据分析方法也大致从功能分离和功能整合的角度出发。功能分离类的方法主要关注各脑区自身功能,功能整合类的方法则将大脑活动集合成相互连接的环路或者网络,主要关注不同脑区之间的交互。当然,就大脑本身的复杂性而言,功能分离或整合都不足以完全地理解大脑,有时必须将脑区的特异性和不同脑区的连通性整合在一个框架下进行分析。

静息态中,侧重单个脑区功能,即从功能分离的角度理解脑工作原理的,且具有较好的可重复性和较为明确的生理意义的指标主要有低频振荡振幅(amplitude of low frequency fluctuation,ALFF)和局部一致性(regional homogeneity,ReHo);从功能整合的角度,显示功能连接的分析方法主要有基于种子点的功能连接分析(seed-based functional connectivity,seed-FC)等。任务态中针对特定脑区功能的分析方法主要有经典的单体素脑激活分析、针对脑区之间功能交互的有生理心理交互作用(psycho physiological interactions,PPI)等。

第二节 静息态分析方法概述

一、静息态基本分析方法

(一)ALFF 和 fALFF

ALFF 反映的是局部脑区自发神经元活动的强度。在获得静息态 BOLD 信号时间序列后,首先采用快速傅里叶变换将预处理完后的时域信号转换成信号的功率谱,再对功率谱求平方根,即得到 BOLD 信号的振幅。BOLD 信号在低频段内(通常为 0.01~0.08 Hz)的平均振幅强度即为 ALFF 值。

在 ALFF 基础上,研究者还提出了比率低频振幅(fractional ALFF,fALFF)的方法。fALFF 反映的是 0.01~0.08 Hz 的 BOLD 低频信号的振幅之和在全频段(0~0.25 Hz)振幅之和中所占的比例。与 ALFF 相比,fALFF 可以有效地降低脑室系统及大血管腔隙生理噪声的影响,提高灰质生理意义信号检测的特异性和敏感性,更好地反映大脑神经元自发活动的强度,尤其是默认模式网络脑区。但也有学者指出,fALFF 可能同时假性增强其他皮层区域的信号,如中央前回和颞顶区域等。此外,相较于 ALFF,fALFF 的稳定性和可重复性也略低。

总的来说,ALFF 和 fALFF 都可以很好地表征大脑局部自发性功能活动的强度,具有较好的测量属性。它们都是基于体素的分析方法,无须先验假设,计算相对简易。考虑到这两种指标各有优势与不足,许多研究中常将它们结合使用。

(二)ReHo

ReHo 的方法由国内学者臧玉峰等于 2004 年首次提出,其理论基础为:一个功能脑区内的神经元在特定条件下的功能活动应该具有较高的同步性。因此,可以通过计算每个体素与相邻体素 BOLD 信号时间序列上的一致性,来间接反映局部脑区神经元活动的同步性。利用肯德尔和谐系数（Kendall's coefficient concordance，KCC）来度量某体素与其相邻的多个体素的 BOLD 信号随时间变化的相似程度（如图 10-1 所示），计算出来的指标即为ReHo。

$$\text{ReHo} = \frac{12 \sum_{i=1}^{N} (R_i - \bar{R})^2}{K^2(N^3 - N)}$$

图 10-1　ReHo 的计算公式

其中，R_i 为邻域内所有体素在第 i 个时间点上的秩之和。$\bar{R} = (n+1)K/2$ 是 R_i 的均值。K 是邻域大小，即该体素加上周围的最邻近体素的总数（通常 $K=27$），n 为时间点的数量。

ReHo 值位于 0 到 1 之间。ReHo 值降低表明局部脑功能活动缺乏协调，处于无序状态，ReHo 值增加则表明相应脑区的协作程度异常升高。ReHo 是一种完全针对脑局部功能活动的分析方法，它对局部区域的功能同步性较为敏感，能较好地定位差异性脑区。此外，ReHo 对样本分布没有具体要求，不易受到时间噪声和空间噪声的影响，具有很好的稳定性和可重复性。目前，该指标已大量应用于各种神经精神疾病和认知神经科学的研究中。

（三）seed-FC

基于种子点的功能连接分析是用来度量空间上分离但功能上相关的脑区间协同工作程度的一种方法。它通常是根据神经元活动参数之间的相关性推断出来的。FC 可以反映不同脑区活动的同步性，但不能反映脑区神经活动间的因果关系。

在实际操作中，研究者们通常根据实验目的，确定一个或多个感兴趣脑区（region of interest，ROI）作为种子点，提取出 ROI 内平均时间序列，计算 ROI 之间（ROI-wise FC）或者每个 ROI 和全脑体素（voxel-wise FC）时间序列的皮尔逊相关系数，以其作为功能连接强度的衡量指标。皮尔逊相关系数的取值范围为−1 到 1，当两个脑区的 BOLD 信号时间序列呈正相关，表示它们的信号强度随时间同时增强或者减弱，表现为功能协同，相关系数越大，协同程度越高。而呈负相关的脑区之间表现为功能拮抗。

FC 因易操作性、高敏感性、结果指示性强，能够和先验假设配合等优势而被广泛应用。但该方法依赖于种子点的选取，不同的种子区域可能会生成不同的连接模式，因而具有一定的主观性；且该方法只能分析种子点相关的特定脑区间的连接特征，不能同时探查其他区域间的功能连接，因此也具有一定的片面性。

二、静息态数据分析实践操作

功能脑影像数据的分析基本分为两大步骤，第一步是影像数据的预处理，第二步是反映脑功能的指标计算。常用的静息态分析软件是 DPAIBI/DPARSF。该软件由国内学者严超赣团队开发，可以开源免费下载（http：//www. rfmri. org/dpabi）。下面将分别对静息态数据的预处理基本步骤和指标计算步骤原理和操作进行介绍。

(一)预处理基本步骤及软件实现

1.步骤原理

大脑皮层活动瞬息变化,因而要求足够快的成像序列对任务刺激诱发或神经元自发性地活动进行记录。目前,常用基于小角度激发的平面回波序列(echo planar imaging,EPI)采集 fMRI 数据。该序列可以在较短的脉冲序列重复时间(repetition time,TR)内通过数层至数十层的图像获得一个脑体积(volume)信号。EPI 序列虽然能以极快的速度成像,但快速成像却是以牺牲分辨率为代价的。功能像的分辨率远低于结构像。除此之外,EPI 序列图像对外在磁场环境的影响十分敏感,微弱的 BOLD 信号通常会伴有大量的干扰成分,如扫描时头部运动引起的信号失真和错位、梯度磁场高速切换产生的易感性伪影、扫描设备和生理运动(如呼吸、心跳等)引起的高频噪声和低频漂移、由于不准确的采集时序和不均匀的静磁场产生的 Ghost 伪影等。静息态 fMRI 数据的预处理就是消除采集过程中的各种噪声和伪影,以提高 BOLD 信号检出率的过程。这一过程通常包括去除前面时间点的数据、时间层校正、头动校正、空间标准化、空间平滑以及其他降噪步骤。

(1)去除前面时间点的数据。

在刚开始采集磁共振数据的时候,机器需要时间进行预热,可能存在磁场信号不稳定的现象。同时,被试对扫描环境不适应,可能存在开机头动。因此,刚开始采集的数据通常是不稳定的,需要去除。实际操作中前 10~20 s 的数据通常不纳入分析。不过,现在的机器在启动扫描序列前都会经过一定时间的预热,如果 EPI 序列是在整个实验过程的中途进行扫描的,被试已经适应了扫描环境,这个步骤也可以不做。

(2)时间层校正(slice timing)。

几乎所有的 fMRI 数据都是使用二维脉冲序列采集的,一次只能获取一层图像的信号,往往需要通过隔行扫描或连续扫描的方式获取数十层图像组成一个脑体积来获得全脑的信号。这意味着在一个 TR 时间内同一个脑体积的各层信号的获取时间存在差异,这种差异最高可达数秒(脉冲序列重复时间 TR 越大,首层和最后一层的获取时间间隔越长)。而包括静息态在内的 fMRI 数据分析,假设了图像中所有体素的信号是在同一时间被获取的,故而需要对每层图像信号采集的时间差异进行校正。时间层校正就是通过插值的方法(常采用 sinc 法插值)将参考层(TR 内扫描顺序的中间层)的数据插值到其他层,从而将所有层的获取时间匹配到参考层。时间层校正可以在理论上使一个 TR 时间内采集的脑体积所有体素的信号获取时间一致,以满足后续处理的要求,详见图 10-2。

(3)头动校正(realign)。

在静息态 fMRI 数据的采集过程中头动是一个严重的干扰因素,即使被试配合得再好,以及采用海绵或泡沫垫对头部加以固定,也无法完全杜绝扫描过程中的头部移动。扫描过程中即使轻微的头动也将严重影响图像质量,表现为信号错位和信号失真,头动程度在数据分析中需要得到充分的评估和考虑。

标准的头动校正(也称为对齐 realign)是通过将时间序列内各个时间点的图像进行对齐,在一定程度上消除头动的影响。最常见的方法是先选择一张图像作为参考(通常是时间序列的平均图像),然后通过旋转或平移等刚体变换(rigid body transformation)将时间序列内各时间点的图像与参考图像的位置匹配,最后再用内插值算法重建对齐后的时间序列。

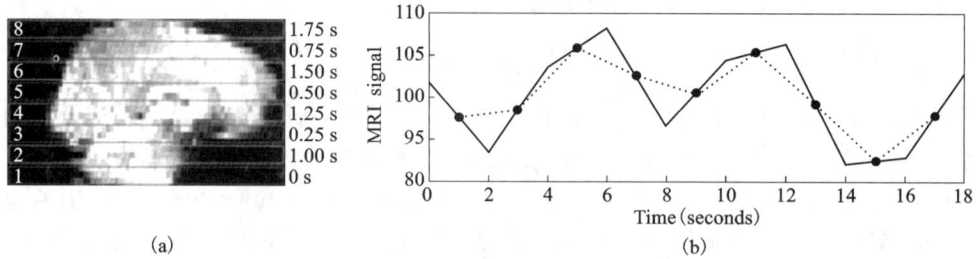

图 10-2　时间层校正

（a）一个隔层扫描的脑体积各层图像的获取时间图示。各层以 1-3-5-7-2-4-6-8 的顺序获取；右侧的时间显示了相对于初始层的间隔时间，假设脉冲序列重复时间是 2 s。（b）时间层校正的过程。实线为每个脑体积某层图像（假设为初始层）中单个体素的原始时间序列。虚线为经过插值后该体素的 BOLD 信号时间序列。图例为了简洁显示，采用的是线性插值法，实际操作中时间层校正最常采用正弦插值法。

　　目前，大多数头动校正工具通常基于刚体模型对头部的整体运动进行校正，该模型选用了沿着 X、Y、Z 三个坐标轴方面的平移（单位：毫米）和旋转（单位：角度）共 6 个参数对各时间点图像的头动幅度进行估计。在后续的数据分析中可以根据这些参数排除头动过大的被试，或者将这些头动估计参数作为协变量加入统计模型中，进一步控制头动的影响。

　　（4）空间标准化（spatial normalization）。

　　不同个体的大脑在大小、形状、朝向和脑回解剖结构上均存在较大差异。为了便于进行个体间的比较，需要对个体脑图像进行空间标准化。空间标准化就是通过各种仿射线性变换以及非线性变换的方式将个体功能图像与标准脑空间（standard brain space）的模板图像（templates）进行配准，从而将所有被试的功能图像从个体空间匹配至同一个标准空间，以保证相同的体素对应的各个被试的解剖结构是一致的。所谓的标准空间是指根据一系列正常人脑的 MRI 图像而建立的坐标系统，加拿大 McGill 大学的 Montreal Neurological Institute 建立的 MNI 坐标系统是目前最常采用的标准脑空间。MNI305、ICBM－152、Colin27 等都是 MNI 空间下采用的标准脑模板。

　　fMRI 数据的空间标准化的方式主要有两种。第一种是直接将 fMRI 数据配到使用同类数据得到的标准空间脑模板上，如 MNI 空间下的 EPI 模板。这种方法虽然简易便捷，但是由于功能像中分辨率低，缺乏解剖学细节，配准将主要由大脑边缘的高对比度特征所驱动。这可能导致配准后的图像虽然整体的大脑轮廓是精确的，但内部的组织结构却不能非常精确地对齐。第二种方式是借助个体自身高分辨率的 T1 结构像进行标准化，其包含三个步骤。第一步是配准（coregistration），即通过仿射变换将个体的功能像和结构像进行匹配，从而将功能像上的点定位在有着较高分辨率的结构图像上。第二步是分割（segment），即将与功能像配准后的个体结构像根据先验的组织类型概率图谱分割成灰质、白质和脑脊液，将分割后的组织与标准空间的脑模板（同样为高分辨率的结构像标准模板）进行配准，从而得到从个体空间去往标准空间的变换参数。第三步是写入变换参数（write），即将变换参数应用于个体的功能像上，从而得到空间标准化后的功能像数据。

　　（5）空间平滑（spatial smoothing）。

　　在统计分析前对还要对 fMRI 数据进行空间平滑，该过程涉及要把一个移除图像高频信息的滤波器(filter)应用到个体的功能像上。执行该步骤主要出于以下几点考虑。首先，空间标准化的形变过程可能会造成相邻体素间信号的陡峭变化(小尺度空间内的高频噪声)。扫描过程中设备的不稳定及生理运动的干扰也会导致图像出现随机噪声。空间平滑通过将高频信号的信息融合到周围区域中，在降低高频噪声强度的同时，也较好地保留了低频的信号成分，增加了全脑大尺度空间上的信噪比，增强了统计分析的效力。其次，标准化的过程并不能将所有个体功能和结构像的解剖结构完美对齐(失匹配现象)，空间平滑可以通过在空间里模糊数据进一步减少个体间残留的解剖结构差异。最后，有些分析方法，特别是高斯随机场理论(the theory of Gaussian random fields)要求数据必须有一定程度的空间平滑。

最常见的空间平滑手段是用一个三维的高斯过滤器(或者说是平滑核)去跟三维的fMRI 图像做卷积。高斯核所加载的平滑量或平滑范围是由分布的宽度决定的。在图像处理上，分布的宽度使用半峰全宽值(full width at half-maximum, FWHM)来描述。FWHM 是指高斯分布函数在其峰值一半位置上的峰宽，和标准差(σ)相关，近似于 $2.55 * \sigma$。FWHM 越大，平滑区域就越大。预处理中应该采用多大的平滑核并没有固定的答案。因为需要做平滑的理由有很多，而在不同的情况下都会有不同的标准。如果旨在通过平滑来降低图像噪声，那么应该使用比拟检测脑区的 BOLD 信号尺度更小的过滤器。因为使用过大的平滑核会导致小皮层结构(如基底节)感兴趣信号的丢失。如果要通过平滑来保证高斯随机场理论对统计分析的效度，那么一个两倍于体素尺寸的 FWHM 是合适的。

(6)其他降噪步骤。

其他进一步减少图像噪声的方法还包括去除线性趋势(detrend)、回归噪声协变量(nuisance covariates regression)、滤波(filtering)和剔除头动过大的某些时间点的图像(scrubbing)。

①去线性趋势。数据采集过程中机器升温、被试适应或者头动校正后残留的移动噪声，可能导致图像信号随着时间系统性地增加或减少。这一结构性的趋势可能会影响后续的数据分析。因而，有必要在数据分析前使用线性模型去除这一有规律的信号漂移趋势。

②回归噪声协变量。进一步将头动参数(如 Rigd-body 6、Derivative 12、Friston 24 头动参数)、脑脊液和白质信号作为噪声变量去除，以减少头动和非神经 BLOD 波动的影响。近来，全局(全脑)信号被发现与呼吸引起的 fMRI 信号密切相关。为了减少生理性噪声的影响，通常会在进行功能连接等静息态指标分析前将全脑信号通过回归分析去除。但当全局信号去除后，一些功能拮抗的脑网络成分间(如默认模式网络和注意网络)的负相关会明显增加，这提示全局信号的去除会引起相关系数的重新分配，从而模糊对于负相关的生物学机制的理解。因此，是否去除全局信号目前存在较大争议。

③滤波。目前认为与神经自发活动相关的具有生理意义的静息态 BOLD 信号主要集中在较低频段($0.01 \sim 0.08$ Hz)。既往研究发现低频振荡($0.01 \sim 0.073$ Hz)主要在灰质被检测到，而相对高频的振荡($0.073 \sim 0.25$ Hz)主要位于白质区域。另外，呼吸和混叠的心跳信号影响也主要位于高频带范围。在对静息态 fMRI 数据进行分析前进行带通滤波可以降低低频和高频生理噪声的影响。

④剔除头动过大的某些时间点的图像。除了剔除头动过大被试的扫描数据外，还可以采用框式位移(frame-wise displacement, FD)这一指标来进一步衡量被试的头动信息。FD

可以评估个体每个时间点相对于前一个时间点的即时头动程度。其中 FD 过大的时间点及其周围时间点(一般是前 1 后 2)的图像不宜进入计算,需要剔除。此外,还建议将每个被试的平均 FD 值在后续的数据分析中作为协变量进行控制。

以上描述了静息态 fMRI 数据预处理的大致流程和常用的步骤。具体情况下,不同的指标需要的预处理步骤并不完全相同。在后文指标计算中我们会做进一步介绍。

2. 软件实现

(1)软件准备。

DPARSF(data processing assistant for resting-state fMRI software, http://www.restfmri.net)是进行静息态 fMRI 数据预处理和基本分析指标计算最常采用的工具包。该软件基于MATLAB 平台,需要调用 SPM(statistical parametric mapping, https://www.fil.ion.ucl.ac.uk/spm)函数,所以在运行 DPARSF 时,SPM 需要设置在 MATLAB 路径上。

(2)数据准备。

DPARSF 软件的运行对数据文件夹的命名有着严格的要求。如果数据是 DICOM 格式,在数据分析前需要在工作文件夹下新建 FunRaw 文件夹(不能是其他名字),然后在该文件下为每个被试建立一个文件夹,可以用被试编号命名(如 Sub_1、Sub_2、$\cdots$、Sub_N),每个文件夹里存放相应被试的静息态 fMRI 的 DICOM 格式数据。如果是转化后的 NIFTI (neuroimaging informatics technology initiative)格式数据,则需要在工作文件夹下新建FunImg 文件夹(不能是其他名字),相应地同样需要为每个被试建立一个文件夹,并将转换后的数据存放在被试文件夹内。可以采用 mricron 下的 dcm2nii 进行数据转换(http://www.cabi.gatech.edu/mricro/mricron/dcm2nii.html)。

此外,因为后续的空间标准化这一步需要借助被试的 T1 结构像进行配准,还需要在工作文件夹下建立 T1Raw 或者 T1Img 文件夹。FunRaw/FunImg、T1Raw/T1Img 文件夹内被试数量及被试文件夹名称要一致。

准备好数据后,DPARSF 工作界面的工作文件夹和开始文件夹都需要对应好(图 10-3)。其中,工作文件夹为 FunRaw/FunImg 的上级文件夹,开始文件夹是 FunRaw/FunImg,依各自整理的数据情况而定。

(3)数据预处理。

这里使用的示例数据共四例,时间点为 200,TR 为 2 s,隔层扫描,层数为 39。原始的静息态功能像和 T1 结构像的 DICOM 格式数据已经转为 NIFTI 格式,并分别存放在工作文件夹下的 FunImg 和 T1Img 文件夹内。

在 MATLAB 的命令行输入 dpabi,运行 DPABI 工具箱,选择其中的 DPARSF 软件,打开如图 10-3 所示的界面。在数据预处理之前我们先导入数据,输入 Time points 和 TR 参数。

导入数据后,使用者可以根据需要对预处理步骤进行勾选,图 10-3 是一个常见的静息态 fMRI 数据预处理流程。当预处理步骤选项选好后,点击界面下方的 Run 按钮即可执行。进行预处理的过程中除 Remove First n Time Points 外,其余每一步都会生成过程文件,存储在以前一步文件夹名字+一个识别性的大写英文字母命名的文件夹内。其中 A—Slice Timing;R—Realign;W—Normalize;S—Smooth;D—Detrend;C—nuisance covariates regression;F—Filter;B—Scrub。如果某一步出错,只需要从出错的这一步开始重新计算即可。

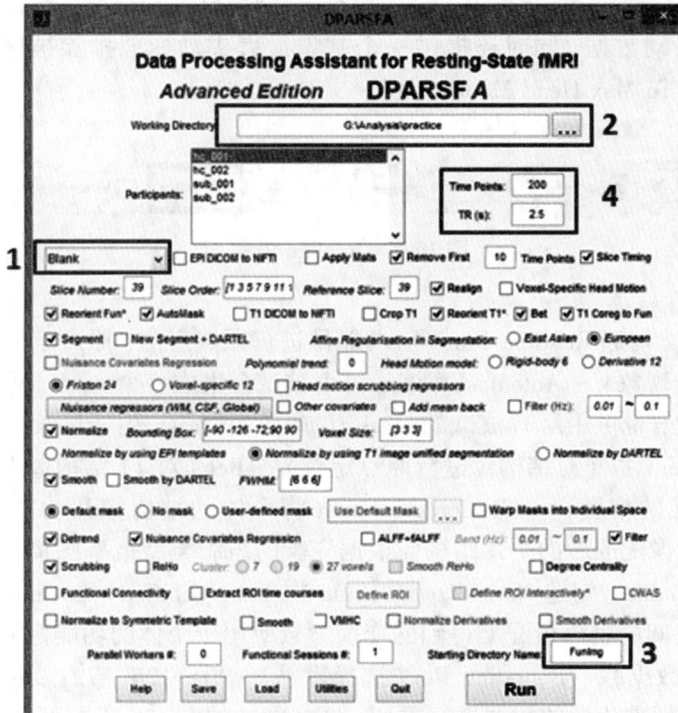

图 10-3 DPARSF 软件界面

各步骤具体如下：

（1）Removing first time points。去除的数量视情况而定，一般选择 5 或 10。勾选 Remove First time points，输入拟去除的时间点个数（示例为 10；见图 10-4）。

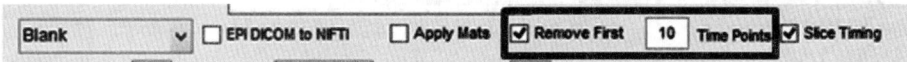

图 10-4 时间点去除（Remove First）设置

（2）Slice Timing。勾选 Slice Timing →输入 Slice number（即每个 Volume 的总扫描层数，示例为 39）→输入 Slice order（示例为隔层扫面从奇数层开始，则输入"1，3，…，最大奇数层，2，4，…，最大偶数层"；或者输入"1：2：最大奇数层，2：2：最大偶数层"）→输入 Reference slice（扫描顺序的中间层，如果总层数为偶数，则可以输入中间两层的任意一层，示例数据扫描的中间层为第 39 层）（图 10-5）。

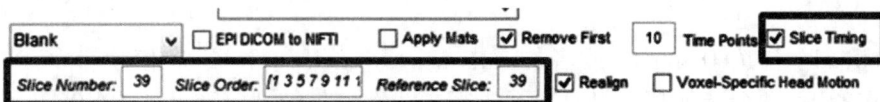

图 10-5 Slice Timing 设置

（3）Realign。勾选 Realign（图 10-6）。执行该步骤会生成 Realign Parameter 文件夹，该文件夹中包含着头动数据，同时还提供一个基于最大头动标准排除被试的名单"Exclude Subjects According To Max Head Motion. txt"。

图 10-6　Realign 设置

（4）Normalize。勾选 Reorient Fun（对功能像进行原点定位，原点定位有利于减少空间标准化后的失匹配现象）→AutoMask（该步每个被试会生成一个 mask，可用于检查各时间点图像的覆盖情况，也可用所有被试的 mask 生成 group mask 用于后续的统计分析，该步骤非必选）→Reorient T1（对结构像进行原点定位）→Bet（对 T1 结构像进行简单的剥头皮处理，以提高配准的精度）→T1 Coregto Fun（将个体的结构像和功能像进行匹配）→Segment（将与功能像配准后的个体结构像根据先验的组织类型概率图谱分割成灰质、白质和脑脊液）→Normalize，勾选 Normalize by using T1 Image unified segmentation（即使用分割后的组织与标准空间的脑模板配准得到的变换参数应用于个体的功能像上，从而得到空间标准化后的 fMRI 数据）→Bounding Box（选择默认"−90 −126 −72；90 90 108"即可）→Voxel Size（对空间标准化后的数据进行重切，选择默认的"3×3×3"即可）。详见图 10-7。

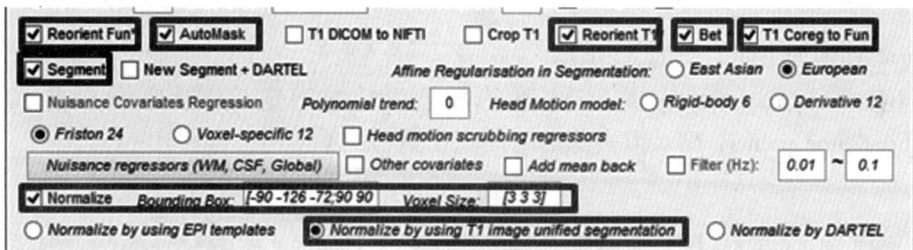

图 10-7　Normalize 设置

（5）Smooth。勾选 Smooth，输入平滑核的大小，以 FWHM 表示。示例中重切后的体素大小为"3×3×3"，FWHM 可以选择"6×6×6"。详见图 10-8。

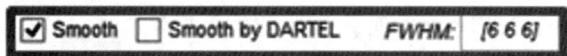

图 10-8　Smooth 设置

（6）Detrend。勾选 Detrend，或者在 nuisance covariates regression 模块下的 Polynomial trend 框内选择 1，两个选项都可以对数据进行去线性趋势处理。详见图 10-9。

（7）Nuisance covariates regression。该步骤也可在 Normalize 之前进行，勾选 Nuisance covariates regression→选择相应的头动参数作为协变量去除（推荐选择 Friston 24 头动参数

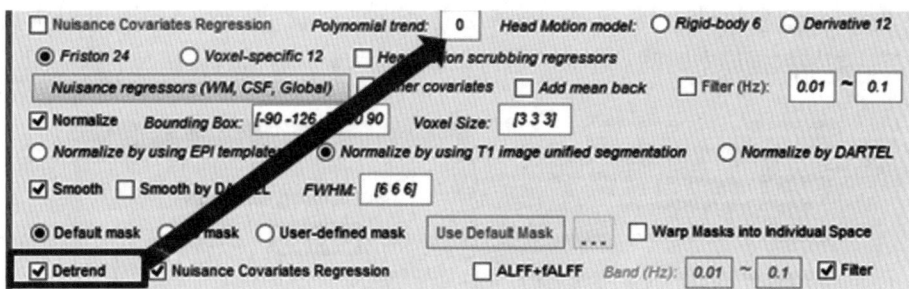

图 10-9　Detrend 设置

模型）→点击 Nuisance regressors，则会弹出右下角的设置框→勾选 White Matter 和 CSF，由于需不需要去除全脑平均信号目前并无定论，可以勾选 Both with&without Global Signal（Mask 选择默认的"SPM apriori"；Method 选择默认的"Mean"即可）。详见图 10-10。

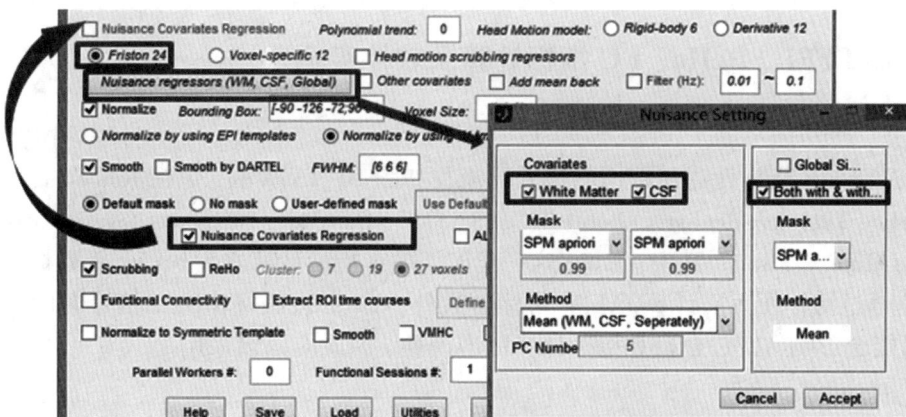

图 10-10　Nuisance covariates regression 设置

（8）Filter。该步骤也可在 Normalize 之前进行，勾选 Filter→选择滤波之后留下的感兴趣频段的信号（默认的是 0.01~0.1 Hz，也可改为通常采用的 0.01~0.08 Hz）。详见图 10-11。

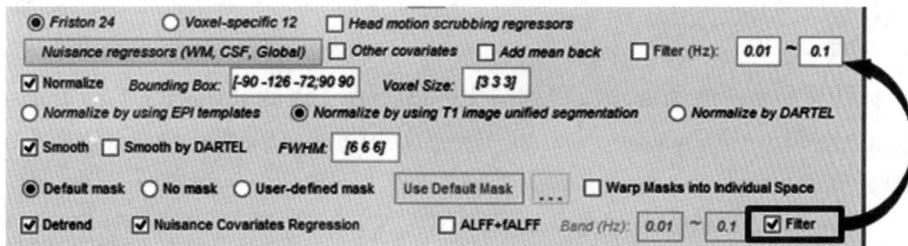

图 10-11　Filter 设置

（9）Scrub。勾选 Scrub，则会弹出右侧的设置框→选择 FD 的计算模型（常用的是 Power 提出的算法）→设置参数，FD threshold 选择 0.5，"bad" time 前后的时间点可以选择默认的 "前1后2"，如果数据原本时间点不多，也可以设置为"0"。可依具体情况，详见图 10-12。

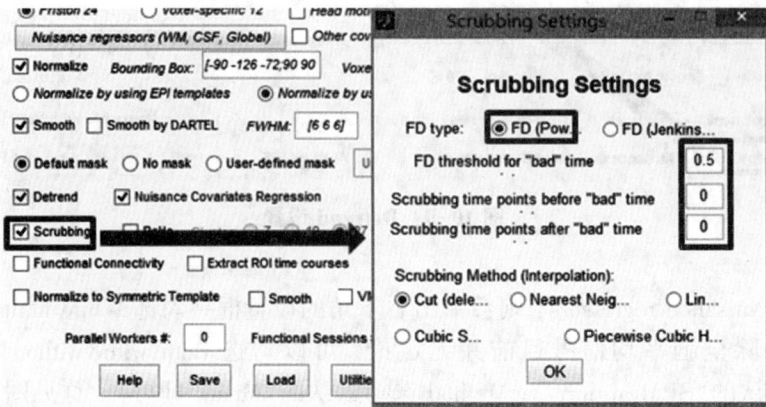

图 10-12　Scrub 设置

（二）ALFFL、ReHo、FC 指标计算及软件实现

1. ALFF/fALFF

ALFF/fALFF 指标计算和常用的预处理流程如图 10-13 所示，包括 Removing First time points→Slice Timing→Realign→Normalize→Smooth→Detrend→Nuisance covariates regression →ALFF/fALFF →Filter。其中，Filter 这一步应该放在指标计算之后执行，否则极低频段和高频段信号过滤掉便无法计算 fALFF 指标。另外，Scrub 会破坏 BOLD 信号时间序列的完整性，可能会影响 ALFF/fALFF 指标计算的准确性，因此应谨慎采用。

2. ReHo

ReHo 指标计算和常用的预处理流程如图 10-14 所示，包括 Removing First time points →Slice Timing→Realign→Normalize→Detrend→Nuisance covariates regression→Filter→Scrub →ReHo→Smooth。ReHo 计算的是每个体素与相邻体素 BOLD 信号时间序列上的一致性。而 Smooth 的过程是通过取平均的方式将高频信号的信息融合到周围区域中，平滑之后体素会与周围体素的信号变得接近，因而 Smooth 会错误地提高 ReHo 值，该步骤应该放在 ReHo 指标计算后进行。

3. Seed-based FC

FC 指标计算和常用的预处理流程如图 10-15 所示，包括 Removing First time points→ Slice Timing→Realign→Normalize→Smooth→Detrend→Nuisance covariates regression→Filter→ Scrub→FC。

Seed-based FC 计算过程中的重点是定义 ROI，如图 10-15 所示：点击 Define ROI，打开右上的设置界面 →勾选 Multiple Labels in mask file（可以一次定义多个 ROIs），然后点击 Define other ROIS，打开右中的选择界面→点击 Sphere（可以用坐标定义 ROIs），并打开右下的设置界面→输入 ROIs 的坐标，并定义圆球半径。

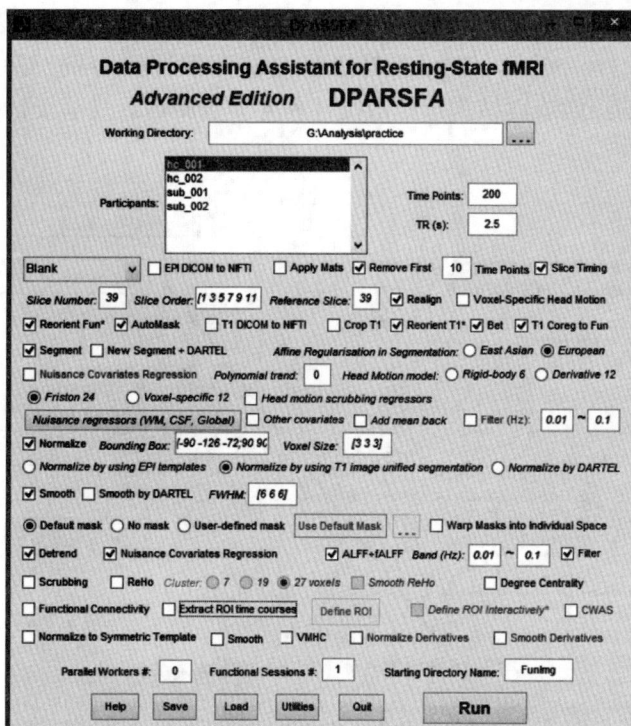

图 10-13　ALFF/fALFF 指标计算和常用的预处理流程

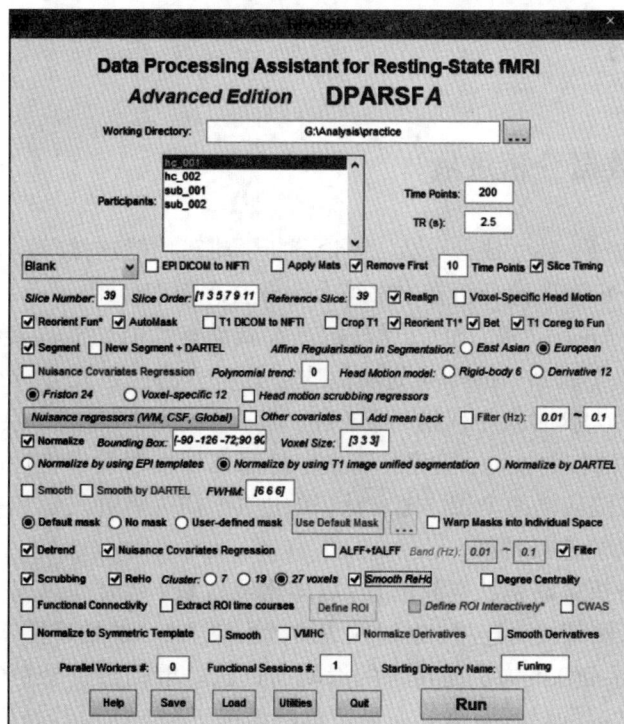

图 10-14　ReHo 指标计算和常用的预处理流程

示例中选取的 ROI 的坐标来自既往文献报告，分别为内侧前额叶($x=-6$, $y=52$, $z=-2$) 和后扣带回($x=-8$, $y=-56$, $z=82$)，圆球半径 Radius 设置为 6mm。除此之外，ROI 的选取还可以来自其他脑功能或者结构指标的统计差异显著脑区，或基于标准分区模板，根据研究目的选取。

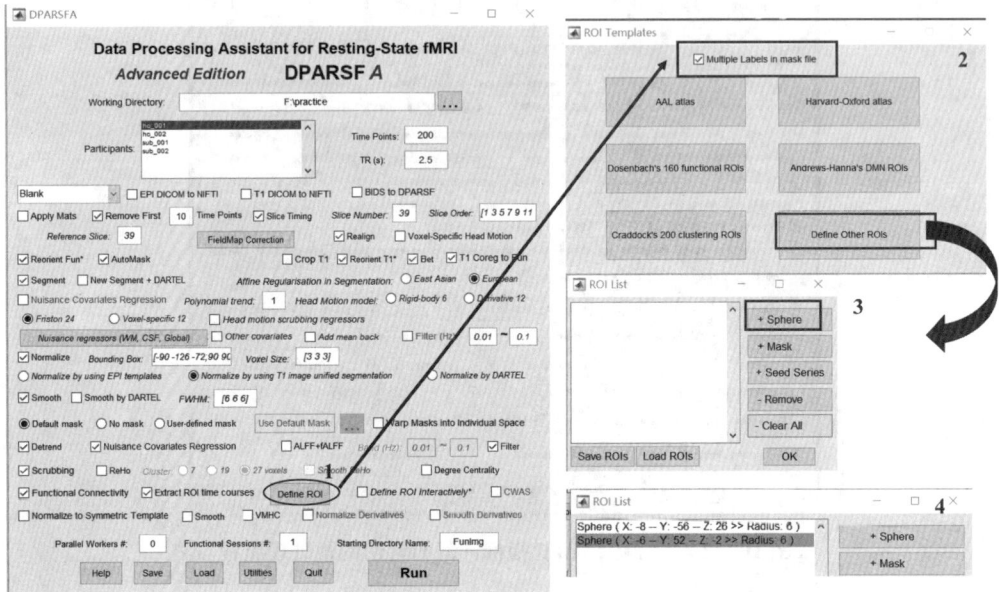

图 10-15　FC 指标计算和常用的预处理流程以及 ROI 的定义

三、静息态数据分析进展

除上述分析方法外，独立成分分析、图论分析、动态功能连接等也常用于静息态数据分析中，独立成分分析和图论分析在本书第十一章会有详细介绍。

动态功能连接(dynamic FC, dFC)反映的是大脑动态性的功能连接特征，近年来也得到越来越多的应用。之前介绍的经典的功能连接分析方法假定几分钟或者更长时间的整个静息态扫描得到的大脑时间序列是一个整体，具有平稳性和时间一致性。然而，研究者指出 FC 随着时间的推移而波动，这意味着整个静息态扫描假设平稳性的测量可能过于简单，无法捕获静息态脑活动的全貌。随着认识的进步，研究者开发了 dFC 这一方法体系来测量大脑动态性的功能连接特征。

dFC 最简单的分析策略是从空间位置(脑体素或区域)将时间过程分割成一组时间窗口，在时间窗口内探测其成对连接，通过收集后续窗口上 FC 的描述性度量，捕获连接性的波动。最常用的分析 dFC 的方法是传统的滑动窗口法。滑动窗口分析的输入数据是一组代表大脑区域活动的时间过程数据。在最简单的情况下，选择由其长度 W 参数化的时间窗口，在其跨越的时间间隔内(从时间 t=1 到时间 t=W)，计算每对时间过程之间的连接性(皮尔逊相关系数)。然后，以步长 T 移动窗口，并在时间间隔[1+T, W+T]内重复相同的计算。迭代此过程，直到窗口跨越时间过程的结束。考虑到 N 个不同的区域，该程序每个窗口产生 $N\times(N-1)/2$ 个值，这些值通常被汇总为一个矩阵，描述在所检查的时间间隔内大脑的连接模式。

研究者近年来在 dFC 与意识和与认知活动的相关性，以及临床精神疾病群体的 dFC 特征的研究上取得了一些进展。但是目前对于 dFC 的研究，以及相关研究方法的开发还比较初步，研究者仍在不断探索中，逐帧分析和时间建模可能是未来 dFC 工作的创新方向。

第三节　任务态分析方法概述

一、任务态基本分析方法

(一) 基于单体素的脑激活分析

基于单体素的脑激活分析即在任务态下，通过逐一地对大脑中的每一个体素的激活状况进行分析，对大脑整体的激活情况进行描绘。这里的核心问题是怎样定义激活，以及怎样对 BOLD 信号进行预测和推断。

1.定义激活

对于大脑中的一个体素来说，激活指的是什么？最直观的就是，当在某种任务条件下一个体素所具有的 BOLD 信号值与在静息条件下的 BOLD 信号值的差异达到了显著水平即可认为该体素在特定任务条件下被激活了。最初的任务态 fMRI 分析也使用了这种方法（Kwong, 1992；图 10-16）。如使被试交替接受光刺激与无刺激的实验处理，发现感兴趣区中的 BOLD 信号值在有光刺激时会上升，进一步，通过将光刺激条件下的信号值与无刺激条件下的信号值进行 t 检验，获得判断是否激活的统计学证据。

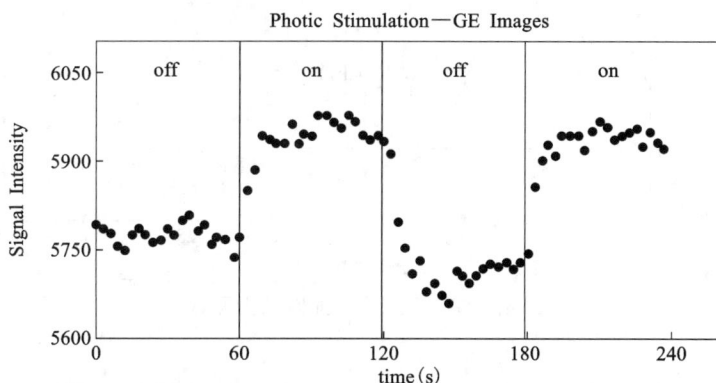

图 10-16　被试在接受光刺激时相比无光刺激条件下，视觉区出现 BOLD 信号的显著升高

另一种定义激活的角度是观察一个体素的 BOLD 信号值的变化是否随任务条件的变化而变化。实验条件是已知的，因此可以推断出某个体素因某一实验条件产生反应时应有反应模式。如果这一推断的反应模式与该体素实际的 BOLD 信号足够相似，即可认为该体素在这一实验条件下激活了。可通过一般线性模型构建理论预测的 BOLD 信号和实际 BOLD 信号之间的关系，通过检验其统计显著性来判断体素是否激活。

虽然第一种"相减"的定义方式比后一种"相似"的定义方式更直观，但其需要刺激的呈现时间足够长才能使得不同实验条件下对应的 BOLD 信号被区分开。这一特点限制了其可用于分析的刺激类型，如只适用于组块设计的实验。后一种"相似"的定义方式则较少受这一条件限制，目前是任务态 fMRI 分析中主要使用的方法。

2. 对 BOLD 信号进行预测和推断

构建理论预测的 BOLD 信号，通过数学的方式进行表征，检验理论构建的 BOLD 信号与实际 BOLD 信号之间的关系，以判断体素是否激活。完成以上步骤需要了解如下概念，进行如下过程。

(1) 血流动力学反应函数 (hemodynamic response function，HRF)。

为了推断一个体素在某种实验条件下被激活时的信号反应，可从最简单的情况开始，即单一刺激短暂出现时，相应的被激活体素产生的 BOLD 信号是怎样的。由单一短暂刺激引发的典型的理想化的 BOLD 信号反应由血流动力学反应函数表示 (图 10-17)。其包含如下几个主要的特征。

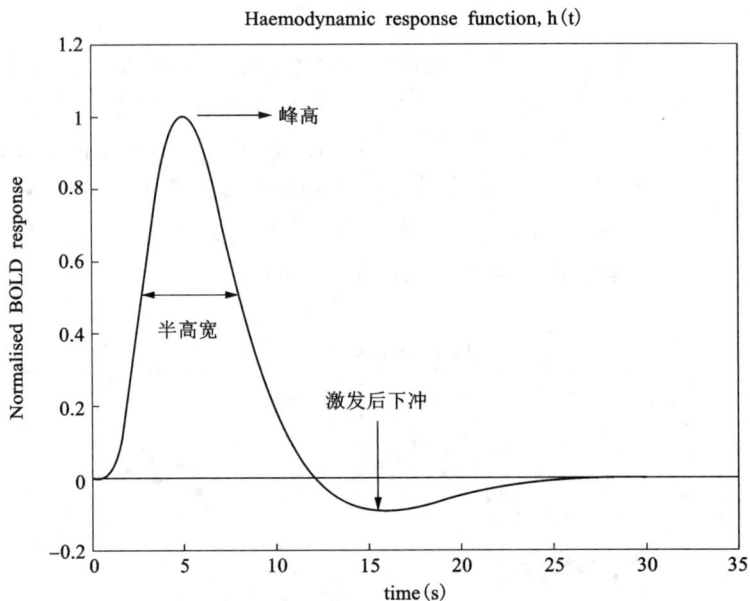

图 10-17　理想化的血液动力函数

①峰高：峰高直接反映了 BOLD 信号的强度，是大多数任务态研究中最重要的特征。在 fMRI 研究中，初级的感觉刺激所能引发的最大峰高为基线 BOLD 信号的 5%，而在认知研究中，所能观察到的信号的增幅经常在 0.1% 至 0.5% 之间。

②达峰时间：由刺激引发的神经活动是即刻产生的，但由神经元活动引发 BOLD 信号产生需要经过血流量、血容量、血氧浓度的相互作用，因而其反应相比神经活动有一个滞后的过程。HRF 的峰值通常需要经过 4~6 s 到达。

③半高宽：HRF 峰值一半处的 HRF 上的两点间距离。BOLD 信号从开始上升到回落至基线是逐渐发生的，这一过程越是缓慢，半高宽就越大。

④激发后下冲：BOLD 信号在首次回落到基线时会继续下降一段时间，然后再逐渐恢复到基线水平。这一过程使得 HRF 函数延续到 20 s 甚至更长。

上述的对 HRF 函数的描述只是一个定性的分析。现实中 HRF 函数通常用两个伽马函数的组合逼近，一个伽马函数用于模拟初始的反应，另一个伽马函数用于模拟负下冲的部分，并使得 HRF 的峰高具有标准高度，这一双伽马函数就是一个标准化的 HRF。

（2）BOLD 信号的线性可加性。

有了 HRF 函数，某些实验条件下的体素的 BOLD 信号就可以被预测出了。可以进行一个假想的实验，每次呈现一个短暂刺激，然后间隔约 20 s 后（接收到一个刺激后，BOLD 信号从激发到消退需要至少 20 s 的时间），等 BOLD 信号基本回到初始状态，再呈现刺激，这样不断循环数次。对于一个特定的体素，可以将所有刺激间隔内的 BOLD 信号进行平均（这种操作方法类似于 ERP 波形的提取），这样就得到了一个 BOLD 信号反应的波形，如果其类似于 HRF 函数，就可以说这一刺激激活了该体素。

然而，真实实验远比这一理想的情况复杂。在真实实验研究中，刺激通常是在较短的时间间隔内连续出现的，这样在一个刺激引发的 BOLD 信号还未消退时，另一个刺激引发的 BOLD 信号就会出现，此时就出现了 BOLD 信号的叠加问题。不同的 BOLD 信号叠加在一起会出现什么样的情况是一个非常复杂的问题。早期的研究者为了避免处理这样棘手的问题，会采用足够长的时间间隔以避免相邻的刺激产生的 BOLD 信号相互影响。后来，研究者发现了神经刺激与 BOLD 信号反应的线性关系，即如果神经元的反应强度增加 1 倍，则其引发的相应的 BOLD 信号也会增加 1 倍，这意味着，如果两个神经刺激重叠在一起，其 BOLD 信号可以通过简单的相加而得到。举例来说，假设有从 0 s、1 s、2 s 时刻出现的短暂刺激 $s(0)$、$s(1)$、$s(2)$，每个刺激可引发的都是标准化的 HRF，则第 5 s 产生的 BOLD 信号值即为三个刺激分别引发的 BOLD 信号在第 5 s 处的强度的和，即 $s(0)\mathrm{HRF}(5)+s(1)\mathrm{HRF}(4)+s(2)\mathrm{HRF}(3)$。如果该刺激为从 0 到 2 s 的连续刺激，则第 5s 处的 BOLD 信号可用积分形式表示为 $\int_0^2 s(t)\,\mathrm{HRF}(5-t)\,\mathrm{d}t$。这种将刺激转化为预测出的 BOLD 信号的计算方法在数学上称为卷积。通过卷积运算，给定任意的刺激序列，其引发的 BOLD 信号都可以被估计出来。

（3）参数估计。

给定一组刺激序列，我们可以通过卷积运算预测出其 BOLD 信号，设其为 $x(t)$。需要注意的是，我们在卷积过程中使用的是标准的 HRF 函数，而刺激实际引发的并非恰好是标准的 HRF。线性性质使得不同强度的刺激引发的 BOLD 信号按比例进行减弱或增强。由于我们事先并不知道刺激能引发多大程度的 BOLD 信号，因而这是一个待估参数。可以设刺激引发的 HRF 是 β 倍标准的 HRF，则其引发的 BOLD 信号应为 $\beta x(t)$。我们可以用一般线性模型（general linear model, GLM）对这一估计进行表示：

$$y(t)=\beta x(t)+c+e(t)$$

其中，$y(t)$为实际观察到某个体素的 BOLD 信号的时间序列，$x(t)$为刺激序列与标准的 HRF 卷积后得到的 BOLD 信号序列，c为静息状态下的 BOLD 信号的平均水平，为一常数，$e(t)$为该模型的残差。β值为该刺激实际引发的 BOLD 信号与$x(t)$的比例，β值越大，说明该刺激引发的 BOLD 信号越强。如果将标准的 HRF 的峰高作为单位高度，则β可以理解为刺激所实际引发的 HRF 的峰高。

由于核磁扫描仪收集到的数据是非连续的，对一个特定体素，通常是每 2 s 采集一次数据。因此，实际上该 GLM 模型是一个离散化的形式：

$$y(t_1)=\beta x(t_1)+c+e(t_1)$$
$$y(t_2)=\beta x(t_2)+c+e(t_2)$$
$$\cdots$$
$$y(t_n)=\beta x(t_n)+c+e(t_n)$$

如果核磁扫描仪共进行了 200 s 的扫描，每 2 s 收集一次信号，则$(t_1, t_2, \cdots, t_n)=(1, 3, \cdots, 199)$。这样的一个线性回归问题在任意统计软件包里都是容易解决的。

（4）为多种刺激建模。

这一模型可以进行扩展以包含多种类刺激，比如在有两个实验条件的实验中，会有两种刺激，如面孔刺激和几何图形刺激。此时只需要引入不同的$x(t)$即可，

$$y(t)=\beta_1 x_1(t)+\beta_2 x_2(t)+c+e(t)$$

$x_1(t)$为面孔刺激与 HRF 卷积得到的 BOLD 信号，$x_2(t)$为几何刺激与 HRF 卷积得到的 BOLD 信号。β_1与β_2分别表示面孔刺激与几何图形刺激实际引发的 HRF 的峰高。

（5）为具有不同刺激强度的同类刺激建模。

在某些实验条件中，不同的刺激虽然属于同类，但其刺激强度不同。应该如何处理这种情况呢？比如，面孔表情知觉中有三种不同强度的笑，从微笑到大笑。如果为每一种强度的刺激分别进行建模，将在模型中增加多个自变量，减少估计的准确度。一般情况下，可以通过引入一个表示强度影响作用的回归量来解决这一问题。这一回归量也是由刺激序列与 HRF 卷积得到的，但这一刺激序列的每一个刺激值不只是表示有无刺激的 0 和 1，而是变为刺激强度，比如刺激序列值−10、−5、0、5、10 分别表示没有表情、微笑、小笑、中笑、大笑。一般情况下，这些刺激值强度要先中心化（图 10-18）。通常会称这些与刺激强度或者其他与量有关的效应为参数对原刺激的调节效应，GLM 可模型表示为：

$$y(t)=\beta_1 x(t)+\beta_2 \text{modulator}(t)+c+e(t)$$

$x(t)$是由刺激序列与 HRF 卷积的结果，$\text{modulator}(t)$是刺激序列的参数与 HRF 卷积的结果。当β_2显著时，则说明该刺激引发的 BOLD 信号与刺激的参数相关。由于参数被中心化了，所以此时β_1代表的意义是具有平均水平的参数值的刺激所引发的 HRF 的峰高。

虽然通过将参数中心化可减弱其与原刺激的相关，但由于参数和原刺激的效应总是同时对 BOLD 信号产生影响的，相关难以避免。因而，通常会在$\text{modulator}(t)$中回归掉$x(t)$，使得不再与$x(t)$相关，这一操作也可称为将两个变量正交化，这使得β_2完全代表了参数的效应而与$x(t)$无关。

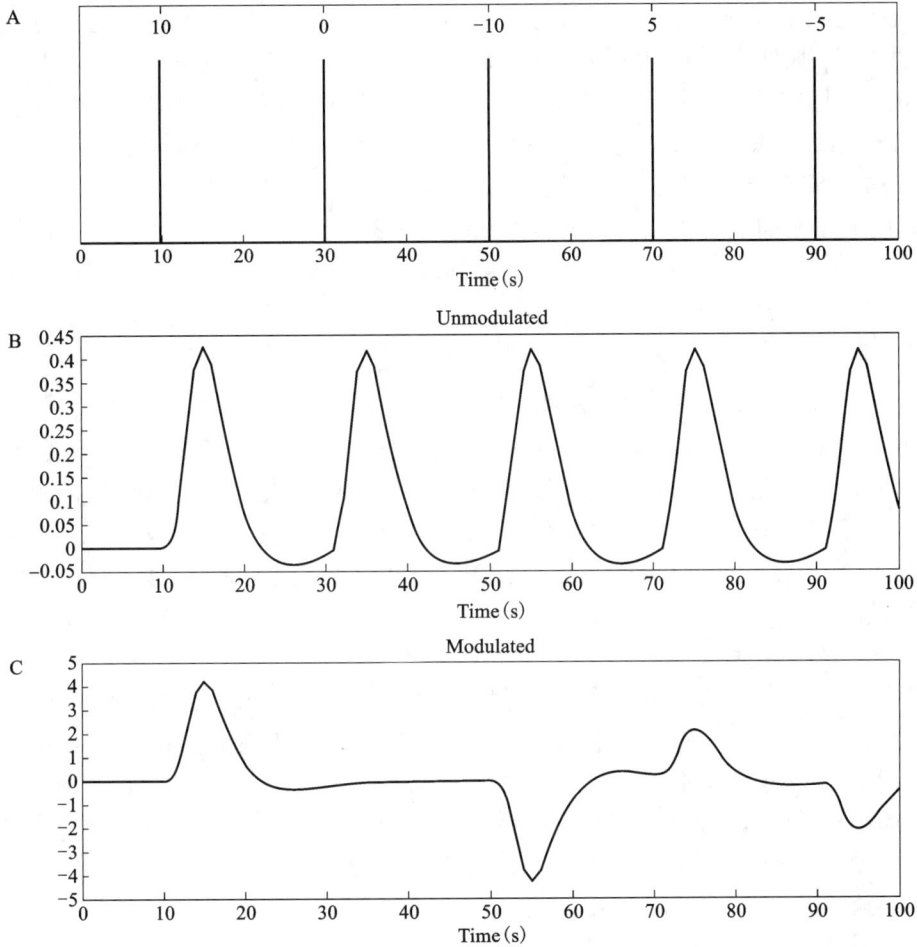

图 10-18 带参数的刺激经卷积后成为回归量

A 图表示一组带有参数的刺激,参数值已中心化。B 图为原刺激序列与 HRF 卷积后的结果。C 图为参数与 HRF 卷积后得到的结果。

(6)模型中的噪声。

磁共振扫描过程中可影响体素 BOLD 信号的因素繁多。就被试因素看,头动对 BOLD 信号的影响是相当大的。控制头动的影响,可以使模型的残差减少,从而提高统计效能。

另一个影响 BOLD 信号的因素是来自呼吸、心跳等的生理噪声。在静息态的分析中,为了去除这种因素产生的影响,可以在预处理中滤除高频信号。但任务态的刺激通常也具有高频的特征,因而这种方式并不适用。对于这一混淆变量的效应通常是通过使实验刺激间隔随机化,使刺激引发的 BOLD 信号与具有明显周期性的生理信号的相关性降低来减少的。

影响也来源于扫描仪的特性。扫描仪自身可能会对 BOLD 信号产生 0~0.015 Hz 的周期性影响。通常使用高通滤波去除这一噪声。高通滤波可能会过滤掉任务中的某些信息,尤其是当组块设计中一个组块的持续时间较长时。为避免这一情况,一个组块的持续时间应小于所要去除的最低的滤波周期的一半。

（7）时间序列的自相关性。

GLM 的参数估计要求残差是不相关的，即不同 t，$e(t)$ 之间是不相关的。但由于扫描仪本身的特征，如低频的周期性的信号波动，以及未被建模的生理噪声，如心跳呼吸，均会使 BOLD 信号在时间序列上相关，这将使 GLM 模型中的各参数的估计变得有偏倚。低频信号已通过高通滤波进行了消除，此时高频的信号便是造成这种自相关的主要来源，因其与任务的频率有较大重叠，并不能通过滤波方式去除。

$e(t)$ 的 n 个时间点的相关可通过其协方差矩阵表示：

$$Cov(e(t)) = \begin{Bmatrix} V_1 & Cov(e(t_1), e(t_2)) & \cdots & Cov(e(t_1), e(t_n)) \\ Cov(e(t_2), e(t_1)) & V_2 & \cdots & Cov(e(t_2), e(t_n)) \\ \vdots & \vdots & \ddots & \vdots \\ Cov(e(t_n), e(t_{n-1})) & Cov(e(t_n), e(t_{n-2})) & \cdots & V_n \end{Bmatrix}$$

其中 V_1，V_2，$\cdots$，V_n 为 $e(t)$ 的方差。最适合使用 GLM 估计的情况是对角线上的元素为零，即 $e(t)$ 间不相关，且对角线元素相等，即等方差。但是，由于数据的自相关性，这两个条件一般都不满足。可以通过选取合适的变换矩阵 W，使 $We(t)$ 的协方差矩阵变为对角元素为 1、非对角元素为 0 的矩阵。用此 W 同乘以 GLM 模型的等号两边，$e(t)$ 中的相关就直接被消除了。

（8）HRF 的变异性。

在上述的各回归量的产生过程中，使用了固定的标准的 HRF 函数。但 HRF 的具体样式在不同的个体之间，以及不同脑区间都具有一定的差异。如果选择统一的 HRF，则不能排除组间差异可能来源于不同个体 HRF 本身的特征属性的不同。基于此，有必要使 HRF 在不同的情况下有一定的变化。HRF 的变异性主要体现在达峰时间和半高宽两个维度上。可以在原有的 HRF 函数的基础上再引入其他的函数，组成若干基函数，这些基函数的线性组合可以更好地拟合出实际的 HRF 形态。

（9）参数的统计显著性。

在以上部分，已经为一个特定体素的 BOLD 信号通过 GLM 进行了建模，之后便可通过最小二乘法或极大似然法求出各 β 参数的估计值 $\hat{\beta}$。当 $\hat{\beta}$ 不为 0 时，即表明其所对应的实验刺激在预测实际的 BOLD 信号时是有一定效果的，并且 $\hat{\beta}$ 值可以理解为该刺激所引起的 HRF 的峰高。由于误差项 $e(t)$ 是随机变量，$\hat{\beta}$ 值也是随机的，其方差可依据 GLM 的性质计算出，设其为 $std(\hat{\beta})$。由此可构造出 t 统计量，$t = \dfrac{\hat{\beta}}{std(\hat{\beta})}$，其服从自由度为 $n-p$ 的 t 分布，其中 n 为样本量，也就是采集的数据的时间点，p 为待估参数的个数，即方程中未知的 β 个数。由此便可得知在特定显著性水平下，该 β 是否显著不为零。

如果关于某一特定的 β 值的零假设被拒绝，则可认为该 β 对应的刺激激活了该体素。但这一激活是相对于整个 BOLD 序列的平均水平而言的。然而，某一刺激引起激活的可能原因有很多，比如在表情和图形判断任务中，表情图片的出现引起了杏仁核区域体素的激活，但我们感兴趣的是是否是表情图片中的情绪因素激发了相应体素的反应。这需要排除单纯的视觉因素引发这一反应的可能。此时可以引入一个基线条件，如图形刺激。如果表情刺激的激活大于图形刺激的激活，那就更能说明这一体素是被情绪成分激活了。可以通过直接比较这两个条件 β 值的差异，来比较两类刺激激活的大小，但这样比较出的差异可能是由误差产生的。我们需要为这两个 β 值的差异构造统计量，$t = \dfrac{\hat{\beta}_1 - \hat{\beta}_2}{\text{std}(\hat{\beta}_1 - \hat{\beta}_2)}$。在对两个 β 进行对比时，一般会期望一个刺激（实验条件）比另一个对照性的刺激（基线）多一个特殊的心理过程，因而会预期对照性的刺激的激活水平较低，体现在统计上就是在做 t 检验时使用单尾检验。

当需要判断这一体素是否被面孔或者图形中的至少一个条件激活，此时的零假设是 $\hat{\beta}_1 = \hat{\beta}_2 = 0$，当然可以简单地做两次 t 检验，只要有一个显著，这个体素就算是被激活了，但这出现了多重比较的问题，因而一般不采用这种处理方法。处理这种方法的更合理的方式是构造 F 统计量。由于零假设做出后，原 GLM 模型中的待估参数就会减少，如当假设 $\hat{\beta}_1 = \hat{\beta}_2 = 0$ 时，两个回归量就从原 GLM 模型中消失了，此时模型可以解释的总方差一般都会减小，相应的误差方差就会增大，如果这增加的误差方差相对原误差方差没有明显变化，则说明零假设是合理的，反之则应拒绝零假设。具体来说，F 统计量可根据方差比例

$$\dfrac{(\sum_{i=1}^{n} e_{\text{reduce}}(t_i)^2 - \sum_{i=1}^{n} e_{\text{full}}(t_i)^2)/r}{(\sum_{i=1}^{n} e_{\text{full}}(t_i)^2)/(n-p)}$$ 进行构造，其中角标 reduce 表示被零假设限制后的模型，

full 表示原模型。本零假设虽然写为一行，但实际包含两个条件：$\hat{\beta}_1 = 0$ 和 $\hat{\beta}_2 = 0$（或其他等价的表示方法）。给定显著水平后，仍拒绝原假设，则 β_1 和 β_2 至少有一个不为零。F 检验也可用于均值差异比较的情形，假设有三个实验条件分别对应 β_1，β_2 和 β_3，则其中任意两个存在差异的零假设可以写为 $\hat{\beta}_1 = \hat{\beta}_2 = \hat{\beta}_3$，这一假设实际包含了两个约束条件，$\hat{\beta}_1 = \hat{\beta}_2$ 和 $\hat{\beta}_2 = \hat{\beta}_3$（或其他等价的表示方法）。如果原假设被拒绝，则说明此体素对三种刺激的响应并不完全相同。在做 F 检验时，需要注意 F 值总为正，没有方向。比如，只对 $\hat{\beta}_1 = 0$ 进行 F 检验，最终拒绝了原假设，但我们仍不知道其所对应的刺激是否引起了激活，因为不排除统计显著性是由 $\hat{\beta}_1$ 具有较大绝对值的负值所导致的。

如何根据参数的统计显著性进行体素激活推论和强度判断通常与科学的实验设计相联系，具体情况应具体分析。

（二）生理心理交互作用分析

静息态功能连接关注的是不同脑区之间的同步性。在任务态的背景下，研究者更为关心的是功能连接是否在不同的实验条件下有所不同，即某些心理过程是否可以影响功能连接，这种结合实验条件/心理过程探讨脑区之间功能连接的分析方法就是生理心理交互作用分析（PPI）。

1. 理论背景

可通过一个假想的实验来理解 PPI 分析的意义。在实验中，参与者需要在一个虚拟现实的环境中进行迷宫搜索，对照情景是被试自己不主动搜索而是由系统自动带其浏览虚拟空间。研究发现，前额叶和海马区在主动搜索条件下相比被动观看条件下的激活增强。对这一现象，可以提出两种解释：第一种解释是，海马区和前额叶的激活是独立的，主动搜索需要前额叶对搜索进行规划，而海马区负责提取关于迷宫的空间信息；第二种解释是，

前额叶和海马区发生互动，前额叶对海马区发出指令，使其提取特定的空间信息，这些信息再由前额叶进行整合最终引导人的搜索行为。我们需要知道，在主动搜索的实验条件下，前额叶和海马区之间的功能连接是否相比在被动条件下有所增强。

这一问题看上去比较简单，似乎只需要比较不同条件下的功能连接强度即可。如算出搜索条件下海马区和前额叶的功能连接，再算出被动条件下的功能连接。如果两种条件下功能连接出现差异，则支持第二种解释。但是这里会出现问题，即在有任务刺激的情况下，如果两个脑区都对任务做出了响应，则即使在没有直接的功能连接的情况下，两个脑区信号变化的相关系数值也会很高，这种现象称为激活诱导的相关。为了排除因激活诱导出的相关性，需要将任务的效应排除。另外需要注意的一点是，两脑区之间本身可能存在功能连接，就像是静息态功能连接中发现的那种相关性，因此任务态数据中计算出的功能连接本身很难被解释为是由任务引发的。一个妥协的方案是，考虑任务在多大程度上调节了该功能连接的强度，如果存在调节作用，则认为任务影响了功能连接。为了达到这一分析目标，可以通过一个调节作用的模型来分析这种作用：

$$Y=\beta_1 X_1+\beta_2 X_2+\beta_3 X_1 X_2$$

其中，Y、X_1 分别为大脑中的两个体素的时间序列，β_1 表示两者间功能连接强度。X_2 为任务引发的 BOLD 信号，其在方程中的作用是去除任务诱导出的相关。该模型可改写为如下形式：

$$Y=(\beta_1+\beta_3 X_2)X_1+\beta_2 X_2$$

当 β_3 显著时则表明任务量 X_2 的变化引起了 X_1 与 Y 的回归系数的变化，即影响了其功能连接强度。交互项 $X_1 X_2$ 的系数 β_3 可以理解为在多大程度上是任务影响了 Y 与 X_1 之间的功能连接。

上式中的交互项 $X_1 X_2$ 直接由任务对应的 BOLD 信号乘以体素的 BOLD 信号产生。但是，心理与生理的交互并不发生在 BOLD 信号层面，而是在神经层面。因此需要估计出体素的神经元活动，但 fMRI 数据中并没有这一信息。唯一的方法就是从 BOLD 信号序列中推断出每个时间点的神经反应。这一过程是非常困难的，尤其是对于快速事件相关设计的实验，因为不同条件下的刺激所引发的 BOLD 信号会混合在一起，以至于难以区分某个点的 BOLD 信号及其背后的神经反应到底来自哪一个刺激。由 BOLD 信号推断出神经元活动的过程类似于从假设的神经刺激卷积 HRF 后以拟合观测到的 BOLD 信号的逆过程，因此被称为去卷积。一旦神经信号被估计出来，其就与任务变量相乘以得到交互项，然后再将这一交互项与 HRF 卷积纳入调节模型。

这里强调去卷积过程主要是提示这一交互作用模型的创建并不简单，不能简单地像构造一般的调节模型那样直接由两个主效应项相乘得到交互项，而是要经过去卷积再卷积的过程，这一般是通过软件包实现的。此外，考虑到去卷积过程的复杂性，快速事件相关设计的实验应谨慎使用 PPI 分析，因为去卷积这一过程可能会失效。

2.广义的 PPI

上述 PPI 是最早被提出的用于 PPI 分析的方法，其限制是任务或心理变量 X_2 只能表征两种条件，如将一个任务编码为 1，将另一个任务编码为 -1。如果存在第三个条件并需要为此建立 PPI 模型，则需要另外再建立一个 PPI 模型。为解决这个问题，一种可以同时处理多种条件的 PPI 模型被提出，被称为广义的 PPI（gPPI），可表示如下：

$$Y=\beta_0 V+\beta_1 X_1+\beta_2 X_2+\cdots+\beta_n X_n+\beta_{n+1}X_1 V+\beta_{n+2}X_2 V+\cdots+\beta_{2n}X_n V$$

其中，V 表示体素的 BOLD 信号，每个 X 只表示一种实验条件，分别与 V 结合为交互项。最终为了得到两个实验条件下的功能连接的不同，可以像在单体素激活分析的 GLM 模型中一样，直接比较两个条件所对应的两个交互项的系数。gPPI 不仅解决了多实验条件的 PPI 分析，研究也发现其比经典的 PPI 能更好地拟合数据，并似乎增加了统计效力。

3. PPI 应用中的问题

PPI 的思想很吸引人，但有若干限制影响了其在实际中的应用。通过这种方法取得的研究成果相比单体素激活分析取得的要少得多。除其不适用于快速事件相关设计这一限制外，主要有如下问题。

第一，对结果的解释比较困难。当得到交互项中的一个显著的结果时，可能得出的结论是任务的出现导致了功能连接强度的提高。得出这一结论务必谨慎，应考虑无任务状态下的功能连接的强度，如果基线的功能连接是负值，那么增强的功能连接实际上可能只是将负相关改成了不相关，这并非提升了相关关系。任务态中基线功能连接的意义也是很难说明的，因为任务态中的很多噪声变量并没有像在静息态中那样被去除，如高频生理噪声等。

第二，PPI 统计效能较低。因为交互项可能与体素的 BOLD 信号及任务相关的 BOLD 信号有明显的相关性，交互项的实际效应可能被减弱。所以，当模型建立起来后，对回归量间的相关性务必进行检验。如果相关性较高则可能导致假阴性的结果。在实际操作中，PPI 得出阳性结果的可能性也确实较低。

第三，PPI 的假阳性问题难以避免。虽然在模型中引入了任务回归量，以去除激活诱导效应，但我们对任务的建模只是一种近似。在单体素激活分析中，通过找到任务引发的 BOLD 信号的近似模型并用其拟合数据是可行的，但用近似的估计完全去除任务的影响是不可靠的，因而激活诱导效应总是会存在。所以，在单体素激活分析中有效应的体素如果普遍在 PPI 分析中也表现出显著的交互作用，就可能是出现了假阳性的情况。

二、任务态数据分析实践操作

任务态的主要分析软件有 SPM 和 FSL（https：//fsl.fmrib.ox.ac.uk/fsl/fslwiki/），两种分析软件对任务态数据的分析思想整体一致，但具体的步骤和实现方法有所不同，学习两种软件对进行任务态的分析十分有益。本示例使用的是 SPM 软件，其依赖于 MATLAB 平台。数据分析分为提高信噪比的预处理和指标计算。

示例数据为经典的情绪面孔匹配任务。该实验采用组块设计，包含两个实验条件，情绪面孔匹配和几何图形匹配。情绪面孔匹配条件包括 2 个组块，几何图形匹配条件包含 3 个组块。情绪组块有 6 个试次，每个试次固定呈现 5 s 的视觉刺激，刺激物为 3 张同时呈现的面孔图片，一张位于上方，两张位于下方。上方的情绪面孔为一张愤怒或恐惧表情的面孔，下方的面孔中一张为愤怒表情，一张为恐惧表情。要求被试判断下方的情绪面孔中哪张的情绪类型与上方一致。几何图形匹配与情绪匹配的不同之处是将面孔换为了几何图形。本任务的前 20 s 为适应期，屏幕呈现注视点"+"符号。本示例假设情绪匹配条件下的杏仁核激活大于几何图形匹配条件下的激活。本示例数据首先用于说明单体素激活分析的一般步骤，再用于演示心理生理交互作用分析。

（一）预处理

任务态功能像的预处理与静息态基本相同，通常包括时间层校正、头动校正、空间标准化、空间平滑几个步骤。

预处理依然采用 DAPABI 中的 DPASFA 软件进行（图 10-19）。示例数据 TR 为 2 s，共97 个 volume，因而在 Time Points 和 TR 中分别填写 97 和 2。

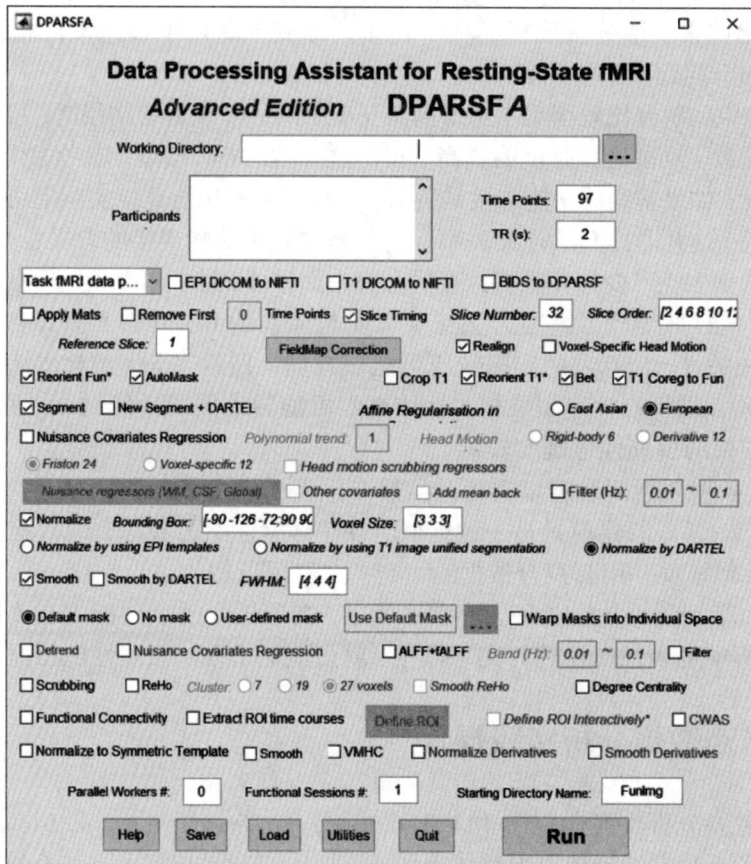

图 10-19　示例数据的预处理步骤

示例数据前 20 s 是十字注视任务，用来使被试和机器状态趋于稳定，不属于分析内容，是否删除对主要结果没有影响。本示例数据预处理选择不去除前面部分的时间点。

示例数据从偶数行开始隔行扫描，每个 volume 共 32 层，选择中间层为参考层，即在 Slice Timing 中设置 Slice Number 为 32，Slice Order 为 2：2：32 1：2：31，Reference Slice 为 1（或 32）。

头动校正、空间标准化与静息态预处理中的设定一致。得到标准化的功能像后，再对数据进行平滑。因为示例数据感兴趣区在杏仁核，其核团较小且与海马区连接紧密，因而使用较小的平滑核以使感兴趣区的信号尽量少受周围信号影响。在 Smooth 中设 FWHM 为 4 4 4。

预处理基本步骤设置好后，点击"Run"，启动预处理。预处理后的数据将出现在 FunImgARWS 文件夹中。

(二)基于单体素的激活分析

预处理完成后，需要对数据进行建模并估计。主要的步骤有：建立模型、估计模型、统计检验。

首先打开 SPM，在 MATLAB 命令行窗口中输入 spm fmri，打开 SPM for functional MRI 主界面(图 10-20)。

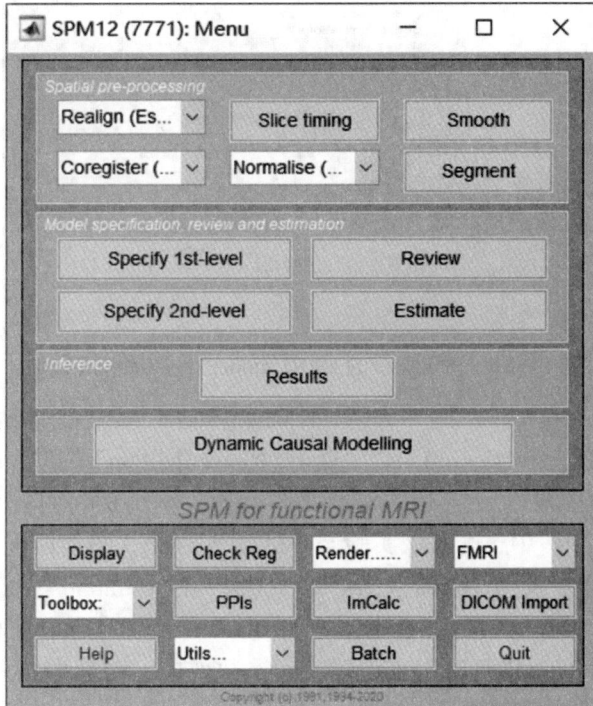

图 10-20　SPM for functional MRI 主界面

1. 建立模型

点击主界面中的 Specifying 1st-level 按钮，进入建模模块(图 10-21)。

通过"Timing parameters"部分对模型中的时间信息进行设置。"Units for design"设置建立模型时所采用的时间单位，fMRI 实验一般以 s 为单位，这里选择 Seconds。"Interscan interval"即 TR 时间，本示例为 2 s。"Microtime resolution"和"Microtime onset"一般使用默认值 16 和 8。

通过"Data&Design"部分对实验设计信息进行设置。点击"Data&Design"，选中"New Subject/Session"，点击"specify"。在"Scans"中输入预处理后的数据文件。需要注意的是，本示例数据是一个 4D 的 NIFTI 文件，但 SPM 只可识别 3D 的 NIFTI 文件，因而文件选择对话框里只显示 4D 文件中的第一个 3D 文件。若要选中所有的 3D 文件，需要将 Frames 中默认的值 1 改为 inf，此时 4D 文件中包含的所有文件就会显示出来。本示例数据总共包括 97 个 3D 图像，因而会显示 97 个图像文件，选中全部文件，点击"Done"。

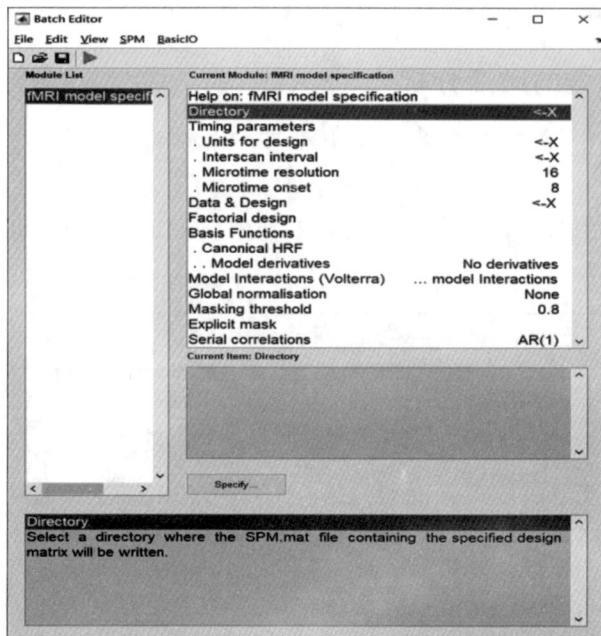

图 10-21　用于建模的 fMRI model specification 模块

数据选择完成后，选中"Conditions"，点击"New condition"，进行 specify，对实验条件进行设置。在"Name"中输入自定义的实验条件名称，本示例将首先设置图形匹配条件，输入"figure"。在"Onsets"中，输入该实验条件的发生时间。图形匹配条件共有三个组块，分别在 24 s、92 s、160 s 发生，故输入"24 92 160"。在"Duration"中输入每个组块的持续时间。图形刺激的每个组块的持续时间为 30 s，输入"30"。对于事件相关设计，持续时间应设为 0。"Time Modulation"可以用来设置时间参数效应。时间参数效应指的是随实验的进行产生的练习效应或者疲劳效应，这些效应与其发生的时间点相关。本示例实验不考虑此效应，接受默认值。"Parametric modulation"用来设置自定义的参数效应。在示例实验中，虽然图形和面孔刺激的呈现时间相同，但被试在对两种刺激进行判断所需的反应时间不同，面孔判断比图形判断难度大得多。可以将两种刺激的反应时作为参数来建模这一效应。如果需要设置此参数效应，点击"Parametric modulation"，设置参数的"Name""Values"。本示例不考虑参数效应。"Orthogonalise modulations"用于去除参数效应中由原刺激所贡献的效应，以确保参数效应不是因原刺激本身所产生，本示例不考虑该效应。如需设置其他实验条件，再次点击"New Condition"进行设置。一般情况下，会将已知的实验条件均纳入模型，使模型的残差减少，提高估计的准确度。就本示例而言，虽然十字注释和组块转化之间的文字提示并非研究所关心的内容，也应纳入模型。但本示例只对图形匹配和面孔匹配两个条件进行设置。

"Regressors"用于加入不需要卷积的回归量，如头动等。因为头动有六个参数，需建立六个回归量。SPM 提供了同时输入多个回归量的方式，即"Multiple regressors"，点击"Multiple regressors"，选择预处理过程中生成的头动文件 rp＊.txt 完成设置。

"High-pass filter"用于设置需要在数据中去除的低频信号成分,默认去除 128 s 以上周期的频段,本示例采用默认值。

至此已基本完成实验信息设置,下一步涉及具体的计算细节。在"Basic Functions"中,设定任务中的刺激通过和什么样的 HRF 进行卷积以生成 BOLD 信号。默认选项是"Canonical HRF",即用双伽马函数估计的 HRF。另外要决定是否使用这个函数的导函数以增加拟合。在事件相关设计中,通常会加入时间导数函数,通过选中"Model derivatives"中的"Time derivative"来实现。本示例为组块设计,对 HRF 的时间和形状精度要求较低,使用默认的设置即可。

"Explicit mask"可用于选择将哪些体素纳入分析。如果有比较强的先验假设,只对某些脑区的体素进行分析,可在此加入相应的二值模板。本示例实验不限制所要分析的脑区范围。

"Series correlations"用于设置处理数据中的自相关性。默认使用 AR(1)模型去除,本示例接受默认选项。

以上关于模型的所有设置将会存储在 SPM.mat 文件中,点击"Directory",为其设定一个存储位置。设置完成后,点击 Run,将会出现设计矩阵(图 10-22)。该设计矩阵概括了实验中的主要信息,可供检查。矩阵中的每一列代表一个回归量,其数值用灰度表示。相应的文字标识说明了该回归量的来源。

2.参数估计

接下来对模型参数进行估计。点击主界面中的 Estimate,出现 Model estimation 模块(图 10-23)。在"Select SPM.mat"中,选择 Specifying 1st-level 中生成的 SPM.mat 文件。在"Method"中选择模型估计的方法,可选"Classic"和"Bayesian"两种,本示例选用默认的"Classic"方法。点击 Run,等待模型计算完毕,存放 SPM.mat 的文件夹中会生成模型的估计结果。此时的 SPM.mat 也做出了更新,加入了关于参数估计的信息。目前的估计结果可以查看,但只是描述性的信息,是否具有统计上的显著性需要进行统计推断。

3.统计推断

这一步要对已经估计出来的参数进行推断。点击主界面的 Results 按钮,选择在 Estimate 中被更新过的 SPM.mat 文件,出现"SPM contrast manager"对话框(图 10-24),用来为统计推断建立零假设。本示例感兴趣的是面孔匹配条件下激活大于图形匹配条件脑区。设估计出的两个条件下的回归系数分别为 β_1 和 β_2,则零假设应为 $\beta_1 = \beta_2$,可以通过 t 检验对 contrast 进行验证。选择"Define new contrast",在"type"中选择"t-contrast",在 contrast 中输入"-1 1"(图 10-25)。需要注意的是,SPM 中的 t 检验是单尾的,如果想知道图形是否比面孔有更高的激活,则应设置 contrast 为"1 -1"。在"name"中给该 contrast 命名,输入"face-figure",点击"OK",显示 001{T}:face-figure,这就是刚才设置好的 t 检验,选中它,点击"Done",出现 Stats:Results 对话框。

在 Stats:Results 对话框中对需要显示的结果进行设置。"apply masking"设置想要显示结果的区域,本示例选择"none"。"p value adjustment to control"设置体素水平是否采用多重比较校正后的 p 值作为阈限。本示例选择使用"FWE"矫正,0.05 水平。extend threshold{voxels}用于设置想要显示的团块大小的阈限,本示例接受默认值 0。

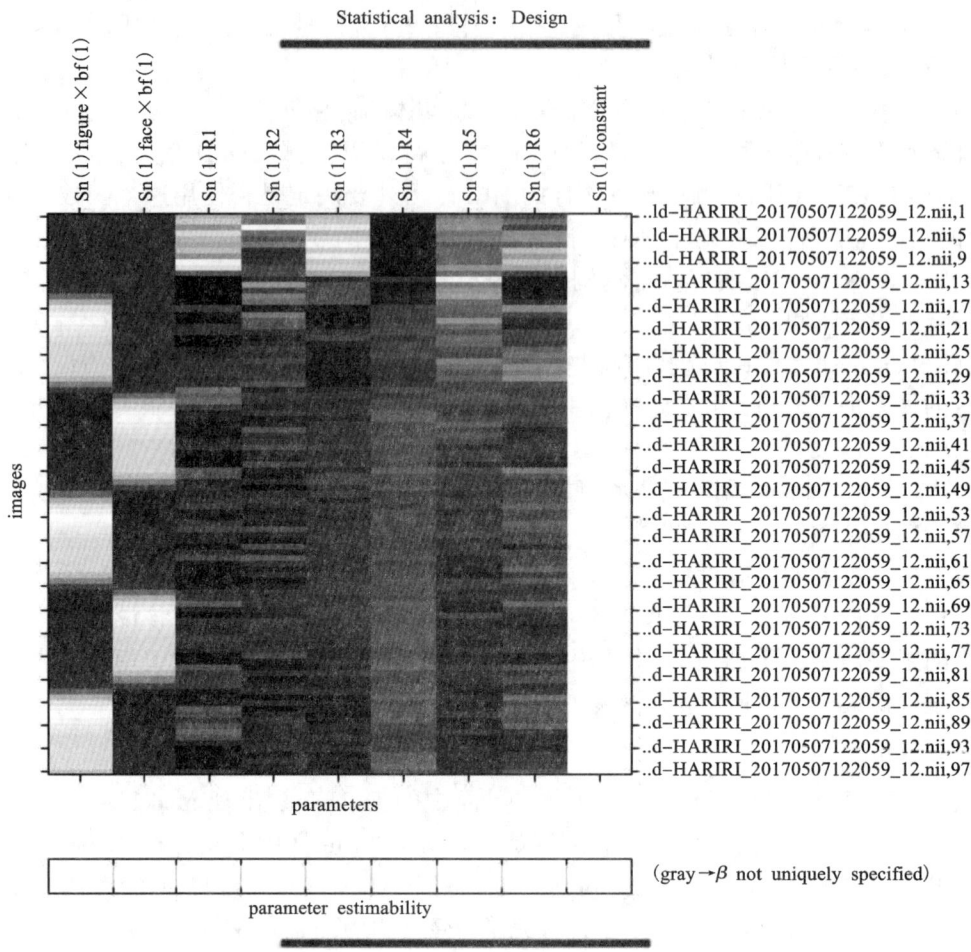

图 10-22　单体素激活建模的设计矩阵

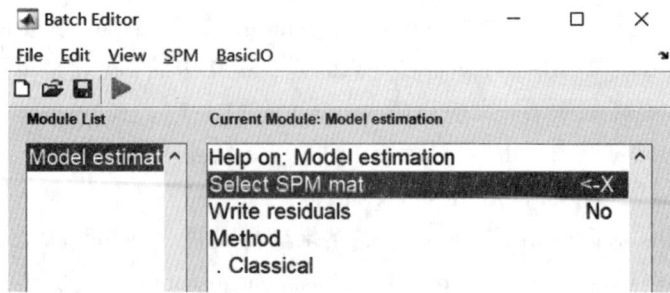

图 10-23　用于计算模型参数的 Model estimation 模块

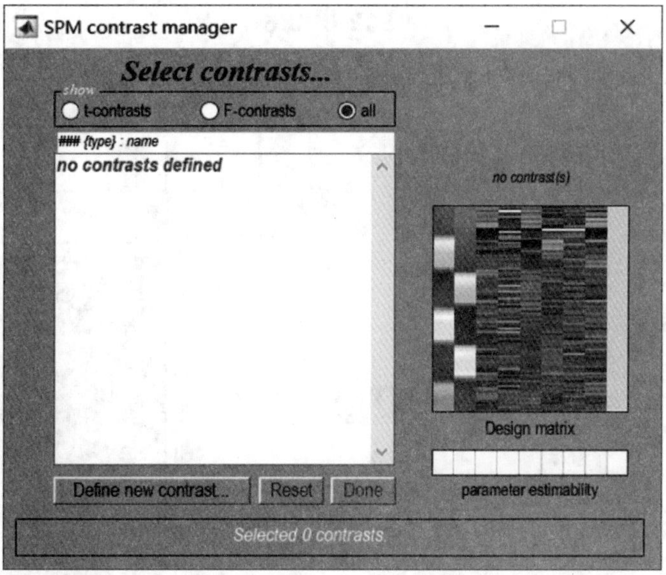

图 10-24 用于设置假设检验的 contrast manager

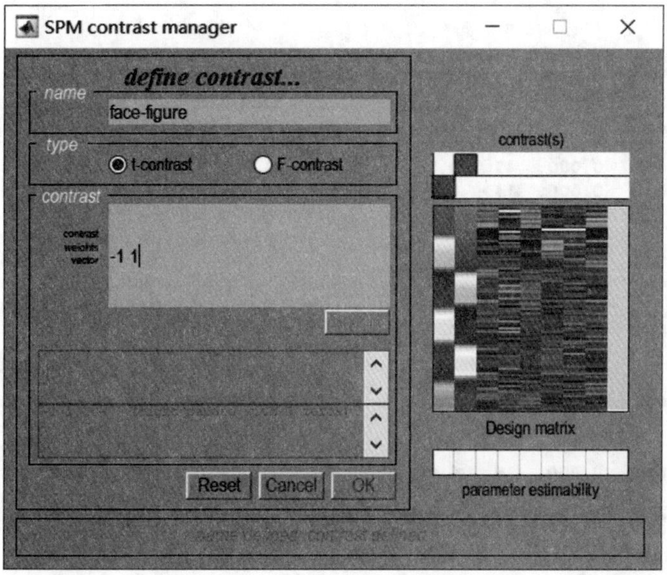

图 10-25 检验第 2 个回归量的回归系数是否显著大于第 1 个回归量的回归系数

　　设置完成后，满足上述条件的体素就会被显示出来（图 10-26）。至此，一个被试的单体素激活分析就基本结束了。此时保存的 SPM. mat 文件又做出了更新，包含了假设检验的相关信息，查看其所在路径，可以看到生成了 spmT * . nii 文件，供查看和后续分析。

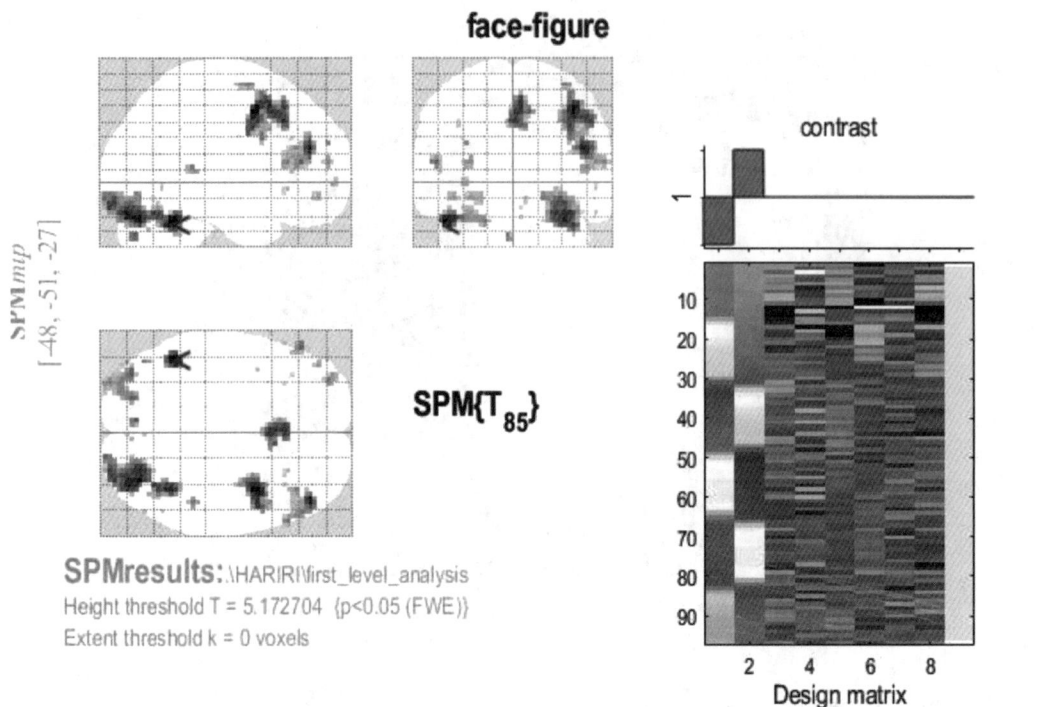

Statistics: *p-values adjusted for search volume*

set-level		cluster-level				peak-level					mm mm mm		
p	c	$p_{FWE\text{-}corr}$	$q_{FDR\text{-}corr}$	k_E	p_{uncorr}	$p_{FWE\text{-}corr}$	$q_{FDR\text{-}corr}$	T	(Z_E)	p_{uncorr}			
0.000	29	0.000	0.000	47	0.000	0.000	0.000	9.22	7.65	0.000	-48	-51	-27
		0.000	0.000	140	0.000	0.000	0.000	8.70	7.34	0.000	39	6	48
						0.000	0.001	7.32	6.43	0.000	48	6	42
						0.000	0.001	7.29	6.41	0.000	36	3	36
		0.000	0.000	293	0.000	0.000	0.000	8.26	7.06	0.000	33	-75	-27
						0.000	0.000	7.88	6.81	0.000	36	-84	-21
						0.000	0.000	7.63	6.64	0.000	39	-54	-30
		0.000	0.000	104	0.000	0.000	0.000	8.14	6.98	0.000	45	42	21
						0.001	0.042	6.23	5.64	0.000	60	27	12
						0.001	0.063	6.11	5.54	0.000	54	36	12
		0.000	0.000	108	0.000	0.000	0.000	7.63	6.64	0.000	3	15	48
						0.000	0.001	7.46	6.53	0.000	0	24	39
						0.000	0.002	7.17	6.32	0.000	3	24	48
		0.000	0.000	16	0.000	0.000	0.019	6.54	5.87	0.000	-54	36	12
						0.014	0.417	5.48	5.06	0.000	-51	30	6
		0.000	0.000	56	0.000	0.000	0.023	6.48	5.83	0.000	-36	-81	-24
						0.000	0.033	6.33	5.72	0.000	-21	-81	-27
						0.002	0.087	5.98	5.45	0.000	-24	-90	-27
		0.000	0.004	7	0.002	0.000	0.024	6.45	5.80	0.000	-6	-78	-36
		0.000	0.001	11	0.000	0.000	0.031	6.36	5.74	0.000	33	0	63

table shows 3 local maxima more than 8.0mm apart

Height threshold: T = 5.17, p = 0.000 (0.050)	Degrees of freedom = [1.0, 85.0]
Extent threshold: k = 0 voxels	FWHM = 8.5 8.6 8.5 mm mm mm; 2.8 2.9 2.8 {voxels}
Expected voxels per cluster, <k> = 0.574	Volume: 1782324 = 66012 voxels = 2531.6 resels
Expected number of clusters, <c> = 0.09	Voxel size: 3.0 3.0 3.0 mm mm mm; (resel = 22.98 voxels)
FWEp: 5.173, FDRp: 6.225, FWEc: 1, FDRc: 3	*Page 1*

图10-26　面孔匹配条件相比图形匹配条件显著激活的脑区

(三)生理心理交互作用(PPI)分析

生理心理交互作用分析通常基于单体素激活分析的结果。根据单体素激活分析的结果，结合研究假设，确定感兴趣区，PPI分析即在全脑中逐体素搜查，检验感兴趣区与哪些体素的功能连接受到了实验条件的调节。PPI分析一般包括提取感兴趣区的BOLD信号、构建心理与生理交互项、PPI模型建立与计算等步骤。

1. 提取感兴趣区的BOLD信号

以之前单体素脑激活分析中的结果来进一步进行PPI分析。目前已经得到面孔条件对比图形条件的脑激活结果，因为示例的感兴趣区在杏仁核区域，因而需提取杏仁核区域峰值点处的时间序列。示例在单体素激活分析中采用了较为严格的阈限(FWE校正，$p<0.05$)，导致杏仁核区域的激活结果未能显示出来。为了显示杏仁核区域的结果，我们在此需要重新设定一个较低的阈限。另外，BOLD信号序列中的一些与任务无关的效应也需要被除去，可以通过在Contrast manager中建立一个contrast of interest，在该contrast中提取杏仁核的信号序列。

具体操作如下：点击主界面中的"Results"，选择单体素分析最后得到的"SPM.mat"。在SPM contrast manager对话框中，选择"Define new contrast"，选择"F-contrast"，输入"1 0"和"0 1"，表示第一个和第二个回归量是我们感兴趣的，在"name"中输入"contrast_of_interest"(图10-27)，点击"OK"。退回到上一个对话框，选择"show all"显示出001{T}：face-figure 和002{F}：contrast_of_interest。Contrast_of_interest会在提取BOLD信号值时使用，用以排除不感兴趣的变量的效应，目前不必对其进行操作。

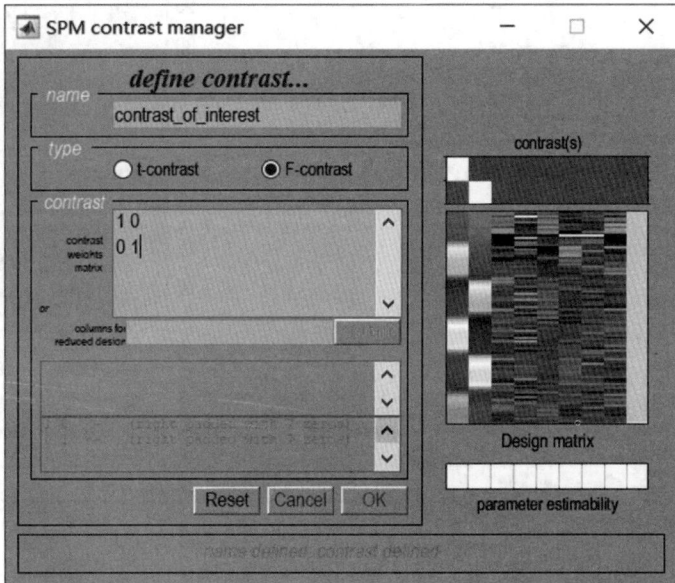

图10-27　设置 contrast of interest，以告知 SPM 哪些是感兴趣的回归量

现在需要再次为 face-figure contrast 设定阈值以显示杏仁核团块，确定杏仁核团块激活的峰值点。选择 face-figure，点击"Done"，出现 Stats：Results 对话框。"apply masking"选择杏仁核的二值模板图像，"p value adjustment to control"选择"none"，"threshold｛F or p value｝"设为 0.01，"extend threshold｛voxels｝"设为 5。即本示例只显示 p 值小于 0.01，体素大于等于 5 的杏仁核内的团块。点击回车，统计结果表即显示出来（图 10-28）。图表显示，只有左侧杏仁核中的一个团块通过了统计检验，表格最右侧一列显示出该团块的峰值点坐标。

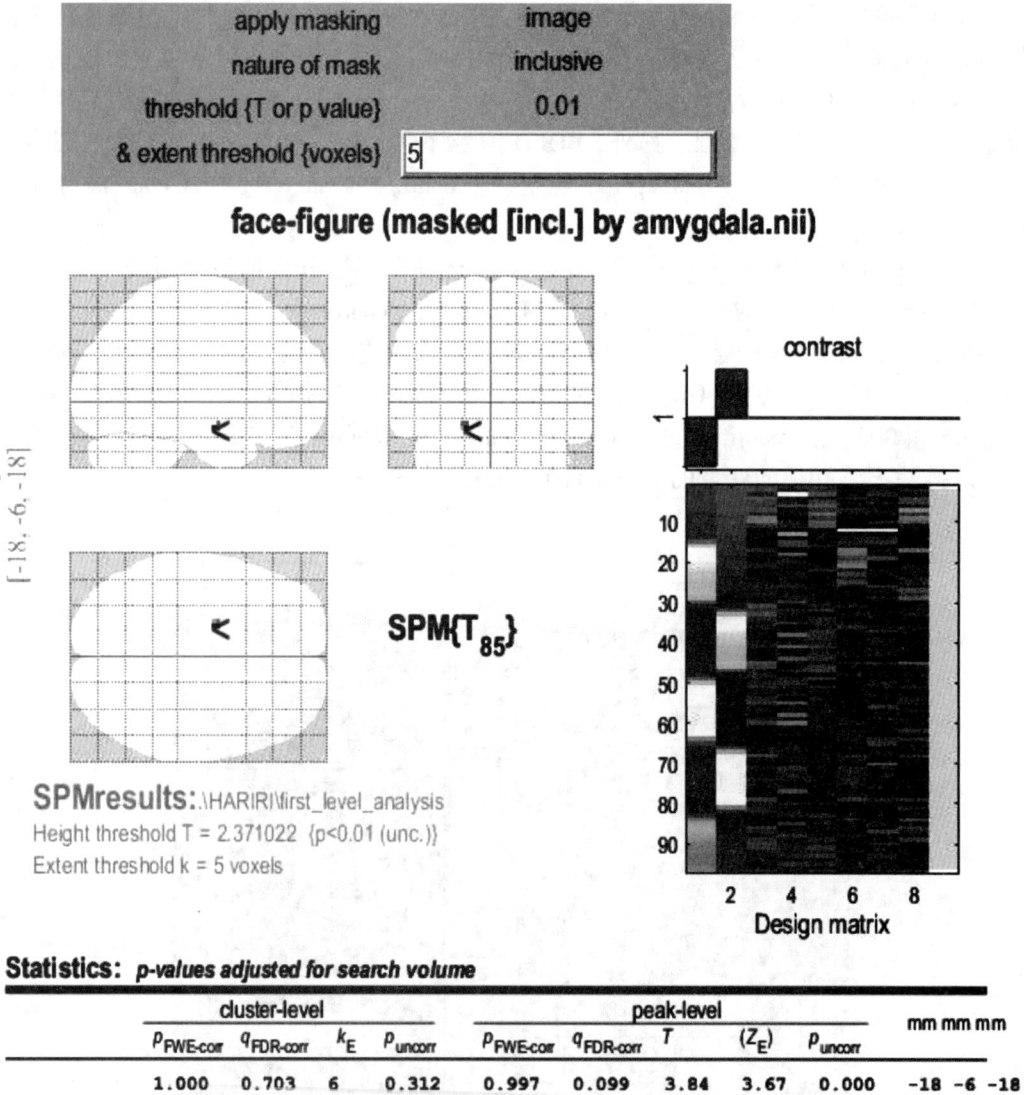

Statistics: *p-values adjusted for search volume*

cluster-level				peak-level					mm mm mm
$p_{FWE-corr}$	$q_{FDR-corr}$	k_E	p_{uncorr}	$p_{FWE-corr}$	$q_{FDR-corr}$	T	(Z_E)	p_{uncorr}	
1.000	0.703	6	0.312	0.997	0.099	3.84	3.67	0.000	-18 -6 -18

图 10-28　通过使用 mask，将统计结果显示在特定区域内

在 Stats：Results 中的 co-ordinates 内输入该坐标，点击 Multivariate 栏中的 eigenvariate 按钮，出现 VOI time-series extraction 设置窗口（图 10-29）。这里提出的时间序列是感兴趣

区内信号的主成分。选用主成分而非平均信号的原因是前者不易受极端值的影响。在"name of region"中为这个感兴趣区命名，本示例命名为 amygdala。在"Adjust data for(select contrast)"下拉菜单中选择已经定义好的 contrast_of_interest。在"VOI definition"中选择 sphere，在"Sphere radius(mm)"中输入6。此时就提取出了以杏仁核激活峰值点为中心，以6mm为半径的一个球形区域中的 BOLD 信号的主成分。可以看到，提取出的信号以0值为中心，这是因为去除了不感兴趣的常数项后，信号被中心化了，这对下一步构建交互项是必要的。提取的信号值存储在当前工作路径下的 VOI_amygdala.mat 内。

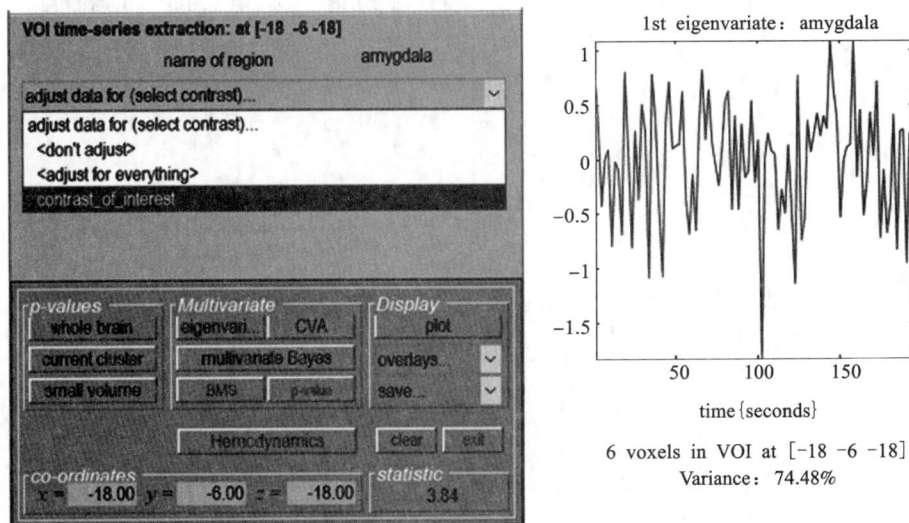

图 10-29　通过 eigenvariate 提取数据中的时间序列信号的第一主成分

2. 构建心理与生理交互项

在 SPM for functional MRI 界面中，点击 PPIs 按钮，在出现的文件选择对话框中选择单体素激活分析中得到的 SPM.mat 文件。在"Analysis type"的下拉菜单中，选择"psychophysiologic interaction"。首先设置"physiological variable"，即感兴趣区的 BOLD 信号，在出现的文件选择对话框中选择 VOI_amygdala.mat 文件。接下来设定"Psychological variable"，即设置哪些实验条件会与功能连接发生交互。"Include face"选"yes"，"Contrast weight"写-1，"include figure"选"yes"，"Contrast weight"写1。也可将前者的"Contrast Weight"设为1，后者设为-1，但必须为一正一负，这是因为，如果全部为正值，会导致交互项与生理项之间出现高度相关。在"Name of PPI"中给这个 PPI 命名为 amygdala(face-figure)。确认后，相应的结果存储在工作路径下的 PPI_amygdala(face-figure).mat 文件中，同时出现生理项、心理项和交互项的示意图供检查(图 10-30)。

3. PPI 模型建立与计算

接下来要为 PPI 建立模型，具体说就是将心理项、生理项和交互项纳入一个回归模型。这一流程与单体素激活分析一致，分为模型建立、模型估计和假设检验三步，分别通过主界面中的 Specify 1st-level，Estimate 和 Results 设置。

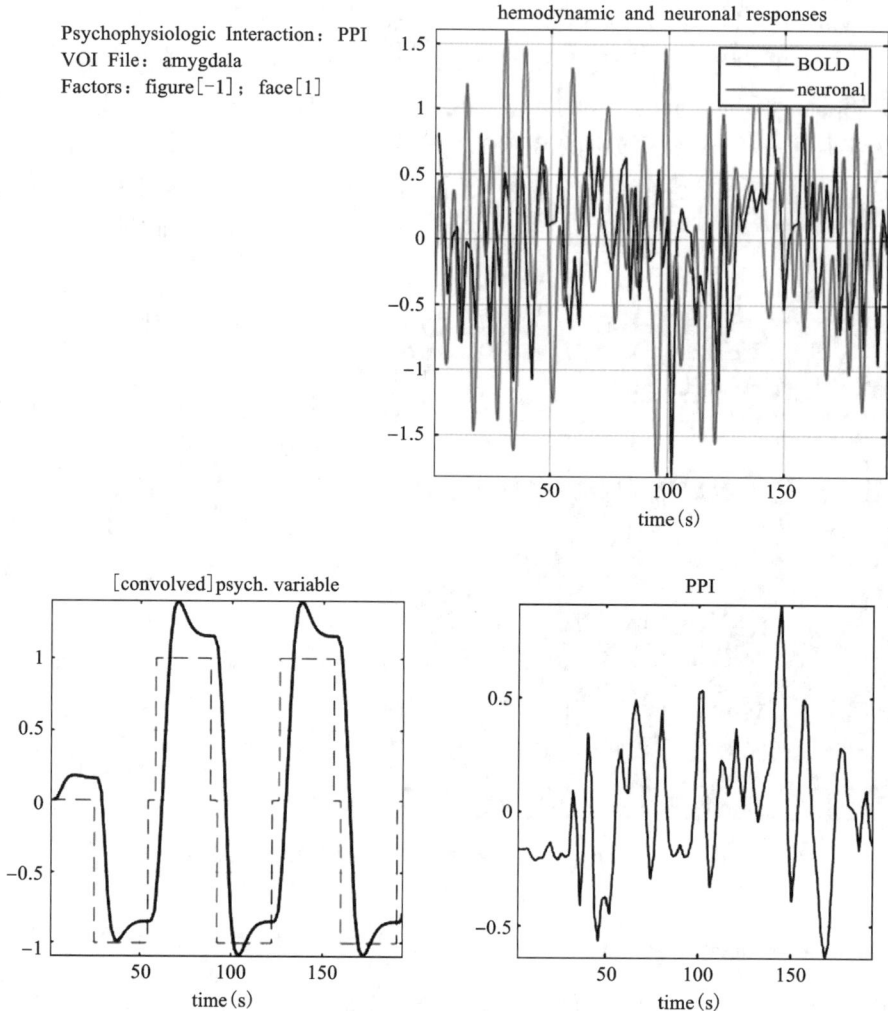

Psychophysiologic Interaction：PPI
VOI File：amygdala
Factors：figure[-1]；face[1]

图 10-30 PPI 分析的生理项、心理项和交互项

上图为感兴趣区的 BOLD 信号和通过反卷积得到的相应的神经信号，即生理项。左下图为心理量及通过卷积得到的 BOLD 信号，即心理项。右下图为感兴趣区的神经信号与心理量相乘后再通过卷积得到的交互项的 BOLD 信号，即交互项。

在 Specify 1st-level 中，与单体素激活分析中设置不同的地方在于"Data&Design"中的"Conditions"和"Regressors"部分。由于用于构建 PPI 模型的回归量已经创建完毕，不必通过"Conditions"来设置，只要将其放入"Regressors"中，通过"Multiple Regressors"直接选择 PPI_amygdala(face-figure).mat 文件，SPM 会自动识别出文件内存储的交互项、生理量和心理量三个回归量。因为头动效应已经在提取感兴趣的信号时去除了，此时不必再为头动建立回归量。设置的"Directory"存储结果文件。模型设置完毕，点击"run"，出现设计矩阵供查看(图 10-31)，由图可知交互项是第一个回归量。

在"Estimate"中选择上一步生成的 SPM.mat 文件进行估计，同样使用"Classical"方法，此时 SPM.mat 文件所在路径会生成估计结果。

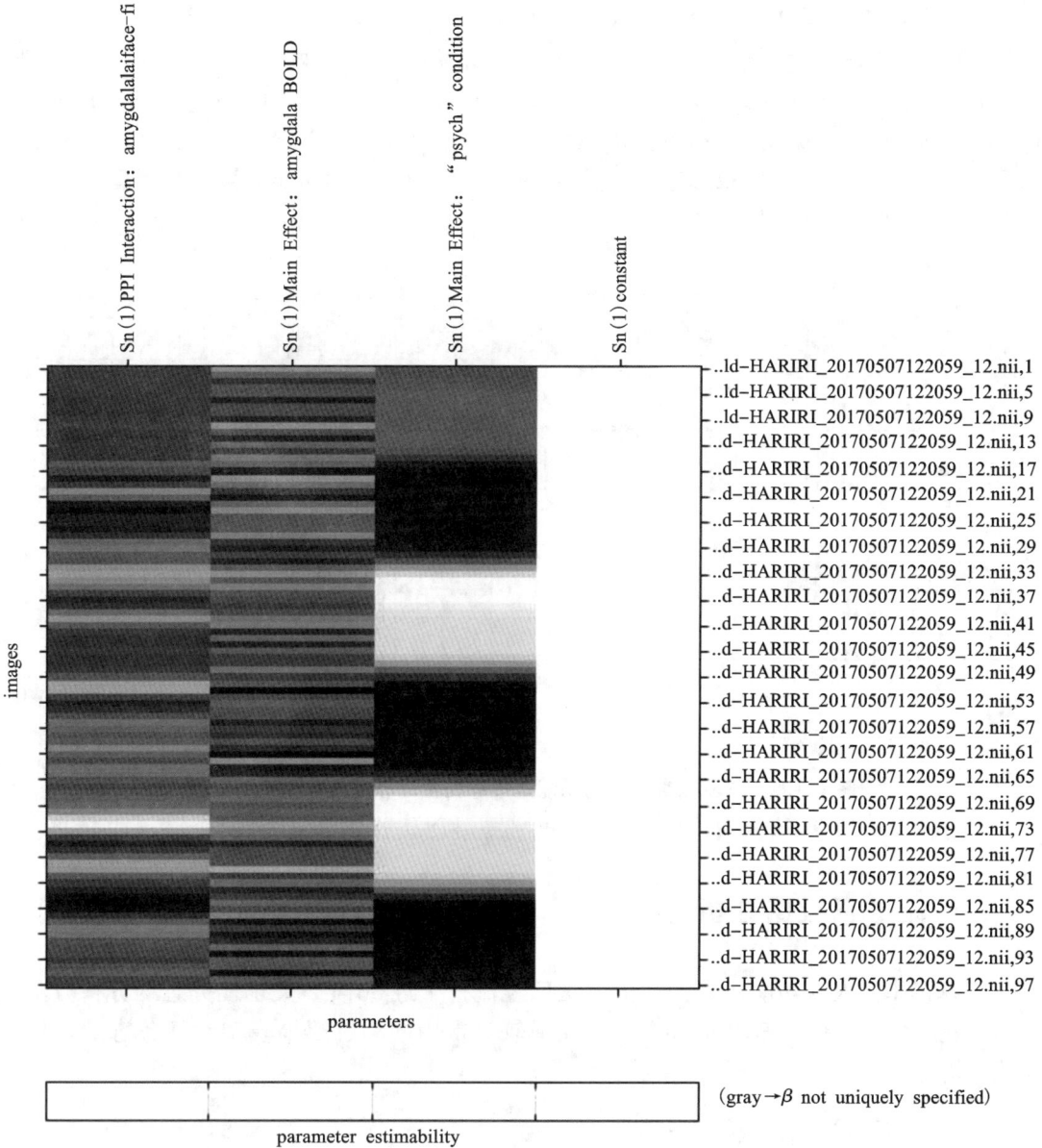

Sn(1) PPI Interaction：amygdalalaiface-fi

Sn(1) Main Effect：amygdala BOLD

Sn(1) Main Effect："psych" condition

Sn(1) constant

images

..ld-HARIRI_20170507122059_12.nii,1
..ld-HARIRI_20170507122059_12.nii,5
..ld-HARIRI_20170507122059_12.nii,9
..d-HARIRI_20170507122059_12.nii,13
..d-HARIRI_20170507122059_12.nii,17
..d-HARIRI_20170507122059_12.nii,21
..d-HARIRI_20170507122059_12.nii,25
..d-HARIRI_20170507122059_12.nii,29
..d-HARIRI_20170507122059_12.nii,33
..d-HARIRI_20170507122059_12.nii,37
..d-HARIRI_20170507122059_12.nii,41
..d-HARIRI_20170507122059_12.nii,45
..d-HARIRI_20170507122059_12.nii,49
..d-HARIRI_20170507122059_12.nii,53
..d-HARIRI_20170507122059_12.nii,57
..d-HARIRI_20170507122059_12.nii,61
..d-HARIRI_20170507122059_12.nii,65
..d-HARIRI_20170507122059_12.nii,69
..d-HARIRI_20170507122059_12.nii,73
..d-HARIRI_20170507122059_12.nii,77
..d-HARIRI_20170507122059_12.nii,81
..d-HARIRI_20170507122059_12.nii,85
..d-HARIRI_20170507122059_12.nii,89
..d-HARIRI_20170507122059_12.nii,93
..d-HARIRI_20170507122059_12.nii,97

parameters

(gray→β not uniquely specified)

parameter estimability

Design description...

Basis functions：hrf
Number of sessions：1
Trials per session：2
Interscan interval：2.00{s}
High pass Filter：[min]Cutoff：128{s}
Global calculation：mean voxel value
Grand mean scaling：session specific
Global normalisation：None

图 10-31　PPI 分析的设计矩阵

239

点击"Results"，选择 SPM. mat，检验交互项回归系数，即第一个回归量的回归系数是否为 0。因为 SPM 是单尾检验，所以应设置两个 t 检验。第一个是"１００"，第二个是"−１００"，分别命名为 ppi_positive 和 ppi_negative，并分别对这两个检验在 stat result 中进行如下设置："Apply masking"［No］，"p value adjustment to control"［none］，"threshold T or p value"［0.001］，"extent threshold voxels"［5］。PPI 的效应通常较弱，所以本示例选用了较低的阈限。结果（图 10−32）表明，一些脑区与左侧杏仁核的功能连接存在生理心理交互作用，即被实验任务所调节。

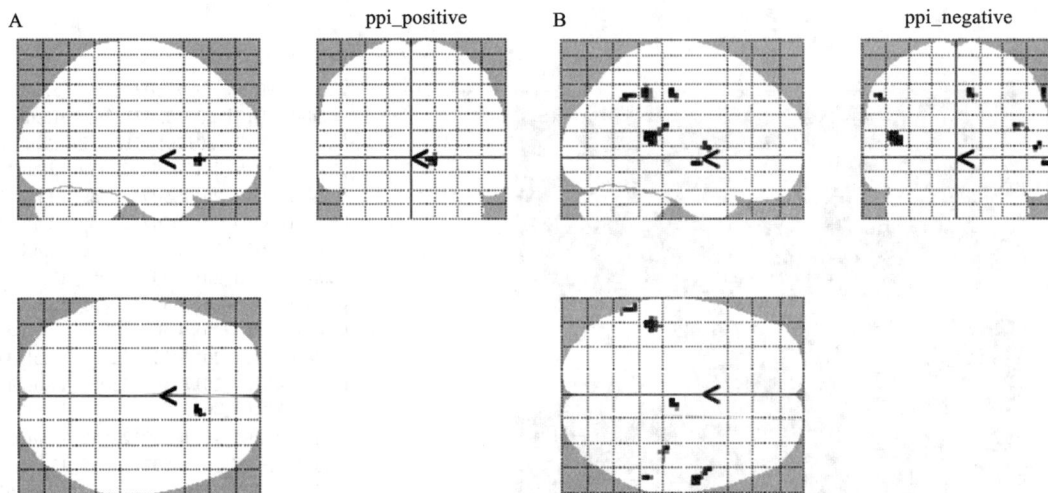

图 10−32　与左侧杏仁核的功能连接存在生理心理交互作用的脑区
A 图：面孔任务相对图形任务对功能连接有正向作用。B 图：面孔任务相对图形任务对功能连接有负向作用。

三、任务态数据分析进展

任务态作为人脑功能研究的主流方法已经流行了近 30 年，关于任务态的分析方法也在不断发展中。这里将简单介绍现在研究中较为常用的动态因果模型和任务态的多体素模式分析方法。

（一）动态因果模型

功能连接分析通常反映的是大脑中不同区域神经信号之间的相关关系。但有时我们希望知道这种关系的方向性和因果性。此时，需要构建出若干脑区间活动的不同因果关系模型，然后对这些不同的因果关系模型进行比较，选取拟合最好的那个代表脑区间功能活动的因果性。实现这一点的一个非常突出的困难是，计算中必须纳入因果关系所有可能的模型。做到这一点是不现实的，因为脑功能的复杂性使得总有假设之外的某个因素影响了这一因果关系，比如，两个脑区之间的相关如果由其他脑区所引发，且这一脑区可能存在于大脑中的任意一处，遍历所有脑区可能会极大地增加计算量，使得模型拟合难以实现。另一个困难是，因果关系实际上存在于神经元水平，我们只观测到了 BOLD 信号活动，从 BOLD 信号活动出发去推测神经活动的因果关系本身就增加了发掘因果关系的难度。

虽然有以上困难，但还是出现了一些方法去试图解决这一问题。动态因果模型（dynamic causality model，DCM）即目前应用最广的挖掘脑区间功能活动因果关系的方法。该方法于 2003 年提出，方法上的细节仍在不断改进中。DCM 可以在一定程度上得出脑区间功能连接的方向性进而推断出因果，但考虑到计算复杂度，DCM 不可能纳入很多感兴趣区进行分析。因此，该方法要求研究者必须事先对模型有良好的假设。而且，DCM 虽然提供了模型比较的方法，但不同的模型也是基于相同的感兴趣区的，因而模型比较并不能帮助研究者做出模型之外的种子点如何影响的推论。

（二）多体素模式分析

单体素的激活分析假定不同的刺激在某一体素中引发的神经活动是不同的，这种不同就是对两种刺激进行加工的神经机制的差异。但是，大脑对刺激的反应应存在于一个神经模式中，而不只是一个简单的强度的不同。比如，对于两个刺激，如猫和狗，我们很难说某一个体素的神经活动可以表征这两个刺激的不同，因而通过 GLM 分析不大可能会找到哪一个体素解释了大脑对这两个刺激加工的差异。这种差异更可能存在于一组神经活动模式之中，其中任一体素的活动情况可能都没有显著的差异，但多个体素之间的组合模式却不相同。在这种情况下，单体素激活的分析方法就无法达到研究目的。相对应地，多体素模式分析（multi-voxel pattern analysis，MVPA）则可以通过分析不同体素的组合模式区分大脑对这两个刺激进行加工的神经机制。

多体素模式分析是多变量分析在任务态 fMRI 中的特有称呼。MVPA 的两种主要分析方式为解码分析和表征相似性分析。在解码分析及表征相似性分析中，经常通过单试次或几个试次去估计单体素激活结果，因而为了获得较准确的估计，经常使用慢速事件设计。

（樊洁）

第十一章　脑网络数据分析方法

　　人脑是一个复杂的系统，是由数个功能不同的脑网络构成的，脑网络的共同协作为个体复杂的认知和行为提供了生物学基础。随着研究者们对脑网络的关注，传统的定位式分析方法表现出了其局限性，越来越多的脑网络数据分析方法应运而生。本章简要介绍脑网络分析的发展、核心功能脑网络、常用的脑网络数据分析方法及实践操作和脑网络数据分析方法进展。

第一节　脑网络概述

一、脑网络分析的发展

　　近20年来，功能磁共振成像技术的发展提高了研究者们对大脑认知功能及不同脑区之间相互关系的理解。在早期对大脑功能影像学的研究中，关于大脑认知功能的认识大多源于模块化模式，在这种模式中，单个脑区被认为单独地执行大脑某种复杂的认知功能。基于这种模式，早期开展的脑影像学研究多为脑区定位式研究。随着研究的深入，越来越多的证据表明基于这种范式的研究存在一定的局限性，并可能给研究方向带来误导。例如，早期基于模块化范式的研究很难解释为何经典条件反射任务往往激活海马区域，但是海马区域的损伤并没有影响经典反射任务的完成。而基于脑网络的研究模式则为这一现象提供了可能的解释——经典条件反射的完成需要多个脑区的共同参与，海马区域虽涉及其中但并非关键脑区。相比于早期的模块化模式简单地将认知结构描绘于单个或者少数的脑区之上，脑网络模式强调脑区与脑区之间共同协作下构成的脑网络才是联合执行人类高级心理功能的单位，即从大脑功能分离转向大脑功能协同。

　　从传统的定位式研究模式转向脑网络模式是解决多个大脑机制问题的必然选择。目前，越来越多的研究者开始从脑网络的角度对人类的高级认知功能进行探究，脑网络的分析方法也在不断发展。其中，基于种子点的功能连接分析（seed-based functional connectivity，seed-FC）为最常用的脑网络分析方法之一。提取某个特定认知功能相关的核心区域的时间序列与大脑其他体素进行关联程度分析，关联程度较高的脑区可能构成一个与该认知功能密切相关的脑网络。另外一种常用的脑网络分析为独立成分分析方法（independent component analysis，ICA）。该方法无须先验假设，克服了seed-FC分析需要设置种子点造成的偏倚，对全脑体素的时间序列进行 ICA 分析，可以直观地观察到若干个功能脑网络图谱，在实际分析中运用较广。上述两种方法均基于大脑是由多个功能不同的子网络构成的观点进行分析。

随着现代复杂网络数学模型的发展，有研究者把图论理论运用于脑网络的构建，把大脑本身当作一个复杂脑网络，可对人脑的整体信息传递效率、信息交换速度和局部脑区的信息交流能力等特征进行研究。区别于前述的把人脑当作多个功能子网络的集合的观点，复杂脑网络分析把大脑当作单个网络，从全脑大尺度网络层次对脑网络属性进行探究。目前，研究者们常使用图论分析方法（graph theory analysis）对复杂脑网络的拓扑属性进行探究。可以发现脑网络分析的发展源于传统定位式研究的局限，并经历了功能子网络和全脑大尺度网络这两个不同尺度，每个尺度分析均存在一定优势和局限性，融合多个尺度的分析可能是未来脑网络研究的重要趋势。脑网络相关知识仍处于快速发展阶段，关于脑网络的理论和分析方法在不断地推陈出新，关注脑网络最新的研究进展尤为重要。

二、核心脑功能网络

早期一些关键的脑功能网络由 Mesulam 根据它们不同的解剖学位置和不同的功能提出（Mesulam，1990）。在 Mesulam 看来，人脑中至少存在五个核心的功能网络：①空间注意网络，主要包括顶叶后侧和额叶视区；②语言网络，主要包括威尔尼克区和布罗卡区；③外显记忆网络，主要包括海马—内嗅结合体和顶下皮质；④人脸—物体识别网络，主要包括颞中和颞极皮质；⑤工作记忆—执行功能网络，主要包括前额叶和额下皮质。近十年来，随着神经影像学技术的发展，研究者们发现了更多表现出功能活动一致性的脑功能网络，如默认模式网络、执行网络、突显网络、背侧注意网络、腹侧注意网络、感知运动网络和视觉网络等。其中，默认模式网络、执行网络和突显网络备受研究者关注，由这三者构成的三维网络模型是目前从脑网络的角度用于解释精神病理机制的最为经典的理论模型之一。值得注意的是，目前发现的部分功能脑网络存在一定程度的重合，给脑网络研究发现的融合带来了一定困难。因此，获得一个具有共识的脑网络图谱十分重要。然而，由于用来分析脑网络的神经生物学特征的多样性（如静息态、任务态和弥散张量成像等不同模态）以及数据分辨率不够等原因使得很难确定一个适用于所有分析形式的大脑网络图谱。为解决该问题，Uddin，Yeo 和 Spreng 等（2019）综合了已有来自于静息态和任务态脑影像等方面的研究证据，提出了六大核心脑功能网络，包括默认模式网络、控制网络、突显网络、注意网络、感觉运动网络和视觉网络。接下来对各个核心功能脑网络进行简要介绍。

（一）默认模式网络（default mode network，DMN）

默认模式网络主要涉及内侧前额叶、后侧扣带回、楔前叶、顶下小叶、角回和海马等脑区。一般来说，默认模式网络在静息状态下（不执行特定的目标导向的任务的清醒状态）的活动增强，而在执行特定的目标导向的任务时的活动被抑制。默认模式网络常被认为参与自我相关的心理过程。前侧和后侧默认模式网络的功能可能存在一定差异。以后侧扣带回、海马和角回为重要节点的后侧默认模式网络与自我相关的自传体记忆、情景记忆的提取和语义加工密切相关；以内侧前额叶为重要节点的前侧默认模式网络主要与基于自我的社会认知过程、基于价值的行为决策和情绪调节等密切相关。

(二)控制网络(control network，CN)

控制网络在研究中常被称作执行网络(central executive network，CEN)。控制网络主要涉及背外侧前额叶和后顶叶皮层等区域。一般来说，CEN 在完成认知任务时活动增强，脑区之间不仅表现出较强的功能连接，而且在认知任务下也表现出一致的激活状态。值得注意的是，控制网络与默认模式网络形成了一种"反相关"(anticorrelation)的关系，两个网络在人脑功能中存在一种竞争的模式：在目标导向的任务中，控制网络被激活，默认模式网络被抑制；在无认知任务刺激的状态或在与自我相关的任务中，默认模式网络被激活，执行网络被抑制。控制网络与维持和调控工作记忆所需要的信息、问题解决和目标导向行为等密切相关。

(三)突显网络(salience network，SN)

突显网络主要涉及前岛叶、背侧前扣带回、杏仁核和黑质/腹侧被盖区等区域。突显网络和执行网络在大多数认知任务中均比较一致地被激活。突显网络持续性地觉察和过滤内部/外部突显信息并与其他脑网络进行交互。一般认为，突显网络在处理内部信息的默认模式网络和处理外部信息的执行网络起到了"开关"的作用，通过对外部/内部的突显信息进行评估，切换到相关的处理网络。

(四)注意网络(attention network，AN)

注意网络主要包括顶内沟、中央前沟和额上沟的连接区域(额叶眼动区)。注意网络在完成有注意需要的任务时活动增强，主要负责管理空间注意和视觉运动，提供"自上而下"的注意定向。左右侧注意网络分别控制对侧空间注意的分配以及空间刺激的选择和反应，并根据前期的经验和当前的行为目的动态调控以实现刺激的空间定向功能，同时也传送与手眼运动相关的神经信号到刺激过程。在实验室环境，如果线索提示了何时、何处、以何种形式进行反应，注意网络就会持续地活动以保证任务的完成。

(五)感觉运动网络(sensorimotor network，SMN)

感觉运动网络主要涉及中央后回的躯体感觉运动区域和中央前回的运动区域等。感觉运动网络一般在运动任务(如手指敲击任务)中活动增强。感觉运动网络是大脑的"传感器"，感觉运动网络负责感知和处理外界物理刺激输入，并将其转换为可在整个脑网络中传播的电信号，然后做出运动反应。

(六)视觉网络(visual network，VN)

视觉网络主要分布在人脑的枕叶区域。视觉系统是大脑的"观察者"，主要负责视觉处理等功能。视觉系统可以迅速识别视觉变化，有助于提高个体解决问题和评估外界信息的能力，常参与完成一些复杂任务。

第二节　脑网络数据分析方法及进展

一、常用的脑网络数据分析方法

为满足研究者们从脑网络的角度探究脑功能活动特点的需要，脑网络数据分析方法逐渐发展起来。目前常用于探究脑网络特点的数据分析方法有：基于种子点的功能连接分析、独立成分分析和图论分析。

(一)基于种子点的功能连接分析

基于种子点的功能连接分析是最早用于探究脑网络活动特点的方法，适用于分析特定脑网络的重要节点与脑网络内部以及其他脑网络区域的功能连接强度。该方法采用选取的感兴趣区域的 BOLD 时间序列与大脑其他体素的时间序列的线性相关程度衡量功能连接的强度，相关程度越高表示功能连接越强。一般来说，同一网络内部的功能连接较强，不同网络之间的功能连接较弱，有的网络之间的功能连接甚至呈现相反趋势(如默认模式网络和执行网络)。

采用 seed-FC 方法探究脑网络活动特点的一般步骤包括：①选取种子点区域。确定脑网络的核心脑区是采用 seed-FC 方法探究脑网络活动特点的前提。只有选择特定脑网络的核心脑区作为种子点才能比较好地构建出该脑网络的功能连接图。随着脑网络研究的发展，一些脑网络的核心脑区已经比较明确。例如，研究者们一般以后侧扣带皮层或者内侧前额叶作为探究默认模式网络活动特点的种子点，以背外侧前额叶作为探究执行网络活动特点的种子点，以前岛叶作为探究突显网络活动特点的种子点。在选取种子点区域这一阶段，研究者一定要大量阅读以往文献，根据自己的研究问题，选择最为恰当的脑区作为种子点。②提取种子点区域的平均时间序列。种子点区域的类型主要有：基于经典脑模板选择的特定脑区；基于以往文献中报告的坐标点作为原点制作的球体或者方体；手工绘制的感兴趣区域；等等。③计算种子点区域的平均时间序列与大脑所有体素之间的线性相关程度，得到一个全脑功能连接图谱。一般采用皮尔逊积差相关系数衡量线性相关程度。对得到的全脑功能连接图谱进行 Fisher-Z 转换后则可运用于进一步的统计分析。更多关于 seed-FC 的基本原理和分析步骤见第十章。

基于种子点的功能连接分析可采用 DPABI(http：//rfmri. org/dpabi；Yan 等，2016)、CONN toolbox(https：//web. conn-toolbox. org/home)、REST(http：//restfmri. net/forum/REST_V1. 8)等软件实现。DPABI 软件和 CONN toolbox 软件均有功能 fMRI 数据预处理和 seed-FC 分析的批处理功能，可以同时设置预处理和 seed-FC 参数，在数据预处理之后直接进行 seed-FC 分析，操作方便，可以减少人工操作造成的误差。REST 软件可以在预处理之后进行 seed-FC 分析，如果 fMRI 数据已完成预处理，可直接采用 REST 软件进行 seed-FC 分析。

（二）独立成分分析

独立成分分析是解决盲目信号分离的一种分析方法。ICA 最初用于解决鸡尾酒会问题：在一场鸡尾酒会中存在若干个独立的语音信号源（如多人说话、音乐等）和若干个录音设备，录音设备收集了所有这些独立的语音信号叠加起来的混合信号，如何根据多个录音设备收集到的录音信号分离出各个独立的源信号？1998 年，ICA 被 McKeown 等引入功能脑影像学分析中，随后在脑网络分析领域得到了广泛的应用。ICA 是一种数据驱动的方法，无须任何的先验假设，可将采集到的 fMRI 数据分解成若干个独立的成分。这些独立的成分不仅包括了大脑的核心脑网络，也包括了一些生理噪声，因此 ICA 也是 fMRI 分析中一种有效的降噪手段。

fMRI 中的 ICA 根据假设条件的不同可以分为空间独立成分分析（spatial ICA，sICA）、时间独立成分分析（temporal ICA，tICA）和空间—时间独立成分分析（spatial temporal ICA，stICA）（杜宇慧，2013）。sICA 假设不同的成分在空间区域上相互独立；tICA 假设不同的成分在时间序列上相互独立；stICA 假设不同的成分在时间和空间上均存在独立性。由于stICA 运算复杂度高，目前几乎没有运用于 fMRI 分析中。此外，fMRI 数据具有较高的空间维数（体素数目一般高达 10 万），导致 tICA 分析需要很大的计算量，解混过程困难且不稳定，因此 tICA 在 fMRI 分析中极少使用。目前，fMRI 数据的脑网络分析中，sICA 是最常运用的方法。接下来的内容均为对 fMRI 数据的 sICA 分析的介绍。

sICA 的基本原理如图 11-1 所示，它假设不同成分在空间上（即大脑区域上）是相互独立的。sICA 把 fMRI 数据当成 $N \times L$ 的矩阵，N 为体素数目，L 为时间点数目（魏慧琳，2015）。设 $f_{si} = [f_{si1}, f_{si2}, \cdots, f_{siN}]$ 为第 i 个时间点的脑图像，$F_s = [f_{s1}, f_{s2}, \cdots, f_{sL}]^T$ 表示 L 个时间点所有图像的集合，sICA 模型可以表述为：

$$F_s = M_s C_s$$

M_s 为混合矩阵，C_s 为多个空间独立成分。其中，空间独立成分代表由源信号引起的脑功能活动区域，其时间序列反映了各区域内神经元活动程度的时间变化性。

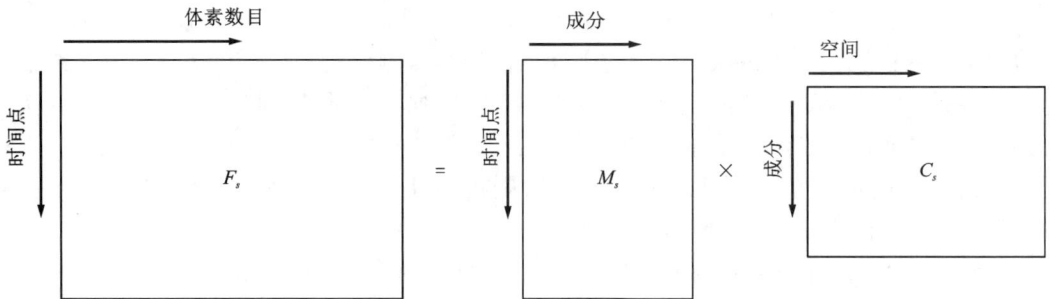

图 11-1 空间 ICA 原理图

基于 ICA 进行多被试 fMRI 分析的基本方法分为两类（杜宇慧，2013）：个体 ICA 与组 ICA。个体 ICA 是指对每个被试的 fMRI 数据进行 ICA，然后采用主观鉴别、聚类分析等方法对应各个被试的成分。建立各个被试的成分对应性较难，因此个体 ICA 较少用于多个被试的处理。不过，个体 ICA 在 fMRI 数据预处理降噪方面应用较广，如目前常用 ICA-AROMA 降噪方法。另一类为组 ICA。该方法首先对所有被试的 fMRI 数据进行组水平的分析，然后基于组水平分析得到的独立成分运用复杂的数学运算获得每个被试相对应的成分，这有效地解决了个体 ICA 不能建立各个被试的成分对应性的问题。目前，组 ICA 在 fMRI 数据分析中应用更为广泛。

组 ICA 的数据分析步骤一般包括：①数据串联。在进行组分析之前，应将个体的 fMRI 数据串联起来，便于组 ICA。目前，数据串联的方法包括时间串联（temporal concatenation）、空间串联（spatial concatenation）和张量排列（tensor permutation）。时间串联方法假设不同被试成分具有相似的空间分布，把所有被试数据按时间点方向串联；空间串联方法假设不同被试成分具有相似的时间序列，把所有被试按空间体素方向串联；张量排列把所有数据排列成三维，假设不同被试的成分具有相似的时间和空间特性。在 fMRI 数据分析中，时间串联方法最有优势，广泛运用于实际分析。②数据降维。组 ICA 一般采用主成分分析对 fMRI 数据进行降维，常采用两步数据降维法。③独立成分估计。目前，组 ICA 常采用 Infomax 算法进行估计。④个体成分构建。把成组独立成分估计的结果结合数据降维的结果得出每个被试的空间独立成分与时间序列。基于时间串联方法对个体成分进行构建的常用方法包括数据反重构（back-reconstruction）和双重回归（dual regression）。数据反重构基于组 ICA 和 PCA 降维的结果重构出每个被试的空间独立成分和时间序列；双重回归方法首先基于组 ICA 的独立成分，通过空间线性回归（spatial regression）得到个体被试的时间序列，然后再基于个体被试的时间序列，再次利用时间线性回归（temporal regression）得到个体被试相应的空间独立成分。

组 ICA 分析可以采用 GIFT（https：//trendscenter. org/software/gift/）、MELODIC（https：//fsl. fmrib. ox. ac. uk/fsl/fslwiki/MELODIC）等软件实现。GIFT 软件可以基于 Windows 系统使用，提供图形用户界面，操作较为简便；MELODIC 软件基于 Linux 系统，需要用户具备基础的编程能力。

（三）图论分析

图论分析把人脑看作一个具有"小世界"属性的复杂网络，对脑网络的拓扑属性进行探究。图论诞生于瑞士数学家欧拉于 1736 年对哥尼斯堡七桥问题（能否从哥尼斯堡城中一点出发，走遍城里 7 座桥，但只能通过每座桥一次，最后回到起始地点）的讨论。图论是进行图论分析的数理基础。图论以图为研究对象，这种图是由若干给定的节点（node）和连接两节点的边（edge）所组成的图形，通常用来描述某些事物之间的特定关系，其中节点代表事物，连接两节点的边代表两事物间的关系。相应地，在人脑的图论分析中，脑区可被看作节点，而脑区之间的关系则可被看作连边。脑区的分割常采用结构/功能脑模板，而脑区之间的关系（即网络连边）常用功能连接程度、结构共变程度和纤维束连接数目等特征衡量。图论分析可用于研究多种脑网络类型。脑网络类型有不同的划分方法。根据数据模态的不同可以分为功能脑网络和结构脑网络。其中，以功能连接程度（如两个时间序列之间的相关系数）等脑功能指标作为连边的网络为功能脑网络，以结构共变网络和纤维束数目等指标作为连边的网络为结构脑网络。根据连边是否具有方向性可以分为有向网络和无向网络。根据是否对连边进行权重赋值，分为二值网络和加权网络。根据是否考虑时间维度, 分为动态网络和静态网络。

衡量复杂脑网络的拓扑属性的指标较多, 包括全局指标(global network metrics)和节点指标(nodal network metrics)。顾名思义, 全局指标用于衡量复杂脑网络的整体的拓扑属性, 节点指标用于衡量单个节点的拓扑属性。全局指标包括集群系数(clustering coefficient)、特征路径长度(characteristic path length)、全局效率(global efficiency)、局部效率(local efficiency)等。其中, 集群系数反映了网络的集块化程度, 可以衡量网络的局部信息传输能力的大小; 特征路径长度反映了节点间的平均路径长度, 可以衡量脑网络的并行传播信息能力; 全局效率反映了网络中并行信息处理的全局效率; 局部效率评估了当去除某一节点时所在网络的信息交换能力, 反映了网络的容错率。节点指标包括度中心性(degree centrality)、节点效率(nodal efficiency)、介数中心度(betweenness centrality)、节点聚类系数(nodal clustering efficient)等。节点指标种类较多, 在实际分析中常选用度中心性和节点效率为衡量节点拓扑属性的指标。度中心性指的是特定节点的连边数目, 反映了该节点的信息交流能力, 度中心性越高, 表示该节点的连接越多, 其在网络中的地位也越重要; 节点效率反映了特定节点与其他所有节点传播和交互信息的能力, 节点效率越高表示该节点与其他节点的信息交互能力越强。研究者可根据研究问题选择合适的全局和节点指标, 无须对所有的全局和节点指标进行分析。

图论分析的数据分析步骤一般包括: ①网络构建。在网络构建这一步, 研究者需要确定节点模板、连边类型(功能/结构)。节点模板可采用经典的结构/功能模板。一般来说, 对于构建结构网络, 采用结构脑模板更为合适; 相应地, 对于构建功能网络, 采用功能脑模板更为合适。②去除伪连接。为排除由噪声所产生的较弱连接或者伪连接, 在进行拓扑属性的计算时常设置一个特定的边阈值。小于边阈值则不保留该边(即设置为0), 大于边阈值则保留该边(如为二值网络则设置为1; 如为加权网络则保留强度值)。边阈值一般包括绝对连边强度(如功能连接强度、纤维束数目)和稀疏度。稀疏度指的是实际保留边数占最大可能边数的比例。例如, 稀疏度15%指的是把网络边按降序排列, 取前15%作为网络的边。③复杂脑网络拓扑属性计算。根据研究的科学问题确定合适的全局和节点指标, 运用相应的图论分析方法, 得到衡量每个被试的复杂脑网络的全局和节点属性的指标。

图论分析可以采用GRETNA(https://www.nitrc.org/projects/gretna)等软件(Wang等, 2015)实现。GRETNA软件可以基于Windows系统使用, 提供图形用户界面, 集合了fMRI数据预处理、图论分析以及组水平的统计分析等功能, 操作较为简便。

二、脑网络数据分析实践操作

前面已经详细介绍了常用的脑网络数据分析方法的基本原理及一般步骤, 本部分结合实例简单介绍在实际分析中如何进行软件参数设置, 逐步完成脑网络分析, 包括基于种子点的功能连接分析、独立成分分析和图论分析。其中, 基于种子点功能连接分析的软件实现在本书第十章中已做了详细的介绍, 本部分只介绍独立成分分析以及图论分析的软件操作流程(采用静息态fMRI数据作为示例)。

(一)独立成分分析软件实现

1.软件和数据准备

软件准备：安装好 Matlab（建议 Matlab R2008a 以上版本）、GIFT（建议最新版本）、SPM（建议 SPM12）等软件。

数据准备：对 fMRI 数据进行基本的预处理。考虑到 ICA 对头动和生理信号的降噪效果较好，对 fMRI 数据进行基本的预处理操作即可，包括去除前面不稳定的时间点、时间层校正、头动校正、空间标准化、空间平滑等。数据预处理的具体操作详见本书第十章。数据预处理完成后，需要对预处理之后的数据进行整理，以便后续 ICA。每个被试预处理之后的数据需要放在一个单独的子文件夹内，建议以被试编号命名；建议把所有被试预处理之后的数据集中放在同一文件夹中，方便后续的分析获取数据。

2.ICA 设置

在 ICA 之前，新建文件夹存储 ICA 过程中生成的文件。首先，在 Matlab 命令行窗口输入 gift 打开 GIFT 软件，软件界面如图 11-2 所示。然后，点击主界面中的 Set ICA Analysis 模块设置 ICA 的参数。点击之后会让用户选择存储 ICA 结果文件的文件夹，选择新建的结果存储文件夹。随后，ICA 设置界面弹出，见图 11-3。

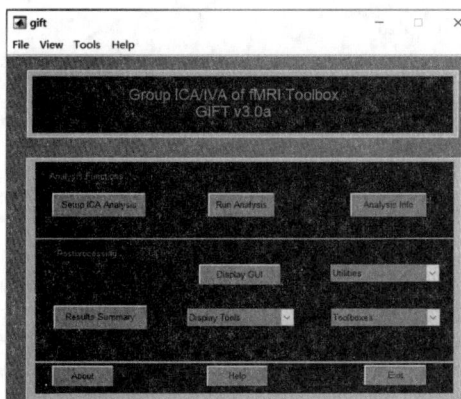

图 11-2　GIFT 软件开始界面

Set ICA Analysis 模块用于设置 ICA 参数；Run Analysis 模块用于运行 ICA；Display GUI 模块用于成分查看与成分选择。

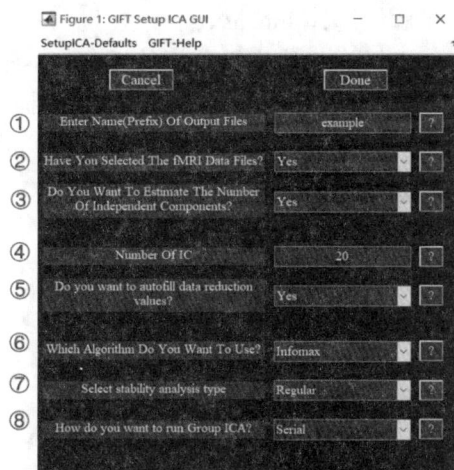

图 11-3　ICA 设置界面

(1)ICA 数据导入和参数设置。

在 ICA 设置界面，研究者需要完成数据选择，并确定成分数目、ICA 算法等，再对每个选项依次进行介绍。更多关于 ICA 的设置的详细介绍可查看 GIFT 软件的使用手册。为使描述更简洁，对 ICA 设置界面的每个选项进行了编号，详见图 11-3。

①设置结果文件的命名前缀。研究者可以根据自己的研究内容设置便于记忆和理解的前缀。

②数据选择。点击 select，弹出的窗口会让用户选择所有的数据是否储存在一个文件夹中，点击 yes；然后在新弹出的窗口中选择存储了预处理之后所有影像学数据的文件夹，点击 ok；最后在新弹出的窗口中根据数据的特征进行设置，点击 ok。完成以上步骤，数据读取步骤完成，Matlab 命令窗口会显示数据的读取顺序。

③是否需要估计成分数目。GIFT 软件提供一种根据最小描述长度（minimum description length，MDL）标准估计成分数目的方法，研究者可根据实际需要决定是否采用。如采用，则选择 yes，成分数目估计会自动运行，运行完成后会弹出新的提示窗口，提供根据 MDL 标准估计出的最佳成分数目；如不采用，则选择 no。

④设置成分数目。成分数目的设置可以采用根据 MDL 标准估计出的成分数目，也可以采用以往的文献研究中采用的成分数目，尤其是基于大样本估计出的比较稳定的成分数目。考虑到本示例的被试数很少，为使估计出来的成分空间分布更加集中，便于展示，本示例选用成分数目为 20。

⑤是否自动填充数据降维值。该选项一般默认为 yes。一般来说，组 ICA 分析采用主成分分析进行两步降维，如果独立成分数目设置为 20，那么最开始的主成分数目会自动填充为独立成分数目的 1.5 倍。

⑥独立成分分析使用的算法。目前最常用的算法为 Infomax 和 FastICA。研究者在开始分析前需要考虑领域内 ICA 算法的发展以及近期发表文献对算法的选择，选取合适的算法。本示例选择 Infomax。

⑦选择 ICA 稳定性分析的类型。本示例选择 Regular。

⑧选择运行组 ICA 的方式。GIFT 提供串行（serial）和并行（parallel）两种分析方式。串行运算对数据进行依次处理；并行运算可对多个数据进行同时处理，对计算机性功能要求较高。如果选择了并行运算，需要输入并行运算的数目。本示例选择 serial。

（2）查看/更改 ICA 的默认参数设置。

如需要查看或更改 ICA 的默认参数设置，可点击参数设置界面左上角的 SetupICA-Defaults，会弹出一个新的窗口，见图 11-4。一般无须对 ICA 的默认设置进行更改。ICA 的默认参数设置界面内容的简要介绍如下。

①设置在进行个体数据降维之前的数据预处理步骤。默认设置每个时间点均去除图像信号平均值。

②Mask 选择。一般选择默认 Mask，也可以根据自己的研究兴趣选择自定义的 Mask。

③选择主成分分析的类型，默认选择 standard。

图 11-4　ICA 默认参数设置界面

④选择组主成分分析的类型。默认选择 subject specific，在组水平采用主成分分析进行降维之前，先在个体水平采用主成分分析进行降维。

⑤选择对个体进行数据反重构的类型。默认选择 GICA，为一种基于时间串联的数据反重构算法，该方法在目前的 ICA 中较常用。

⑥是否对结果进行数据转换。默认对结果进行 Z 转换。

⑦选择组 ICA 的类型。默认选择 spatial ICA，这是目前最适用于影像学数据 ICA 的组 ICA 类型。

⑧设置在进行 ICA 之前的 PCA 分析数目。默认选择为两次，第一次为在个体水平进行 PCA，设置的主成分数目默认为独立成分数目的 1.5 倍，在本示例中为 30；第二次为在组水平进行 PCA，设置主成分数目为 ICA 中设置的独立成分数目，在本示例中为 20。一般这里的数值会根据 ICA 设置进行自动设置，无须手动修改。

查看或者更改设置完毕之后，点击 done 完成即可回到 ICA 参数设置界面，再点击 ICA 参数设置页面的 done，则完成了 ICA 参数设置。完成上述步骤之后，在结果存储文件夹中会生成 ica_parameter_info.mat 文件。

3. 运行 ICA

点击 GIFT 软件主界面中的 Run Analysis，选择结果存储文件夹中的 ica_parameter_info.mat 文件，点击 ok 后弹出如图 11-5 所示的界面。①在 Select Analysis Step/Steps 板块中选择运行所有步骤；②在 Group PCA Performance Settings 中选择 User Specified Settings，即根据用户设置进行组水平的主成分分析；③设置完成之后点击 done。设置完成之后，ICA 开始运行，运行完成之后，会弹出成分查看窗口。

图 11-5 运行 ICA 设置界面

4.成分查看

在 ICA 运行完成之后会自动弹出一个成分查看的窗口(图 11-6)。此外，通过点击 GIFT 主界面的 Display GUI 模块也可以查看生成的成分。①点击该界面左下角的 Load Anatomical，可设置查看成分时使用的结构模板。一般建议进行结构模板的设置，能更清晰地展示成分对应的脑结构位置。②点击左上角 Display Defaults，可以调整成分展示的阈值、每张图片展示的成分数目、选择展示的轴位等。③在 Viewing Set 位置选择展示所有被试各个成分的平均值。④选择界面上方的"Component"展示方法，设置好之后点击 Display，可以看到所有成分的空间分布图以及时间序列图，具体如图 11-7 所示。此外，也可以根据需要选择"Subject""Orthogonal""Composite"的展示模式。"Subject"模式查看每个被试的各个成分的空间分布图和时间序列图；"Orthogonal"模式查看每个成分的各个轴位的空间分布特点；"Composite"模式同时展示多个成分的空间分布特点。

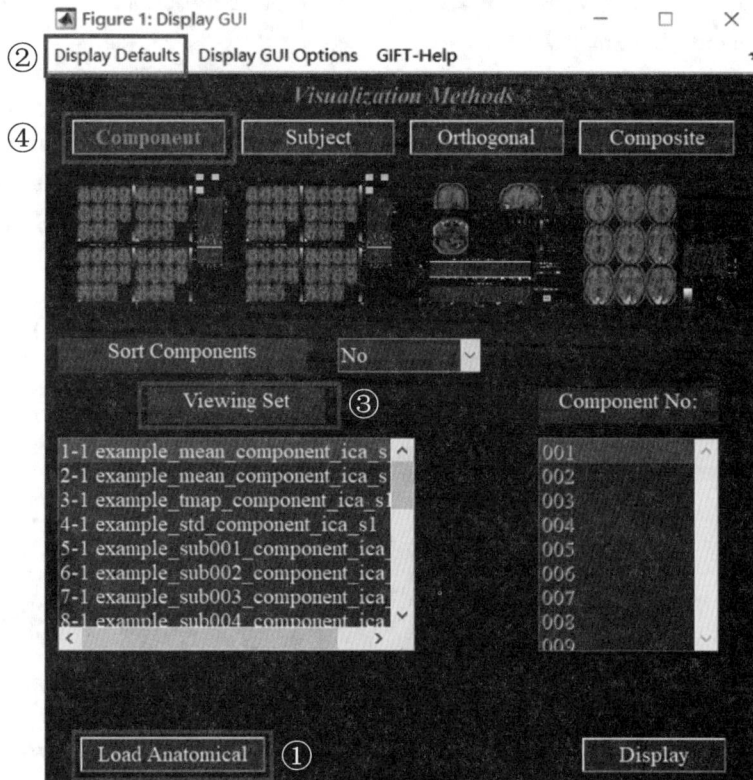

图 11-6　ICA 成分查看与选择界面

5.成分选择

在实际分析过程中，研究者往往关注特定脑网络，这便涉及如何选择与特定脑网络相对应的成分。成分选择方法主要包括专家评估和回归分析。专家评估是指多个脑影像学专家根据特定脑网络的特点，观察 ICA 得到的所有成分的空间分布等特点，通过讨论得出一致结论。回归分析是指根据以往的脑网络模板与 ICA 得到的成分进行回归分析，得到与

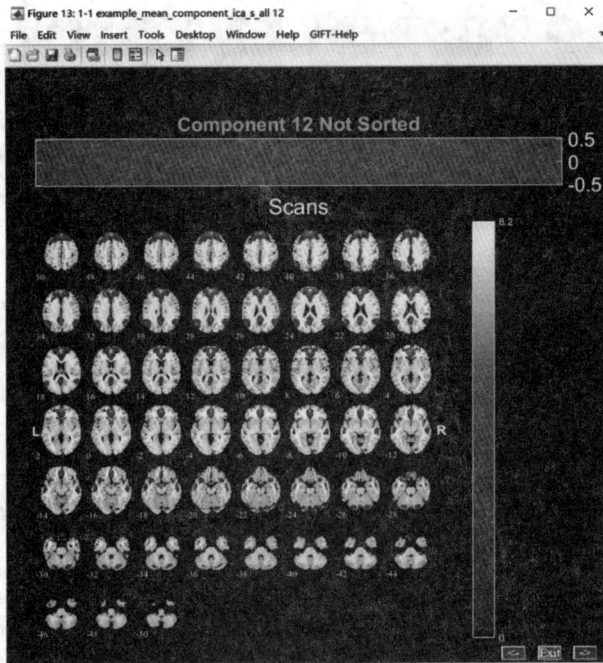

图 11-7　成分空间分布图

特定脑网络最为匹配的独立成分。GIFT 软件提供了通过脑网络模板选择成分的工具。点击 GIFT 主界面的 Display GUI，然后选择 ICA 生成的 ica_parameter_info. mat 文件进入一个新的界面。①在界面中间位置的 Sort Components 选择 yes，再点击 Display，进入回归分析设置界面(图 11-8)。②在该界面需要设置三个选项。第一个选项为选择筛选的方法(select sorting criteria)，包括多重回归分析、相关分析等方式，一般选择多重回归分析。第二个选项为选择筛选的类型(select sorting type)，包括根据空间分布(spatial)特点选择和根据时间序列(temporal)选择。如采用脑网络模板进行回归，则选择根据空间分布特点。本示例选择根据空间分布进行选择。第三个选项为选择筛选的数据。如果选择了采用空间分析特点进行选择，此选项默认为 All Datasets。③设置完之后点击 Done，然后选择采用的空间模板，点击 OK。④再选择所有被试的脑成分平均图用于与模板进行回归分析，设置完之后点击 OK 即可完成。在本示例中，选择默认模式网络脑模板，得到与默认模式网络模板相关程度最高的成分为第 12 个成分，回归系数为 0.35(图 11-9)。

确定脑网络对应的成分之后，则可提取单个被试的该成分/网络对应的空间分布图用于组水平的统计分析，对各组脑网络内部的功能连接程度进行比较。所有被试的成分空间分布图存储在 ICA 的结果文件夹中，命名为 sub＊＊＊_component_ica_s1. nii。组水平的统计分析可采用 Spm12 等软件实现。

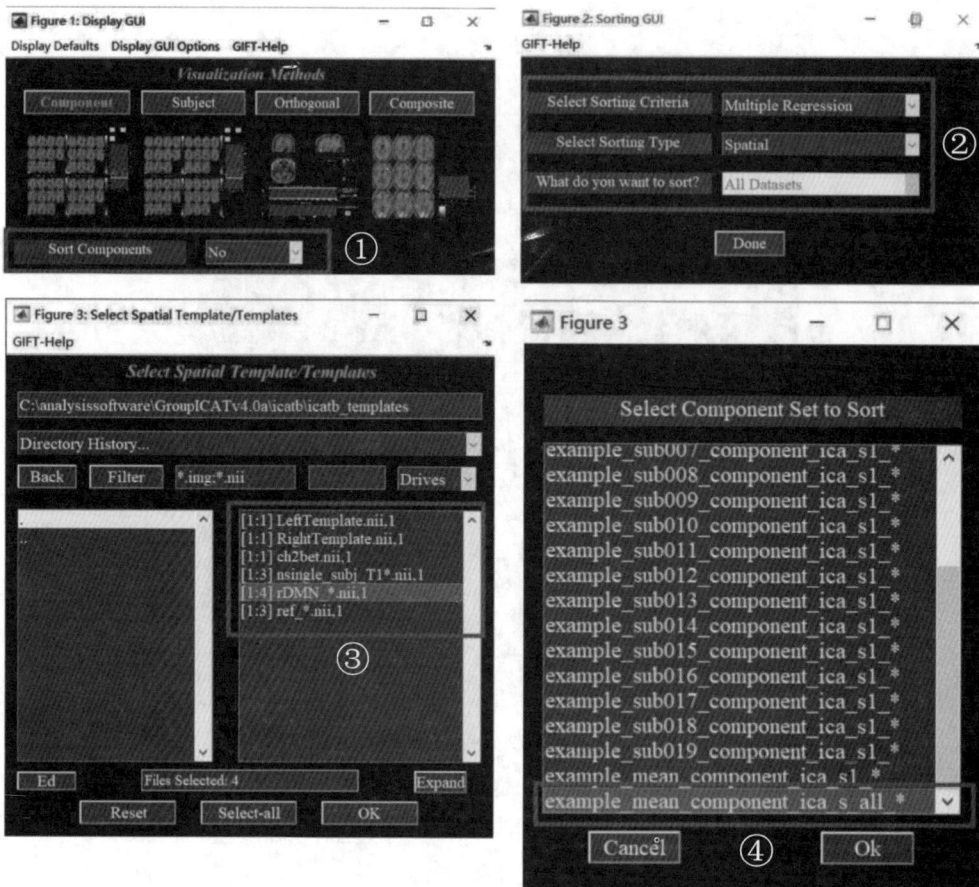

图 11-8　成分选择设置界面

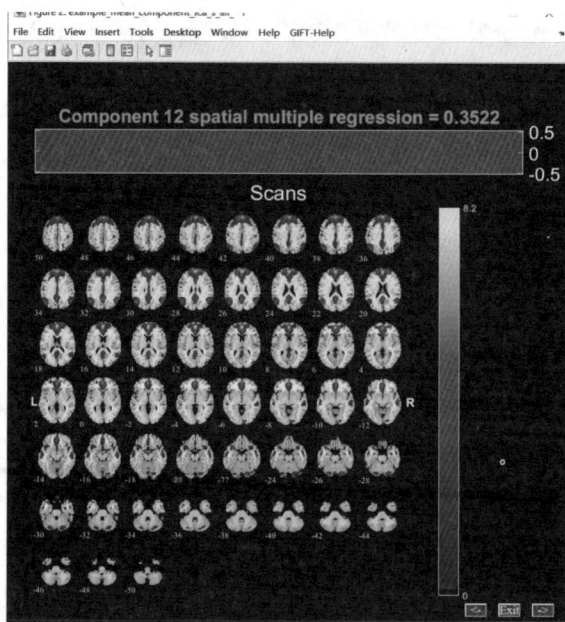

图 11-9　默认模式网络对应成分的选择

（二）图论分析软件实现

1. 软件和数据准备

软件准备：提前安装好 GRETNA（建议最新版本）、Matlab（GRETNA 软件要求 Matlab2010a 以上版本）和 SPM（建议 SPM12）软件。

数据准备：对脑影像学数据进行预处理，包括去除前面不稳定的时间点、时间层校正、头动校正、空间标准化、空间平滑、协变量回归、去线性漂移以及滤波等步骤。可采用 DPABI 和 GRETNA 等软件进行数据预处理，具体操作详见本书第十章。数据预处理完成后，需要对预处理之后的数据进行整理。每个被试预处理之后的数据需要放在一个单独的子文件夹内，建议以被试编号命名；然后所有被试的预处理之后的数据集中放在一个文件夹中，方便后续分析的数据获取。

2. 获取功能连接矩阵

在 MATLAB 命令行输入 gretna，出现 GRETNA 界面（图 11-10）。点击 FC Matrix Construction，弹出功能连接矩阵构建界面（图 11-11）。①在 Functional Dataset 位置选择储存数据的文件夹，影像学数据会自动导入。②在界面左下角 Functional Connectivity Matrix Construction 位置选择 Static Correlation 选入右边的 Pipeline Option。③在该步骤中需要设置构建功能连接矩阵使用的模板以及是否进行 Fisher's Z 转换。在本示例中选择自动解剖标记模板（automated anatomical label-90，AAL90）作为模板，并对构建的相关矩阵进行 Fisher's Z 转换。在实践操作过程中，研究者可根据研究目的和研究进展选择合适的脑模板。④设置完成后点击 Run 进行运算。该步骤完成后，会在存储数据文件夹的同级文件夹下生成 GretnaLogs、GretnaSFCMatrixR、GretnaSFCMatrixZ、GretnaTimeCourse 四个文件夹，分别存储 GRETNA 分析记录文件、每个被试的相关 r 值矩阵、每个被试的相关 z 值以及每个被试的感兴趣区域时间序列。

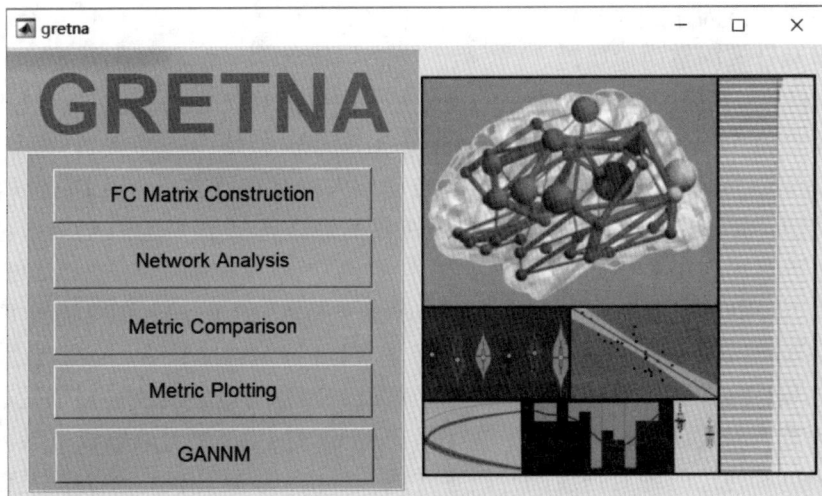

图 11-10 GRETNA 软件主界面

FC Matrix Construction 模块用于构建网络矩阵；Network Analysis 模块用于网络构建属性设置和复杂脑网络拓扑属性计算；Metric Comparison 模块用于复杂脑网络拓扑属性的组统计分析。

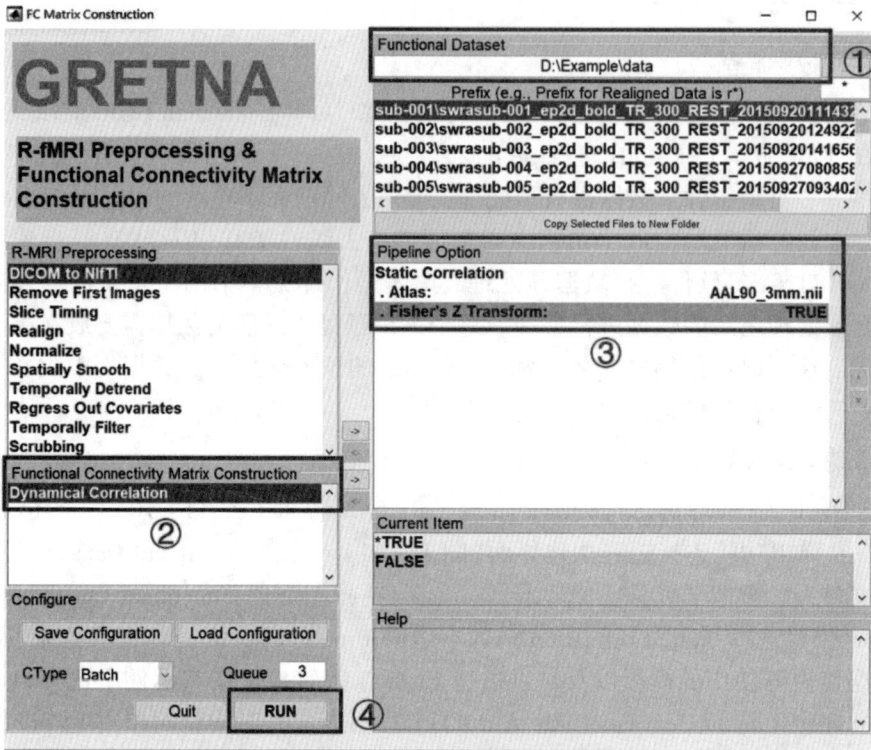

图 11-11　功能连接矩阵构建界面

3.网络构建属性设置和复杂脑网络拓扑属性计算

在获取功能连接矩阵之后,需要设置网络构建属性,构建出每个被试的脑网络,并计算感兴趣的复杂脑网络拓扑属性。

(1)设置和计算网络构建属性。

点击 GRETNA 界面的 Network Analysis 模板,在弹出的新界面(图 11-12)中进行设置网络构建属性。①首先在右上角 Brain Connectivity Matrix 板块中选择 Add 然后选中所有被试的相关 Z 矩阵,每个被试的相关矩阵会被自动导入。②然后在 Output Directory 板块设置存储此步骤结果文件的文件夹。③之后则可在界面左边选择感兴趣的全局指标和局部指标选入到右侧的 Pipeline Option 模块。在本示例中选择 Global-Small-World 和 Global-Efficiency 两个常用的全局指标以及 Nodal-Efficiency 和 Nodal-Degree Centrality 两个常用的节点指标。④对构建的脑网络特征进行设置。在 Sign of Matrix 位置可设置仅关注正性连接值、仅关注负性连接值以及关注连接值的绝对值。因为对负性功能连接值的理解较为复杂,本示例设置为仅关注正性连接值。在 Thresholding Method 位置可以设置脑网络的边阈值,包括稀疏度和连边的绝对强度两种设置方式。其中,较常用的一种方法是设置一系列稀疏度指标,然后得出每个被试在一系列稀疏度下的感兴趣全局和局部指标的曲线下面积(area under curve,AUC),这种方法可以避免仅设置一个稀疏度而造成的结果偏倚。本示例参照以往文献,将网络稀疏度范围设置为 0.08~0.5,将步长设置为 0.01。Network Type

位置可以选择二值（binary）网络和加权（weighted）网络两种。本示例选择二值网络。在 Random Network Generation 位置，设置生成随机网络的数目，一般保持默认值即可。⑤设置完成后，点击 RUN，进行复杂脑网络拓扑属性的计算。

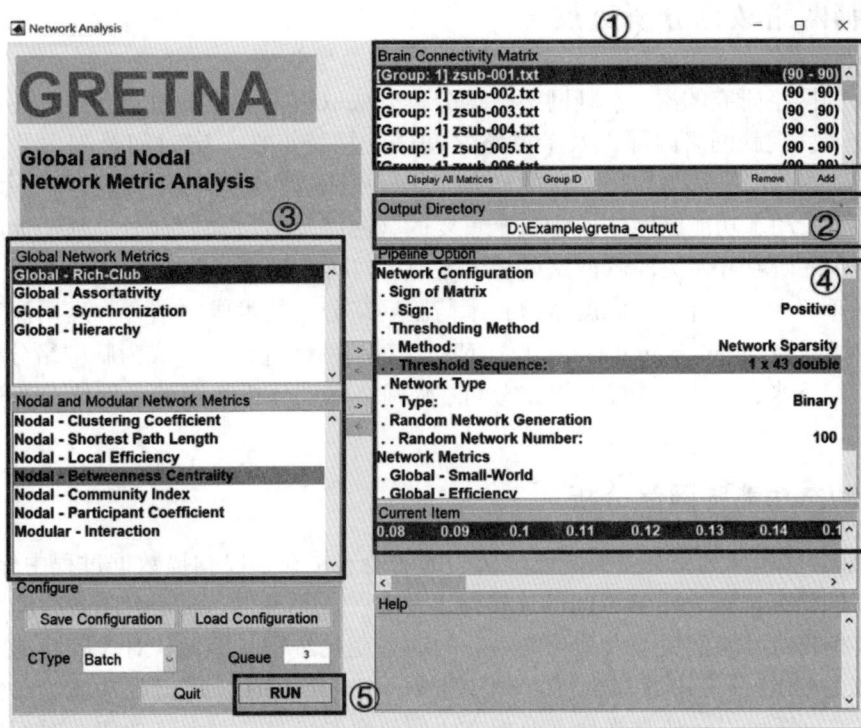

图 11-12　网络构建属性以及感兴趣网络属性设置

（2）结果文件内容介绍。

计算完成后在设置存储数据的文件夹中存在 DegreeCentrality、NodalEffciency、NetworkEfficiency、SmallWorld 四个文件夹，分别存储了度中心性、网络效率、节点效率和小世界属性的结果文件。DegreeCentrality 文件夹中的 aDC.txt 文件存储了所有被试在所有节点的节点度的 AUC 值，常用于后续的统计分析；NodalEfficiency 文件夹中的 aNE.txt 文件存储了所有被试在所有节点的节点效率的 AUC 值，常用于后续的统计分析；NetworkEfficiency 文件夹中的 aEg.txt 文件存储了每个被试的全局效率的 AUC 值，aEloc.txt 文件存储了每个被试的局部效率的 AUC 值，常用于后续的统计分析；SmallWorld 文件夹中存储了反映小世界属性的三个指标，其中 aCp.txt 文件存储了每个被试的集群系数 AUC 值，aLp.txt 文件存储了每个被试标准化的特征路径值得 AUC 值，aGamma.txt 文件存储了每个被试标准化的集群系数的 AUC 值，aLambda 存储了每个被试的标准化的特征路径值的 AUC 值，aSigma.txt 文件存储了每个被试的小世界属性的 AUC 值，小世界属性（即 sigma）等于标准化的集类系数除以标准化的特征路径值。

本示例仅介绍常用的全局和节点网络指标的设置和运算，研究者也可以根据实际需要选择其他的全局和节点网络指标。更多介绍见 GRETNA 软件使用手册。完成复杂脑网络

257

拓扑属性的计算之后，可利用 GRETNA 软件的 Metric Comparison 模板中的网络和节点统计工具进行组水平的统计分析，也可以把数据导入 R 软件或者 SPSS 软件中进行统计分析，该步骤较简单，灵活性大，在此不赘述。

三、脑网络数据分析进展

随着对脑网络研究的深入，脑网络数据分析方法取得了一定的进展，并且还在不断地更新。研究者发现脑网络内部以及脑网络之间的连接特点在一定时间范围内并不是恒定的，而是会随着时间推移呈现出一定的动态变化，并且这种动态变化特点存在一定的心理学意义。因此，动态功能脑网络成为一个重要的脑网络分析取向。此外，基于大脑梯度理论，越来越多的研究开始关注脑网络的梯度特点，脑网络梯度分析也被广泛运用于探究精神疾病的病理机制。近年来，深度学习技术与脑网络分析技术成功结合。运用深度学习技术，如图神经网络（graph neural network，GNN），对脑网络进行表示成为脑网络分析重要的发展方向。接下来，对动态功能脑网络分析、脑网络梯度分析和图神经网络分析进行简要介绍。

（一）动态功能脑网络分析

在传统的 fMRI 研究中，一般假设脑区间的功能连接在整段扫描数据过程中保持不变。然而近年来的研究证据表明脑区间的连接强度并非一成不变的，而是会随着时间的推移产生波动，这些波动可能反映了大脑功能活动的动态变化过程。因此，对大脑功能动态性的研究已经成为 fMRI 研究中的一个新的热门领域。相对传统的"静态"的功能脑影像分析方法，动态网络分析可以反映常规静态分析方法所忽视的信息，即大脑功能在时间这一维度上的动态变化。

目前，对大脑动态功能网络进行量化和度量的方法较多。滑动时间窗分析（sliding window analysis）为目前最常用的动态功能网络分析方法之一。滑动时间窗分析首先设定时间窗大小，即时间窗包含的时间点数目，并计算滑动窗口内包括的时间点的功能网络特点；然后设置更新步长，即滑动窗口向前滑动特定的时间点数目，时间窗每滑动一次均会再次计算滑动窗口内包括的时间点的功能网络特点；最终可以得到多个时间窗口的脑网络特征值，并对脑网络特征的动态变化进行探究。滑动时间窗分析得到的时间窗口的数目取决于采集到的数据包含的时间点数目、时间窗大小和更新步长。从理论上来说，如果采集的 fMRI 数据包含的时间点较多，时间窗口包含的时间点数目足够长，滑动窗口分析可以与本章前面介绍的静态脑网络分析方法（seed-FC、独立成分分析和图论分析）结合，进行动态脑网络分析。例如，近年来，基于图论的动态功能脑网络的分析方法得到了广泛关注，为研究者们提供了一个可同时从整体和局部水平了解大脑功能的动态性的分析方法。

另外一种常用的动态功能网络分析方法为共激活分析（co-activation pattern analysis）。它不依赖于滑动时间窗，而是评估全脑单个时间点的功能扫描图像的每个体素/脑区位置的激活同步性，然后采用聚类分析方法（如 k-means clustering），把采集到的功能扫描图像分为若干个短暂的网络状态，每个功能扫描图像会被归类为某个特点的短暂网络状态，并计算各个短暂的网络状态的以下列动态指标，包括出现率、持续率和从一个网络状态转向另外一个网络状态的转换频率。目前，该方法不依赖于时间窗口以及数据驱动的特征，在实际分析中得到了广泛应用。除了滑动时间窗分析和共激活分析，基于时变向量自回归模型和马尔可夫模型等模型驱动的动态脑网络构建方法也较常被应用。

(二) 脑网络梯度分析

大脑梯度理论植根于经典神经解剖学。研究者发现许多哺乳动物大脑神经元的喙尾存在梯度。具体而言，大脑皮层的尾侧部分(如枕叶)的神经元数量普遍较高，而向腹侧区逐渐降低。然而，某些区域的神经元的数量会偏离预期的喙尾梯度分布模式。在大脑微结构中存在除喙尾梯度之外的其他梯度分布模式。大量研究证据表明，人类皮层组织中存在一种全局梯度，跨越了主要感觉运动脑区和跨模态脑区，并反映在皮层微观结构、连接和基因表达中。脑网络梯度识别的实质是对 fMRI 数据进行降维求导，识别的核心是计算关联矩阵(affinity matrix)，该矩阵捕获给定特征的脑区间相似性，然后应用降维技术在低维流形空间中确定输入矩阵的梯度顺序。关联矩阵即为不同种子点/脑区之间的连接度量，如静息态与任务态 fMRI 导出的功能连接或弥散张量成像得到的结构连接矩阵。常用的降维求导计算梯度的方法包括扩散嵌入法、主成分分析法与拉普拉斯特征映像法。

(三) 图神经网络分析

图神经网络是用于学习包含大量连接图的联结主义模型。GNN 利用神经网络把节点特征、连边特征与图结构相结合，嵌入节点信息，并通过图中的连边传递信息。近年来，GNN 与脑网络分析结合，常被运用于脑网络的表示(即有效地表示脑网络内部的结构信息)。大量基于 GNN 的脑网络嵌入算法涌现，这些方法通过特征聚合和全局池化，将脑网络转化为编码脑结构归纳的向量，用于后续的脑网络分析任务。采用 GNN 对脑网络进行表示可以更有效地反映人类大脑连接的复杂结构，对理解脑功能的生物学机制具有重要的意义。早期的 GNN 模型主要用于区分精神疾病患者与健康对照被试的脑网络连接模式，但存在"黑箱效应"，无法定位关键脑区，缺乏可解释性。随着神经网络算法的更新，GNN 模型也在不断完善，加入了注意力机制的图注意力网络(graph attention network)，大大提高了 GNN 模型的表达能力，增加了结果的可解释性(Yang 等，2021)。此外，还有研究者开发了多模态脑网络的 GNN 模型，将每一个模态(如结构相、功能相)作为一个脑网络的视图，并采用对比学习进行多模态融合，从结构和功能两方面表征了不同脑区之间的复杂连接，为精神疾病分析提供了新手段(Zhu 等，2022)。

(董戴凤　蒲唯丹　彭婉蓉　刘倩)

第十二章　生物心理学研究方法

人类心理特点与行为的生物学机制是什么？脑与行为的关系是怎样的？这是生物心理学试图解决的问题，也是心理学研究中的重要问题。本章将首先概括性地介绍生物心理学的研究思路以及动物实验与人类研究的关系，然后介绍目前动物实验中常用的行为学研究方法，最后介绍常用于研究脑和行为关系的脑研究方法，包括脑立体定位技术和脑活动干预方法。

第一节　生物心理学研究方法概述

人类对心理或行为的探索始于哲学思辨，自 19 世纪后叶起逐渐采用实验科学的方法进行探索。生物心理学的基本研究方法是基于不同学科技术方法的交叉与整合，涉及从动物学、分子生物学、神经科学、遗传学，到人类的行为学、临床医学、社会认知等广泛的领域。生物心理学关注的是行为的生物基础及其相互作用。生物心理学研究行为的生理过程，即神经系统、内分泌系统或身体其他部分对行为的控制，以及行为和机体的相互作用关系。生物心理学的研究内容涉及人类和动物的正常行为，如感觉、知觉、情绪、记忆、社会行为、生殖行为等；也涉及疾病状态下的异常行为的脑机制，如心境障碍、身心疾病、精神分裂症、成瘾行为等。生物心理学以实验动物或人类作为被试，运用现代生物科学技术，通过对整体、系统、器官、脑区、局部神经环路、细胞、突触乃至分子水平的干预，来研究行为现象的改变，从宏观到微观，用比较、演化、个体发育的观点来研究脑与行为的关系。生物心理学研究的根本目的是理解人类自身的心理和行为的起源、发展及其机制，并将研究发现运用到实践中，促进人类发展或造福其他动物。

一、生物心理学的研究思路

德国心理学家冯特曾说"心理学在分析意识过程时，要尽量利用近代生理学所贡献的工具"，并提出了"生理心理学"这一学科名称。生物心理学研究的核心目的是了解脑与行为的关系，深入了解脑的结构及其物质成分如何参与行为的整合，阐明行为或心理现象背后的生物学机制，因此需要进行一系列实验，从不同层面去理解某种行为的生物学机制。因此，开展某项生物心理学研究的首要任务是明确研究目的、研究策略，根据具体的实验目的选择合适的研究方法和技术。

如何选择正确的研究方法和技术去实现研究目的，得出科学结论，是每一次实验研究都要面临的问题。生物心理学研究的变量有两种，一种是行为变量，另一种是生物学变量。行为变量包括两类数据，一类是人类被试自我报告的数据（如心理测量自评量表的分数），另一类是对人类或其他动物行为的客观观察记录（如反应时、行为的正确率等）。生物学变量是不同层面的生物学变化的数据，如激素、表观遗传学或大脑活动的变化。我们通过以下研究思路来了解行为变量和生物学变量之间的关系：第一，将生物学变量作为自变量，某种行为表现作为因变量，干预生物学变量，检测某种行为表现的变化；第二，将行为表现作为自变量，某种生物指标作为因变量，干预行为变量，检测生物指标的变化；第三，考察某些心理现象或生理状态变化之间的共变关系。干预行为变量或生物学变量的方法有助于确定自变量和因变量之间是否存在因果关系。研究共变关系不能确定两个变量之间的因果关系，但有助于确定研究内容和研究对象的范围。

二、动物实验与人类研究的关系

生物心理学研究的很多证据都来源于对低等动物的研究，从动物的神经细胞的产生、神经系统的形成、个体的发育以及行为方式的发展，来探索行为或心理现象的产生和发展。无论是低级动物还是高级动物，脑和行为的工作方式都遵循某些共同原则，因此科学研究往往要找到最简单的模式动物。

从进化的角度来看，人类和动物的生物特征和行为变化过程存在连续性。已有的研究证实，人类和其他动物之间存在许多共同的生物学机制。例如，海马在记忆过程中的作用，杏仁核在情绪反应中的作用，性激素对性行为发展的影响等。因此，动物实验的开展对深入了解人类脑与行为之间的关系起着重要的启示作用。鉴于动物与人类某些行为的相似性，可以通过建立特征性的动物模型来研究某些特定行为的生物学机制。

由于人类研究的伦理学限制，任何实验研究都不能对人类被试进行有伤害的干预，因此一些重要数据只能通过观察疾病或脑损伤的患者获得，如比较治疗前后患者的生理和行为改变。近年来，随着脑影像、脑电图、脑磁图等无创技术的开发和发展，已广泛应用于人类被试的研究上，但受限于实验方法和技术条件，并不能对细胞和分子层面的生物学变化进行更深入的观察。因此，动物实验仍有不可替代的重要性。动物实验可选择的方法比较广泛，实验条件可控，更能满足实验的需求。例如，可以直接干预脑的核团或神经心理活动，观察其对行为的影响；可以获取动物的脑组织进行形态学研究，对目标蛋白进行定性定量等。但动物实验仍有其局限性，比如动物不能自我报告，不能表达主观感受。动物和人类在行为或神经基础上存在着较大差异，动物实验结果仍需要与人类研究结果交互印证。

第二节 行为学研究方法

行为学研究方法主要以人类或动物的各种行为实验范式或模型为基础。生物心理学通过可控的实验条件直接干预或观察检测神经活动，来考察脑与行为的相互关系。本节，我们主要讨论动物实验常用的行为学模式、方法和原理。

一、生物心理学常用实验动物

实验动物,又称实验用动物,泛指用于科学实验的各种动物,是通过人工饲养,对其携带的微生物实行控制,遗传背景明确或者来源清楚的,用于科学研究、教学、生产、检定及其科学实验的动物。生物心理学中用于行为学研究的动物主要是哺乳动物,还可以细分为不同科目(表12-1),使用最多的科目是啮齿目和灵长类。

表 12-1 哺乳纲的不同科目

哺乳动物科目	通常名称
奇蹄目	马、犀牛、貘
鲸目	鲸、海豚、鼠海豚
狐猴科	马达加斯加狐猴
偶蹄目	牛、绵羊、猪、鹿、羚羊、长颈鹿
食肉目	猫科、鼬科、熊、犬
鳍族亚目	海豹
食虫目	鼩鼱、鼹鼠
啮齿目	地鼠、大鼠、小鼠、野兔
海牛目	儒艮、海牛
多数灵长类	新世界和旧世界猴、猿、人

啮齿目是哺乳动物中的一个目,其特征为上颌和下颌各有两颗会持续生长的门牙,啮齿动物必须通过啃咬来不断磨短这两对门牙。哺乳动物中40%的物种都属于啮齿目,是哺乳动物中种类最多的一个类群,也是分布范围最广的哺乳动物,全世界大约有2000多种。啮齿动物一般体型较小,繁殖快,适应力强,能生活在多种多样的环境中,其中大多数种类为穴居性,从进化角度来讲,它们是现存哺乳动物中最为成功的类群。啮齿动物善于利用洞穴作为它们的隐蔽所躲避天敌、保护幼仔、贮存食料、适应不良的气候条件。

大鼠和小鼠是行为学研究中最常用的啮齿动物。它们是非常合适的模型体,因为它们能够表现出与人类相似的各种情绪行为。神经行为研究的初期,大鼠是最常用的模式生物。大鼠在许多标准的神经药理学任务中表现良好;且大鼠对疾病的自然抵抗力较强,自发性肿瘤的发生率较低,其神经系统与人类相似,因此常被用于与高级神经活动相关的研究,如奖赏行为、记忆、成瘾等实验研究,大鼠的垂体-肾上腺系统功能发达,对激素反应敏感,也常被用于应激反应实验研究。不过,近来由于直接操纵基因技术的出现,小鼠已经成为神经科学研究的重要工具,这使得科学家们能够研究单个基因对发育和行为的影响。有各种各样的行为测试是针对啮齿目实验动物进行的,从测试基本的运动和感觉功能,到分析更复杂的有关认知和情绪的行为。

二、动物行为学模型建立成功的标准

要判断动物行为学模型是否成功建立，需要有效判断标准和指标。对动物行为学模型的综合评价，通常可以从表面效度、结构效度、预测效度三个维度入手。同时，还要考虑动物行为学模型的可重复性。

1. 表面效度

表面效度主要反映模型与所要表征的行为现象的相似性。例如，给动物注射成瘾药物固然可以造成药物依赖，然而，这种被动的给药方式显然与成瘾患者的主动用药行为不同。而在常用的动物自身给药模型中，先训练动物学会自己压杆获得成瘾药物，每次压杆后可通过静脉插管自动给药。经过训练，动物很快就能学会主动压杆以获取药物。这种主动获取药物的动物行为与人类成瘾患者的用药行为更相似。

2. 结构效度

结构效度用来表示动物行为学模型能否反映行为现象的主要特征。建立动物行为学模型的目的是探索某种行为背后的生物学机制。行为模型最重要的是能表现出某种行为的本质特征。比如，在自身给药模型中，长期用药的动物会有规律地压杆以获取药物；在压杆后停止给药或遭受电击惩罚后，仍然能长期维持压杆行为。这种行为模式体现了人类成瘾者类似的顽固性和强迫性用药的行为特征，是自身给药模型成为模拟成瘾行为的可靠工具。行为学模型必然建立在行为特征的基础上，但也需要根据实验目的尽量选择行为特征适当的模型。例如，条件性位置偏爱模型是研究药物成瘾行为的另一个常用模型。尽管它的表面效度和结构效度不如自身给药模型，但构建的基本原理相同，而且操作相对简单，因而也为研究者广泛采用。

3. 预测效度

预测效度是指动物行为学模型对相应的临床治疗药物的有效反应性。最具代表性的是情感障碍动物行为学模型，如筛选有效药物的焦虑、抑郁等行为学模型。动物行为学模型有良好的药效反应，表明预测效度高，可以为药物临床试验提供参考。

一个好的动物行为学模型，理想的状态是表面效度、结构效度和预测效度都较高，但在实际研究中，不一定能同时满足以上三个标准。如条件性位置偏爱模型是研究药物成瘾行为的另一个常用模型，尽管它的表面效度和结构效度不如自身给药模型，但构建的基本原理相同，而且操作相对简单，因而也为研究者广泛采用。只是在实验设计和数据分析中都需要综合考虑三个效度，从而确定这些被研究的行为与人类真实状况有多大关系。

除了上述三个效度，从科学研究的需要出发，动物行为学模型还应当具有可重复性。可重复性体现了模型的稳定性，是动物行为学模型得到广泛应用的前提，而且可以保证研究的可比性。动物行为学模型的可重复性还体现在对外部环境的控制上，如动物的种属、实验室环境、实验装置与实验程序等，这些因素也会影响动物行为学模型的可重复性。

三、经典的行为学动物实验

(一) 经典条件反射

经典条件反射（又称巴甫洛夫条件反射），是指一个刺激和另一个带有奖赏或惩罚的无条件刺激多次联结，可使个体学会在单独呈现该一刺激时，也引发类似无条件反应的条件反应。经典条件反射最著名的例子是巴甫洛夫的狗的唾液条件反射。

诺贝尔奖获得者、俄国生理学家伊凡·巴甫洛夫（Ivan Pavlov，1849—1936 年）是最早提出经典性条件反射的人。他在研究消化现象时，观察了狗的唾液分泌，即对食物的一种反应特征。他的实验方法是，把食物展示给狗，并测量其唾液分泌。在这个过程中，他发现如果随同食物反复给一个中性刺激，即一个并不自动引起唾液分泌的刺激，如铃响，狗就会逐渐"学会"在只有铃响但没有食物的情况下分泌唾液。一个原是中性的刺激与一个原来就能引起某种反应的刺激相结合，使动物学会了对原中性刺激做出反应，这就是经典性条件反射的基本内容。

1. 习得、强化和泛化

狗在进食时由于自然的生理反应会分泌唾液，是非条件反射，食物是无条件刺激，狗的反应是无条件反射；狗听到铃声不会分泌唾液，铃声与唾液分泌无关，称为中性刺激；如在狗每次进食之前先让其听铃声，反复多次后，铃声一响，狗就会分泌唾液，此时铃声已成为进食的信号，即条件刺激；当铃声单独出现引起唾液分泌时，条件反射就习得了。故中性刺激与无条件刺激在时间上的结合称为强化，增加强化的次数可以对条件反射进行巩固。条件刺激并不限于听觉刺激。一切来自体内外的有效刺激（复合刺激、刺激物之间的关系及时间因素等）只要跟无条件刺激在时间上结合，就可以成为条件刺激，形成条件反射。当一种条件反射巩固后，再用另一个新刺激与条件反射结合，就可以形成第二级条件反射或第三级条件反射。在条件反射建立后，与条件刺激相似的刺激也具有一定程度的条件刺激的效应，这是条件反射泛化。

2. 消退与分化

如果条件反射没有得到强化，就会出现条件反射的抑制，主要有消退和分化。如果多次只进行条件刺激而不用无条件刺激给予强化，那么条件反射的反应强度将逐渐减弱，直至消失，即条件反射消退。

巴甫洛夫认为，消退是因为原先在皮质中可以产生兴奋过程的条件刺激变成了引起抑制过程的刺激，是兴奋向抑制的转化。这种消退称为消退抑制。巴甫洛夫指出，消退抑制是大脑皮质产生主动的抑制过程，而不是条件刺激和相应的反应之间的暂时联系已经消失或中断。因为如果将已消退的条件反射放置一个时期不做实验，它还可以自然恢复；同样，如果以后重新强化条件刺激，条件反射就会很快恢复，这说明条件反射的消退不是原先已形成的暂时联系的消失，而是暂时联系受到抑制。一般情况下，条件反射越巩固，消退速度就越慢；条件反射越不巩固，消退速度就越快。

在条件反射开始建立时，除条件刺激本身外，那些与该刺激相似的刺激也或多或少具有条件刺激的效应。例如，用 500 Hz 的音调与进食相结合来建立食物分泌条件反射。在实验的初期阶段，许多其他音调同样可以引起唾液分泌条件反射，只不过它们跟 500 Hz 的音调差别越大，所引起的条件反射效应就越小。这种现象称为条件反射泛化。以后，只对条件刺激（500 Hz 的音调）进行强化，而对近似的刺激不给予强化，这样泛化反应就逐渐消失。动物只对经常受到强化的刺激（500 Hz 的音调）产生食物分泌条件反射，而对其他近似刺激产生抑制效应。这种现象称为条件反射的分化。

3. 神经机制

一个无关的中性刺激经与较强的非条件刺激多次结合后，能产生有效的反应。经典条件反射可以保持较敏感化更长的时间，细胞机制也比敏感化更为复杂。

对于经典条件反射来说，条件刺激必须早于非条件刺激，一般不少于 0.5 s，这种严格的时序关系的机制是什么？在海兔缩腮反射的条件化过程中一个很重要的时序关系是条件刺激和非条件刺激在感觉神经元的汇聚。非条件刺激作用于尾部，然后激活具有易化作用的中间神经元（facilitating interneurons），这些中间神经元与接受条件刺激的感觉神经元之间有轴突—轴突的连接，在这种连接处产生了突触前易化，从而导致行为的敏感性。假如在感觉神经元对条件刺激反应后，中间神经元立即被非条件刺激激活，那么甚至可获得较大的突触前易化，相反，如果中间神经元激活早于感觉神经元被激活，那么就没有易化现象，也就是说感觉神经元激活跟随在非条件刺激之后是不可能建立条件反射的。由于条件刺激在感觉神经元产生的动作电位正好早于非条件刺激的到达，就造成了易化的增强，这种易化增强称为活动依赖的易化增强。未经结合的非条件刺激通路上，感觉神经元在条件刺激前没有活动，所以 Ca^{2+} 通道关闭，只有非条件刺激作用于尾部，才使中间神经元激活而释放 5-HT，并引起一系列的生化过程。cAMP 第二信使系统对突触可塑性以及学习与记忆都是至关重要的。

巴甫洛夫所做工作的重要性是不可估量的。他的研究公布以后不久，一些心理学家，如行为主义学派的创始人华生，开始主张一切行为都以经典性条件反射为基础。虽然在美国这一看法并不普遍，但是在俄国，相当长一段时间内，以经典性条件反射为基础的理论在心理学界曾占统治地位。无论如何，人们一致认为，相当一部分的行为，用经典性条件反射的观点可以做出很好的解释。

（二）操作性条件反射

操作性条件反射这一概念，是斯金纳新行为主义学习理论的核心。斯金纳是美国著名的教育心理学家，他通过动物实验建立了操作行为主义的学习理论，曾给 20 世纪 50 年代的美国和世界的中小学教育带来广泛影响。斯金纳的理论发现是从动物学习的实验开始的，他设计了一个被称为"斯金纳箱"的实验装置。

1. "斯金纳箱"

"斯金纳箱"是一个四周有隔音板、里面有自动记录装置的金属箱。箱子里有一只饥饿的老鼠和一个按钮。箱内的老鼠在熟悉这个新的环境后，总会无意地触到这个按钮，每当它触到这个按钮时，一小颗食物就会落入箱中。反复几次之后，它就把按压按钮与得到食物联系了起来。为了解决饥饿的问题，它会"有意识"地去按压按钮，这就是一种"学习"行为。斯金纳又发现，如果被实验的老鼠在经过几次按压按钮行为得不到食物后，它就会停止；但是，如果按压按钮后每隔一次或不定时地掉进一粒食物，它会干得比先前更起劲。于是，斯金纳在老鼠对按钮与食物建立联系后，又增加了一个条件刺激物：箱内的一盏小灯。将小灯打开时，按压按钮，老鼠可以得到食物；在黑暗的环境中，老鼠无论怎样按压按钮也得不到食物。于是，老鼠很快学会了只在灯亮的时候才去按压按钮。

2. 操作条件作用理论

斯金纳设计的实验测得的这种"学习"行为被称为"操作条件反射"。强化物是指使反应发生概率增加或维持某种反应水平的某种刺激。在实验过程中，食物和小灯是斯金纳用来强化老鼠行为的强化物。斯金纳区别了强化物的两种类型：正强化物和负强化物。前者是指在环境中增加某种刺激，机体反应概率增加；后者是指某种刺激在有机体环境中消失，机体反应概率增加。斯金纳还区分了强化的两个来源：一级强化物和二级强化物。前者是所有在没有任何学习发生情况下也起强化作用的刺激，如食物和水等满足生理基本需要的东西；后者则包括那些在开始时不起强化作用的刺激，如权力、财富、社会地位等。

（三）学习心理联结主义学说

学习心理联结主义学说是由美国心理学家爱德华·桑代克（Edward L. Thorndike，1874—1949 年）创立的。桑代克是心理学史上第一位用动物实验来研究学习的学者。在桑代克之前，许多学者认为，人类是通过经验而获得知识的，学习是由观念联想（association）构成的。观念联想和习惯（habit）是当时对自由意志和理性提出的两个挑战，它们是独立于人们心理能力之外的、个人几乎无法驾驭的力量。在这种理论背景之下，桑代克通过实验的方法，把联想和习惯融进自己的理论体系，把联想主义改变成联结主义，这就是最早的"刺激—反应"学习理论。他的理论来源于他的迷笼实验。

1. 桑代克迷笼

桑代克设计了一个笼子，后来被称为桑代克迷笼。他把一只饿猫关进笼子里，并在笼子外面放了食物。打开迷笼需要按压一块带有铰链的台板，这样两个门闩就会被提起，横在门口的板条转为垂直的位置。刚放入笼子的饿猫总是表现出本能反应，采取抓、咬、钻、挤等各种方式试图逃出笼子。通过这些连续不断的努力和尝试，它可能会在无意中碰开门闩或踩到台板以及横条从而打开门、吃到鱼。这种情况多次出现后，饿猫无效的动作逐渐减少，并学会了一进迷笼就立刻打开门的方法。这种通过不断的尝试和排除错误并最终学会某种动作的过程被桑代克称为尝试—错误学习。

2. "尝试—错误"理论

桑代克认为，动物在每次尝试之后都会建立起一种刺激—反应型联系，其中成功的反应被保留，无效的反应被排除，这就是学习的实质。通过对动物心理的试验和研究，桑代克提出了关于人类学习的三条规律。

（1）准备律：在学习开始前，学习者需要预备定势，即增强学习的动机。如果学习者按照准备好的步骤去做，就会在学习过程中产生满足感；如果学习者有充分准备却没有按准备去做，则会产生烦恼感；如果学习者没有准备而被强制去从事某种活动，则会产生厌恶感。

（2）练习律：如果可以获得奖励的刺激，那么学习者将不断地重复学会的反应，以增强刺激与反应之间的联结。

（3）效果律：任何导致满足感的行为都将被加强，而带来厌恶感的行为则会被削弱或抛弃。学习者在同样的情境中做出不同的反应后，那些获得满足感的反应或紧跟着满足感的反应，就会在其他条件相同的情况下，更加牢固地与这种情景产生联结。

（四）猩猩的顿悟

顿悟是一种突然的领悟。格式塔派心理学家指出人类解决问题的过程就是顿悟，即当人们对问题百思不得其解时，突然看清问题情境中的各种关系并产生了顿悟和理解的过程。其特点是突发性、独特性、不稳定性、情绪性。人们在学习的过程中遭遇挫折时，顿悟会经常造访，它在思维的阴影里投下一道"灵感"的光芒，带给人们苦索的答案。不仅人会顿悟，心理学家苛勒发现非洲沿海小岛上的黑猩猩也会顿悟。

1.取香蕉的难题

1913 年至 1917 年，德国心理学家苛勒在"普鲁士科学院"的邀请下，到非洲沿海的西班牙属地特纳利夫岛研究猩猩的行为。1925 年，他出版了《猩猩的智慧》一书，其中"取香蕉"的实验非常有名。取香蕉的实验在一间房子里进行。房顶上悬挂着一串香蕉，猩猩可以看到却够不着，地上放着几只箱子。苛勒观察到，起初，猩猩试图跳起来抓香蕉，但它够不到，于是它不再跳了，而是在房间里走来走去，仿佛在观察房间里的东西。又过了一段时间，猩猩突然走到箱子前，一动不动，又过了一会，它把箱子挪到香蕉下面，站到箱子上抓香蕉。当一只箱子不够高时，猩猩还会把两只或更多的箱子叠起来。

2.顿悟学习

苛勒得出的结论是，猩猩不是通过尝试—错误的方法来学会取香蕉，而是突然学会的。用"知觉重组"的理论可以解释这种学习行为：猩猩突然发现了香蕉和箱子之间的关系，于是在它的知识结构中将已有的知识经验进行了重新组合，从而发现解决问题的新方法。这就是顿悟学习。从模糊的、无组织的状态到有意义、有结构、有组织的状态，就是知觉的重组，也是顿悟产生的基础。

苛勒认为，学习是一个顿悟的过程，而不是尝试错误式的。顿悟往往跟随在一个阶段的尝试与错误之后发生，但这种行为不像桑代克所描述的那样，而更像一种"行为假设"的程序，动物在试验了这些假设以后，便会抛弃它们，它往往是顿悟的前奏。所谓顿悟就是动物突然觉察到问题解决的办法，是动物领会到自己的动作为什么和怎样进行，领会到自己的动作和情景，特别是和目的物之间的关系。动物只有在清楚地认识到整个问题情境中各种成分之间的关系时，顿悟才可能发生。动物的行为在顿悟以前，往往是尝试错误式的。在顿悟之后，动物的行为往往是有序的，可能找到解决问题的新的、更好的方法，也可能解决问题。动物一旦通过顿悟解决了问题，就有一种对于类似问题的高度迁移，动物在试验中表现出对问题的高水平理解，这同样有助于顺利迁移。

顿悟出现的原因尚待研究，已有的看法是，首先，顿悟依赖于情景，只有当答案与当前情景之间的关系容易觉察时，顿悟才有出现的可能，例如，在取香蕉的实验中，只有在箱子离香蕉很近的情形下，猩猩才会把取香蕉与箱子二者联系起来考虑；其次，顿悟产生之后，可以重复出现，如猩猩在学会叠一个箱子后会想到叠更多的箱子来取香蕉。所以，苛勒认为猩猩的学习行为不是刺激和反应之间建立一个特定的联系，而是在某种手段和特定目的之间形成了一种认知关系。

四、基本运动和感觉功能实验

(一)家笼活动

家笼活动是评估动物运动最基本的方法，可以由训练有素的观察员评估，也可以由放置在笼外围的一圈红外照相束通过软件自动监测。观察指标一般包括评估动物水平和垂直方向的活动，可用于监测指定时间段或 24 小时内是否有任何昼夜节律的改变。相同的设置还可以监视在一个新的环境中的活动，是探索或焦虑的行为衡量尺度。

(二)旋转杆

加速旋转杆(rotarod)是用来衡量动物的协调和平衡能力的。这个测试主要用于评估小鼠，装置内有一个特殊的仪器使转速保持在 4 转至 50 转之间。在最初的试验中，需要训练小鼠在固定杆上保持平衡，然后保持在以 4 转速旋转的杆上至少 60 s；达到这种能力水平后，正式测验时杆的转速设置在 5 min 内从 4 转到 48 转加速旋转，记录小鼠掉落时的潜伏期和当时的转速。旋转杆测试常被用来筛选新药可能带来的副作用，如在动物早期发育过程中对动作协调性的影响。其他对于运动协调能力缺乏的测试包括走平衡木和足迹分析。

(三)嗅觉

小鼠和大鼠都是嗅觉高度灵敏的动物，可将一些需要靠视觉提示完成的测试转变为靠嗅觉提示完成的测试。基本嗅觉功能可以通过测量小鼠在侦查蘸有熟悉气味的棉签与有新鲜气味的棉签所用时间的不同来评估。

(四)痛觉

痛觉(疼痛)研究与感觉功能密切相关，它对于研究人类慢性疼痛和研发止痛药而言具有重要意义。很多测试可以评估啮齿动物的痛觉。其中最常见的涉及对热刺激的反应。一个标准的热痛觉测试包括把动物放置在一个温热的表面上(小鼠55℃或大鼠52.5℃)并测量时间(一般为10~30 s)，直到动物舔身体，起身，摇它的爪子，或企图跳下热疼痛测试仪。类似的试验还包括使尾部接触高温表面，将其浸在热水中或使用发光热源，以用来评估逃避的潜伏期。研究人员在研究疼痛反应时，应考虑到为实验动物制造痛感所涉及的伦理问题，如受伤风险等。

五、学习记忆测验

(一)抑制性(被动)回避

在记忆研究中，一个最重要的动物模型就是抑制模仿或学习习惯。抑制性回避实验是动物通过学习某种特定的行为而逃避某厌恶刺激，主要采用啮齿动物为实验对象，如小鼠和大鼠。

1. 跳台实验(SDPAT)

实验原理：在一个开阔的空间，啮齿动物大部分时间都习惯在边缘和角落活动。在方形空间中心设置一个高的平台，平台底部铺上铜栅，并给铜栅通电。当动物被放在平台上时，几乎都本能地即刻跳下平台，并向四周进行探索。如果动物跳下平台时会受到电击，其正常反应是跳回平台以躲避电击。多数动物可能再次或多次跳至铜栅上，受到电击后又迅速跳回平台。

实验装置：SDPAT 装置由一个带铜栅地板的单侧透明亚克力笼(150 mm×680 mm×300 mm)组成。该装置由黑色亚克力板分成六个小室，每个小室的一角固定有 1 个高的橡胶平台(平台的直径和高度因不同动物而不同)。

实验程序：以小鼠为例，SDPAT 实验分 2 天进行。第 1 天是训练，将小鼠轻轻地放在平台上，让其适应环境 3 min，然后给铜栅地板通电(28 V，AC)，并将小鼠重新放在平台上，让其活动 5 min。如果小鼠从橡胶平台上下来，它的爪子会受到电击(错误一次)，小鼠会再次跳上平台。记录错误次数和跳台潜伏期(从将小鼠放在橡胶平台上到小鼠第 1 次下到铜栅地板的持续时间)。24 h 后，对老鼠进行记忆能力测试，测试期间铜栅地板一直处于通电状态，将小鼠放在平台上，观察并记录 5 min 内小鼠的跳台错误次数和潜伏期。如果小鼠记住了铜栅地板有电的事实，则不会跳到铜栅地板上。如果在 5 min 内小鼠不往下跳，则记录错误为 0，潜伏期为 300 s。

观察指标：首次跳下平台的潜伏期、一定时间内受到电击的次数(错误次数)，24 h 后受电击的动物数、第一次跳下平台的潜伏期和一定时间内的错误总次数。

优点：简便易行，根据实验设备的不同，一次可同时测验多只动物，实现组间平行操作；既可观察药物对记忆过程的影响，也可观察药物对学习的影响；有较高的敏感性，尤其适合药物初筛。

缺点：动物的回避性反应差异较大，因此需要检测大量的动物。如需要减少差异或少用动物，可对动物进行预选或按学习成绩好坏分档进行试验。

2. 避暗实验

实验原理：利用啮齿动物具有趋暗避明的习性设计装置，一半是暗室一半是明室，中间有一小洞相连。暗室底部铺有通电的铜栅，动物进入暗室即受到电击。

实验装置：以小鼠为例，避暗箱为 40 cm×12 cm×12 cm 的被动回避性条件反射箱，分明暗两室，箱底有铜栅，暗室底部铜栅可通 36 V 电流，明暗两室间有一个直径为 3 cm 的洞口。

实验程序：以小鼠为例，训练前将小鼠头背着洞口放入明室，先适应环境 2 min，待其全部进入暗箱之后，关闭明室和暗室之间的闸门，然后给暗室铜栅通以 36 V 电流，使小鼠在暗室持续电击 5 min，此为训练过程。6 h、24 h、30 h、48 h 后分别对小鼠进行记忆测验，记录小鼠第一次进入暗室的时间，此为避暗潜伏期，并记录 5 min 内小鼠进入暗室的次数（探头次数），5 min 内未进入暗室的小鼠的潜伏期按 300 s 计算。

观察指标：首次受电击的潜伏期、24 h 后进入暗室的动物数、潜伏期、一定时间内受电击的次数。

优点：简便易行；根据需要设计反应箱的多少，同时训练多个动物，可实现组间平行操作；以潜伏期为指标，动物间的差异小于跳台实验；对于记忆过程特别是对记忆再现有较高的敏感性。

缺点：动物的回避性反应差异较大，因此需要检测大量的动物；如需要减少差异或少用动物，可对动物进行预选或按学习成绩好坏分档次进行试验。

3. 两室实验

实验原理：啮齿动物在一个开阔的空间，喜欢进入墙壁内的任一凹陷处并藏在那里。20 世纪 80 年代，Crawley 建立了明-暗箱模型，利用动物对明亮地方具有天然的厌恶和好奇倾向建立了明—暗箱实验，动物逃离明亮区域时间长则表示焦虑水平高。

实验装置：明—暗箱。

实验程序：以小鼠为例，将小鼠放在一个大盒子里，盒子通过一个小口与一个小暗室相连，小鼠可以迅速发现暗室的入口并进入到暗室中，然后它大部分时间都待在暗室中。记录小鼠待在明室和暗室的时间、第一次进入暗室所需要的时间（潜伏期），并将小鼠从一个室进入另一个室的次数作为一个辅助指标。

观察指标：动物在大室与小室内的时间。

优点：简便易行，适用于初筛药物。

缺点：动物的回避性反应差异较大，因此需要检测大量的动物。

4. 向上回避实验

实验原理：许多种类动物都具有向上性，即将动物放在倾斜的表面时，动物有向高处定向移动的趋势。如当把大鼠或小鼠一头朝下放在倾斜板面，它们一定会转过头迅速向上爬。

观察指标：潜伏期。

优点：向上回避实验为现有的抑制性（被动）回避方法提供了一个有用的补充形式。最大的优点是可以用于药物或手术导致的感觉—运动协调能力减弱的动物，而其他抑制性（被动）回避方法对这些动物可能都不适合。

缺点：动物回避反应差异较大。

（二）主动回避实验

主动回避是指动物通过对非条件刺激（一般为厌恶刺激）前的条件刺激做出适当反应，从而学会控制非条件刺激出现的一种行为现象。回避学习的第一步通常是逃避，由此成为终止非条件刺激的一个反应。研究者认为主动回避实验主要反映了动物的非陈述记忆的能力。

1. 跑道回避

实验原理：在简单的回避环境条件下，加以有特征的使动物逃避危害的难度。直接的回避环境为一个固定的动物可以穿过的斜坡。动物在规定的时间内到达安全区以后，就可以避免受到有害刺激。

观察指标：动物在第一天训练后，在第二天同一时间进行测试，记录动物到达安全区域所需要的时间以及错误（未能到达安全区）次数。

优点：简便易行。

缺点：动物反应差异性较大，只能用于初筛实验。

2. 穿梭箱（双路穿梭箱）回避实验

实验原理：与跑道回避相比，穿梭箱（双路穿梭箱）回避更加困难。由于在实验期间实验者不必触摸动物，因此穿梭箱更容易自动控制。

实验装置：穿梭箱、刺激控制器和自动记录系统。

实验程序：先将动物置于穿梭箱 5 min，让小鼠充分适应环境。适应环境后进行 30 次足底电击测试：设置测试仪参数为 0.3 mA，单次电击持续 5 s，两次电击之间相隔 25 s。测试在 30 次电击过程中，实验动物是否穿过隔板下方逃避到对面测试箱从而躲避电击刺激。

观察指标：动物在第一天训练和第二天测试中到达安全区域所需要的时间以及错误（未能到达安全区）次数。

优点：在实验期间实验者不必接触动物，因此穿梭箱更容易自动控制，从动物的反应次数也能了解动物处于兴奋或抑制状态。

缺点：由于缺乏永久的安全区和单一的仪器反应，具有变化性的逃避程度及过多的情绪因素。

3. 爬杆法

实验原理：以灯光（和/或声音）和电击为联合刺激，使实验动物由被动回避到建立主动的条件反射。记录此条件反射建立过程中的主动回避反应指标可以反映实验动物的学习、记忆能力的变化。

实验装置：爬杆实验装置为 25 cm×25 cm×40 cm 的实验箱，箱底铺有电栅，可以通电，箱中央树立一根直径约 2.5 cm 的木杆。顶部放置一个扬声器和（或）40 W 的照明灯。

实验程序：以大鼠为例，先将大鼠放在实验箱中自由活动 1~2 min，以适应环境。先给予条件刺激（灯光）和（或）蜂鸣音 5~10 s，然后再加上非条件刺激，即通过箱底部栅板给予电刺激（电击强度为 30 V，50 Hz），持续 20~25 s（非条件刺激加条件刺激共 30 s 作为爬杆时间）。如果在亮灯后电击前动物出现爬杆反应为主动回避反应，电击后才出现爬杆反应为被动回避反应（逃跑反应）。无论大鼠在何时出现爬杆反应，即刻终止实验，间隔 90 s 后，再进行下一次训练。如果电击 30 s 内大鼠不爬到杆上，则轻轻将大鼠放置杆上，使大鼠学会爬杆。如果大鼠爬到杆上 30 s 仍然不下来，则轻轻将大鼠拿下来。经过数次训练后，大鼠可逐渐形成主动回避性条件反应，从而获得记忆。每次实验要训练 30 次，如果训练间隔期间（90 s）出现 10 次以上反应（即爬杆现象），则将该大鼠淘汰。训练大鼠要达到至少能够完成 80% 的主动回避反应而且没有逃跑失败现象。

观察指标：训练一定时间后检测动物主动回避反应次数、被动回避反应次数、刺激时间（指动物在被动回避过程中受到电刺激的时间）。

注意事项：实验前要筛选动物，淘汰训练数次仍不肯爬杆的；要求杆的质地坚硬，光滑程度一致。

(三)辨识学习实验

在以上所述的实验方法中,动物无法选择刺激条件,以下介绍的方法描述了用于辨识不同刺激形式的特殊技术。这些实验既可以称作同时辨识模式,也可以称作连续辨识模式。

1. T型迷宫实验

实验原理:最简单的辨识学习是动物对两个对称刺激的区别,刺激强度不同可以引起对称刺激结果的不同。T型迷宫实验的方式很多。

实验装置:T型迷宫外观呈"T"形,由一个主干和两个选择臂构成,主干长为60 cm,每个选择臂为30 cm长、10 cm宽、20 cm高。两个选择臂的末端各有1个食物杯,用来放食物(如用向日葵籽作为奖励食物),在选择臂的近端有一个可抽拉的挡板,迷宫全是黑色。

实验程序:以小鼠为例,测试前3天对小鼠食量进行限制(禁食6 h),使其体重下降至正常获取食物时的80%~90%。且测试前2天各进行1次训练,让小鼠熟悉迷宫内的环境数分钟,使它们能找到食物;实验需要在安静的房间内进行,环境条件保持稳定;测试时,第一步:将迷宫的一个选择臂挡住,只允许小鼠到达T迷宫的另一个选择臂,小鼠在此得到食物;第二步:将T型迷宫的两个选择臂都开放,但只有原来被挡住的选择臂内有食物,小鼠只有选择进入与第一步实验相反的选择臂才能得到食物,记为1次正确,如小鼠重新进入第一步实验时去过的选择臂记作1次错误。如此两步为一组,两步实验间隔15 s。每只小鼠每天进行10或15组实验,记录其正确选择次数,共测3天。

观察指标:动物完成实验所需要的时间、每次探索和前一次不同臂的比例。

优点:T型迷宫未提供奖惩条件,完全是利用动物探索的天性,因此能最大可能地减少影响实验结果的混杂因素。由于动物每次转换探索方向时都需要记住前一次探索过的方向,因此T型迷宫实验能很好地测验动物的工作记忆,从而测定动物的空间记忆能力。和T型迷宫类似的还有Y型迷宫,其实验的设计原理和实验方案与Y型迷宫十分相似,只是把迷宫的形状由T型换成了Y型。

缺点:啮齿动物有天生的偏侧优势,即动物在T型迷宫中更偏向于走一边(左边或右边),而且这种现象存在种系差异和性别差异。

2. Barnes迷宫实验

实验原理:动物利用提供的视觉参考物,有效确定躲避场所的臂所在的位置。实验场所和其他迷宫实验场所类似,要求能给实验动物提供视觉参考物。实验方案根据实验者的习惯和不同的实验要求而定,每次训练后都用70%浓度的酒精进行清洗,并变换正确的洞口,但洞口的空间位置不变,以防止动物通过嗅觉找到洞口。Barnes迷宫一般采用强光、噪声以及风吹等刺激作为实验动物进入躲避洞口的动机。

实验装置:Barnes迷宫由一个圆形平台构成,在平台的周边,布满了很多穿透平台的小洞。平台的直径、厚度以及洞口宽度根据实验动物不同而不同。洞口数目由实验者习惯而定,一般为10~30个。在其中一个洞的底部放置一个盒子,作为实验动物的躲避场所;其他洞的底部是空的,试验动物无法进入其中。

实验程序：实验开始前一天，将动物单个从目标洞置于目标箱内适应 4 min；将动物置于迷宫中央的塑料圆桶（直径 20 cm，高 27 cm）内限制活动 5 s；移开圆桶，启动计时器，实验者在挡帘后进行观察。动物四肢均进入目标箱，则计为一次逃避，并让动物在箱内停留 30 s。每一个动物一次最多观察 4 min。在此期间，如果动物仍然找不到目标箱，则将动物从迷宫移开，放入目标箱内并停留 30 s。利用这一间隙清洁迷宫。动物每天训练两次，连续 5~6 天；从第二次训练开始，每次训练之前将迷宫随机转动 1 至数个洞的位置，但目标箱始终固定在同一方位。这样做的目的是防止动物依靠气味、而非凭借记忆来确定目标洞的位置。

观察指标：测定动物对于目标的空间记忆能力。实验时把实验动物放置在高台的中央，记录实验动物找到正确洞口的时间，以及进入错误洞口的次数以反映动物的空间参考记忆能力。也可以通过记录动物重复进入错误的洞口数来测量动物的工作记忆。

优缺点：不需要食物剥夺和足底电击，因此对动物的应激较小。实验对于动物的体力要求很低，能最低限度地减少因年龄因素所致的体力下降对实验结果的影响。实验所需时间较少，整个实验能在 7~17 天内完成。能防止动物凭借气味来完成实验。

3. 放射状迷宫实验

实验原理：动物利用房间内远侧线索所提供的信息，可以有效地确定放置食物的臂所在的位置。放射状迷宫可以用于动物空间参照记忆和工作记忆的研究。参照记忆过程中，信息在许多期/天内都是有用的，并且通常在整个实验期间都是需要的。而工作记忆过程与参照记忆过程不同，它只有一个主要但暂时的信息。迷宫内所提供的信息（臂内诱饵）仅对一个实验期间有用，而对后续实验无用，动物必须记住在延迟间隔期（分钟到小时）内的信息。在臂形迷宫中做出正确选择以食物作为奖赏。

实验装置：由八个完全相同的臂组成，这些臂从一个中央平台放射出来。

实验程序：动物适应实验环境 1 周后，称重，禁食 24 h。此后，每天训练结束后限制性地给予正常食料（据体重不同，大鼠 16~20 g，小鼠 2~3 g），以使体重保持为正常进食大鼠的 80%~85%。第二天，迷宫各臂及中央区分撒着食物颗粒（每只 4~5 粒，直径约 3~4 mm）。然后，同时将 4 只动物置于迷宫中央（通往各臂的门打开）。让其自由摄食、探究 10 min。第三天，重复第二天的训练。这一过程让动物在没有很强的应激条件的情况下熟悉迷宫环境。第四天起，动物单个进行训练，在每个臂靠近外端食盒处各放一颗食粒，让动物自由摄食。吃完食粒或 10 min 后将动物取出。第五天，将食物放在食盒内，重复前一天的训练，一天 2 次。第六天以后，随机选 4 个臂，每个臂放一颗食粒；各臂门关闭，将动物放在迷宫中央；30 s 后，臂门打开，让动物在迷宫中自由活动并摄取食粒，直到动物吃完所有 4 个臂的食粒。如 10 min 后，食粒仍未吃完，则实验终止。每天训练两次，间隔 1 h 以上。

观察指标：记忆错误，即在同一次训练中动物再次进入已经吃过食粒的臂；参考记忆错误，即动物进入不曾放过食粒的臂；总的入臂次数；测试时间，即动物吃完所有食粒所花的时间。此外，计算机还可记录动物在放射臂内及中央区的活动情况，包括运动距离和运动时间等。

优缺点：适合于测量动物的工作记忆和空间参照记忆，并且其重复测量的稳定性较好。但有些药物（如苯丙胺）可以影响下丘脑功能或造成食欲缺乏，影响迷宫中所采用的食欲动机，因此动物就不能完成迷宫实验。

4. Morris 水迷宫实验(MWM)

实验原理:一种啮齿动物能够学会在水箱内游泳并找到藏在水下的逃避平台的实验方法。由于没有任何可接近的线索很好地标志平台的位置,所以动物的有效定位能力需要应用水箱外的结构作为线索。

实验装置:迷宫由圆形水池、自动摄像及分析系统两部分组成,自动采集和处理系统主要由摄像机、计算机、图像监视器组成,动物入水后启动监测装置,记录动物运动轨迹,试验完毕自动分析报告相关参数。直径 800 mm、高度 300 mm 的圆形水池,带有一个透明的圆形安全台(直径 100 mm、高度 80 mm)。人为将迷宫平均分为 4 个象限,与平台相对的迷宫半圆形边缘分为 3 等长,边缘有 4 个点。迷宫中水面的位置高于安全台 1~2 cm,安全台位于某一个象限中心水面以下 1~2 cm 处。水温保持在 25±2℃。

实验程序:Morris 实验分为定位航行实验和空间探索实验。通过使小鼠在水迷宫装置内连续多日的学习训练中记住安全台的位置并登上隐藏的安全台。安全台撤掉后小鼠会在原安全台的位置反复搜寻。

(1)定位航行实验:本航行实验历时 5 天,每天 4 次。每天分别从 4 个不同的起始位置将小鼠面朝迷宫壁入水中,让其自由搜索平台 60 s。如果 60 s 内小鼠找到安全台,则让其留在安全台上停留 15 s,然后将小鼠捞出并擦干,放回另一个小鼠笼,记录小鼠从下水到找到安全台的时间(潜伏期)。如果小鼠在 60 s 内找不到安全台,则将其诱导至安全平台上并停留 15 s,放回另一个小鼠笼,并记录潜伏期为 60 s。使用带有计算机分析系统的摄像机记录小鼠的行为。5 天定位航行实验结束后,撤去平台,24 h 后,开始空间探索实验。

(2)空间探索实验:最后一次定位航行实验结束后,移除安全台。24 h 后,进行空间探索实验。将小鼠从 4 个点中的一个点放入水中,并允许其在迷宫中搜寻 60 s。数字摄像机记录小鼠在原安全台所在的象限中搜寻的时间和穿越原安全台位置的次数。

观察指标:

(1)定位航行实验,用于测量小鼠对水迷宫学习和记忆的获取能力。实验观察和记录小鼠寻找并爬上平台的路线图及所需时间,即记录其潜伏期和游泳速度。

(2)空间搜索实验,用于测量学会寻找平台后,对平台空间位置记忆的保持能力。定位航行实验结束后,撤去平台,从同一个入水点放入水中,测其第一次到达原平台位置的时间、穿越原平台的次数。

优缺点:Morris 水迷宫是目前世界公认的较为客观的学习记忆功能评价方法,能检测空间记忆学习能力。水迷宫与放射状迷宫相比较的主要优点在于:①在水迷宫中,动物训练所需要的时间较短(1 周),而放射状迷宫则需要几周的训练时间;②迷宫内的线索,例如气味可以被消除掉;③大的剂量效应研究可以在一周内进行;④可以利用计算机建立图像自动采集和分析系统,这就能根据所采集的数据制成相应的直方图和运行轨迹图,便于研究者对实验结果做进一步分析和讨论,用来研究有关动物的运动或动机问题;⑤动物在实验中可以不禁食。从理论上讲,水迷宫实验是一个厌恶驱动的实验,而臂形迷宫实验是食欲驱动的实验。

六、情绪社交行为测验

(一) 抑郁测验

1. 糖水偏爱测验

实验原理：最早由 Willner 等于 1987 年发明并用于评估啮齿动物对可口食物的奖赏反应性，利用啮齿动物天生偏爱甜食的属性，采用糖水偏爱率量化动物的奖赏反应，即糖水偏爱率的降低反映动物对奖赏反应的降低，作为快感缺失水平的一个判断指标，快感缺失是人类抑郁症的核心症状之一。

实验装置：可同时放置两个饮水瓶的鼠笼、带刻度的水瓶。

实验程序：测验在安静的环境中进行，将大鼠单笼喂养，每笼同时放置 2 个水瓶。第一个 24 h，两个水瓶均装有一定浓度的蔗糖水；第二个 24 h，一个水瓶装一定浓度的蔗糖水，一个水瓶装纯净水。第三个 24 h，前 18 h 禁食、禁水，然后同时给予每只大鼠预称好重量的两瓶水：一瓶为蔗糖水(浓度保持不变)、一瓶为纯净水，而且水瓶的放置位置与前一次的相反，以避免练习效应的影响，1 h 后，取走两个水瓶并称重。

观察指标：动物的体重、纯水消耗量、糖水消耗量，计算糖水偏爱率(糖水偏爱率＝糖水消耗量/总液体消耗量)，糖水偏爱率越低表示抑郁(快感缺失水平)越严重。

优点：动物对糖水的摄入量降低的行为较好地模拟了人类快感缺失这一核心症状，具有良好的表面效度。

缺点：在品系和性别中存在差异，如雄性大鼠呈现出稳定的糖水偏好减弱等抑郁样行为，但雌性小鼠这些行为表征却并不稳定，在不同的研究中甚至呈现矛盾的现象。

2. 强迫游泳测验

实验原理：最早由 Porsoh 等于 1977 年提出，并用于神经药理学研究中。啮齿动物被迫在一个有限的空间内游泳，一次或连续几次，经过几次挣扎却不能摆脱困境后，动物漂浮于水面，这种不动被认为是行为绝望和抑郁的表现，类似于临床上抑郁症患者的"绝望行为""自杀"等临床表现。

实验装置：透明钢化的玻璃测试桶以及视频追踪系统。

实验程序：实验共经历两天，第一天将动物依次单独置于强迫游泳桶中，水深 26 cm，水温 25±1℃，强迫游泳桶置于安静的房间，让大鼠在游泳桶内适应 15 min 后将大鼠捞出，并在 32℃环境下烘干后放回笼内。24 h 后，将大鼠再次放入强迫游泳桶中(水深及水温与前一天相同)，观察并记录大鼠 5 min 内在桶内静止不动的时间，即大鼠静止漂浮在水面，仅有尾巴和前爪轻微摆动以维持身体平衡并使头露出水面的时间。静止漂浮时间反映了大鼠的行为绝望水平。每次实验后冲洗水缸、换水，避免对下一只工具鼠产生影响。

观察指标：记录大鼠 5 min 内在桶内静止不动的时间，即大鼠静止漂浮在水面，仅有尾巴和前爪轻微摆动以维持身体平衡并使头露出水面的时间。静止漂浮时间反映了大鼠的行为绝望水平。

优点：大鼠或小鼠的强迫性游泳是目前评价抗抑郁药物作用效果最常用的抑郁动物模

型，对抗抑郁药有很好的预测效度，能够检出广谱的抗抑郁药。

缺点：假阳性高，评判动物动与不动存在主观性。另外，不能用于评估动物和人类抑郁症的病因机制。此外，对该测验的表面效度仍存争议，即动物漂浮既可以是抑郁的表现，也可以是一种适应机制，动物以此节约能量，漂浮更长的时间，以维持更长的存活时间。

3. 悬尾实验

实验原理：由 Steru 等在 1985 年建立，悬尾动物为克服不正常体位而挣扎活动，但活动一定时间后，出现间断性不动，显示"绝望"状态。

实验装置：悬尾架子、视频追踪系统。

实验程序：测试前将动物置于实验室适应 30 min，正式测试时将动物的尾部后 1/3 处用胶带固定后悬挂于支架上，动物头部距离台面 15 cm，用摄像机记录下动物 6 min 的活动视频。

观察指标：记录动物在实验的后 5 min 内的不动时间判定各组动物的行为绝望状态。

优点：操作简单、客观测评；结果与经 Porsolt 验证的"行为绝望"测试一致；对广谱抗抑郁药物敏感。

缺点：既往的药物筛选实验发现，该测验存在一定程度的假阳性和动物品系差异；悬尾实验更适用于小鼠测验，而不适用于大鼠测验。此外，当动物出现不动状态时，很难区分动物究竟是因为疲劳而导致的不动状态，还是因为绝望而导致的不动状态，即是否能模拟人类压力下的行为绝望，尚有很多争议。

(二) 焦虑测验

1. 旷场实验

实验原理：空旷的场地与啮齿动物的生活习性不同，导致其在空旷场地中会产生不安全感而沿着侧边墙壁走，而动物同时又具有好奇心促使其去空旷的中心区域探索。在安全的侧边和空旷的中心区域之间徘徊，即认为是动物的焦虑行为。

实验装置：旷场箱及其视频追踪系统。

实验程序：将动物放入旷场箱的中心，应用动物行为视频跟踪分析系统跟踪动物的活动轨迹，持续记录 5 min，然后取出测验动物，将箱底及四壁清理干净，并用 75% 浓度的酒精去除其残留的气味。实验期间保持安静，各组动物交替测试。

观察指标：时段内动物的爬行总路程、直立次数、中央区爬行路程比例(即中央区爬行路程占爬行总路程的比例)及大便颗数。其中爬行总路程反映动物的一般活动性，直立次数反映动物的探索兴趣，中央区爬行路程比例及大便颗数反映动物的焦虑水平。

优点：实验操作简便，所得数据丰富，一次实验可对动物自发活动、探索行为及焦虑状态进行定量评价，具有较好的表面效度。同时，对动物的影响较小，在药物研究和开发中得到广泛应用。

缺点：影响实验结果的因素较多，如性别、昼夜节律等；在病因学研究中是否有效尚存在争议。

2. 高架十字迷宫实验

实验原理：一个开放的通道相对于一个封闭的通道更能激起动物的回避反应，并且在啮齿动物身上能产生一些陌生恐惧、趋避冲突、探究等行为。1985 年，Pellow 等首先提出高架十字迷宫实验，利用啮齿动物对新奇环境的好奇心与对高悬敞开臂的恐惧形成的矛盾心理，既可以用于评估动物的焦虑水平，也可用于模拟焦虑症。

实验装置：1 m 高的十字形架子以及视频追踪系统，十字横臂是开放臂，十字竖臂是闭合臂即臂四周有墙壁阻挡，而且这个架子只能容纳一只动物通过。

实验程序：

①将实验动物提前运送到行为学实验室专用临时笼架，让其至少适应环境 30 min，减少紧张。

②将实验动物（大鼠或者小鼠）从饲养笼中取出，实验动物尽量背向实验员，将动物轻轻放在仪器宫体的中央区域，动物面向开放臂，然后实验员迅速安静地离开。

③打开 SuperMaze 或者 VisuTrack 动物行为分析软件，跟踪动物在高架十字迷宫仪器内的运动轨迹，自动计算指标，通常实验时长为 5 min；实验结束后，取出实验动物，放入饲养笼，做好实验完成动物的标记信息，同时用酒精和纸巾清洁迷宫。

观察指标：动物在开放臂探索的次数和时间，以量化动物的焦虑样行为。

优点：高架迷宫使动物同时产生了探究的冲动与恐惧，造成了"探究—回避"的冲突行为，能较好地反映动物的焦虑情绪，在行为学分析上具有较好的表面效度，在抗焦虑药物的筛选及焦虑行为的检测上得到广泛应用。

缺点：中央平台的数据意义存在争议，实验条件对实验结果影响较大。

（三）奖励行为测验

1. 条件性位置偏爱测验

实验原理：啮齿动物的奖励行为最常见的测试方法是位置偏爱测验。

实验装置：位置偏爱箱可由两个或三个有门联通的腔室组成。两个腔室空间大小相等，但可以从不同因素如地板的质地、墙壁上的图案或气味区分开。一个小的第三分室可以用来连接两个主室，或可直接在两室中间开个门。

实验程序：在训练期间（每日 1 次或 2 次，总共 6~8 个训练期），给予动物奖励刺激，如以相轮流的顺序，在其中一室给予一种滥用药物，而在另一室给予生理盐水；在测试当天，动物被允许自由地探索整个装置。实验中应注意的是在训练动物之前要将其暴露在装置中，以确保动物不存在固有偏好。每次训练所需的时间长度可能会因被测试的刺激的不同而有所不同。试验一般持续 20~30 min。对有滥用药物室的偏好可因动物反复暴露在没有奖励的腔室中而消失。

观察指标：评估在每个室中所花的时间。

优点：操作相对较简单。

缺点：表面效度和结构效度一般。

2. 自身给予测验

实验原理：啮齿动物，尤其是大鼠，可以被训练拥有自身给予自然奖励或药物的能力，达到对各种药物的滥用。

实验装置：自身给予装置是由一个可运送奖赏物的装置及提供相关的线索的装置组

成，如自身给药模型，是由一个装有按压杆的密闭笼子和一个自动注射泵连接导管组成，导管与动物的静脉插管相连，还有一套自动控制系统。

实验程序：首先训练动物学会自己压杆获得奖赏物或滥用药物，每次压杆后获得奖赏物或可经过静脉插管自动给药，经过训练，动物很快就能学会主动压杆以得到奖赏。

观察指标：动物按杠杆来获取奖励的次数（即动物如何努力去得到奖励）和每一期获得的奖励数量（以量化动物的奖赏动机）。自身给予行为可因扣缴奖励而消失，并且同条件性位置偏爱一样，可因压力、暗示或药物影响而恢复。

优点：具有良好的表面效度和结构效度。

缺点：程序较复杂。

（四）社会性行为测验

1. 性行为测验

性行为是社交性行为的一个方面。通常情况下，观察员必须经过培训来识别和评估啮齿动物适当的性行为，包括坐骑、生殖器插入、雄性的射精和雌性的脊柱前弯姿势。啮齿动物是夜行动物，这些行为最好是在暗周期用红色光源观察。

2. 母性行为测验

母性的基本行为包括筑巢、幼崽取回、舔毛并梳理幼崽以及喂奶。为评估筑巢能力，可以给母鼠提供筑巢材料，过 24 h 后按比例尺从没有筑巢到使用全部提供的材料建起有高墙的或全封闭的巢而进行评估。幼崽取回测试是将幼鼠散布在笼子里，测量母鼠找回所有幼鼠并将它们送回巢中的时间。一个训练有素的观察员还可以在特定的时间内在笼边观察到舔毛、梳理幼崽和喂奶行为。研究表明，母性行为可以在后代中遗传，并对成年后代的行为产生深远的影响。

3. 三箱社交新奇偏好测验

实验原理：基于鼠天生喜群居、对新物件具有探索倾向的特性。

实验装置：三箱系统主要由三个矩形舱室、长方体容器、视频分析系统组成。

实验程序：三箱含有三个舱室，在左右舱室里各放一个空金属笼子，将工具鼠沿中间舱室侧壁放入三箱内，让其适应 10 min。实验第一阶段，将工具鼠取出，在左侧舱室的金属笼子里放入一个球状物，在右侧舱室的金属笼子里放入一只同笼同性别的工具鼠，将工具鼠沿中间舱室侧壁放入三箱内，让工具鼠在三个舱室中自由活动 10 min。实验第二阶段，将工具鼠取出，在有球状物的金属笼子中，用一只不同笼、同性别工具鼠取代球状物，将工具鼠沿中间舱室侧壁放入三箱内，使工具鼠在三个舱室中自由活动，同时使用摄像头跟踪工具鼠的活动轨迹并用 SMART 软件记录下相关参数：工具鼠与金属笼接触的次数和时间（金属笼周围 4 cm 定义为接触范围），记录 10 min。

观察指标：工具鼠与金属笼接触的次数和时间。

优点：具有良好的表面效度。如工具鼠表现出频繁修饰行为，排尿、排便次数增加，探究行为降低，社会接触减少，能够模拟人类焦虑反应时的防御障碍。

缺点：小部分动物存在位置偏好，应进行基线测试筛选符合实验设计的动物。

（五）环境模拟动物模型

环境模拟动物模型不需要对动物进行专门的训练，主要通过一定的操作程序，单纯地改变环境来干预动物的心理或行为状态。这类行为学模型通常出现在情绪研究中，如抑郁、焦虑和攻击等情绪行为的研究。从以下两类模型中，我们可以初步了解环境模拟的行为建模过程。

1.抑郁动物模型的建立

抑郁是一种以情绪低落、兴趣减退、快感缺失为主要表现的心理障碍，可伴有不同程度的认知和行为改变。不可控制的应激是其产生的重要原因。因此，所有抑郁动物模型共同的特点就是动物抑郁样行为是由不可控制的负性事件所产生的。

（1）社会失败模型。

造模原理：该模型首次由 Koolhaas 等于 1980 年提出的。制造相同种属动物间冲突从而产生情绪—心理应激，利用来自凶猛的工具鼠的压力源对观察鼠进行压力性刺激，从而模拟人类遭受巨大社交压力时的情境。

造模装置：透明鼠箱。

造模程序：首先是挑选凶猛的工具鼠，然后使小鼠和大鼠处于同一环境中进行社交互动（由于天性和领地意识，大鼠会攻击小鼠），最后利用社交测试、糖水偏好测试检测小鼠是否出现社交躲避行为。

模型信效度：是一种有效的抑郁动物模型，即表面效度高。

优缺点：可诱发观察鼠的焦虑和抑郁状态且能够维持 24 h 以上，是一个被公认的、区分度良好的抑郁症建模方法。但应激因子单一和啮齿目固有的群居方式可能无法很好地模拟人类，同时该模型主要模拟社会环境中男性患者抑郁的潜在机制，忽略了基于性别的差异。

研究争议：该模型中的易激惹与焦虑行为相混淆。

（2）旁观电击大鼠模型。

造模原理：实验鼠旁观其他同伴鼠遭受电击而惊叫惊跳的过程，通过视觉听觉产生恐惧的心理反应。

造模装置：交流箱可参照 Ogawa 和 Kuwabaral 的 Communication Box System 改进，由 45 cm×45 cm×30 cm 的有机玻璃组成，室内将有机玻璃板分为 9 个 15 cm×15 cm×30 cm 的小室，小室之间的有机玻璃板上有若干直径为 1 cm 的小孔，既可供旁观鼠逃避电击攀爬，又可使旁观鼠通过视觉、听觉、嗅觉获得临近大鼠的恐惧信息。底部由直径 3 mm、间隔 11 mm 的不锈钢丝组成，可以连接调压器给予鼠足底电击。在放置电击鼠的中央小室及四角的小室 15 cm 高处加隔板进行束缚，使其不能逃避足底电击，而放置旁观鼠的其余四个小室不加隔板。

造模程序：造模第一天将电击鼠和旁观鼠放入自制交流箱相应的小室内，电击 10 次/天，3 min/次。具体如下：用秒表定时 165 s，定时结束后鸣响 15 s，鸣响时段给予瞬时 25～35 V 电刺激 6～8 次，重复 10 次/天，旁观鼠可以通过攀爬逃避电击，电击鼠却因受到上部隔板的束缚遭受电击，表现为尖叫、跳跃、大小便失禁，从而使旁观鼠通过听觉、视觉、嗅觉产生恐惧的心理反应。

模型信效度：具有较好的表面效度。

优缺点：动物由于受到了保护没有太多的生理性或躯体性损害，因此能够更好地模拟人类的情绪反应。

（3）慢性温和应激模型。

造模原理：20 世纪 80 年代初，Katz 等对此模型进行了一系列研究。对动物施加多种温和的（不会造成明显的机体组织损伤）、不可预见的应激性刺激，并且间歇性地持续刺激 10 天~8 周，最后以旷场实验、高架十字迷宫实验、糖水偏爱实验、水迷宫实验等方法测量其抑郁焦虑状态、奖赏行为以及空间记忆学习能力等指标。

造模装置：应激装置，如限制筒、高台等。

造模程序：根据不同的研究目的，可对鼠施加的刺激包括足底电击、鼠笼倾斜 45°、剥夺水和食物、24 h 照明、每 15 min 进行光暗环境交替，并且随机施加，以确保刺激的不可预见性。

模型信效度：具有良好的表面效度、结构效度、病因效度及预测效度。

优缺点：可选用的刺激多种多样，贴合现实，这也是其被广泛应用于各类研究的原因。但对于啮齿动物，该模型的影响可能存在性别差异，比如造模后的雄性鼠呈现出稳定的糖水偏好减弱等抑郁样行为，但雌性鼠的这些行为表征却并不稳定，在不同的研究中甚至呈现矛盾的现象。

研究争议：该模型的成功与否取决于个体对应激的敏感性变化与应用的微刺激强度之间的相互作用。但是，该模型无法区分造模不成功是个体应激敏感性还是刺激强度的大小所造成的。

（4）习得性无助模型。

造模原理：该模型是依据 Beck 抑郁症认知学理论，符合抑郁症理论的"应激"假说，由 Seligman 和 Maier 一起提出和确立的。通过反复的、不可避免的对鼠进行足底电击，使鼠产生绝望、乏力感、无助感，从而模拟人类抑郁症的发病机理。

造模装置：穿梭箱。

造模程序：将两只模型组鼠分别放在穿梭箱两侧，封闭穿梭箱两室之间的门。进行 360 次足底电击（0.3 mA），平均电击 2 s，间隔 8 s。每只鼠造模完成后均仔细清洁穿梭箱。

模型信效度：具有良好的表面效度、结构效度和预测效度；习得性无助模型还成功地验证了几种关于抑郁症的病理生理的假说，具有一定的病因效度。

优点：本模型表面效度好，与抑郁症患者较为相似（体质量下降、活动减少、食欲下降等）；预测效度好，适合快速抗抑郁药的筛选。

缺点：电击装置设备较贵；不能用于筛选起效慢的抗抑郁药物；动物品系存在较明显差异；无助模型具有争议，无法确定是否形成习得性无助，同时无助感只是临床抑郁症患者众多症状中的一种，抑郁症还有更多的非无助症状。而习得性无助抑郁模型只模拟了抑郁症的一个症状，其他症状在习得性无助模型中表现并不明显，因此不能全面地解释抑郁症的病因、发病机制和转归。

研究争议：大部分动物习得性无助模型只是短期的，在终止刺激后的几天内就能恢复正常，但因为某些未知原因，有小部分动物仍然保持无助的症状。

（5）早年应激抑郁模型。

造模原理：生命早期是个体发育的关键时期，早年应激是抑郁发生的危险因素，增加个体成年后抑郁易感。

造模经典范式：母婴分离、母爱剥夺。

造模程序：把幼鼠从母鼠笼中分别移至标准聚碳酸酯盒中，盒底部铺垫木屑，室内恒温（30±1℃），与母鼠分离的幼鼠可单独放在一个小盒（母爱剥夺）内，也可将同一窝别的幼鼠放在一个盒子里（母婴分离），分离一定时间后（一般为180 min或6 h）再把幼鼠移回母鼠笼中，可实施单次分离应激，也可进行多次慢性分离，一般持续14天。

模型信效度：表面效度较高。

优缺点：该动物模型具有显著的行为和神经内分泌的改变，如运动活动减少、兴趣快感缺乏、易绝望等，并可持续数月。但造模时间较长，对成年抑郁的影响存在争议。

研究争议：单独早年应激导致抑郁的效果有限。

2. 焦虑动物模型的建立

焦虑是由预先知道但又不可避免的即将发生的应激性事件引起的一种心理预期反应，以恐惧、担心、紧张等精神症状为主要表现，多伴有心悸、多汗、手脚发冷等自主神经功能紊乱。从进化的角度讲，动物所表现的防御反应是人类恐惧和焦虑反应的原始成分。因此，动物所表现的恐惧样反应与人类的焦虑反应具有同源性，可作为焦虑动物模型的行为学基础。

高架十字迷宫的造模原理、造模装置、造模程序等内容如下：

造模原理：一个开放的通道相对于一个封闭的通道更能激起动物的回避反应，并且在大鼠身上能产生一些陌生恐惧、趋避冲突、探究等行为。1985年，Pellow等首先提出高架十字迷宫实验，利用啮齿动物对新奇环境的好奇心与对高悬敞开臂的恐惧形成矛盾的心理，从而模拟焦虑症。

造模装置：1 m高的十字形架子以及视频追踪系统，十字横臂是开放臂，十字竖臂是闭合臂即臂四周有墙壁阻挡，且这个架子只能容纳一只小鼠通过。

造模程序：实验开始前先将动物运送到行为学实验室的专用临时笼架，让动物适应环境至少30 min，以减少紧张；实验开始时先将实验动物（大鼠或者小鼠）从饲养笼中取出，实验动物尽量背向实验员，将动物轻轻放在仪器宫体的中央区域，动物面向开臂，实验员迅速安静地离开。然后，打开SuperMaze或者VisuTrack动物行为分析软件，跟踪动物在高架十字迷宫仪器内的运动轨迹，自动计算指标，通常实验时长为5 min。实验结束后，取出实验动物并将其放入饲养笼，做好实验完成动物的标记信息，同时，用酒精和纸巾清洁迷宫。

模型信效度：具有较好的表面效度和预测效度。

优缺点：高架迷宫使动物同时产生了探究的冲动与恐惧，造成了"探究—回避"的冲突行为，能较好地诱发动物的焦虑情绪。由于是以自发行为为基础的，动物不需要经特殊训练，实验方法快速简便。

研究争议：中央平台的数据意义存在争议，实验条件对实验结果影响较大。

（六）动物实验注意事项

尽管每个行为学方法都是独一无二的，但仍有一些通用的基本原则和注意事项需要遵循，以确保实验结果的稳定和可重复性。本部分主要从实验设计实施和动物伦理学角度讨论动物行为学实验的注意事项。

1. 实验设计时的注意点

动物数量：一般每组 10 只动物足以观测到最常见行为的显著统计差异，并且任何重要的结果都应在两次重复实验中证实。

性别：雄性和雌性的动物不应被混合，除非有确切的研究表明在所执行的实验中没有性别的区别，且雌性在性周期的各个阶段没有不同。

月龄：除非特意要测定在年幼或年老的动物中的结果，一般在进行行为学实验时应该使用 2~6 个月月龄的动物。

种属：每个种属的大小鼠都有其特性和优缺点，研究者应根据研究目的和研究方案选择合适的种属，如使用不同背景的小鼠或大鼠所获得的数据没有直接的可比性。

对照组的设置：应始终根据实验目的和方案选择适当的对照组。

2. 实验操作时的注意点

（1）实验准备阶段。

实验环境要求高：布局/灯光/通风/温度/噪声等；实验前先适应环境，每天固定的时间点实验；实验操作方法参照既往研究；此外，实验人员穿实验服，并且不能造成气味上的刺激。有数据显示，实验者的性别可能对啮齿动物的行为有显著影响，如男性实验者的存在或气味导致实验大鼠和小鼠应激激素的升高和行为改变。这突出了为了提高实验室之间的数据的可再现性，不仅各实验室的研究环境和实验人员必须保持一致，而且实验中的所有变量都需要进行严格的控制和详细描述。

（2）正式实验。

实验前，轻柔抚摸动物，实验时，轻柔抓取避免应激；避免同一实验室同时进行 2 项或以上行为学实验；行为学实验一定要建立量化指标，通过专业的行为分析软件记录分析；由于整体动物的复杂性以及个体差异，只有经过重复性验证的数据，才能作为下一步实验的基础和依据；每种行为学实验方法都有其局限性，在条件允许的情况下采用不同的实验方法进行相互验证，可以避免产生错误结果。

此外，尽管上述行为实验可为人类疾病提供重要的视点，但是说一只小鼠或大鼠是"抑郁的"或"焦虑的"是不合适的。合适的说法为一只老鼠可能会出现类似抑郁的行为，这些测试可以帮助确定导致这些行为的遗传或环境因素，以及找到潜在的新疗法。

3. 动物研究伦理——"3R"原则

人类和动物在许多基本的生物工作机制上是相似的。因为，用动物作为实验对象了解疾病或行为异常的机制，对人类及动物健康的保护都是有益的。实验动物对科学发展的贡献是巨大的。有一些人反对用动物作为研究对象，认为在动物身上实验残酷而不人道，或担心动物实验结果的偏差产生误导。为此，多数发达国家对动物和实验动物照顾有很严格的规章制度。1876 年，英国通过了世界上第一个动物保护相关方案《防治虐待动物法》（*Cruelty to Animals Act*）。1996 年，美国国会批准《动物福利法案》（*the Animal Welfare Act*）。1987 年，中国实验动物学会成立。原国家科委于 1988 年发布《实验动物管理条例》。这是我国第一部全面管理实验动物的法规，要求实验室采用规范程序，保持实验动物舒适、清洁和健康，减少实验动物在手术前后的痛苦，防止实验动物出血和感染，保护实验动物免受虐待。

动物实验还必须遵循"3R"原则，即减少（reduction）、替代（replacement）和优化(refinement)。"减少"是指尽量减少实验用的动物和实验的次数；"替代"是指尽可能采用可以替代实验动物的替代物，如用细胞组织培养方法，或用物理、化学方法替代实验动物的使用；"优化"是指对待实验动物应做到尽善尽美。

不仅是在动物选择上，在模型的复制、指标的观察上也都要注意经济性原则。经济性原则不仅能节约金钱，节约实验动物，而且能保证实验研究可持续发展。

第三节　脑研究方法

在脑的功能被了解之前，人们对心理或心灵来自身体的何处曾经做了种种的假想。现代科学技术的不断发展，推动了人类对神经系统与心理或行为关系的更深刻认识。神经系统可以从身体各个部位接收信息，进行加工处理并储存；同时，还可以对身体各个器官、组织发出指令，从而使人们能够吃饭、睡觉、交谈、劳动和思考。而脑作为神经的中枢，在协调行为或心理活动中起决定性的作用。心理科学被认为是脑科学研究的终极目标，而生物心理学研究的是脑科学中的核心问题——脑与行为的关系。在研究脑与行为的关系的方法中，对神经系统活动的干预、测量或观察都是非常重要的环节。现代生物或神经科学技术的发展，为脑与行为关系的研究方法的选择拓展了更大的空间。根据脑与行为关系研究中常用的方法，将其分为两大类：一类是脑干预的研究方法，主要通过直接刺激或损伤脑组织而实现，目的是观察对脑的特殊区域的刺激所引起的行为改变；另一类是观察性的研究方法，可以通过其他间接的刺激或行为改变，观察脑的活动状态的改变。

一、脑立体定向技术

脑立体定向技术(stereotaxic surgery)是实现直接干预或观察脑活动的前提条件，是脑研究的基本方法。根据实验对象、目的和方法的不同，可能会将不同的材料植入脑内，包括电击、导管或探针等。以人类为对象的脑立体定向技术多应用于神经外科治疗，如脑内癫痫病灶的损毁或点刺激治疗其他脑疾病。脑立体定向技术的传统做法是一副定向架、一张X射线片、一张纸和一支笔，这些依旧是当代定向技术的基本内容和操作步骤。根据脑立体定向技术的发展历程可以将脑立体定向技术发展史分两个阶段。

(一)第一阶段：有框架脑立体定向阶段

1908年，Horsley和Clarke创始三维脑立体定向技术，1945年，Spiegel和Wycis完成有史以来第一次人脑立体定向技术。脑立体定向学历史上第二次突破发生在1979年，Brown发明了用定位框架与CT扫描一起配准，用于神经系统非功能性疾病的空间技术。1993年，由深圳安科高技术股份有限公司生产的国内首台能与CT或MR连接的高精度脑立体定向仪投入临床使用，极大地推动了临床立体定向技术在国内的应用和推广。神经外科是其中的一个方面。这里将从两个方面来进一步介绍有框架脑立体定向。

1.脑立体定向仪

要立体定向就要有三维空间坐标体系,有框架脑立体定向就是人为地在头颅外安装一个框架,由它来形成一个三维空间坐标体系,使脑结构包括在这个坐标体系内,这时将这个框架和患者一起进行 CT 或 MRI 的扫描,就会得到带有框架坐标参数标记的患者颅脑 CT 或 MRI 的图像,病人颅脑内的各个影像解剖结构都会在这个坐标体系内有一个相应的坐标值,然后通过脑立体定向仪定义的机械数据来达到该坐标点,从而实现脑立体定向。目前,国内外生产的脑立体定向仪不但定位精度高(小于 1 mm),而且使用方便,可以与 X 射线、CT、MRI 相配套。目前,在进行人的脑立体定向技术时,神经外科医生可利用精密的影像技术,来辅助定向技术位点并监控手术过程。动物脑立体定向仪则需要根据实验动物种类的不同,分别使用不同的立体定向仪。

2.立体定向图谱

脑立体定向仪是通过颅脑外的框架建立一个坐标体系,立体定向图谱是利用脑内标志进行坐标体系的建立来定位。临床上是以前连合和后连合作为标志来确定各个核团位置的。一般先在脑上定出三个基准平面和三条基准轴线,即将前连合后缘中点至后连合前缘中点的连线定为连合间径,通过它所做的水平面定为 HO 平面,通过连合间径的冠状面定为 FO 平面,加上脑的正中矢状面 SO 平面,就构成了三个基准平面。这三个基准平面的交点叫作原点(O 点),坐标值为 0。通过原点前后方向的轴为矢状轴(与连合间径重合),定为 Y 轴;通过原点的上下方向与 Y 轴垂直的垂直轴定为 Z 轴;通过原点左右方向并与 Y 轴垂直相交的冠状轴定为 X 轴。以上 X、Y、Z 轴即为三条基准轴线。应用这些平面和轴线,即可画出脑内各个结构的三维空间坐标。

动物立体定向图谱也是因种属的不同而不同,且同一种属还可能因年龄、发育等差异,使动物头部或脑的大小存在较大的误差。

(二)第二阶段:无框架脑立体定向阶段

1986 年,Robert 及其同事介绍了一种与 CT 图像、显微镜相结合的无框架定向技术系统,这个崭新的观念一出现,迅速激起设计制造无框架定向手术的热潮,在工程科技界和厂商结合下出现了一系列无框架定向技术系统。它主要分为两类:关节臂系统(1987 年由 Watanabe 发明)和数字化仪系统。现在市场上主要是数字化仪系统,分以下三种:

1.声波数字化仪

1986 年,Roberts 首次报告使用声波数字化仪跟踪手术器械或显微镜的方法,从而开创了无框架立体定向神经外科。

2.红外线数字化仪

红外线数字化仪由美国于 1992 年应用于临床,是世界上首台光学手术导航系统。目前,市场上大部分产品是光学技术导航系统,我国在 1997 年由上海华山医院将美国的光学手术导航系统引进国内,我国自行生产的第一台手术导航系统是 1999 年由深圳安科高技术股份有限公司生产的 ASA-610T 手术导航系统,也是光学手术导航系统。

3.电磁数字化仪

1991 年,Kato 首次发现了电磁数字化仪并公布了其设计原理和临床应用,该仪器主要由三维电磁数字化仪、三维磁源、磁场感应器和计算机工作站构成。

二、脑活动干预方法

人们在开始研究心理或行为的脑机制时，最重要的方法是脑切除术，即从动物大脑中切除某一块组织，然后通过观察动物某种行为的减弱或消失，来推测该组织的正常功能。在 20 世纪早期，拉什利将实验动物麻醉，打开颅骨，然后损毁脑组织某些区域。这种研究方法在当时曾被广泛使用。随着科学技术的进步，切除术日益精细，已经不局限于简单的切除，也能准确地损毁皮层下的结构。从 20 世纪后叶开始，研究者发展了一系列更成熟的技术方法，能在不同的时间窗对脑的不同部位、不同水平的活动进行干预。这些技术方法不仅限于破坏脑功能，还能通过激活某些脑区的活动来直接观察干预对行为的影响。直接干预脑活动的方法，对促进脑与行为关系研究的反证有极大的影响，而且在未来的研究中还将发挥极其重要的作用。

(一) 局部脑功能失活

失活是指破坏或干扰大脑某部位组织的功能，局部脑功能失活在脑研究中被广泛使用。随着技术的不断发展，已有许多不同的方法能使局部脑功能失活。根据脑区的功能是否能够恢复，可分为永久性损毁和暂时性抑制两种。脑立体定向技术，不仅可以破坏表浅皮层结构，而且还可以对较深的脑皮层下结构实施范围小而精确的损毁。观察到实验动物大脑中某个关注的脑区失活后，可以进而观察其某些特定的行为有无缺陷。例如，如果某脑区被损毁使被试听力丧失，可以推测该脑区与听觉有关，也可以用其他物理或化学方法使脑功能暂时被抑制，达到与损毁局部脑组织类似的效应。

1. 永久性损毁

永久性损毁又称为不可逆损毁，就是切除或杀死某些脑区的神经组织或细胞，导致其功能永久性丧失。历史上，潘菲尔德(Penfield)用切断胼胝体或抽吸技术来去除脑组织以治疗脑疾病。到目前为止，这些不可逆的脑损毁技术在临床治疗和基础研究中仍然被使用。不过，像拉什利曾用的热导线等原始的方法已经被摒弃，而更多地被电流、化学药物、电离或冷冻射线等先进的方法所替代。

(1)射频点损毁(radio-frequency electrolytic lesion)：是一根采用绝缘材质包被而尖端裸露的电极插入定位脑区，同时，将另一导电电极接入躯体其他部位，使实验动物成为电流导体。通电后，电极尖端周围的脑组织会被电流破坏，可以造成目标结构损毁，而不伤及电极经过的脑组织。根据电流方向可分为阴极或阳极损毁。相对于阳极损毁，阴极损毁范围一般较局限，易于控制损毁范围。电损毁的操作简单、效果稳定、重复性好，这些优点使其成为脑损毁常用的方法。但这种方法特异性不强，因为目标脑内的神经元和其他传入纤维都会被破坏。所致的后果既可能是由于损伤了目标神经元，也可能是由于伤及了其他部位到该区的纤维传导。

(2)化学损毁(chemitoxinic lesion)：化学损毁的基本原理是利用某些化学药物对特定神经元产生神经兴奋性毒性作用，从而损伤神经元。操作时，通过立体定向技术埋下的导管将这些化学药物注入特定脑区来造成损毁。常用于神经元损毁的化学药物有海人藻酸(kianic acid，KA)、鹅膏蕈碱(ibotenic acid，IA)、N-甲基-D-天冬氨酸(N-methy-Daspartic，NMDA）等，它们均属于兴奋性神经毒性氨基酸与突触后膜上的 NMDA 受体结合后，引起钙离子大量内流，对细胞造成不可逆性损伤。因为神经纤维细胞上没有 NMDA 受体，所以化学损毁能有选择性地损毁神经元胞体，对神经纤维不造成直接损伤。

另外，还有一些神经毒能特异性地干扰某种神经递质的合成，有效地减少该神经递质，还可以杀死特定神经元。例如，6-羟多巴胺（6-OHDA）可以特异性地破坏多巴胺神经元。当被注入富含多巴胺合成神经元的黑质时，6-OHDA 可杀死其中的多巴胺能神经元，导致多巴胺的合成与释放终止。基底节神经元失去了来自黑质的多巴胺激活，无法发挥正常功能，致使动物产生运动障碍，出现类似人类帕金森综合征的症状。利用 6-OHDA 制作帕金森氏动物模型，可以探索帕金森综合征的发病机制及治疗方法。

（3）电离或冷冻损毁技术：电离损毁技术广泛应用于经立体定向以不同射线准确聚焦目标脑区产生损毁的研究。表层及周围的脑组织不会受射线影响，只有射线会聚的焦点处的脑组织才会被破坏，如 γ 刀等无创性手术治疗过程。另外还有一种冷冻损毁方法，用立体定向仪将像电极一样的冷冻探针插入目标脑区。探针末端的温度可降至零摄氏度以下，冻结目标脑组织，使神经细胞死亡，产生损毁效果。

神经元一旦死亡就不能再生，因而接触直流电、射频电流、电离射线、毒性化学物或冷冻探针都会对大脑造成永久性的损伤。神经系统是以网络的形式来工作的，若此路不通，它们可能会另辟蹊径。因而，脑区被永久性地损毁后，它的功能很可能在一段时间后被其他脑区代偿。这种情况下，实验观察的结果会随着时间变化而改变。如果在实验的不同阶段，选择性地暂时性抑制脑功能，就能够弥补损毁方法的不足。

2. 暂时性抑制

破坏局部脑功能还可以使用一些可逆性的暂时抑制脑功能的方法。在某些条件下，神经细胞的活性可以暂时被抑制，一旦施加的条件去除，神经细胞便可以恢复活性。用这些方法，可以很好地控制干预脑活动的时机，比如，在行为过程的哪个阶段干预脑活动，干预持续的合适时间需要多长等。暂时性的脑功能抑制可以采用以下不同的方法。

（1）生理学方法。将氯化钾溶液通过立体定向仪注入研究脑区，使细胞电位超极化，难以产生动作电位，神经细胞活性受到抑制。当氯化钾被血吸收之后，脑功能即恢复正常。或者用冷冻探针将局部脑组织冷却在 0℃ 至 25℃ 之间，可暂时抑制脑功能。当脑组织回暖至体温，脑功能即恢复正常。

（2）药理学方法。一些化学药物经导管注入脑组织，也可使脑组织暂时失活。较常用的方法是使用局部麻醉药物或 γ-氨基丁酸（GABA）受体激动剂。例如局部麻醉药物利多卡因可阻遏钠离子通道，可同时阻滞神经元内兴奋性电位传导，也能阻断突触信号传递。通过同样途径发挥作用的还有河豚毒素（tetrodotoxin，TTX）。比较而言，利多卡因作用时间短、副作用小，而 TTX 毒性大、作用时间长。但是，这两种方法可使局部所有的细胞和纤维传导失活，缺乏特异性。特异性较强的 GABA 受体激动剂，如蝇蕈醇（muscimol），可选择性结合神经元胞膜上的 GABAA 受体，并激活氯离子通道。氯离子通道开放，使氯离子内流增加，可以导致细胞膜超极化，从而抑制神经元细胞兴奋。GABA 是一种抑制性氨基酸，其受体只分布在神经元细胞膜表面。GABA 受体激动剂可以选择性地抑制神经元活性及其局部脑区的功能。

（二）脑刺激方法

从理论上说，对某脑区的刺激和损毁所得到的行为效果应该相反。相对损毁而言，用脑刺激判断特定的脑区功能会更直接。脑刺激是通过直接刺激脑区，使神经元活动发生改变，从而了解被刺激的神经元与行为之间的关系。运动控制的大脑皮层定位就是用脑区直接刺激的方法发现的。直接刺激大脑初级运动皮层的不同部位，可以观察到相应的运动反应，从而确定控制躯干、四肢和面部表情等的脑区。使用脑刺激方法也可以观察刺激某个区域对其他行为的影响。脑损毁研究可能提供了某种行为完成所必需的候选脑区，而脑刺激则是观察到脑区的激活与行为发生的关系。

1. 电刺激（electrical stimulation）

电刺激的操作技术类似于电损毁，只是选择的电流强度有所不同。将电极定向植入麻醉动物的脑区，并铆定在颅骨上。动物手术恢复后，在清醒状态下即可施行电刺激。自身颅内电刺激模型就是采用了电刺激方法。例如，在动物脑内某个区域植入电极，训练动物压杆，压杆后电极会通电，局部脑区受到电刺激。某些区域的电刺激会强化动物的压杆行为，从而使动物学会通过压杆来获得电刺激的快感。这些促进压杆的脑区被认为是构成奖赏系统的区域。偶兹和米尔纳用电刺激方法于1954年首次确认了电刺激下丘脑某些区域可以使大鼠产生极强的快感效应。他们可以用100次/分的频率疯狂地压杆，以获得自身颅内刺激带来的快感。如果给极度饥饿的大鼠两个压杆选择，一个获得食物，另一个获得电刺激带来的快感，它们会更多地选择获取快感的电刺激。可见，对于它们，快感刺激比食物吸引力要更强烈。

2. 化学刺激（chemical stimulation）

化学刺激可以通过预先定位埋入的导管注射化学或生化物质来实现。常用的化学物质包括干预递质或受体活动的药物、细胞内蛋白酶抑制剂或其他在不同水平改变神经元活动的药物。一些与递质具有类似空间结构及化学性质的分子可能与受体结合，引起类似于递质效应的化学药物，被称为激动剂（agonist）；而另一些能与递质竞争性结合受体，但不能引起类似递质效应的药物，被称为拮抗剂（antagonist）。这些与受体有亲和力的药物被称为工具药。用这些工具药控制某些神经传导通路，可以观察由此引起的行为改变。拮抗剂能阻断相应受体，从而看到传导过程被阻断时产生的变化。这通常比激动剂所获得的结果更为可信。然而，拮抗剂和激动剂一样也有可能存在与其他受体的交叉作用。因此，拮抗剂也可能会干扰其他传导过程。另外，许多工具药的受体特异性都是相对的，有些也可能存在激动与拮抗双重的效应。

药物在体内的作用是复杂的，既受自身代谢动力学的影响，也受被试个体差异或状态的影响。因而，在使用化学药物进行脑干预的时候，应尽量选择合适的剂量及恰当的干预时机。而且需要尽量使用同一受体的多种激动剂和拮抗剂，综合考虑相关神经传导过程对行为的影响。除直接注射药物外，微透析技术也可以用于化学性干预。微透析技术能够将含有某些药物的液体与正常的细胞外液置换，改变脑区局部微环境。

3. 经颅磁刺激（transcranial magnetic stimulation，TMS）

20世纪80年代，巴克（Barker）等开始用磁力线刺激人脑的运动皮层，成为经颅磁刺激的开端。磁刺激无须手术，很容易穿过颅骨影响大脑皮层。磁脉冲通过不接触头部的线圈发射至大脑，可以直接刺激脑皮层神经元。导电线圈通电时会产生磁场，使电容器产生电流，可以直接刺激脑皮层神经元。导电线圈通电时会产生磁场，使电容器产生电流，通过线圈产生脉冲。大脑皮层受磁脉冲影响产生可传导的逆向电流，从而改变兴奋性。根据刺激脉冲模式的不同，TMS 可以分为单脉冲、双脉冲和重复脉冲三种。还可以调整 TMS 的不同参数，诸如模式、频率、强度、间隔、刺激时间及位点等，使脑内产生不同的生理变化。以重复脉冲为例，低频刺激可以降低皮层兴奋性，而高频刺激可以提高皮层兴奋性。于是，这种技术被用于在脑皮层上绘制功能分区，例如运动、注意、言语及视觉功能等。TMS 无创、无痛、较安全的特性，使其在临床精神类疾病的治疗中应用得越来越多。目前，也多用于群体的实验研究。

三、脑活动观察方法

脑活动观察方法有损伤性和无损伤性两类。例如，单细胞、多细胞记录或微透析等技术属于损伤性观察方法，需要对被试实施创伤性手术定位；而脑成像技术、脑电记录、事件相关电位等技术属于无损伤的观察方法，在无创伤的条件下就可直接观察脑的活动。在一些技术方法中，对脑活动的观察和干预可以同时进行。比如，微透析技术既可以观察脑内化学物质的变化，也可以注入药物干预脑的活动；单细胞、多细胞记录既可以记录神经元的点活动，也可以刺激神经元的活动。无损伤性脑活动的观察方法被广泛应用于研究人类被试，对推动人类认知研究的发展做出了突出的贡献。

(一)脑电记录方法

细胞自身存在电位，电位变化可以使信息在神经元之间传导。一系列的电位变化可反映神经细胞活动状态的改变。卡顿(Richard Caton)最早使用微量电流计来记录脑电活动。他还测量不同刺激对兔、猴等动物大脑电活动的影响，包括闪烁光、声音、气味或触觉等。与损毁和电刺激不同，脑电记录可观察到行为或心理发生过程中脑的电活动变化。根据电活动记录部位的不同，可以将脑电记录分为单细胞内记录、单细胞外记录、多细胞记录、脑电图以及事件相关电位等。其中，细胞水平的记录电极被置于脑组织内的相应部位，而脑电图、ERP 的电极常被置于头皮表面。

1.单细胞记录

单个神经元的电活动记录可以通过微电极进行。通常是在实验动物麻醉状态下，将微电极插入细胞相应位置。根据微电极插入位置在细胞内或外，又分为单细胞内记录和单细胞外记录。将微电极插入单个神经元内，可以记录一个神经元的电活动。但这种单细胞内的记录非常困难，尤其是微电极在细胞内的放置不易稳定。因此，一般采用单细胞外记录对清醒的动物进行行为观察。单细胞外记录是将微电极放置在单个神经元附近收集神经元的动作电位信号。一般相同波峰幅度的电信号被认为来自于同一神经元。另一种单细胞记录方法是膜片钳技术(voltage clamp techinque)。这种技术常在离体(in vitro)情况下，用于研究离子通道的电压活动。电压钳可以调控电压使细胞膜保持一定的膜电位水平。在设定不同电压的条件下，可以通过细胞膜电位变化测定离子流量。

2.多通道同步记录

多通道同步记录可同时对电极尖端周围的一群细胞的放电频率进行记录,用于了解脑的结构内部细胞群的功能分工。从研究需要来讲,单细胞记录会丢失神经元的集群功能特性。赫伯(Donald Olding Hebb)理论假说的学习律和细胞集群学说,涵盖了行为事件发生时神经元群体和细胞之间活动的可能规律。单细胞电刺激与放电记录证实了神经元突触可塑性(学习律)的存在。同时,在某些脑区,细胞群也存在一系列特有的空间或时间顺序的细胞放电。由于神经元网络连接以编码的方式分布,仅仅记录单个神经元的活动不能分析细胞网络之间的相互关系,因而需要多细胞多位点的同时记录或刺激。在活动动物的行为任务实施过程中,用多通道同步记录技术可以实现多个神经元放电的同时记录。用于动物神经生理学实验的多通道数据采集系统,具有高度可配置性和易用性,可以处理和分析动作电位(尖峰)、场电位和其他生理信号,并且能实时地同时记录多达256个通道、16个辅助模拟信道的信号输入。同时,可以同步多个系统以获得更高的通道数。

脑电图(EEG) 和事件相关电位(ERP):详见前面相关章节。

(二)脑磁图

详见本书第七章。

(三)微透析

如果需要对局部脑区内的特定神经递质或调质进行定量观察,可以采用微透析(microdialysis)技术将管状的探针置于局部的脑区内,可以采用麻醉或活动状态下实验动物脑内的化学物质,局部脑区内细胞外液通过探针末端半透膜进入管中,同时有少量的灌流液被泵入脑内。对微透析收集的脑内混合液进行分析,可以判断细胞外液化学成分的变化。同时,微透析技术还能通过改变特定脑区化学成分来干预脑活动。在分析细胞外液中的化学成分时,微透析常与高效液相色谱(high performance liquid chromatography,HPLC)联合使用。HPLC 的工作原理是通过高压推进的方式,使脑内混合提取液流经一个具有分离功能的固体物质构成的柱子,不同化学成分的物质流经柱子的速度不同,各种物质沿柱扩散,最终被分开。收集到的样本可供进一步的定量分析。HPLC 与微透析的结合被广泛用于学习、记忆、注意、睡眠和长期物质滥用等研究中测量神经递质的变化。

(四)脑功能活动的形态学定位方法

神经元的轴突产生动作电位,在与其形成突触的细胞膜上诱发突触后电位。与此同时,神经元代谢活动增高,并合成某些特定的蛋白,比如 c-fos 蛋白。通过鉴别这些生理物质的变化,可以了解某些行为激活了哪些脑区。检测技术有放射自显影和免疫细胞组织化学等。

1.放射性自显影(autoradipgraphy)

放射性自显影能够追踪注入的被标记的化学物沿着整个脑组织的运动。通过更换不同的化学物,可以追踪大脑内多种不同的通路。被放射性标记过的物质,如氨基酸或蛋白质等,注入活体动物特定脑区后,可以随局部血液流动扩散,被邻近的神经元摄取,并在24 h 至72 h 内沿着神经元的投射纤维扩散。然后麻醉动物,取出颅内脑组织,并切除薄片贴在载玻片上。脑片被显影处理后，可通过观察放射活性物的分布来标识被激活的神经元位置和涉及的范围。常用的方法有 2-脱氧葡萄糖法（2-DG），其基本原理是：如果特定神经结构活动增加，其主要能量来源葡萄糖的代谢率也会增高；2-DG 与葡萄糖结构类似，也可以被细胞摄取，但不能正常代谢分解；若将标记了放射性的 3-DG 注入血液，越活跃的神经元消耗的葡萄糖越多，摄取 2-DG 的量就越多，该部分的放射性越强。

2. 免疫细胞组织化学（immunocytochemistry）

免疫细胞组织化学是检测神经元活动变化的另一种技术。由于使用方便，不具放射性，正逐渐替代放射性自显影来鉴别有关的脑的活动变化。常用方法有 c-fos 法，其基本原理是：在神经元激活时，细胞核内特定的基因启动，产生一些短时存在的特定反应性蛋白质，其中之一就是 fos 蛋白。可以使这种高蛋白的抗体携带染色剂或辣根过氧化物酶，突出 fos 反应区染色效果，从而鉴别被激活脑区的分布。另外，需要定位其他神经化学物质或者受体在脑内的分布时，可以使用细胞免疫组织化学技术。用相应的抗体标记产生荧光或显色的物质，就可以对该物质或受体在脑内的分布进行鉴定。

（五）脑成像技术

详见本书第七至十一章。

（张逸　李楚婷　袁东玲）

第十三章　心理治疗的评价与研究

同药物治疗一样，心理治疗也应参照一定的标准与程序来对其有效性进行检验。也就是说，来访者所接受的心理治疗方法必须已通过现有的科学方法被证明是有效的。本章将首先对心理治疗疗效评价做概述；其次，就如何评价心理治疗的有效性进行方法学的探讨；最后，讨论各种不同心理治疗方法的有效性，包括心理治疗在功能神经影像学改变方面的研究进展。

第一节　心理治疗评价概述

一、心理治疗评价存在的问题

由于心理治疗的主观性和不可重复性，影响心理治疗结局的因素众多，如来访者特征、治疗者特征、关系因素等，因此，计划和执行一个方案来评估心理治疗的疗效是一个艰难而复杂的过程。首先，这里涉及很多方面的问题，如什么时候评价、谁来评价、疗效评价的标准是什么、用什么方法来评价等；不同时间点的评价、不同的人的评价、用不同的标准来评价以及采用的评价工具不同，得到的心理治疗效果就可能不同。其次，一个完整的心理治疗过程是由一系列步骤、若干次治疗性会谈组成的。理想的情况是每次的心理治疗既有独立性又有连续性，每次的治疗效果集合起来，产生累积的治疗成效。而在心理治疗过程中，影响心理治疗结局的因素不仅包括来访者特征、治疗者特征、关系因素，也包括治疗因素各自的权重及交互作用，因此，准确地评价心理治疗效果并不是一件容易的事，不仅需要评价来访者由于参与治疗而产生的变化、明确某项心理治疗的有效成分，也要排除心理治疗中的混杂和干扰因素等。

二、心理治疗疗效评价时间

心理治疗效果的评价并不是一定要到治疗结束时才进行，可以在治疗前评价、治疗中期评价、治疗结束及结束后一段时间进行评价。治疗适宜性评价是心理治疗前评价中非常重要的部分，这有助于为不同的治疗方法筛选合适的来访者，或是评价来访者是否适合某种心理治疗，这些也是影响心理治疗过程和效果非常重要的因素。治疗前适宜性评价一般包括来访者的社会人口学变量(如年龄等)、精神病理学诊断、智力、人格、心理功能等方面。来访者拥有某些心理学特征能够促进其对心理治疗的参与。治疗中期评价是指在心理治疗进行的过程中，治疗者对治疗效果进行总结，以便及时做出治疗上的调整。治疗结束前的疗效评价是对整个治疗过程成效的评价。治疗结束后一段时间的评价则是对心理治疗的近期和远期疗效进行评价。把不同时期评价的数据整合起来可以对该心理治疗方法的疗效形成一个更完整的印象。

三、心理治疗疗效评价标准

心理治疗的目的是改善来访者的生活、主观经验和适应功能。研究人员和治疗者虽然有相同的目标，但他们之间有着明显的差异。研究者的主要目的是揭示现存各种治疗方法之间的差异，了解导致这些差异的原因及影响治疗结局的因素。在心理治疗结果研究中，典型的实验设计是将来访者随机分成两组：实验组接受某种心理治疗，对照组不接受该心理治疗。研究者采用心理测验或评定量表来评价来访者在治疗期间发生的变化，然后采用统计学方法来检验各组平均数间差别的显著性。如果组间差别显著，便推断心理治疗有显著影响。这种统计显著性检验的方法十分方便，为心理治疗结果的评价提供了基本依据，但因为统计学上的显著改变无法提供关于来访者对治疗的具体信息，如有些来访者症状减少，有些来访者症状加剧或出现新的症状。这些信息以及如何识别治疗情境和现实生活中来访者的需要、哪些方法对来访者是合适的、如何根据来访者的需要调整治疗方案等可能对临床心理治疗者来说更为重要。临床心理治疗者并不认为统计学上有显著改变的治疗就是有用的治疗方法。因为，统计学上的显著改变并不意味着有临床显著性，并不代表真实的来访者的改变。临床显著性又称临床意义，是指一种心理治疗满足来访者、临床心理工作者和研究者设定的效能标准的能力或程度，它从临床角度评价治疗的有效程度。最常用的临床治疗标准是经过治疗后来访者的功能恢复到正常人的机能范围内。鉴于此，在对心理治疗结果进行评价时，不仅要考察其统计显著性，也要评价其临床显著性。可以在组间比较的基础上，个体化地确定每位来访者经治疗后有无临床意义的变化，进而评价心理治疗对来访者的临床疗效或临床显著性。Froyd 等对关于心理治疗研究的文献进行了总结，发现用于心理治疗结局的评价指标有来访者报告，家庭成员、朋友、同事评价等级，专家判断等级，生理指标，以及工作、就医状态等方面。这些指标评估了个体的多个功能领域，如焦虑、抑郁等情绪症状，家庭冲突、孤独、亲密等人际功能，工作冲突、旷工等社会角色。这些领域的功能对来访者、家庭和社会都是非常重要的。这些重要的改变领域可以视为临床显著性的指标。Tingey 等提出社会性效果验证方法，用这种方法可以区分出轻微症状(即常态)样本和无症状(即健康)样本，从而确定临床上的重要进展。通常认为心理治疗的改变是渐进的、线性的。然而，已有研究发现一些心理治疗的改变过程是非线性、非连续的。如 Nishith 等对创伤后应激障碍妇女在延迟暴露及认知加工治疗过程中症状的改变路线进行了研究，结果显示焦虑是先增加后减轻。已有研究者识别出抑郁障碍来访者在心理治疗过程中存在三种非连续性改变模式，如"早期快速反应"（early rapid response）模式、"突然获得"（sudden gains）模式和非连续改变的尖突变模型（cusp catastrophe model）。不同的改变模式可能潜藏着不同的治疗改变机制。Howard 及其同事提出心理治疗的进展发生在三个相互关联的连续阶段中：首先来访者体验到较多的幸福感，然后缓解症状，最后提高社会生活能力。

总之，从临床显著性角度对心理治疗的效果做出评价不仅更为实用，而且可以为进一步探讨心理治疗的作用机制、特定心理疗法的适应症和禁忌证以及心理疗法的改进提供重要的依据。

四、心理治疗疗效评价方法

心理治疗领域要获得对某种心理治疗方法的临床效果判断，除了需要治疗师和来访者的主观评价外，也需要一些客观的记录如评分档案、医疗记录和花费、工作和学校记录，以及受过训练的独立观察者的评价或生活中重要他人的评价。一般认为，由受过训练的独立观察者或生活中重要他人，即中间人员的评价比来访者或咨询师单方面的评价更为可靠。除此以外，更重要的是来自客观评价工具的测量所获得的信息。因此，在疗效评价中出现一种倾向：无论采用何种心理治疗方法，在评价治疗效果时必须采用多种客观的、可靠的、有效的评价工具，评价多方面功能的改变，包括外显的症状如情绪和行为，内在的认知模式、自我强度和人格特征，以及总体的社会功能及生活质量。这就是所谓"疗效评价的客观化"趋势。Barkham 和 Michael 建议发展一套核心测量工具（core battery），即无论在何种临床情境下，无论应用于哪种心理治疗技术，无论来访者面临的是哪种心理问题，都能适应的结果测量指标，以增加结果研究的可比性。

Lambert 等提出了四维度模型对测量工具进行分类。这种分类模型和核心测量工具一样有利于研究者选择合适的疗效评价工具，以增加不同研究之间的可比性。它们是：①内容维度：测量的是个人的（包括情感、行为、认知的）、人与人之间的、人与社会之间的信息；②信息来源维度：测量的信息来自当事人的自我报告、治疗者的评价以及受过培训的观察者或重要他人的评价；③数据收集的方法维度：包括评价、描述、观察、状态；④时间维度：测量的是持久的特质类的特征或者短时间的状态特征。按照这 4 个维度，Beck 抑郁自评量表测量的是个人的、由当事人报告的、描述的、状态类的信息。

随着功能神经影像学技术的出现和不断发展，已经有越来越多的神经影像学研究开始探索脑功能改变与心理治疗过程和效果的关系。目前，已有研究发现心理治疗会导致脑功能改变，虽然并不清楚这些脑影像学变化对于心理治疗意味着什么，但辨认心理治疗有效的生物学标记将是心理治疗研究领域一个重要的趋势。

总之，在心理治疗过程中，随时对心理治疗结果进行反馈有益于减少恶化、提高心理治疗效果。但评价者（心理治疗者、来访者或中间人）不同、评价的时机（治疗过程中的及时反馈或治疗后的延迟反馈）不同、采用的评价工具不同、疗效评价的标准不一致，得到的心理治疗效果及起到的作用也不尽相同。

第二节　心理治疗研究方法

心理治疗的研究方法多种多样。根据研究性质不同，心理治疗研究可以分为量化研究（quantitative research）和质性研究（qualitative research）等。量化研究也称定量研究，是用数字来度量研究对象，采用统计学方法分析数据以确定心理治疗变量间的联系及其原因。量化研究主要包括实验研究、准实验研究、调查研究、元分析等。质性研究通常是对某种现象或个案在特定情况下的特征、方式、内涵进行观察、分析和解释的过程。与量化研究相比，质性研究能更深入、全面地探索心理咨询与治疗过程中真实发生了什么，治疗过程中哪些因素促进或干扰了来访者的变化等问题。根据被试个数又可以将研究分为组群研究（group study）和个案研究（case study）。组内设计、组间设计等是使用多个被试的结果来分析心理机制，属于组群研究范围。个案研究则是对单一的研究对象进行深入而具体研究的方法。也有研究者认为在心理咨询与治疗领域有三类核心研究：效果研究（outcome research）、过程研究（process research）和个案研究。心理治疗效果研究的目的是评价经治疗后来访者的病情是否有实质性的改善，主要回答心理治疗总体上是否有效这样的问题。过程研究是对心理治疗中的过程元素进行考察并探索其运作方式的研究，评价病情的改善是治疗的作用，还是由其他一些与治疗相关的过程因素所引起的。这种过程研究主要用于识别心理治疗中的活性成分和心理治疗的变化机制等。

本节将介绍几种在心理治疗疗效研究领域较常用的研究方法，如个案研究、组间设计（between-groups design）研究、元分析（meta analysis）法及心理治疗中的质性研究。

一、个案研究

个案研究因为使用的被试人数少、得出的结论是否具有代表性等一直被质疑，但个案研究因其自身具有的特殊性仍受到学者们越来越多的重视。个案研究属于实证科学的研究方法，其中的个案通常是某个病人，也可以是某种情景、某种经验、某个活动或事件，即能反映研究对象和内容且可被清晰界定的分析单元。个案研究就是围绕研究目标对这个个案进行深入、细致的实证探索。个案研究通常具有以下一些特征：①具有独特的个体视角，个案研究的直接目的是揭示个案的特殊性，然后基于此个案推断出相应的理论命题；②关注情境，个案研究通常把个体放置于其本身的生态环境中，整体考察个案的各个维度与其所处的情境的关联或互动方式；③关注时间进程，个案研究也把个体放在某种时间进程中，以考察其行为或事件的时间历程，描述事件的前因后果及其发展变化；④强调三角互证，个案研究要整合不同来源的信息以相互印证，且这种三角互证不限于资料收集阶段，还包括资料分析过程；⑤关注理论，个案研究一般要通过描述、分析个案，启发思考方向，形成新的理论假设与构想，或检验、扩展已有的理论。

早期关于心理治疗的疗效评价结论主要是依据个案治疗经验来做出的，如弗洛伊德、罗杰斯的研究。有研究者认为，研究心理治疗过程中来访者和治疗者的改变时，如果用严格的实验设计是不合适的。个案研究可以避免实验条件下的人为性，比较好地观察某一个体在某一变量上随着时间的变化而产生的变化，以及影响这一变量随时间变化的因素，获得对个体的深度理解。在一般个案研究之前，研究者需要对以下 5 个方面的内容进行思考，如研究的问题、研究的命题（相当于量化研究中的假设）、分析单位（如是按照不同次数进行分析还是按照来访者主题内容进行分析）、个案数据到命题的逻辑关系、结果的选取等。个案研究包括证据收集、证据分析、个案研究数据属性的确认等步骤。个案研究的证据可以是文件、档案、记录、访谈、直接观察等；证据分析被描述为"在循环往复中共同开发"，将个案信息的分析围绕某一主题展开，将关键问题或中心内容组织起来，再对数据进行检查，看看是否符合预期类别。个案研究数据一方面包含对个体经验的抽取和分析，符合科学中归纳法的本质，另一方面又可以将规则投入研究对象中去运行，符合科学中的演绎法的逻辑，这样可以有效地形成对个案心理既有普遍性又有特殊性的认识。但个案研究最大的问题是治疗者并不知道在没有治疗的情况下，来访者的状态是否也会有所改变，运用其他治疗方法是否也可以得到同样的结果，从而导致对个体的非系统性的观察和对资料的主观解释。

近几十年来，也有研究者把个案研究与科学的实验方法结合起来，建立和发展了个案实验设计（single-case experimental designs）方法。这种设计方案是将来访者置于系统设计的多种实验条件下，并在每种条件下评价来访者心理功能方面的变化。最常用的两种方法是 A-B-A-B 设计（A-B-A-B design）和多基线设计（multiple baseline design）。A-B-A-B 设计的实验程序为：在基础条件下（没有任何治疗因素的作用）对目标行为进行连续评价，称为 A 阶段；进入治疗方案的实施阶段即为 B 阶段；此后重复一次 A 阶段和 B 阶段。在第二个 A 阶段中，治疗因素被撤除，在第二个 B 阶段中，治疗因素又被重新引入。如果测得的行为随着治疗因素的介入或撤离而出现系统性的改变，就可以说明该治疗是有效的。但在临床实际工作中，研究者并不希望撤除治疗或看到来访者因撤除治疗而出现病情的恶化。另外，想在开始心理治疗后的某个阶段又将心理治疗因素完全去除，让来访者回到接受心理治疗之前的状态也不太可能。因此，这种 A-B-A-B 设计在临床上的应用非常有限。多基线设计是在确定了要进行治疗的行为后（至少 2 种），对这些行为进行基线观察，待基线数据稳定后开始对其中一种行为进行治疗，并对接受和未接受治疗的行为进行观察。此时预期被治疗的行为会发生变化，而未被治疗的行为仍保持在基线水平。接下来，治疗者采用心理治疗方法对另一行为进行治疗，继续对接受和未接受治疗的行为进行观察。如果每种行为的变化都是发生在对该行为进行治疗时，就证明该心理治疗方法是有效的。多基线设计的优点是实验过程中可以在不暂停治疗的情况下证明心理治疗是否有效。要保证该实验成功的要点是：一种干预措施只对一种特定的行为起效，即干预手段必须具有特异性。

尽管研究者们对个案研究方法进行了改进，也从个案研究中得到了许多关于心理治疗干预疗效显著的实验结论，但个案研究仍存在严重缺陷：个案研究的对象只是某个特定个体，很难判断该治疗方案是否能有效地推广到其他个体身上；个案研究的实验结果很难达到传统的统计学意义上的检验标准。但采用质性研究中的个案研究法即叙事个案研究（narrative case study）仍能从一个人的生命历程中获得大量、丰富和详细的资料，这将有助于进一步澄清来访者叙述性故事中的意义、揭示其问题的内在本质，对其他个案也能提供重要启示。需要注意的是，个案研究中资料的真实性和完整性至关重要，研究者需要重视对咨询与治疗过程的细节性资料、研究者和被研究者之间的信任关系以及研究者个人的倾听和理解的能力等方面资料的收集和分析。

二、组间设计研究

组间设计的特点是在不同被试之间进行比较，这种设计也被称为被试间设计（between-subjects design）。组间设计中的因素称作被试间因素或被试间变量，如年龄、性别等被试变量，以及用药类型、心理治疗方法等任务变量。完全随机设计、匹配组间设计和不等组设计均属于组间设计范围。组间设计又分为单因素组间设计和多因素组间设计两类。组间设计的优点是可以避免练习和疲劳等遗留效应或顺序效应所引起的混淆。最大的缺点在于无法将被试的个体差异所带来的无关变异从误差变异中分离出去，导致误差变异大，实验设计的敏感性降低。此外，组间设计所需的被试数目相对较多。

要研究某种治疗方法是否有效，比个案研究更有说服力的就是设置对照组或对照条件的实验设计。实验研究是指实验者对变量进行系统操纵，用以建立因果关系和普遍规律。这种研究的长处在于操纵具体变量，客观记录资料和建立因果关系。实验的过程中有恒量和变量的存在，这是实验的基本要素。恒量是在实验进行的前后都固定不变的量。变量则是在实验中引起变化的量，实验的结果主要是通过对变量的操作完成的。变量又分为两类，由实验者操作的变量叫作自变量，由自变量的变化而引起变化的量叫作因变量，也叫作依赖变量。在做心理治疗的实验研究时，心理治疗的本身就是自变量，心理治疗的结果是因变量，实验的目的就是用一定的方法来确定两者之间的关系。

（一）非随机对照研究

非随机对照研究（non-randomized controltrial，non-RCT）是实验研究设计中最简单的一种，是通过对两个"自然发生组"各项指标的比较来进行的研究。其具体包括非随机同期对照研究（non-randomized concurrent control trial）、自身前后对照研究（before-after study）、历史对照研究（historical control study，也称非同期对照研究）、队列研究（cohort study）、病例对照研究（case-control study）、描述性研究（descriptive study）等。非随机对照研究的优点是方便、简单，容易被研究者和来访者接受，参与研究的依从性较高。非随机对照研究的缺点是不能保证各组间治疗前的基本情况具有可比性，治疗组和对照组在基本临床特征和主要预后因素方面分布也可能是不均等的。如有研究者对焦虑症来访者进行了非随机对照研究。一组主动要求进行心理治疗的来访者接受了心理治疗，另一组未主动要求接受心理治疗的来访者则在内科医生那里接受镇静剂、滋补强身剂或暗示、鼓励、保证等支持性治疗，结果显示非心理治疗组中有72%的来访者康复，而心理治疗组只有54%的来访者病情好转，该研究者因此得出心理治疗对焦虑症无效的结论。这种非随机对照研究存在的最大问题是研究者并不知道在治疗前两组来访者的基本情况有无差异。事实上，那些寻求心理治疗帮助与寻求医学帮助的来访者之间不仅仅存在人口统计学方面的差异，更重要的可能存在症状严重程度方面的差异。所以，非随机对照研究所得出的心理治疗组的效果比非心理治疗组差的结论，很大程度上可能与入组时心理治疗组来访者的症状比非心理治疗组的症状更严重有关。另外，研究中还有一种可能的情况就是"回归到平均值（regression to the mean）"现象，这是一种统计学的假象，即治疗前心理症状明显偏离均值的个体在没有接受心理干预或心理干预无效的情况下，其分数也有可能会出现倾向于平均值的明显改变。

（二）随机对照实验

由于非随机对照研究存在上述问题，真正的实验研究往往采用的是另一种更严谨的实验设计，即随机对照实验（randomized controlled trial，RCT）。RCT被认为是科学研究的金标准，在心理治疗的研究中被广泛应用。当代关于心理治疗有效性的结论以及实证支持治疗清单的建立，大都是建立在RCT及其元分析的基础之上的。它指将相对同质的当事人（主要指心理困扰相似）随机分配给不同的治疗方案，以便控制潜在的不易弄清的自变量的影响。这种随机分配也不能保证在治疗前每组来访者的指标完全没有差异，但它最大程度地减少了组间系统误差的可能性。根据研究中所采用对照组的不同，随机入组的组间设计可以分为三种：非治疗对照设计（no-treatment controlled design）、等待治疗对照设计（waiting-list controlled design）及安慰剂对照设计（placebo-controlled design）。

非治疗对照设计又称空白对照设计，就是一组来访者不接受治疗而另一组来访者接受治疗，对照组在同等长度的观察时间内与治疗组接受相同的重复评估。在治疗结束时若治疗组的病情比对照组的有明显改善，证明某种特定的治疗手段是有效的，否则被认为是无效的。这种设计可以排除同时缓解、历史背景、自然痊愈等干扰因素，但其最大的问题在于：不能排除其他的混杂因素如来访者对治疗和改变的预期、治疗师的关注等，且故意不让非治疗组的来访者接受治疗是不符合人道主义精神及心理治疗家的职业伦理规范的。为避免这种情况，许多研究者采用了等待治疗对照设计，参与实验对照组的来访者在实验组完成实验后（通常需要2~4个月）再接受相应的治疗，把其治疗前的病情变化与治疗组进行比较，就可以得出关于治疗方案是否有效的结论。这种对照设计排除了在两组中均起作用的因素，如来访者对治疗和改变的预期等。但研究中对照时间的长短取决于治疗持续时间的长短，而在等待对照条件下治疗持续时间的规定也存在违背伦理规定的风险。安慰剂对照设计是药物治疗研究中的常规手段。被选作安慰剂的通常是一些不会对实验结果产生直接影响的内容或物质。可以想象，在心理治疗的疗效研究中采用安慰剂对照设计，比药物治疗要困难得多。心理治疗研究中常用的安慰剂处理方法是由一位治疗师给来访者一些非特异性的支持治疗，并确定其中没有有效的治疗成分。与药物研究一样，安慰剂组与治疗组在治疗以外的其他条件上越接近，两组的差异就越有可能是该治疗方法的特殊疗效。

有研究者将48名惊恐障碍来访者随机分为两组，一组来访者接受药物+认知行为治疗（CBT），另一组来访者接受安慰剂+CBT，结果显示，药物+CBT组的结果明显优于安慰剂+CBT组。在治疗成分分析（components analysis）的研究中，研究者可以把治疗组进行更细的分组。如研究者在对贪食症进行认知行为疗法的研究中，将贪食症来访者随机分成4组：等待治疗组、对热量摄入与泻剂使用情况进行自我管理组、CBT组及CBT+预防呕吐反应组。治疗为期4个月，治疗前、治疗中、治疗结束时均对来访者的泻剂使用情况、饮食热量摄入情况及心理症状进行评价，治疗结束后6个月再次评价各项指标。研究结果显示三个干预组来访者的病情改善明显优于等待治疗组；CBT 组的疗效明显好于单纯的对热量摄入与泻剂使用情况进行自我管理组；CBT 加预防呕吐反应措施组的治疗效果并不比单用 CBT 组好。

与非随机对照研究相比，随机对照研究可以最大程度地避免临床研究设计、实施中可能出现的各种偏倚，平衡各种混杂因素，提高统计学检验的有效性等优势。但随机对照研究也存在对照组纳入困难、大样本或超大样本管理、实验操作困难等不足。治疗的真实性（treatment integrity）是 RCT 遇到的一个重要问题，即在研究不同治疗方法的效果是否有差异时，要保证研究者所运用的方法确实是这种疗法，而非其他疗法，并且是对这种疗法恰当的应用，即按照治疗手册进行治疗的，或者治疗是在督导的指导下进行的。Jacobson 等研究者认为 RCT 研究能通过改变一些因素如治疗期长度、治疗者经验、是否按手册进行治疗、治疗技术是具有特殊的理论导向还是折衷的等来提供与临床治疗效果相关的信息。

三、元分析法

元分析是 20 世纪 70 至 80 年代，格拉斯提出的概念。元分析亦称总分析，其过程和功能是对已有大批研究提供的统计数据的再统计分析和综合（或称分析的分析），继以探查在这批研究中每次单独研究显现不出的，而对于解决重大问题具备更高价值的结论趋势和形态。由于元分析法不是直接去观察或调查研究对象，这类方法也被称为非介入性研究方法。与任何一个单独提供的疗效估计相比，元分析提供了对疗效更准确的估计。元分析只比较均值与对照组之间的差异，并不涉及具体的疗效评价标准。研究者根据每项研究中所测指标的标准差来计算治疗效应值（effect size），即衡量关联强度的标准化指数。这种根据各组独立测量指标的标准差得出的治疗效应，反映的是治疗组与对照组均值之间的差异。如果治疗组的均值高出对照组 1.5 个标准差，那么治疗效应就是 1.5。这一指标可以用于比较不同治疗方法在治疗同类来访者时的疗效差异。效应值的优点之一是提供了与显著性检验不同的信息。Jacob Cohen 将合并效应值（d 值）0.8 定为大效应、0.5 定为中效应、0.2 定为小效应。假设研究发现某个治疗优于无治疗，效应值为 0.6，这可解释为接受心理治疗的个体的平均改善水平优于 73% 的无治疗的个体，但如果治疗完全没有价值（即 $d = 0.00$），那么治疗组个体的平均状况会优于 50% 的无治疗的个体。

20 世纪 90 年代，Lambert 等收集了大量的心理治疗元分析方面的研究，结果显示心理治疗是有效的。从多年来进行的各种元分析来看，与绝对疗效有关的合并效应值基本在 0.75 至 0.85 之间。心理治疗合理的、经得住检验的效应值是 0.8，这意味着平均来看，接受心理治疗的来访者比 79% 的未接受心理治疗的来访者更好，心理治疗能解释 14% 的结果变异，即心理治疗是有效的。元分析也可以通过综合许多研究来检验治疗的相对疗效，从而检验心理治疗疗效是相同的还是不同的。许多关于相对疗效的结论都是建立在治疗组与对照组的元分析比较的基础上的。这种基于对照组的元分析法也会因为某一类别的治疗研究可能和其他类别的治疗研究不同而导致推论存在问题，如将认知行为疗法组和对照组进行比较的研究，可能和将心理动力治疗组与对照组进行比较的研究在所用的结果变量、所治疗的疾病严重性、来访者的共病、治疗的标准化、治疗时长等因素上都存在很大差异。为避免由治疗类别与对照组比较而产生结果的混淆，也可以只将那些直接比较两种心理治疗差异的研究汇总起来进行分析以检验相对疗效。如对心理动力治疗和认知行为疗法的相对疗效感兴趣，就仅仅检验那些直接比较这两种类型的治疗研究。这种方法可以消除由因变量、治疗问题、治疗设置、障碍的严重性和其他来访者特征导致的混淆变量，也可以对相关元分析和原始研究进行回顾，以确定针对特定障碍的不同疗法的相对疗效，如美国心理健康研究所抑郁症治疗合作项目比较了认知行为疗法、人际关系疗法、抗抑郁药物加临床管理以及安慰剂药物加临床管理这四种针对抑郁症的治疗方法。近年来，也有研究者使用"网络"元分析技术（"network" meta-analytic techniques）来检验心理治疗的相对疗效。这是一种相对较新的统计方法，它用贝叶斯（Bayesian）方法来对在同一研究中没有被实际比较的疗法进行直接模拟比较。如一个研究将认知行为疗法和接纳承诺疗法直接比较，另一个研究将人际心理治疗和认知行为疗法直接比较，那么，网络元分析可以模拟接纳承诺疗法和人际心理治疗的直接比较。

四、心理治疗中的质性研究

心理治疗领域中包含很多适合进行质性研究的主题，如治疗联盟、来访者的依从性等。有研究发现，心理治疗效果研究中人为控制的实验环境与现实心理治疗情景设置有本质的不同，即使是严苛的 RCT 研究设置对心理治疗机制的信息提供也是非常有限的。因为，研究者不可能将现实心理治疗情景中产生疗效的隐形因素一个个剥离成独立的研究对象。但心理治疗中的隐形因素如来访者的非语言信息、咨询关系的变化、咨询师和来访者的感受、咨询的进展过程等又是影响心理治疗效果非常重要的因素。而质性研究是深度理解心理治疗过程的理想方法。使用质性研究方法收集和分析心理治疗过程的资料，可以帮助研究者获得对心理治疗过程复杂性的理解。质性研究通常是在自然情境下，在开放式的深入探索的过程中提出假设，重视心理治疗师与来访者之间的即时互动与相互影响，这更加贴近心理治疗的实际，可以更好地反映心理治疗过程的真实性和完整性。研究者通过开放式访谈、现场观察等方式搜集资料，进一步分析录音、文本等信息，对被研究者的生活故事和意义建构做出"解释性理解（interpretive understanding）"或"领会（verstehen）"。在质性研究过程中，研究者和被研究者双方都可能发生改变，收集和分析资料的方法也会变，建构研究结果和理论的方式也会变。这种质性研究的不断变化的研究过程对研究者的决策以及研究结果的获得会产生重要的影响。因此，质性研究报告中，研究者需要对自己的角色、个人身份、思想倾向、自己与被研究者之间的关系以及这些因素对研究过程和研究结果所产生的影响进行反思。Hoyt 等曾根据对心理咨询杂志（*Journal of Counseling Psychology*）的调查，预测适用于复杂多变的过程-效果研究的质性研究方法的应用很可能成为心理治疗研究的主要趋势。质性研究的信度和效度问题一再被诸多学者探讨。早在1998 年，Maxwell 就提出把质性研究的效度分为描述效度、解释效度、理论效度、评价效度和推广效度几种。但也有研究者认为质性研究中的效度跟量化研究中的效度不同。质性研究中的效度指的是一种"关系"，是研究结果和研究的其他部分包括研究者，研究的问题、目的、对象、方法、情境之间的一种"一致性"，即"真实性"。这种"真实性"被认为是评价质性研究的关键环节。

量化研究和质性研究各有利弊，量化研究的好处恰恰是质性研究的短处，而质性研究的长处恰恰可以用来弥补量化研究的短处。质性研究负责对研究过程的抽象、概括；量化研究可以为其提供数据变量的支持。这两种方法的结合可以同时在不同层面和角度对同一个研究问题进行探讨，可以对有关结果进行相关分析，从而提高研究结果的可靠性。

第三节 心理治疗疗效的评价

心理治疗方法众多，如何从中选择最有效的治疗方法，可能是临床心理工作者进行临床决策时面临的最大问题。尽管心理治疗过程十分复杂，难以对其进行直接的实证研究，本节仍将试着从以下几个方面来讨论心理治疗疗效的问题：心理治疗是否有效？哪些心理治疗疗效更好？不同心理治疗方法对于不同心理障碍来访者治疗的相对有效性如何？到底是哪些心理治疗成分在起作用？心理治疗的剂量效果问题？心理治疗是否可以导致大脑的神经生物学改变？通过对这些问题的探讨，临床心理工作者在选择心理治疗方法时，不仅要考虑自身的临床技能，还要考虑研究者提供的研究证据、来访者的特征等因素，最终选择与患者特征及病症相匹配的，已经得到研究证实的具有高疗效、实效与效率的治疗方法，以确保患者能从治疗中获得最大收益。

一、心理治疗的总体疗效评价

目前已有足够的证据说明心理治疗是有效的，特别对于轻、中度抑郁症、焦虑症或强迫症来访者，心理治疗效果不亚于药物治疗的效果。

在探讨心理治疗的总体效果时，历史上曾有过著名的"渡渡鸟论断"（Dodo Bird Verdict），即针对具体疾病，不同心理治疗方法的效果是没有差异的。但该论断自提出以后受到了很多质疑。"渡渡鸟论断"仅是基于元分析做出的整体结论，忽略了心理治疗变量间的交互作用以及来访者的人格特点、治疗者的技能等缓冲变量的影响，因此不能过度解读该论断。1952 年，英国心理学家汉斯·艾森克曾对 7000 多名有各种心理障碍来访者的治疗效果进行研究，结果显示接受正规心理治疗的来访者的疗效并不优于未接受心理治疗的来访者的疗效。这一报告严重质疑了心理治疗的有效性。但也有研究者得出不同的结论，对心理治疗的有效性给予了积极的评价。如有研究者回顾了 101 个研究，认为心理治疗大体上是有效的。Smith 等也首次对心理治疗疗效研究进行了元分析。他们收集了 475 个设有对照组的研究，涉及 78 位不同理论取向的治疗家，治疗的来访者有 25000 人，平均治疗会期 16 次。这些研究共有 1766 个效果比较数据，心理治疗的平均治疗效应值为 0.85，即心理治疗组来访者的改善程度比对照组要高出 0.85 个标准差，这意味着在治疗结束后，疗效处于治疗组中等水平的来访者的治疗效果也要优于 80% 的对照组来访者。Shapiro 采用比 Smith 更严格的选择标准，并增加了一些新的文献，结果更支持心理治疗的效能，平均效应值为 1.0。Leichsenring 等对 33 个采用手册指导的动力心理治疗的随机对照研究进行元分析，结果显示，在一些特定的精神障碍的治疗中，心理动力治疗的疗效优于常规治疗组和等待治疗组。Smith 等也对 11 项随机对照研究进行分析，研究样本涉及进食障碍、焦虑抑郁障碍、边缘性人格障碍诊断。结果显示：与无特定治疗成分的对照组相比，长程心理动力治疗(long-term psychoanalytic psychotherapy, LTPP)的疗效明显要好，但其疗效并不比其他各种特定的心理治疗对照组好。Driessen 等对总样本量达 1365 名的 23 个研究进行分析，发现短程心理动力治疗(short-term psychodynamic psychotherapy, STPP)对成人抑郁的治疗效果明显优于对照组(效应值为 0.69)。之后也有研究者报告了心理治疗的元分析结果，虽然每项研究所得的治疗效应值大小不等，但结论都与 Smith 最初的结论一致：心理治疗确实具有显著疗效。

有关儿童和青少年心理治疗疗效的文献综述和元分析已有不少。有研究者对 1952—1983 年间发表的关于儿童心理治疗的 75 篇文献进行了元分析，研究对象为 3～15 岁的儿童；心理问题包括攻击行为、退缩行为、多动症、冲动控制障碍和恐怖症等；治疗方法有心理动力治疗、认知治疗和行为治疗等。研究结果显示，与对照组相比，各治疗组均有效果，平均效应值为 0.71，即治疗组儿童的平均心理健康水平比 71% 的对照组儿童要好。另有研究者收集了 100 项 4～18 岁儿童和青少年心理治疗效果的研究，结果显示，各种心理治疗对不同患者的总体效应值为 0.79。Reynolds 等对 55 个高质量的 RCTs 研究进行了元分析。55 个研究涉及儿童和青少年焦虑样本(焦虑的诊断包括创伤后应激障碍、社交恐惧、特定恐怖症、强迫症等)多达 2434 人，对照组样本 1824 人；其中大部分研究采用的是 CBT 或行为治疗。该研究结果与对照组相比，心理治疗对儿童和青少年焦虑障碍的治疗具有中等的治疗效应，其效应值为 0.65。

也有研究者对过程—经验治疗的疗效进行了分析，结果证实过程—经验治疗这一方法是有效的。如有研究者对 1978 年至 1990 年发表的关于人本主义、存在主义和过程—经验治疗的共 37 个疗效研究进行了回顾，对不同治疗方法的有效性进行了总结。结果显示：存在—人本主义心理治疗(existential-humanistic therapy)对来访者有明显的改善作用，而且治疗效果可维持 9 个月到 2 年，但这些研究均没有设立对照组。另有研究者对 15 项存在—人本主义或过程—经验治疗效果的研究结果进行了回顾，这些研究均设立了治疗组和非治疗组或等待治疗组。总体来说，与非治疗组比较，存在—人本主义或过程—经验治疗组的疗效显著。但该研究也发现不同的治疗形式的治疗疗效的大小不同，提示存在—人本主义治疗或过程—经验治疗中的某些形式可能更有效。

总的来说，心理治疗是有效的，这意味着不同的心理治疗方法有一些对来访者起作用的共同成分。心理治疗改变理论中的共同要素理论认为，既然各种心理治疗方法同等有效，那么治疗的改变就不是治疗的特殊成分所导致的，而应归功于治疗方法背后的共同要素。共同要素既包括不同治疗方法所使用的共同原则，也包括来访者特征、治疗师品质、改变过程、治疗结构、治疗关系等具体因素。Lambert 通过实证分析发现，治疗技术仅能解释心理治疗效果变量的 15%，治疗关系等共同要素能解释效果变量的 30%。Lambert 等列出了 30 个不同心理疗法共享的活性成分，如情绪宣泄、治疗关系、理论依据、认知学习等。目前，心理治疗界公认的一个事实是：尊重、积极关注、真诚、共情几乎是一切心理治疗有效的必要条件。正是这些共同成分让不同心理治疗方法产生了相似的疗效。

二、不同心理治疗方法的比较

心理治疗的方法多种多样。这里的不同心理治疗方法的比较既包括不同理论取向心理治疗方法之间的比较，如认知行为、精神分析或心理动力治疗、存在—人本主义治疗等；也包括不同治疗模式之间的比较，如团体心理治疗和个体心理治疗，短程心理治疗和长程心理治疗等。既然心理治疗有效，那么不同的心理治疗方法或不同模式的心理治疗疗效是否会有差异？是否某些心理治疗方法或模式比另一些治疗方法或模式更有效？

Birmater 等把 107 名重性抑郁症的青少年随机分到三个心理治疗组：认知行为治疗组、系统行为家庭治疗组和非指导性支持治疗组，疗程为 12～16 个会期，治疗后 2 年评价其远期治疗效果。结果显示，三组治疗的远期效果没有显著差异，痊愈率为 80%，有 30% 的来访者复发。Barkham 等的研究也发现动力人际关系治疗和认知行为治疗对重性抑郁的治疗效果相当。也有研究者以抑郁症为研究对象，对认知行为、人际关系、临床管理加抗抑郁剂、临床管理加安慰剂四种治疗方案进行了疗效比较，整个治疗包括 3 个治疗场所、28 位治疗师及 250 名来访者，结果显示 4 组来访者经治疗后，抑郁程度都较治疗前有所减轻；三个治疗组之间并未出现明显的疗效差异。DeRubeis 等的元分析结果显示不同理论取向的心理治疗如心理动力治疗（psychodynamic therapy，PDT）、来访者中心治疗、认知治疗或行为治疗等产生的治疗效果无显著性差异。Leichsenring 等的元分析也显示，对特定精神障碍的心理动力治疗的疗效与 CBT 的治疗疗效相当。对短程心理动力治疗和认知治疗在抑郁障碍来访者中的治疗效果进行的元分析结果显示：两种治疗方法在对抑郁症状的缓解、社会功能的恢复及效果维持方面无明显区别，但认知治疗在早期焦虑症状的改善方面稍占优势；在对人格障碍的干预方面，心理动力治疗比认知疗法的效果更好。

Keefe 等对 1978—2014 年 14 个针对焦虑障碍的心理动力治疗的 RCT 研究进行了元分析，结果显示与对照组相比，心理动力治疗对焦虑障碍有明显治疗效果（$g=0.64$）；但与其他治疗组相比（如 CBT），疗效差异不显著（$g=0.02$）；随访 1 年（$g=-0.26$）及 1 年后随访，心理动力治疗与 CBT 疗效的差异不显著。但 Forman 等将 132 例诊断有焦虑、抑郁等障碍的来访者随机分为两组，一组接受 CBT 治疗，一组接受接纳与承诺治疗（acceptance and commitment therapy，ACT），对其抑郁、焦虑、社会功能水平及生命质量等方面进行疗效评估，结果显示，治疗结束时两种治疗方法具有同等的治疗效果；但 1.5 年后的随访结果却显示 CBT 疗效优于 ACT。Driessen 等对成人抑郁进行短程心理动力治疗的研究进行了元分析，结果发现在治疗结束时短程动力心理治疗组的治疗效果明显优于对照组（总效应值 0.69），但与其他心理治疗相比，其治疗效应较低（效应值为-0.30）；治疗后 3 个月、1 年随访时，短程心理动力治疗与其他心理治疗的疗效差异不再具有统计学意义。

除了比较不同理论取向的心理治疗研究外，也有一些研究比较了不同治疗模式的结局差异，结果显示团体或个别、老手或新手、长期或短期等的疗效差异甚微。Reynolds 等对儿童、青少年焦虑的 RCTs 研究进行元分析后发现：对特定焦虑障碍的治疗，个别心理治疗的疗效优于团体治疗。Driessen 等分析发现短程心理动力团体形式的治疗疗效明显低于短程心理动力治疗的个别治疗模式。Knekt 等把 326 例来自精神科门诊的焦虑抑郁障碍来访者随机分配到三个治疗组：焦点解决治疗（solution-focused therapy，SFT）、短程心理动力治疗、长程心理动力治疗。另有 47 例为自愿选择接受精神分析治疗的分析治疗组(psycho analysis，PA)。共有 71 位治疗者参与研究，接受治疗的来访者在治疗前及 5 年随访中的 9 个时间点接受包括焦虑抑郁等精神症状、工作能力等多项指标的评估。结果显示：5 年随访时，所有接受治疗的来访者的精神症状、工作能力等方面均获得明显改善；而在治疗后的第一年，短程治疗(如焦点解决治疗和短程心理动力治疗；前者治疗频率为每 2～3 周 1 次，治疗最多 12 次或不超过 8 个月，后者为每周 1 次，共 20 次)比精神分析(治疗频率为每周 4 次，持续 5 年)更显治疗优势。

总之，只要方法选择恰当，任何心理治疗方法都具有一定的治疗效果，但不同治疗方法的长期效应、不同治疗形式之间仍存在一定的疗效差异。

三、不同心理治疗方法对于不同心理障碍的相对有效性

虽然总体来说，不同心理治疗方法的效果没有显著性差异，但并不意味着某一治疗方法对各种障碍都具有同等的效果，也不是说各种治疗方法对某一心理障碍的效果都相同。已有研究证明，在治疗具体疾病时，一些治疗方法会比另一些治疗方法更有效。在比较各种不同心理治疗疗效的研究文献中，针对抑郁症、强迫症和焦虑症方面的研究较多，如美国针对抑郁症的协作研究项目。该研究在三个地区分别取 250 名来访者，将其随机分成 4 组：Beck 认知—行为治疗组、人际关系治疗组、米帕明加临床管理组、安慰剂加临床管理组。治疗者均受过认知行为治疗和人际关系治疗训练，研究小组对治疗过程实施全程管理，实验过程中每位来访者平均接受 16 次治疗，治疗前、中、后分别对各种心理学指标及心理社会功能进行评定。研究结果显示 4 组来访者经治疗后抑郁程度均较治疗前有所减轻；三个治疗组之间并未出现明显的疗效差异。最终结论显示，认知行为治疗与人际关系治疗对抑郁症的疗效相近。Shapiro 等研究者在抑郁症来访者中比较了认知行为治疗与心理动力学人际关系治疗的疗效。共有 116 名病情严重程度各异的抑郁症来访者参与研究，来访者随机接受两种心理治疗中的一种，按每周一次的治疗频率共持续 8～16 周。该研究结果发现：无论抑郁严重程度如何，认知行为治疗在改善抑郁症状方面的效果都明显优于心理动力学人际关系治疗。而且，抑郁程度越严重的来访者，越能从较长疗程的治疗过程中获益。

另有研究者比较了当事人中心治疗(client-centered therapy，CCT)和过程—经验治疗(process-experiential therapy，PET)对抑郁障碍的治疗效果，结果发现两种心理治疗方法对抑郁的治疗均有效，但与 CCT 相比，PET 对人际问题和自尊方面问题的治疗效果更好。Watson JC 等同样采用 PET 与认知行为治疗对 66 名重性抑郁障碍来访者进行为期 16 周的心理治疗，结果两组来访者在抑郁水平、自尊、一般症状、功能性不适态度等方面均有明显改善，但与 CBT 相比，PET 对人际问题的改善更具优势。

Sánchez-Meca J 等对 1985—2012 年间关于儿童、青少年强迫症的 18 个心理治疗研究 24 个独立比较(11 个 CBT、10 个药物治疗、3 个心理和药物结合治疗)进行了元分析。总样本涉及 1223 人，治疗组 656 人，对照组 567 人；对照组有药物安慰剂、等待治疗和放松训练三种形式。结果显示：CBT、药物治疗以及心理和药物结合治疗三种治疗方式均能显著减轻强迫症状，三个效应值均具有统计学意义，但 CBT 治疗($d=1.742$)、心理和药物结

合治疗（$d=1.710$）的效应值明显高于药物治疗（$d=0.746$）；且 CBT 对强迫症继发症状如焦虑、抑郁等其他结局评估的改善更有优势。Ponniah 等也对 1988—2012 年共 55 个针对成人强迫症的 45 个 RCT 研究进行了综述，结果显示暴露与反应预防（exposure and response prevention, ERP）、CBT 对强迫症有特定的治疗效应；不包括 ERP 或行为实验的纯认知的方法，如接纳承诺疗法、眼动脱敏和再加工治疗（eye movement desensitization and reprocessing, EMDR）等对强迫症可能有效；应激管理和动力心理治疗对强迫症的治疗证据尚较缺乏。

在焦虑症的治疗方面，研究的结论与对抑郁症的治疗是类似的。有研究者指出，大量的实验研究、元分析及对各种焦虑障碍如广场恐怖、强迫障碍、惊恐障碍等的研究显示心理治疗明显有效。后续的研究更深入，多是针对某种特定的焦虑障碍进行不同治疗方法疗效的元分析，如心理治疗与药物治疗对惊恐障碍的疗效等。结果显示两种治疗均有效，包含了暴露治疗成分的认知行为治疗的疗效要优于药物治疗；在长期的维持治疗过程中，认知行为治疗的疗效也是肯定的。

美国心理学会（American Psychological Association, APA）临床心理学分会于 1998 年提出了"实证支持治疗（empirically supported treatments）"的概念，即"针对特定病人而明确指定的，已被研究证实，特别是被随机对照研究证实为最有效的心理治疗"。实证支持治疗根据其有效性程度可以分为疗效肯定的治疗（well-established treatments）、可能有效的治疗（probably efficacious treatments）与实验性治疗（experimental treatments）三个等级。其中，疗效肯定的治疗级别最高，是指得到多个严格控制的研究反复证明了疗效的治疗方法，如针对恐怖症的暴露治疗、针对抑郁症的认知治疗、针对暴食症的人际心理治疗等。疗效肯定的治疗已被用于一系列的疾病与问题，如焦虑障碍、抑郁症、儿童行为问题、进食障碍、边缘性人格障碍等。

四、心理治疗成分分析

研究证实并非所有的心理治疗方法对所有的病症都具有同样的效果。心理治疗方法只是治疗改变的一个因素，病人特征、治疗师、生活环境和治疗关系等也对心理治疗的改变产生重要影响。针对心理治疗方法为什么能促进治疗的改变，在心理治疗史上曾长期存在两种相互对立的理论：特殊成分理论与共同要素理论。其中共同要素理论被多数研究者所接受，具有广泛影响的"大四"共同因素（the big four common factors）成分及其所占比例分别为：来访者和治疗外因素占 40%，关系因素占 30%，期望因素占 15%，模型或技术因素占 15%。特殊成分理论认为治疗的改变归因于治疗方法中特殊的成分或技术，这些成分或技术类似于药物起作用的活性成分。每种复杂的心理治疗方法实际上是由相对简单的治疗成分组成的，如来访者中心心理治疗中固有的倾听、积极关注、共情和精神分析疗法的用移情克服阻抗已经被其他学派广泛接受。治疗恐惧症的疗法有很多，但成分分析发现：无论用哪种疗法治疗恐惧症，暴露始终是重要的成分。有研究显示动力取向心理治疗与效果有关的过程变量包括治疗师的治疗技术、解释与表达方式、对移情的处理，来访者的理解能力、主观体验、是否善于反思，治疗师和来访者的治疗同盟等；治疗师采用更多的支持性干预技术处理移情时，来访者能够获益更多；善于自我反思的来访者，心理动力治疗能有效加强其对人际关系的适应。治疗同盟及来访者的主观体验被认为是心理动力治疗效果好坏的预测变量。Driessen 等的元分析发现短程心理动力治疗的支持成分和表达成分对成人抑郁具有同等的治疗效应。Cuijpers 等对 2010 年以前成人抑郁的非指导性支持治疗(non-directive supportive therapy, NDST)的 31 个研究进行了元分析,结果显示 NDST 对成人抑郁的治疗是有效的($g=0.58$),但比其他心理治疗如 CBT、过程体验治疗等的疗效要差($g=-0.20$);33.3%的整体功能改善与治疗外因素有关,对抑郁症状的效应 49.6%来自非特定的治疗因子,只有 17.1%是特定的治疗因子的作用。

心理治疗过程研究的目的是识别心理治疗的活性成分及其可能的变化机制,以便增加对来访者心理转变过程的理解,以及更有效地设计和分配治疗方案、简化治疗过程。随着心理治疗研究的深入,促进心理治疗改变的特殊成分理论与共同要素理论正在越来越趋向于整合。在现实的治疗实践与培训中,有必要将两者整合起来,共同促进心理治疗的改变。

五、心理治疗剂量效果问题

对于绝大多数心理障碍来访者来说,心理治疗是有效的,但来访者的病情好转与其接受的治疗剂量(心理治疗次数)是否有关呢? 这涉及治疗效率(treatment efficiency)即"治愈来访者到底需要多少次会谈"的问题。Howard 等首次将药物治疗的剂量—效果(dose-response)模型引入咨询效果研究。这里的剂量指的是会谈的次数,效果指的是来访者进步或改善到正常化的程度。结果发现,与药物治疗类似,心理治疗次数越多,改善的可能性越大,即心理治疗中会谈的次数(剂量)与来访者有进展或正常化的可能性成正比,在较高剂量水平情况下,病情复发的可能性减少。Howard 等研究发现 14%的来访者在首次会谈即有改善,53%的来访者在 8 次会谈后改善,75%的来访者在 26 次治疗后改善,83%的来访者在 52 次会谈后改善。Shapiro 等研究发现对严重抑郁症来访者来说,接受治疗时间越长,其临床症状的缓解程度就越高。传统的精神分析治疗往往要求来访者接受数年的分析,因此,精神分析取向的治疗者是最支持这一观点的人;但认知或行为取向的治疗者则认为只需要 16~20 次会谈即可达到最佳心理治疗疗效。有研究者对 30 多年来的这方面的研究做元分析,来访者总数超过 2400 例,分析治疗次数与每次治疗后好转来访者占总人数比例之间的关系。结果显示:8 次治疗后 40%的来访者病情有好转,坚持 6 个月每周一次治疗的来访者中,75%的病情明显好转。绝大多数来访者在相对较短的治疗时间内病情出现了改善,而持续 6 个月以上,他们从治疗中获益程度较初期明显减少。Hansen 等追踪了对美国 4761 名接受每周一次的标准心理治疗的来访者每次的治疗情况,结果显示 15~19 次治疗可以获得 50%的有临床意义的阳性治疗反应。Anderson 和 Hansen 等收集了正在治疗的来访者资料,要求来访者在每一次会谈前对其症状、人际关系、社会角色及每周的生活品质进行等级评定,并使用统计方法模拟来访者返回正常功能状态所需的会谈次数,结果显示大约 1/3 的来访者在第 10 次会谈时康复,50%的来访者在第 20 次会谈结束时康复,75%的来访者在第 55 次会谈结束时康复。Haas 等研究发现来访者在治疗早期(如前 3 次会谈)获得的积极反应,可以预测最终的治疗结局及疗效的持久性。

有研究者对剂量—效果研究进行了总结,认为根据跨各次会谈的心理症状进展率,可以将心理症状划分为三个反应类型：急性苦恼或悲痛型（acute distress），其进展最快；性格型（characterological）苦恼或悲痛的进展最慢；而介于二者之间的是慢性（chronic）苦恼或悲痛，也称中间型（intermediate）。另外，对于大多数临床症状，16 次治疗至少提供了 50% 的恢复常态机能的可能性，26~28 次治疗提供了 75% 的可能性。剂量效果研究与 RCT 研究提供的来访者治疗进展的总体信息是一致的，但具体到个别来访者，治疗次数的疗效进展模式并不是线性的。研究发现在对抑郁障碍的认知行为治疗中，"早期快速反应"通常在第 4 次会谈时被发现，抑郁症状急剧减少，而之后的改变则变得平稳。Ilardi 和 Craighead 等回顾了 12~20 次会谈的抑郁症认知行为治疗的效果研究，结果发现 60%~70% 的症状改善发生在前 4~6 周。Tang 等在对抑郁的认知疗法治疗的研究中发现"突然获得"模式，表现为在早期会谈的间隔中，有一个会谈间隔里症状急剧改善，且不会出现倒退现象。"突然获得"模式平均出现在第 5 次会谈（大约在第 1 至第 8 次会谈之间）。但也要认识到作为治疗目标的改善率也具有很强的异质性，如不同的人际问题如控制、分离与自我谦让，在心理治疗过程中产生反应的速度是不同的。控制问题改善速度较快，接近 50% 的来访者在第 10 次治疗前就有改善；分离问题的改善速度则较慢，30% 的来访者在第 17 次会谈内改善；而自我谦让问题则在第 4 次会谈时有 25% 的来访者已经改善，可超过 4 次以后却很少再发生改变。

剂量—效果研究结果提示心理治疗会谈次数与来访者进步和正常化的可能性成正比，但心理治疗更多的改变来自于治疗早期而不是后期的会谈，且在较高的剂量水平情况下心理治疗带来的改变速度在减慢。但也要意识到，来访者的问题不同，对心理治疗的反应速度也各不相同。抑郁障碍的来访者对心理治疗的反应是最快的，焦虑障碍来访者的反应次之，边缘性人格障碍者对心理治疗的反应是最慢的。

六、心理治疗的脑影像学改变

心理治疗对一个人的信念系统、情绪状态、行为都有着深远的影响。这种心理治疗的影响是否能引起大脑功能的改变一直是研究者感兴趣的主题。Barsaglini A 等对 1992—2013 年涉及正电子发射计算机断层显像（PET）、功能性磁共振成像（fMRI）等影像技术的 42 个心理治疗研究进行了系统综述。其中 24 个研究设立了健康对照组，11 个研究有药物治疗组，6 个研究设立了等待治疗组。研究结果发现接受药物治疗或心理治疗后，抑郁障碍来访者脑区的变化主要集中在前额区域和边缘系统上。如 Buchheim 等研究发现：与健康对照组相比，抑郁障碍来访者治疗前表现出左前海马/杏仁核、膝下扣带回和内前额皮质活动增强，接受 15 个月心理动力治疗后这些部位的活动明显减弱；Derubeis 等研究认为药物治疗可能通过直接降低杏仁核活动来达到缓解抑郁的效果；而认知治疗则可能通过增加前额叶皮层的机能，进而降低杏仁核活动以缓解抑郁。另有元分析研究结果也显示对抑郁障碍的心理治疗和药物治疗激活的是不同的神经回路，心理治疗产生的效应主要激活左侧额上回和额下回、颞中回、中部扣带回和中央前回等脑区，而药物治疗产生的效应则在右侧脑岛。Frodl 等对抑郁障碍来访者治疗前后脑成像变化进行研究，发现治疗后来访者在海马区域的血氧水平反应显著减少。Kennedy 等的研究显示与治疗反应差的来访者相比，药物治疗、CBT 治疗效果好的抑郁来访者的眶额皮质、左视前额皮质的代谢活性降低，而右枕颞皮质代谢活性增加。在有治疗反应的来访者中，只有接受 CBT 治疗的来访者表现出后扣带回、丘脑代谢活性增加，左下颞皮质的代谢活性降低。相反，接受药物治疗者则表现出左颞皮质活性增加，后扣带回活性降低。Fu 等的研究显示，背前外侧活性可能是抑郁来访者对 CBT 治疗反应的预测因子。Dichter 等的研究发现治疗前旁扣带回的活性是接受抑郁症的短期行为激发治疗（brief behavioural activation treatment for depression，BATD）后来访者症状改善的重要预测指标。不同任务状态下脑成像的研究结果发现与对照组相比，抑郁障碍来访者在负性词的自我参照加工（self-referential processing）过程中，内侧前额皮质活性增强，CBT 治疗后接受同样任务时这一脑区的活性恢复到正常；15 个月长程心理治疗后，抑郁障碍来访者暴露于情感相关的刺激时前额区域活动增加。但静息状态与任务状态时，抑郁障碍来访者接受治疗后脑区激活改变是否不同有待于进一步研究。

此外，还有研究发现抑郁症存在默认网络、认知控制网络和情感网络的功能异常，因而推测对抑郁障碍进行心理治疗也可能参与到这些脑区的功能改变。Yoshimura 等对抑郁症来访者进行 CBT 治疗，在自我相关性情绪词判断任务条件下以内侧前额叶为种子点进行全脑链接分析，结果显示 CBT 治疗后抑郁症来访者的内侧前额叶—腹侧前扣带回的功能连接减弱。另有研究显示，静息状态下，6 周的认知治疗能够调节膝下前扣带回与默认网络和认知控制网络之间的关系。

对强迫症进行心理治疗后，脑区激活改变的研究结果各不相同。Baxter 等对强迫症来访者的研究显示，与治疗前相比，对药物治疗和心理治疗有应答反应的来访者均表现出尾状核代谢活性的降低，且这种代谢改变与症状改善有关。Yamanishi 等对药物治疗无效的强迫症来访者进行 12 周 CBT 治疗，结果发现有治疗应答反应的来访者的左中前额皮质、双侧额中回活性降低，而有治疗应答与无治疗反应者在治疗前未发现脑代谢存在这种差异，且治疗前的双侧眶额叶皮层（orbitofrontal cortex，OFC）的区域脑血流与 CBT 治疗应答者的症状改善显著相关，提示治疗前 OFC 的活性可以预测强迫症来访者对 CBT 的治疗反应。

焦虑障碍治疗的脑区激活改变也更多地集中于前额区域和边缘系统上。如 Grambal 等研究者对惊恐障碍来访者接受 CBT 和抗抑郁药物治疗后其静息状态下大脑成像的差异进行了比较，结果显示两种治疗后右后扣带回、左前额叶、左颞顶区和左枕叶等脑区代谢活动增加；双额叶、右颞叶和右顶叶等脑区代谢活动减少。Yang Y 等对惊恐障碍来访者的 CBT 治疗研究结果显示脑功能改变可以预测 CBT 的治疗效果。但不同类型焦虑障碍来访者治疗后发生变化的脑区又有所不同。如 Kircher 等的研究显示 CBT 治疗后，惊恐障碍来访者左侧杏仁核活动发生了变化；而 Schienle 等的研究显示蜘蛛恐怖症来访者的这一脑区并没有发生变化。另有研究显示，即使是同一种焦虑障碍在接受治疗后，发生变化的脑区也可能不同，如 Evans 等的研究显示广泛性焦虑障碍来访者在接受治疗后，前额叶脑区的活性发生改变，而 Dodhia 等对广泛性焦虑障碍的研究则没有发现前额叶的变化；Furmark 等的研究发现社交焦虑障碍来访者在接受认知行为治疗后左侧杏仁核发生了改变，而 Goldin 等的研究却没有发现这一脑区有改变。

综合以上研究可以看出：①心理治疗对抑郁障碍、强迫症、焦虑障碍来访者的大脑功能都有潜在的影响。②治疗后抑郁障碍和焦虑障碍出现了较多一致的脑区激活改变，如前额区域和边缘系统等。这些脑区与情绪、注意和记忆等认知功能有重要相关。这提示一方面心理治疗可能逆转了心理治疗前与一定心理病理有关的脑功能的异常，即心理治疗使脑功能正常化；另一方面心理治疗导致治疗前没有发生改变的脑区发生补偿性改变，或者两者都存在。③心理治疗所导致的脑功能改变与药物治疗所导致的脑功能改变具有一定的可比性，但不是所有障碍都表现出这种现象。研究结果也提示心理治疗与药物治疗的作用机制可能不同，心理治疗的主要目标在于额叶皮层区域的活动，以及减少被认为与前额叶活动相关的功能失调性认知，对脑功能的影响可能涉及自上而下的调节，而药物治疗则可能为自下而上的调节机制。④脑功能改变与心理治疗结局有关，提示这些脑功能改变有望作为监测心理治疗进展和治疗结局的客观评定指标。但不同研究采用的影像学技术不同、心理治疗方法不一、实验范式有差异、控制组类型不同，且大部分研究样本都偏小，研究结果还存在不一致现象。因此，目前对心理治疗的脑影像学改变尚难以得出确切结论。这种脑功能改变本身是否有意义，尚需要参考来访者心境、信念行为等的改变来解释。任志洪等对抑郁障碍和焦虑障碍治疗的神经心理机制进行元分析后提出将来的研究不仅要考虑更多不同的心理治疗方法、不同成像状态，也应考虑其他因素如性别差异、不同疾病亚型等对治疗后脑区激活改变的影响。同时，也有研究者提出应开展对药物和心理联合治疗及非侵入式大脑刺激治疗（non-invasive brain stimulation therapies）如电休克疗法（electroconvulsive therapy，ECT）、重复经颅磁刺激法（repetitive transcranial magnetic stimulation，rTMS）、经颅直流电刺激（transcranial direct current stimulation，tDCS）的神经心理机制与治疗效果的评价。

（唐秋萍　潘辰　张溪）

第十四章　心理学研究伦理学

心理学的研究伦理是研究者在开展研究前需要了然于心的内容，而且，符合伦理学的要求也是研究项目申请的前提条件。本章将首先概括性地介绍伦理，然后介绍心理学研究中的伦理注意事项，最后举例说明目前心理学实践中遇到的心理学伦理困境。

第一节　伦理概述

一、伦理的定义

伦理，是指人伦道德之理，指人与人相处的各种道德准则（中国社会科学院语言研究所词典编辑室，2016）。"伦理"一词在中国最早见于《礼记·乐记》："乐者，通伦理者也。"《说文解字》中对"伦理"进行如下解释："伦，从人，辈也，明道也；理，从玉，治玉也。"其中，"伦"即人伦，指人和人之间的血缘辈分关系；"理"即道理、规则；"伦理"，则指调整处理人伦关系应遵循的条理、道理和原则。

伦理分为普通伦理（general ethics）和应用伦理（applied ethics）。普通伦理为所有个体提供道德准则，而非仅仅针对于某些特定领域或团体中的个体或群体，其关注的是更具有广泛性的伦理事件，从宏观抽象的层面形成规则和原理，并将这些理论应用于实际案例（斯佩里，2012）。

区别于普通伦理，应用伦理针对特定的个体或群体，通过具体的案例或情境来发展伦理规则和理论。应用伦理分为专业伦理、组织伦理、环境伦理，以及社会和政治伦理等。其中，专业伦理的起源涉及专业问题（斯佩里，2012），因此，心理学领域的伦理属于专业伦理，是个人或团体用来规范正当行为的道德准则，可以帮助专业人员做出更好的伦理决策，并最终采取适当的行动。

二、伦理道德、法律的关系与区别

在日常生活中，人们时常把"道德"和"伦理"两词混用，但从学术角度看，两者有很大差别。在西方，"道德"（morality）源自拉丁文"mores"，沿袭了风俗、习俗、性格的含义，指国家生活中的道德风俗和个体的道德个性。"伦理"（ethics）源自古希腊语"ethos"，指外在的风俗、习惯以及内在的品格、德性。在中国文化中，道德着眼于个体，侧重于个体内在的道德品质和修养境界；伦理则着眼于整个社会，针对客观问题的处理原则和决策方法进行探讨，制定规范共识，形成社会的伦理关系和秩序。法律，则是经国家制定或认可并由国家强制力保证实施的行为规范，体现了国家意志。法律属于社会制度的范畴，伦理道德则是一种社会意识形态。

伦理道德与法律既有区别，又有密切联系，相辅相成，相互渗透。一方面，伦理道德与法律具有同源性，都是调整社会行为的重要手段，其根本目的都是维护社会和谐稳定，促使社会良性运转。另一方面，伦理道德与法律的内容和表现形式有所不同。相较于法律，伦理道德的调整范围更宽广、手段更灵活，是法律的补充。其进行调整的方式也有区别，法律彰显了其对调整人的行为的强制性，是一种刚性手段，而伦理道德则体现了一种柔性手段。

三、伦理的功能与意义

伦理有助于规范社会行为、维护社会秩序及和谐稳定，促使社会良性运转。

伦理是一种底线，是人类在历史发展中形成的价值观允许接受的最大公约数。道德是对伦理的进一步升华和提升，伦理天然是道德，但道德不一定天然是伦理。伦理和道德的核心精神和价值在于推己及人、感同身受，这是伦理和道德最大的意义，这种意义是泛人类的。

伦理存在的意义，便是保护弱势群体。科学和伦理的关系，就好比骏马和缰绳，科学是一匹骏马，载着人类向前快速前进；伦理则是缰绳，在让人类在更好地骑马的同时也能约束骏马，不让它成为脱缰的野马，给人类带来毁灭性的灾难。

第二节　心理学研究中的伦理注意事项

一、心理学研究中的一般伦理准则

中国心理学会于2018年颁布了《中国心理学会临床与咨询心理学工作伦理守则（第二版）》，规定了"善行""责任""诚信""公正""尊重"五项基本原则，作为指导心理学工作的一般伦理准则（中国心理学会，2018）。

1.善行

善行原则包含两个层面，分别是不伤害和获益性。不伤害即保障被试或寻求专业服务者的权利，确保其健康，避免对其造成伤害；获益性是指尽量增加可能的收益，减少可能带来的危险，要求心理学研究者增进与他们有职业关系的人们的福祉。

2.责任

心理学研究者应保持其工作的专业水准，认清自己的专业、伦理及法律责任，维护专业信誉，并承担相应的社会责任。首先，心理学研究者要有基本的工作胜任力，具备基本的知识结构以及专业理论知识和专业技能，保持专业水准。其次，在开展研究的过程中，心理学研究者要信守承诺，为被试保护隐私。最后，心理学研究者作为社会的一员，需要承担社会责任，必须发展心理学知识和技能，以帮助个人、家庭、团体、社区和社会更好地发挥作用，造福人民；需要利用自己的知识、技能和职位来增进个人和整个社会的福祉；必须防止滥用或不适当地使用心理学知识，并避免做任何损害其知识和技能效力的事情。

3. 诚信

诚信原则要求心理学研究者在与他人交往时秉持诚实、公开、真实并且准确无误的原则。心理学研究者必须值得信赖，避免利益冲突的情况；如果遇到无法避免的冲突，必须进行声明。心理学研究者在工作中应做到诚实守信，在临床实践、教学工作、研究发表以及宣传推广中应遵从科学原理，保持真实性。

4. 公正

公正原则要求心理学研究者在作为专业人员做出可能影响他人的决定或行为时，要做到公平、一致、均衡、不偏不倚，并遵循正当程序；采取谨慎的态度避免自己潜在的偏见、能力局限、技术限制等导致的不适当行为。具体来讲，心理学研究者在临床实践、教学、研究发表、宣传推广等各项工作中，对待来访者、学生、被试以及各类人群，均要公平，不应偏向、偏袒任何人，更不能歧视不同性别、年龄、阶层、地域等的人群。

5. 尊重

尊重原则要求心理学研究者承认并尊重所有人的尊严和权利。尊重人要求尊重他人的人格，避免嘲笑或骚扰他人，如在报告中给他人贴上精神病患者或恋童癖的标签；要求尊重他人的隐私权；要求尊重他人的自主性及自由，即把人当作自主的行动者看待，尊重他人自主决定的权利。

二、研究设计的伦理注意事项

研究设计是针对要研究或解决的问题形成的研究设想，集设计思想、研究目标、研究内容、研究方法、技术路线、研究价值、伦理原则等因素为一体（储静丘子，2015）。在此过程中，包含以下伦理注意事项。

1. 强化研究设计中的伦理意识

研究者需要自觉强化伦理意识，提高科研伦理认知水平，树立正确的学术价值观，形成牢固的伦理观念和信念，坚持在研究设计工作中全面贯彻伦理规范，以伦理意识指导科研工作，实现伦理学与心理学的完美融合。

2. 坚持以伦理原则指导研究设计

研究者在进行研究设计时，应坚持以伦理规范为指导原则。研究设计不仅要具备科学性、可行性、创新性、价值性等基本特征，而且要注重伦理学的选择与思考以及对伦理学原则的遵循。应当正确理解和践行心理学伦理学基本原则与规范，全面培养伦理素质。要求根据研究选题，实现与相应科研伦理规范的"并联"，严防伪造、篡改、剽窃和虚假同行评议等学术不端行为。同时，研究设计中必须遵守善行原则、责任原则、诚信原则、公正原则、尊重原则等伦理规范。

3. 主动承担研究设计中的伦理责任

在进行研究设计时，研究者必须有意识地主动承担伦理责任，关注研究的社会影响。这要求研究者主动进行伦理思考，具备清晰且正确的伦理取向，做出有针对性的伦理选择，主动接受伦理审查，确保科研成果经得起伦理检验。研究者在追求科研目标的同时，应兼顾伦理价值的追求，将心理学科研发展与人类发展紧密结合起来，增进人类福祉。

三、以人为研究对象的伦理问题

心理学领域以人为研究对象所进行的科学研究主要包括两个方面，一是采用心理学或生物学等方法对人的生理行为、心理行为、病理现象、疾病病因和发病机制等进行研究的活动；二是采用心理学方法收集记录有关人的样本、行为等科学研究资料的活动。

（一）以人为研究对象的伦理问题

在心理学以人为被试的实验研究中，伦理问题常常引发争议。具体来讲，主要有几个方面的伦理问题。

1. 风险与受益比的伦理问题

风险主要涉及身体、心理等方面的潜在伤害。受益包括研究预期的被试自身受益与社会受益。被试自身受益包括免费进行健康检查，获得心理健康报告，得到对自身更深刻的认识等；社会受益是指研究增加了人类的心理学知识，从而发展了心理学，使学科受益，使社会受益。

在心理学研究中，对被试身心健康的考虑必须优先于科学和社会的利益，必须以保证被试的尊严、权利、安全和福祉为前提。一项心理学实验，如果其有可能对被试造成较严重的身心伤害，那么无论这项研究的科学价值或社会价值有多大，对心理学的发展有多么重要的意义，这项研究都不能进行。

2. 被试招募的伦理问题

被试招募存在伦理问题的根本原因是被试和研究者的目的不同，前者的目的是从实验中获益，而后者是想让被试作为科研手段、承受实验负担。因此，被试招募中的第一个伦理问题是受益与负担分配不恰当的问题；第二个问题是对被试的激励补偿不恰当。激励补偿必须保持在合理的范围内，避免过度诱导被试参与实验，而应保障被试的理性及自由选择能力。

3. 知情同意的伦理问题

在心理学研究中，尊重人的原则体现在尊重被试的自主权及知情同意权，保障被试的权益上。在知情同意中，主要存在以下几个方面的伦理问题。第一个问题是通过诱惑、欺骗或强迫等手段获得知情同意而非真实自愿；第二个问题是缺乏知情同意的交流过程，仅仅局限于签署知情同意书；第三个问题是知情同意缺乏连续性，当研究的基本情况发生变化时，研究者没有及时将变化的内容告知被试。

（二）以人为研究对象的伦理原则

在以人为研究对象的心理学研究中，如果仅仅强调研究的科学性，有时会对被试造成不可挽回的伤害，所以在进行心理学研究时要遵循一定的伦理原则。

1. 保障被试的知情同意权

心理学研究的被试有权了解实验的目的、内容以及可能出现的不良后果等，并仅在自愿同意的情况下参与研究。研究者在实验进行之前应如实告知被试：研究的性质；被试可以自由参加或拒绝参加研究以及中途退出；可能影响被试参与意愿的重要因素，如研究中的风险、感觉不适、不利影响等。

有时，研究者为了控制被试的反应性，为了避免由于知晓实验的真正目的或真正过程而干扰实验效果的现象，不得不掩盖部分事实而欺瞒被试，这常常让研究者陷入两难的境地。欺瞒技术违反了知情同意的原则，仅仅在欺瞒对被试无害，并保证实验的潜在利益远远高于被试可能遇到的任何危险时，才能考虑对被试进行欺瞒。如果对被试可能存在不好的影响，就一定不能对被试有所欺瞒。此外，对被试进行欺瞒后，研究者需要在实验后将真相完全告诉被试并表示道歉，必要时给予一定的补偿。

2. 保障被试退出研究的自由

在心理学实验中，研究者必须尊重被试的自由，允许被试在任何时候随其意愿放弃或退出实验，尊重被试的自主决定权。这应该在实验开始时的指导语及知情同意书里告诉被试：如果被试在研究中因任何原因不想继续，他们有权利随时放弃或退出实验，尽管之前他们已经充分了解并同意了这样的研究程序。

3. 保障被试免遭伤害

研究者在实验进行中和完成后都必须确保被试没有因为研究遭受任何不良反应。在实验进行过程中，研究者必须对被试的状态保持密切关注，随时准备向被试提供帮助和建议。完成实验后，对于可能存在后作用的实验，研究者必须采用一些措施来防止或消除有害后果。同时，研究必须经过严格的审批监督程序，主动接受伦理审查。

4. 保密原则

在未经被试允许的情况下，研究者要对被试在研究中的任何表现及个人信息资料进行严格保密。当遇到两难选择时，研究者需认真衡量，保护被试免遭伤害比坚守保密原则更为重要。

四、以动物为被试的研究伦理

在心理学研究中，为了描述心理现象，揭示心理现象所遵循的心理规律，研究人员也常常以动物为被试进行实验。心理学领域比较经典的动物实验包括巴甫洛夫的经典条件反射作用实验、斯金纳的操作性条件反射作用实验、桑代克的饿猫迷笼实验、苛勒的小鸡觅食和黑猩猩实验等。动物实验必然会给动物被试带来不同程度的疼痛、伤害或痛苦，要科学、合理、人道地使用实验动物。

美国心理学家塞利格曼于 1968 年以狗为被试做了一项实验。狗被关在特殊的笼子里，只要蜂音器一响起，狗就会遭受电击。它们一开始会挣扎、嚎叫、跳跃、逃跑、攻击笼子，试图逃跑，然而结果无一例外都是失败。经过多次电击实验，塞利格曼打开了笼门，仅按响蜂音器，不再进行电击，但是这时狗已经放弃逃跑，直接倒在地上颤抖。塞利格曼由此提出了"习得性无助"的概念。不可否认，这个概念是具有现实意义的。比如，塞利格曼用它来解释抑郁症的成因：抑郁症患者也是在生活中反复遭遇失望、痛苦和挫败以及无论自己怎么努力也改变不了现状的状态，于是进入了一种全然无助的状态。2017年，塞利格曼获得美国心理学会颁布的杰出终身贡献奖。不可否认动物实验对心理学发展的巨大贡献，但是有关动物实验的伦理争论也从未间断过。

（一）动物实验的伦理观点

1.动物实验有必要的观点

研究者在动物身上进行研究，是为了避免给人类带来伤害。心理学领域很多重要的进步都是以动物实验研究与探索为基础的，实验动物对于人类探寻心理现象背后的心理规律的贡献是巨大的。为了人类的健康，动物实验是不可避免的。

2.动物权利主义的观点

动物权利主义者主张把道德关怀的范围拓展到动物身上，强调动物是有生命的道德主体，要尊重动物的情感和天赋权利。因此，以一种导致痛苦、难受和死亡的方式来对待动物是不道德的。动物权利主义者主张要平等地看待人和动物的利益。

3.动物福利主义的观点

动物福利主义者主张在利用动物的时候应该避免对动物造成不必要的伤害，确保动物不被虐待，让动物在康乐的状态下生存。目前国际上普遍认可的动物福利为五大自由：①享有免遭饥渴的自由；②享有舒适生活的自由；③享有免遭痛苦、伤害和疾病的自由；④享有生活无恐惧和悲伤感的自由；⑤享有表达天性的自由。

（二）动物实验的伦理原则

在以动物为被试的心理学研究中，实验人员应尽量减少对实验动物的伤害，减轻实验动物的疼痛，妥善安置实验动物。

有英国学者于1959年提出了保护实验动物的"3R"伦理原则，随后在全世界范围内被广泛认同并采用，成为国际伦理规范。"3R"原则，即替代（replacement）、减少（reduction）、优化（refinement）。

1.替代

替代是指在进行科学研究时，尽量采用其他方法即选择没有知觉的实验材料来取代动物的使用，或使用低等动物代替高等动物进行实验，并采用能达到同样的实验效果的科学方法。替代分为绝对替代和相对替代。前者是指在实验中完全避免使用动物，通常使用计算机模型等方法模拟动物进行研究；后者是指使用低等动物替代高等动物或者使用动物的细胞、组织、器官来替代动物，进行体外实验研究。

2.减少

减少即减少实验动物的使用量，是指在进行动物实验时，尽量选择使用较少的实验动物获取同样多的实验数据或者使用相同数量的实验动物获取更多的实验数据。为此，应在实验前进行周密合理的实验设计以及在获取数据后采用合适的统计学方法进行分析；对实验动物尽量重复使用，一体多用。

3. 优化

优化是指要进行动物实验时，通过改善条件，完善实验程序、手段、操作技术等，减轻对动物造成的伤害，包括生理的疼痛和心理的紧张不安等。具体来讲，可以通过以下方法进行优化：制定良好的实验方案；选择合适的实验指标；改善实验环境及条件；改进实验操作技术等。

总之，在进行以动物为被试的心理学研究时，必须尊重实验动物的生命，善待实验动物，避免或减少对实验动物的伤害，减轻实验动物的疼痛和恐惧。同时，动物实验要主动接受伦理审查，确保符合伦理标准。

五、论文发表的有关伦理要求

论文发表是科研诚信与学术道德全方位建设的重要一环。学术论文出版过程的伦理规范需要各方参与者共同遵守。

(一) 作者的伦理规范

1. 实事求是报告研究结果

保证论文的真实性，实事求是地报告研究过程和结果。不得篡改或伪造实验数据，也不能因为数据不利于研究结果而选择性地删除数据。及时更正错误以维护学术严谨性。若作者在论文发表后发现错误，应及时告知相关期刊编辑部做出更正。

2. 合理引用，严禁剽窃

在论文写作中，无论是直接引用已发表文献中的观点、数据、方法、文字表述，还是对其思想进行重新阐释，均需要引用文献并注明出处，从而清晰界定和区分原创成果及引用成果。

3. 规范论文署名

论文作者具有署名的权利。作者包括所有对研究有实质性科学贡献的人，贡献包括但不局限于提出问题假设、构思实验设计、收集实验数据、进行统计分析、撰写论文并进行修改。论文署名的先后根据实际贡献的大小排序，必要时提供并公开详细的作者贡献声明。论文的所有署名作者都应对论文内容负责，因此，在论文投递前，每个作者都应认真审阅。同时，不得未经他人同意擅自将其列入作者名单。

4. 避免论文重复发表

已经发表过的论文不应再投稿。不应为提高命中率而一稿多投。作者在投稿期间如想更换期刊，必须在改投之前通知原先投稿的期刊。

5. 妥善保存原始数据

作者应妥善保存原始图片、原始记录、实验数据等证明材料，在必要时需要向期刊编辑或审稿人提供。不仅如此，在文章发表以后，作者还应长期保存原始资料，包括但不限于原始的调查问卷、实验程序、实验数据等，以便读者验证研究结果或重复研究过程。

6. 注重伦理

凡以动物或人为被试的研究，作者必须明确描述实验动物的来源或人类被试的知情同意书等情况，并提供研究方案的伦理审查证明。

7. 投稿时声明是否存在利益冲突

如存在利益冲突，作者应主动将可能对研究结果产生影响的所有经济利益进行说明。

8. 保护研究中被试的隐私

作者应保证研究中被试的隐私信息的保密性。

9. 客观、理性地对待同行评审

如作者确实对评审意见或结果有意见，可以向编辑部提出申诉，提供材料，进行解释和说明。

（二）审稿者的伦理规范

1. 按照约定及时评审

审稿是同行评议学术研究活动的重要组成部分，是科学共同体中每个参与者的责任和义务。因此，审稿人应尽力履行审稿职责，及时反馈评审意见。如果因为某些不可抗因素不能按时返回评审意见，应及时告知编辑部并退审，或推荐其他审稿人，或及时告知编辑部可能延期的原因。未经编辑部同意，审稿人不得擅自委托他人代审。

2. 尊重作者，公正评审

评审专家应坚持按照公平、公正的原则对稿件的选题意义、理论水平、写作质量、解释和论证的合理性做出负责任的评审意见；尊重作者思想的独立性和科研创新的积极性，不得对作者的科研机构、地域、资历、民族等产生偏见或歧视。

3. 严守秘密

审稿人对所审稿件的内容有保密义务，不得泄露作者的研究内容。

4. 主动回避冲突

当审稿人与稿件作者存在利益冲突（包括但不限于亲属关系、师生关系、校友关系、同事关系、竞争关系等）时，审稿人应向编辑部申明并主动回避利益冲突。

5. 诚信审稿，严禁谋私

审稿人在评审过程中严格履行学术道德规范，不得利用审稿便利压制或贬低作者的论文，不得通过审稿意见明示或暗示作者引用与自己利益相关的文献。对于可能受被审稿件启发而形成和完善的个人研究成果，除非事先征得作者同意或标引发表后稿件的情况，不得擅自使用或泄漏被审稿件中的信息。

(三) 编辑的伦理规范

1. 公正评价

编辑应当公平、公正地对待每一篇稿件，根据稿件的学术价值和应用价值即选题的前沿性、研究的深入程度、读者的关注程度以及稿件与期刊主题的契合程度对稿件进行客观评判；不得对作者的种族、国籍、性别、资历、职务等存在偏见。

2. 科学评价

编辑在决定是否录用稿件之前，应当邀请同行专家对稿件做出评价。编辑应选取与稿件研究方向尽量接近、与作者不存在利益冲突的审稿人。当意见存在较大分歧时考虑邀请更多专家评审，但不得干扰评审。对于作者推荐的同行评议专家，编辑应核实信息，严格审查，根据实际情况慎重决定是否采用；对于作者要求回避的审稿人，编辑应当给予充分尊重。

3. 保密信息

编辑应严格遵守保密原则，一方面要严格对审稿人信息保密，另一方面要对作者的研究内容保密。

4. 尊重创新

编辑要充分尊重作者的学术观点和在研究工作中的探索和创新。

5. 主动回避

当编辑与作者存在利益冲突 (包括但不限于亲属关系、师生关系、校友关系、同事关系、竞争关系等)时，应主动回避处理稿件。

6. 及时报道

对作者提交的稿件，编辑应当在合理的期限内予以及时处理，尽可能保证符合期刊要求和质量标准的研究成果及时发表，从而缩短稿件的录用和出版周期，加快学术信息交流的速度。

7. 尽力提醒

编辑应当提醒作者投稿中的注意事项，提醒作者避免学术不端行为。

8. 慎重对待作者申诉

如果作者对评审意见进行申诉，编辑应该慎重对待，并组织集体讨论或请评审专家重新审阅。

第三节　心理学伦理困境举例

伦理困境是指心理学实践中遇到的一种在道德上难以取舍或难以找到令人满意的方案的境地。在此介绍一个心理学实践中的伦理困境 (MacKay 和 O'Neill, 1992)。

事件起始于某诊所聘用的治疗师对女性来访者在治疗过程中存在不恰当行为的消息。

虽然来访者没有向负责该诊所管理的心理学家提出过任何关于该治疗师的正式投诉，但其他机构的专业人员说该治疗师的前来访者曾向他们提及过。这些消息最终传到了负责诊所管理的心理学家那里。该心理学家和来自另一个专业团体的治疗师以及其他主管讨论过这个问题，但没有任何结果，于是该心理学家和其他一些工作人员试图通过间接的方式来曝光这一事件。他们启动了对该诊所的评估，征求与他们有联系的所有机构的专业人士的意见。不出所料，他们发现该治疗师为女性提供的服务是"无法胜任的"，这显然是"性挑逗"的委婉说法。该心理学家就这一信息询问了当事的治疗师，该治疗师承认在治疗过程中曾不适当地对待过几位女性来访者，但他否认与来访者发生过性关系，并强调自己只是试图"以身体接触的方式去安慰她们"。讨论过程中，这位心理学家得知了这些女性来访者的名字。

该心理学家认为他有义务将此事报告给治疗师所在的专业组织，但发现该专业组织对此事缺乏监管的权力。尽管与此事相关的女性来访者没有正式投诉，但心理学家认为需要进一步采取行动，去跟与此相关的女性来访者取得联系。于是，该心理学家在尊重治疗师过往来访者的隐私（以及维护诊所的声誉）和调查此事以保护现在和未来的来访者之间徘徊挣扎。

上述案例包含了一些心理学实践中存在的复杂的伦理问题，使得管理该诊所的心理学家难以采取有效的行动。如果有来访者的直接投诉，诊所负责人就会有一个初步证据来着手调查此事。如果治疗师像这位心理学家一样是受监管行业监管的成员，此事也可以由监管机构来进行调查。而该案例中，直接与治疗师接触没有结果时，管理诊所的心理学家采取不寻常的策略，让其他机构对他们的服务进行评估。这引起了其他专业人员的抱怨，并促使治疗师至少承认了一些事情，尽管这种承认还没有严重到可以对其采取进一步行动的地步。

除了上述特有的细节外，该案例还有更普遍的伦理问题就是该心理学家认识到尊重隐私的伦理义务与保护来访者福祉的义务相冲突。在心理学的专业守则中，保护隐私是一项重要原则。

在上述案例中，尽管治疗师的来访者曾与其他机构的专业人士谈论过其前治疗师的行为，但他们都没有直接提出投诉。不管怎样，这位心理学家都面临着这样一种情况：如果要使投诉有分量，就必须与之前的来访者取得联系，而且必须公开。因此，既往来访者的隐私似乎与保护现在和未来来访者的福祉相冲突。任何试图让前来访者参与到针对治疗师的诉讼中的行为都可能对前来访者产生不利影响，在为了广大公众的可能利益而对特定的人造成困扰和伤害之前，应该采取谨慎态度。

那么对现在的来访者会怎样呢？人们可能争辩说，治疗师的不专业行为可能让现在的来访者处于危险之中。然而，人们同样可以从另一个角度来反驳这个问题：联系现在的来访者，试图证实谣言，会破坏他们对治疗师的信心，损害治疗关系。毕竟，没有证据表明过去的行为在目前的治疗中一定会继续存在。与治疗师对质，虽然治疗师没有真正承认错误，但可能足以保护现在的来访者。

这些都是心理学家在试图找出最佳行动时考虑到的因素。在考虑自己的义务时，心理学家还注意到，没有法律要求报告或揭露对成年人的性骚扰（下列情况需要报告，例如有虐待儿童的嫌疑）。因此，这位心理学家面临着实际的复杂情况、相互冲突的道德义务，以及对自己的一些风险。

在这种两难情况下，该心理学家还是优先考虑了前来访者的隐私问题。该诊所主任在了解女性工作人员的观点后，决定不侵犯过往来访者的隐私。该主任认为，这种不请自来的调查相当于胁迫过往来访者提出正式投诉。另外，主任和他的同事向当事的治疗师明确表示，之后的推荐信都会提到这个问题。最终，该治疗师辞去了在诊所的职务。

除此以外，高校心理咨询师还会在心理危机干预中遇到保密要求践行困难、知情同意执行困难等伦理困境(冯丽娟，2015)；在中小学心理咨询中还会遇到多重关系、角色的冲突，知情同意、隐私权与保密性各方权益的冲突，职业胜任力和专业责任的冲突，价值中立与教育引导的冲突等伦理困境(陈丽萍，2021)。

（吴大兴　徐铭）

主要参考文献

[1]白厚义. 回归设计及多元统计分析[M]. 南宁：广西科学技术出版社，2003.

[2]贝尔纳. 科学的社会功能[M]. 陈体芳，译. 桂林：广西师范大学出版社，2003.

[3]陈丽萍. 中小学心理教师在学校心理咨询中的伦理困境[J]. 中小学心理健康教育，2021，09：72-74.

[4]辞海编辑委员会. 辞海[M]. 上海：上海辞书出版社，1979.

[5]储静丘子. 试论临床医学科研方案设计中的伦理问题[J]. 医学与哲学，2015，36（9）：37-40.

[6]杜宇慧，桂志国，刘迎军，等. 基于独立成分分析的脑功能网络分析方法综述. 生物物理学报[J]，2013，4：266-275.

[7]冯丽娟. 高校心理咨询师心理危机干预中伦理困境与应对研究[J]. 佳木斯职业学院学报，2015，03：159-159.

[8]斯佩里. 心理咨询的伦理与实践[M]. 侯志瑾，译. 北京：中国人民大学出版社，2012.

[9]孙晨哲，武培博. 初中生学校归属感、自我价值感与心理弹性的相关研究[J]. 中国健康心理学杂志，2011，19（11）：1352-1355.

[10]狄德罗. 百科全书[M]. 梁从诫，译. 广州：花城出版社，2007.

[11]卡拉特. 生物心理学[M]. 苏彦捷，译. 北京：人民邮电出版社，2011.

[12]孔明，卞冉，张厚粲. 平行分析在探索性因素分析中的应用[J]. 心理科学，2007，04（152）：158-159.

[13]刘树伟，尹岭，唐一源. 功能神经影像学[M]. 济南：山东科学技术出版社，2011.

[14]卢洁，赵国光. PET/MR脑功能与分子影像：从脑疾病到脑科学[M]. 北京：科学出版社，2021.

[15]李振平，刘树伟. 临床中枢神经解剖学[M]. 北京：科学出版社，2009.

[16]卢克. 事件相关电位基础[M]. 2版. 洪祥飞，刘岳庐，译. 上海：华东师范大学出版社，2019.

[17]隋南. 生理心理学[M]. 北京：中国人民大学出版社，2010.

[18]莫雷，温忠麟，陈彩琦. 心理学研究方法[M]. 广州：广东高等教育出版社，2007.

[19]荣曼. 浅析科技期刊学术论文参考文献的引用问题及改进建议[J]. 传播与版权，2021，3：31-33

[20]任志洪，阮怡君，赵庆柏，等. 抑郁障碍和焦虑障碍治疗的神经心理机制——脑成像研究的ALE元分析[J]. 心理学报，2017，49（10）：1302-1321.

[21]邱皓政，林碧芳. 结构方程模型的原理与应用[M]. 北京：中国轻工业出版社，2009.

[22]舒华，张亚旭. 心理学研究方法：实验设计和数据分析[M]. 北京：人民教育出版社，2021.

[23]王以铸. 苏联大百科全书选译[M]. 上海：人民出版社，1956.

[24]魏景汉，罗跃嘉. 事件相关电位原理与技术[M]. 北京：科学出版社，2010.

[25]魏慧琳. 大尺度功能脑网络连接分析[D]. 长沙：国防科技大学，2015.

[26]温忠麟，张雷，侯杰泰，等. 中介效应检验程序及其应用[J]. 心理学报，2004，36（5）：614-620.

[27]瓦姆博尔德，艾梅尔. 心理治疗大辩论——心理治疗有效因素的实证研究[M]. 任志洪，译. 北京：中国人民大学出版社，2020.

[28]王孟成. 潜变量建模与Mplus应用·基础篇[M]. 重庆：重庆大学出版社，2014.

[29]詹姆斯. 心理学原理[M]. 田平，译. 北京：中国城市出版社，2003.

[30]比奈尔. 生物心理学[M]. 9版. 杨莉，译. 北京：机械工业出版社，2017.

[31] 叶继元. 文献概念漫议——从《图书馆·情报与文献学名词》对文献的定义说开去[J]. 高校图书馆工作, 2019, 39: 19-23

[32] 杨晓蓉. 高水平综述性论文的检索[J]. 大学图书情报学刊, 2013, 31(2): 45-46

[33] 张亚林, 曹玉萍, 王国强. 心理咨询与治疗临床研究与分析[M]. 北京: 人民卫生出版社, 2020.

[34] 赵仑. ERPs 实验教程[M]. 南京: 东南大学出版社, 2010.

[35] 张逸. 伏隔核 DRD2/β-arrestin2 信号通路在早年应激抑郁中的作用[D]. 长沙: 中南大学, 2016.

[36] 中国社会科学院语言研究所词典编辑室. 现代汉语词典[M]. 7 版. 北京: 商务印书馆, 2016.

[37] 中国心理学会. 中国心理学会临床与咨询心理学工作伦理守则[J]. 心理学报, 2018, 50(11), 1314-1322.

[38] 中国心理学会. 心理学论文写作规范[M]. 北京: 科学出版社, 2002.

[39] 赵祖华. 现代科学技术概论[M]. 北京: 北京理工大学出版社, 1999.

[40] 张林, 刘燊. 心理学研究设计与论文写作[M]. 北京: 北京师范大学出版社, 2020.

[41] 郑雪, 王玲, 邱林, 等. 大学生主观幸福感及其与人格特征的关系[J]. 中国临床心理学杂志, 2003, 11(2): 105-107.

[42] AGUIRRE G K. Functional neuroradiology[M]. NewYork: Springer, 2011.

[43] AMARO E J, BARKER G J. Study design in fMRI: basic principles[J]. Brain Cognition, 2006, 60(3): 220-232.

[44] ASHBURNER J, BARNES G, CHEN C, et al. SPM12 manual[M]. London: Wellcome Trust Centre for Neuroimaging, 2014.

[45] AUERSWALD M, MOSHAGEN M. How to determine the number of factors to retain in exploratory factor analysis: A comparison of extraction methods under realistic conditions[J]. Psychological Methods, 2019, 24(4): 468-491.

[46] BAILLET S. Magnetoencephalography for brain electrophysiology and imaging[J]. Nature Neuroscience. 2017, 20(3): 327-339.

[47] BALABIN R M, SAFIEVA R Z, LOMAKINA E I. Comparison of linear and nonlinear calibration models based on near infrared (NIR) spectroscopy data for gasoline properties prediction[J]. Chemometrics and Intelligent Laboratory Systems, 2007, 88(2): 183-188.

[48] BANDALOS D L, FINNEY S J. Factor analysis: Exploratory and confirmatory[M]. London: Routledge, 2018.

[49] BANDETTINI P A, COX R W. Event-related fMRI contrast when using constant interstimulus interval: theory and experiment[J]. Magnetic Resonance in Medicine, 2000, 43(4): 540-548.

[50] BEAUDUCEL A, HILGER N. On the bias of factor score determinacy coefficients based on different estimation methods of the exploratory factor model[J]. Communications in Statistics-Simulation and Computation, 2017, 46(8): 6144-6154.

[51] BOTO E, HOLMES N, LEGGETT J, et al. Moving magnetoencephalography towards real-world applications with a wearable system[J]. Nature, 2018, 555(7698): 657-661.

[52] BOGDAN R C, BIKLEN S K. Qualitative research for education: An introduction to theory and methods [M]. London: Pearson, 2007.

[53] BRIDGMAN P W. The logic of modern physics[J]. Journal of Philosophy, 1927, 24(24): 663-665.

[54] BURGUND E D, LUGAR H M, MIEZIN F M, et al. Sustained and transient activity during an object-naming task: A mixed blocked and event-related fMRI study[J]. Neuroimage, 2003, 19(1): 29-41.

[55] CARTER M, SHIEH J C. Guide to research techniques in neuroscience (2nd Edition) [M]. London: Academic Press, 2015.

[56] CHEUNG G W, RENSVOLD R B. Evaluating goodness-of-fit indexes for testing measurement invariance[J]. Structural Equation Modeling: A Multidisciplinary Journal, 2002, 9(2): 233-255.

[57] DALE A M. Optimal experimental design for event-related fMRI[J]. Human Brain Mapping, 1999, 8(2-3): 109-114.

[58] DA SILVA F L. EEG and MEG: Relevance to neuroscience[J]. Neuron, 2013, 80(5): 1112-1128.

[59] DISTEFANO C, ZHU M, MINDRILA D. Understanding and using factor scores: Considerations for the applied researcher[J]. Practical Assessment, Research, and Evaluation, 2009, 14(1): 20.

[60] DRASGOW F. Scrutinizing psychological tests: Measurement equivalence and equivalent relations with external variables are the central issues[J]. Psychological Bulletin, 1984, 95(1): 134-135.

[61] DRASGOW F. Study of the measurement bias of two standardized psychological tests[J]. Journal of Applied Psychology, 1987, 72(1): 19-29.

[62] FARO S H, MOHAMED F B. BOLD fMRI a guide to functional imaging for neuroscientists [M]. NewYork: Springer, 2010.

[63] FABRIGAR L R, WEGENER D T. Exploratory factor analysis [M]. Oxford: Oxford University Press, 2011.

[64] FELIX S, STEFAN K, ANDREAS J M, RAPHAEL Z, et al. A review on continuous wave functional near-infrared spectroscopy and imaging instrumentation and methodology[J]. Neuro Image, 2014, 85: 6-27.

[65] FERRARI M, QUARESIMA V. A brief review on the history of human functional near-infrared spectroscopy (fNIRS) development and fields of application[J]. Neuroimage, 2012, 63(2): 921-935.

[66] FINNEY S J, DISTEFANO C. Non-normal and categorical data in structural equation modeling [M]// Structural equation modeling: A second course. Charlotte: IAP Information Age Publishing, 2013.

[67] FISCHL B, DALE A M. Measuring the thickness of the human cerebral cortex from magnetic resonance images[J]. Proceedings of the National Academy of Sciences, 2000, 97(20): 11050-11055.

[68] FLOYD F J, WIDAMAN K F. Factor analysis in the development and refinement of clinical assessment instruments[J]. Psychological Assessment, 1995, 7(3): 286-299.

[69] FRISTON K J, ZARAHM E, JOSEPHS O, et al. Stochastic designs in event-related fMRI [J]. NeuroImage, 1999, 10(5): 607-619.

[70] GORSUCH R L. Factor Analysis: Classic Edition (2nd edition) [M]. London: Routledge, 2015.

[71] GOOD C D, JOHNSRUDE I S, ASHBURNER J, et al. A voxel-based morphometric study of ageing in 465 normal adult human brains[J]. Neuroimage, 2001, 14(1): 21-36.

[72] GREGORICH S E. Do self-report instruments allow meaningful comparisons across diverse population groups? [J]. Medical Care, 2006, 44(S3): S78-S94.

[73] GROUILLER F, DELATTRE BM, PITTAU F, et al. All-in-one interictal presurgical imaging in patients with epilepsy: Single-session EEG/PET/(f)MRI[J]. European Journal of Nuclear Medicine and Molecular Imaging, 2015, 42(7): 1133-1143.

[74] HAJCAK G, KLAWOHN J, MEYER A. The utility of event-related potentials in clinical psychology[J]. Annual Review of Clinical Psychology. 2019, 15(1): 71-95.

[75] HAIR J F, ANDERSON R E, TATHAM R L, et al. Multivariate data analysis with readings[M]. New Jersy: Prentice Hall, 1995.

[76] HAUEIS P. Meeting the brain on its own terms[J]. Frontiers in Human Neuroscience, 2014, 8: 815.

[77] HE B, SOHRABPOUR A, BROWN E, et al. Electrophysiological source imaging: A noninvasive window to brain dynamics[J]. Annual Review of Biomedical Engineering, 2018, 20: 171-196.

[78] HENSON R N A, SHALLICE T, GORNO-TEMPINI M L, et al. Face repetition effects in implicit and explicit memory tests as measured by fMRI[J]. Cerebral Cortex, 2002, 12(2): 178-186.

[79] HENSON R. Statistical parametric mapping: Efficient experimental design for fMRI Statistical Parametric Mapping [M]. The Analysis of Functional Brain Images. Amsterdam: Elsevier, 2007.

[80] HU L T, BENTLER P M. Cutoff criteria for fit indexes in covariance structure analysis: Conventional criteria versus new alternatives [J]. Structural Equation Modeling: A Multidisciplinary Journal, 1999, 6(1): 1-55.

[81] JAMES L R, BRETT. J. M. Mediators, moderators, and tests for mediation [J]. Journal of Applied Psychology, 1984, 69(2): 307-321.

[82] JENKINSON M, BIJSTERBOSCH J, CHAPPELL M, et al. Short introduction to the general linear model for neuroimaging[M]. Independently Published, 2020.

[83] KASHOU N H. Advanced brain neuroimaging topics in health and disease-methods and applications[M]. London: Intech Open, 2014.

[84] KNOBLICH G, OHLSSON S, HAIDER H, et al. Constraint relaxation and chunk decomposition in insight problem solving[J]. Journal of Experimental Psychology: Learning, Memory and Cognition, 1999, 25(6): 1534-1556.

[85] KOSSLYN S M. If neuroimaging is the answer, what is the question? [J] Philosophical Transactions of the Royal Society of London, 1999, 354(1387): 1283-1294.

[86] KOPKA S M. The dose-effect relationship in psychotherapy: A defining achievement for Dr. Kenneth Howard [J]. Journal of Clinical psychology, 2003, 59(7): 727-733.

[87] KRISHNA P M. Chapter 2 Introduction to fMRI experimental design and data analysis[D]. Cambridge: University of Cambridge, 2008.

[88] KWONG K K, BELLIVEAU J W, CHESLER D A, et al. Dynamic magnetic resonance imaging of human brain activity during primary sensory stimulation[J]. Proceedings of the National Academy of Sciences, 1992, 89(12): 5675-5679.

[89] LAZARSFELD P. F. Problems in methodology[M]. New York: Basic Books, 1959.

[90] LEICHSENRING F, RABUNG S, LEIBING E. The efficacy of short-term psychodynamic therapy in specific psychiatric disorders, a meta-analysis[J]. Archives of General Psychiatry, 2004, 61(12): 1208-1216.

[91] LIU T T, FRANK L R, WONG E C, et al. Detection power, estimation efficiency, and predictability in event-related fMRI[J]. NeuroImage, 2001, 13(4): 759-773.

[92] LIU T T, FRANK L R. Efficiency, power, and entropy in event-related fMRI with multiple trial types. Part II: design of experiments[J]. NeuroImage, 2004, 21(1): 387-400.

[93] LONG J S. Confirmatory factor analysis: A preface to LISREL [M]. Newbury Park: Sage Publications, 1983.

[94] LYNALL M E, BASSETT D S, KERWIN R, et al. Functional connectivity and brain networks in schizophrenia. Journal of Neuroscience, 2010, 30(28): 9477-9487.

[95] MACGREGOR J N, ORMEROD T C, CHRONICLE E P. Information processing and insight: A process model of performance on the nine-dot problem[J]. Journal of Experimental Psychology: Learning, Memory and Cognition, 2001, 27(1): 176-201.

[96] MACKAY E, O'NEILL P. What creates the dilemma in ethical dilemmas? Examples from psychological practice[J]. Ethics & Behavior, 1992, 2(4): 227-244.

[97] MACKINNON D P. Introduction to statistical mediation analysis[M]. London: Routledge, 2008.

[98] MCCALL W A. Measurement[M]. London: Macmillan, 1939.

[99]MCDONALD R P, MOON-HO R H. Principles and practice in reporting structural equation analyses[J]. Psychological Methods, 2002, 7(1): 64-82.

[100]MECHELLI A, HENSON R N A, PRICE C J, et al. Comparing event-related and epoch analysis in blocked design fMRI[J]. NeuroImage, 2003, 18(3): 806-810.

[101]MESULAM M M. Large-scale neurocognitive networks and distributed processing for attention, language, and memory[J]. Annals of Neurology, 1990, 28(5): 597-613.

[102]MIEZIN F M, MACCOTTA L, OLLINGER J M, et al. Characterizing the hemodynamic response: Effects of presentation rate, sampling procedure, and the possibility of ordering brain activity based on relative timing[J]. Neuroimage, 2000, 11(6): 735-759.

[103]MILLSAP R E. Statistical approaches to measurement invariance[M]. London: Routledge, 2012.

[104]MOHAJERANI M H, CHAN A W, MOHSENVAND M, et al. Spontaneous intracortical activity alternates between sensory motifs defined by region-specific axonal projections[J]. Nature Neuroscience, 2013, 16 (10): 1426-1435.

[105]MORONE K A, NEIMAT J S, ROE A W, et al. Review of functional and clinical relevance of intrinsic signal optical imaging in human brain mapping[J]. Neurophotonics, 2017, 4(3): 031220.

[106]OGAWA S, LEE T M, KAY A R, et al. Brain magnetic resonance imaging with contrast dependent on blood oxygenation[J]. Proceedings of the National Academy of Sciences, 1990, 87(24): 9868-9872.

[107]OGAWA S, TANK D W, MENON R, et al. Intrinsic signal changes accompanying sensory stimulation: functional brain mapping with magnetic resonance imaging[J]. Proceedings of the National Academy of Sciences, 1992, 89(13): 5951-5955.

[108]PETT M A, LACKEY N R, SULLIVAN J J. Making sense of factor analysis: the use of factor analysis for instrument development in health care research[M]. Newbury Park: Sage Publications, 2003.

[109]PHAKITI A. Exploratory factor analysis[M]//In the palgrave handbook of applied linguistics research methodology. London: Palgrave Macmillan, 2018.

[110]PILZ G A, BOTTES S, BETIZEAU M, et al. Live imaging of neurogenesis in the adult mouse hippocampus [J]. Science, 2018, 359(6376): 658-662.

[111]QIU X, WANG C. Literature searches in the conduct of systematic reviews and evaluations[J]. Shanghai Archives of Psychiatry, 2016, 8(3): 154-159.

[112]QUIDE Y, WITTEVEEN A B, EI-HAGE W, et al. Differences between effects of psychological versus pharmacological treatments on functional and morphological brain alterations in anxiety disorders and major depressive disorder: A systematic review[J]. Neuroscience & Biobehavioral Reviews, 2012, 36(1): 626-644.

[113]REYNOLDS S, WILSON C, AUSTIN J, et al. Effects of psychotherapy for anxiety in children and adolescents: A meta-analytic review[J]. Clinical Psychology Review, 2012, 32(4): 251-262.

[114]RYDER A G, YANG J, ZHU X, et al. The cultural shaping of depression: Somatic symptoms in China, psychological symptoms in North America? [J]. Journal of Abnormal Psychology, 2008, 117(2): 300-313.

[115]SHIPLEY B. Cause and correlation in biology: A user's guide to path analysis, structural equations and causal inference[M]. Cambridge: Cambridge University Press, 2000.

[116]SHIPLEY B. Confirmatory path analysis in a generalized multilevel context[J]. Ecology, 2009, 90(2): 363-368.

[117]SMIT Y, HUIBERS M J H, IOANNIDIS J P A, et al. The effectiveness of long-term psychoanalytic psychotherapy-a meta-analysis of randomized controlled trials[J]. Clinical Psychology Review. 2012, 32(2): 81-92.

［118］SOLOMON R L. An extension of control group design［J］. Psychological Bulletin, 1949, 46(2): 137-150.

［119］SOARES J M, MAGALHAES R, MOREIRA P S, et al. A Hitchhiker's guide to functional magnetic resonance imaging［J］. Frontiers in Neuroscience, 2016, 10: 515.

［120］STEIGER J H. Structural model evaluation and modification: An interval estimation approach［J］. Multivariate Behavioral Research, 1990, 25(2): 173-180.

［121］TABACHNICK B G, FIDELL L S, ULLMAN J B. Using multivariate statistics［M］. London: Pearson, 2007.

［122］THORNDIKE E L. The seventeenth yearbook of the national society for the study of education［M］. London: Forgotten Books, 2018.

［123］TIERNEY T M, HOLMES N, MELLOR S, et al. Optically pumped magnetometers: From quantum origins to multi-channel magnetoencephalography［J］. NeuroImage, 2019, 199: 598-608.

［124］TUCKER L R., MACCALLUM R C. Exploratory factor analysis［M］. Columbus: Ohio State University, 1997.

［125］UDDIN L Q, YEO B T, SPRENG R N. Towards a universal taxonomy of macro-scale functional human brain networks［J］. Brain Topography, 2019, 32(6): 926-942.

［126］VANDENBERG R J, LANCE C E. A Review and synthesis of the measurement invariance literature: Suggestions, practices, and recommendations for organizational research［J］. Organizational Research Methods, 2000, 3(1): 3-70.

［127］VERGER A, GRIMALDI S, RIBEIRO M J, et al. Single photon emission computed tomography/positron emission tomography molecular imaging for parkinsonism: A fast-developing field［J］. Annals of Neurology, 2021, 90(5): 711-719.

［128］WANG J, WANG X, XIA M, et al. GRETNA: A graph theoretical network analysis toolbox for imaging connectomics［J］. Frontiers in human neuroscience, 2015, 9: 386.

［129］WATKINS M W. A step-by-step guide to exploratory factor analysis with SPSS［M］. London: Routledge, 2021.

［130］WAGER T D, NICHOLS T E. Optimization of experimental design in fMRI: A general framework using a genetic algorithm［J］. NeuroImage, 2003, 18(2): 293-309.

［131］WERNER P, BARTHEL H, DRZEZGA A, et al. Current status and future role of brain PET/MRI in clinical and research settings［J］. European Journal of Nuclear Medicine and Molecular Imaging, 2015, 42(3): 512-526.

［132］WEISSLEDER R, MAHMOOD U. Molecular imaging［J］. Radiology. 2001, 219(2): 316-333.

［133］WIDAMAN K F. Common factor analysis versus principal component analysis: Differential bias in representing model parameters?［J］. Multivariate Behavioral Research, 1993, 28(3): 263-311.

［134］WEST S G, FINCH J F, CURRAN P J. Structural equation models with nonnormal variables: Problems and remedies［M］. Newbury Park: Sage Publications, 1995.

［135］WRIGHT I C, MCGUIRE P K, POLINE J B, et al. A voxel-based method for the statistical analysis of gray and white matter density applied to schizophrenia［J］. Neuroimage, 1995, 2(4): 244-252.

［136］YAN C G, WANG X D, ZUO X N, et al. DPABI: data processing & analysis for (resting-state) brain imaging［J］. Neuroinformatics, 2016, 14: 339-351.

［137］YANG C, WANG P, TAN J, et al. Autism spectrum disorder diagnosis using graph attention network based on spatial-constrained sparse functional brain networks［J］. Computers in Biology and Medicine, 2021, 139: 104963.

［138］YOSHIMURA S, OKAMOTO Y, ONODA K, et al. Cognitive behavioral therapy for depression changes medial prefrontal and ventral anterior cingulate cortex activity associated with self-referential processing ［J］. Social Cognitive and Affective Neuroscience, 2014, 9(4): 487-493.

［139］ZHU Y, CUI H, HE L, et al. Joint embedding of structural and functional brain networks with graph neural networks for mental illness diagnosis［C］. Annual International Conference of the IEEE Engineering in Medicine & Biology Society, 2022, 272-276.